"十二五"职业教育国家规划教材
经全国职业教育教材审定委员会审定
高等职业院校精品教材系列

省级精品课
配套教材

电子产品原理分析与故障检修

王成福　主　编
吴弋旻　李荣学　副主编

電子工業出版社
Publishing House of Electronics Industry
北京 · BEIJING

内 容 简 介

本书根据教育部最新的职业教育教学改革要求，结合该校电子产品维修技术课程组十多年的课程教学改革经验，按照电子产品检修岗位的任职要求，参照国家职业资格标准《家用电子产品维修工》进行编写。本书充分考虑高职学生的认知规律和可持续发展能力的培养要求，以光和图像处理为主要载体，依据“项目导向、任务驱动、做中学、理论实线结合为一体”的原则，将典型电子产品贯穿于教学项目中，主要内容包括：电源应用知识、消防应急灯具、彩色电视信号的发射与接收、彩色显像管电视机、数字高清电视机、液晶电视机、等离子体电视机、有线数字电视机顶盒8个综合性项目。以完成工作任务为主线，链接相应的理论知识和技能实训，突出电路应用能力的培养，便于读者高效地学习相关知识与技能。

本书实用性很强，为高等职业本专科院校电子产品维修技术课程的教材，也可作为开放大学、成人教育、自学考试、中职学校和培训班的教材，以及电子产品设计与检修技术人员的参考工具书。

本教材配有电子教学课件、习题参考答案和精品课网址等，详见前言。

图书在版编目（CIP）数据

电子产品原理分析与故障检修/王成福主编. —北京：电子工业出版社，2011.11
全国高等院校规划教材. 精品与示范系列
ISBN 978-7-121-15005-0

Ⅰ. ①电…　Ⅱ. ①王…　Ⅲ. ①日用电气器具—维修—高等职业教育—教材　Ⅳ. ①TM925.07

中国版本图书馆 CIP 数据核字（2011）第 229033 号

策划编辑：陈健德（E-mail:chenjd@phei.com.cn）
责任编辑：毕军志
印　　刷：涿州市般润文化传播有限公司
装　　订：涿州市般润文化传播有限公司
出版发行：电子工业出版社
　　　　　北京市海淀区万寿路 173 信箱　邮编　100036
开　　本：787×1 092　1/16　印张：18.25　字数：486.4 千字　插页 2
版　　次：2011 年 11 月第 1 版
印　　次：2023 年 7 月第 9 次印刷
定　　价：45.00 元

凡所购买电子工业出版社图书有缺损问题，请向购买书店调换。若书店售缺，请与本社发行部联系，联系及邮购电话：（010）88254888，88258888。

质量投诉请发邮件至 zlts@phei.com.cn，盗版侵权举报请发邮件至 dbqq@phei.com.cn。

本书咨询联系方式：chenjd@phei.com.cn。

职业教育　继往开来（序）

自我国实行对内搞活、对外开放的经济政策以来，各行各业都获得了前所未有的发展。随着我国工业生产规模的扩大和经济发展水平的提高，教育行业受到了各方面的重视。尤其对高等职业教育来说，近几年在教育部和财政部实施的国家示范性院校建设政策鼓舞下，高职院校以服务为宗旨、以就业为导向，开展工学结合与校企合作，进行了较大范围的专业建设和课程改革，涌现出一批示范专业和精品课程。高职教育在为区域经济建设服务的前提下，逐步加大校内生产性实训比例，引入企业参与教学过程和质量评价。在这种开放式人才培养模式下，教学以育人为目标，以掌握知识和技能为根本，克服了以学科体系进行教学的缺点和不足，为学生的顶岗实习和顺利就业创造了条件。

在高职教育新的教学模式下，各院校不断对专业建设和课程设置进行改革，教学改革的成果最终要反映在教学过程中，其中主要的体现形式为教材创新。电子工业出版社作为职业教育教材出版大社，具有优秀的编辑人才队伍和丰富的职业教育教材出版经验，有义务、有能力与广大的高职院校密切合作，参与创新职业教育的新方法，共同出版反映最新教学改革成果的新教材，为培养符合当今社会需要的、合格的职业技能人才而努力。

近期由我们组织策划和编辑出版的“全国高职高专院校规划教材 · 精品与示范系列”，主要具有以下几个特点。

（1）本系列教材的课程研究专家和作者主要来自于教育部和各省市评审通过的多所示范院校。他们对教育部倡导的职业教育教学改革精神理解得透彻准确，并且具有多年的职业教育教学经验以及工学结合、校企合作经验，能够准确地对职业教育相关专业的知识点和技能点进行横向与纵向设计，能够把握创新型教材的出版方向。

（2）本系列教材的编写以多所示范院校的课程改革成果为基础，体现重点突出、实用为主、够用为度的原则，采用项目驱动的教学方式。学习任务主要以本行业工作岗位群中的典型实例经提炼后进行设置，项目实例较多，应用范围较广，图片数量较大，还引入了一些经验性的公式、表格等，文字叙述浅显易懂。增强了教学过程的互动性与趣味性，对全国许多职业教育院校具有较大的适用性，同时对企业技术人员具有可参考性。

（3）根据职业教育的特点，本系列教材在全国独创性地提出“职业导航、教学导航、知识分布网络、知识梳理与总结”及“封面重点知识”等内容，有利于老师选择合适的教材并有重点地开展教学过程，也有利于学生了解该教材相关的职业特点和对教材内容进行高效率的学习与总结。

（4）根据每门课程的内容特点，为方便教学过程我们为教材配备相应的电子教学课件、习题答案与指导、教学素材资源、程序源代码、教学网站支持等立体化教学资源，各位老师在华信教育资源网（www.hxedu.com.cn）注册后可直接下载。

这套新型教材得到了许多高职院校老师的支持和欢迎，为了使职业教育能够更好地为区域经济和企业服务，我们热忱欢迎各位职教专家和老师提出意见或建议，如果您有新教材的编写思路请与我们联系（邮箱：chenjd@phei.com.cm，电话：010-88254585），共同为我国的职业教育发展尽自己的责任与义务！

电子工业出版社职业教育分社

前　言

随着我国电子信息产业以年均20%以上速度的快速增长，三网融合、数字高清电视整体转换的普及，极大地推动了电视机及相关产品在工农业生产和日常生活中的应用，迫切需要一大批从事电视机及相关产品检修服务的高技能人才，因此，高职高专院校的电子类专业人才培养占据十分重要的地位。该课程不仅要培养电子产品检修岗位的职业能力，而且要培养学生的仪器仪表使用能力、电子元器件的检测能力、电路应用与检修能力、电子产品整机电路识读与检修技能，还要培养学生今后可持续发展所必须掌握的知识与能力。国内众多院校均开设了电视机维修或电子产品检修类课程，但目前适合高职高专院校使用的深浅适中的教材较少。为满足高职高专院校师生的迫切需求，我们结合本课程内容改革和职业岗位需求变化编写了本书。

本书是在《电视机原理与维修》第1版、第2版的使用基础上推出的升级版教材，其主要特点是：全面贯彻了高职高专的人才培养目标，强调了理论与实践的结合，把握了教材与实际应用产品的结合，突出了检修操作方法与理论分析的有机结合。同时，教材内容还包括了完整的与理论学习相配套的实训项目，便于学生学习和掌握操作技能。本书内容丰富、贴近现实、简洁实用，可大大缩短人才培养与电子企业需求的距离。

由于本书是一本实践性很强的技术应用类教材，在教学安排上作如下建议。

（1）课时分配：总学时建议90学时，理论课时∶实践课时=1∶1。各院校可根据教学环境做适当调整。

项目	建议学时	项目	建议学时
项目1	10学时	项目5	12学时
项目2	8学时	项目6	16学时
项目3	6学时	项目7	4学时
项目4	30学时	项目8	4学时

（2）实训任务的选择：本书安排有17个实训项目，各院校可根据本校的实际情况自行选择。

（3）教学方式：在对电视机及相关产品的实物有大致了解的基础上，再进行理论教学，并且采用电子课件与板书相结合的方式教学；实践教学采用课堂实训、集中实训、课外开展家电维修服务的形式进行。

参加编写本教材的学校及教师有：金华职业技术学院王成福、赵云、张锬、徐晓菲，杭州职业技术学院吴弋旻，佛山职业技术学院李荣学。其中，王成福担任本教材的主编，吴弋旻、李荣学担任副主编。项目1由吴弋旻和徐晓菲完成，项目2由王成福和赵云完成，项目

3 由张锬完成，项目 4 由王成福和李荣学完成，项目 5～项目 8 及附录由王成福完成。在教材编写过程中，得到了电子工业出版社和金华职业技术学院领导的大力支持，在此表示衷心感谢。

由于编者水平和经验有限，书中难免有错误和不妥之处，敬请读者批评指正。

为方便教师教学，本书还配有电子教学课件和习题参考答案，请有此需要的教师登录华信教育资源网（http://www.hxedu.com.cn）免费注册后再进行下载，如果有问题请在网站留言或与电子工业出版社联系（E-mail:hxedu@phei.com.cn）。读者也可通过该精品课链接网址（http:// jpkc1.jhc.cn/tv/index.asp）浏览和参考更多的教学资源。

编者

目　录

项目 1 电源应用知识

教学导航

学习目标：了解几种常见的电子产品电源的类别、原理及相互之间的区别，并掌握其应用场合，学会分析应用电路。

学习重点：电子产品电源的工作原理及特点。

问题思考：（1）电子产品电源有哪几种常见的类型？

（2）与串联型稳压电源相比，开关稳压电源有何特点？

（3）LCD 屏背光灯电源的作用是什么？

（4）请列举出几个典型的逆变电源应用场合。

1.1 直流稳压电源

在许多电子设备和装置中，如手机、电视机、计算机等，都要求提供电压稳压性能良好的直流稳压电源，它可以在电网电压变化或负载发生变化时，提供基本稳定的直流输出电压，是电子设备必不可少的组成部分。而低电压小功率直流电源是由单相交流电压经电源变压器降压后，再经过整流和滤波电路获得的。然而，按照国家标准（GB 50052—2009），电网电压允许有-10%～+5%的变化，另外，负载变化引起直流电源内阻上压降变化，均会导致整流滤波后输出的直流电压发生变化。为此，必须将整流滤波后的直流电压由稳压电路稳定后再供给负载，使负载上的直流电压受上述因素的影响达到最小，以保证电子装置正常工作。

1.1.1 直流稳压电源的组成

常用小功率直流稳压电源由电源变压器、整流电路、滤波电路、稳压电路等 4 部分组成，如图 1-1 所示。其中，变压器把 220V 交流电压变为所需要的低压交流电；整流电路将交流电压变换为单向脉动的直流电压；滤波电路用来滤除整流后单向脉动电压中的交流成分，使之成为平滑的直流电压；稳压电路把不稳定的直流电压变为稳定的直流电压输出。

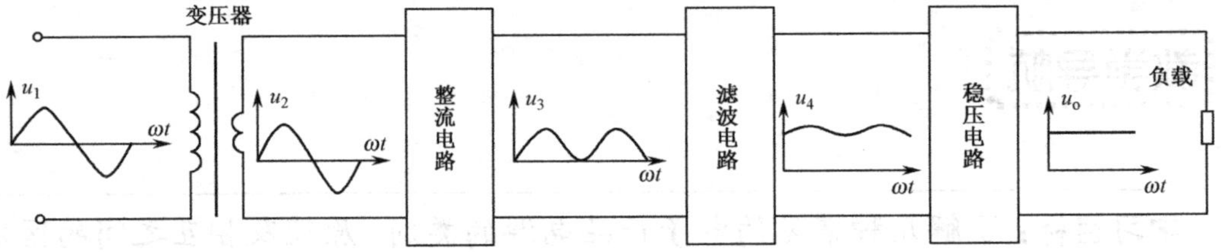

图 1-1　直流稳压电源的组成

1. 单相整流电路

利用二极管的单相导电性，将交流电变换成单方向的脉动直流电，分为半波整流、全波整流和桥式整流三种。单相半波、桥式整流电路如图 1-2 所示，对应的输入/输出波形如图 1-3 所示。

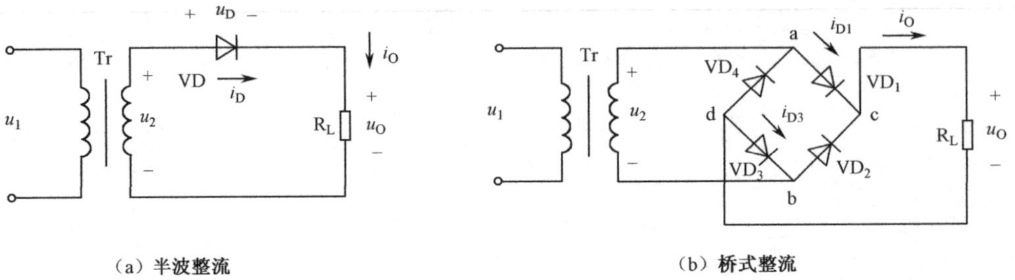

图 1-2　二极管单相整流电路

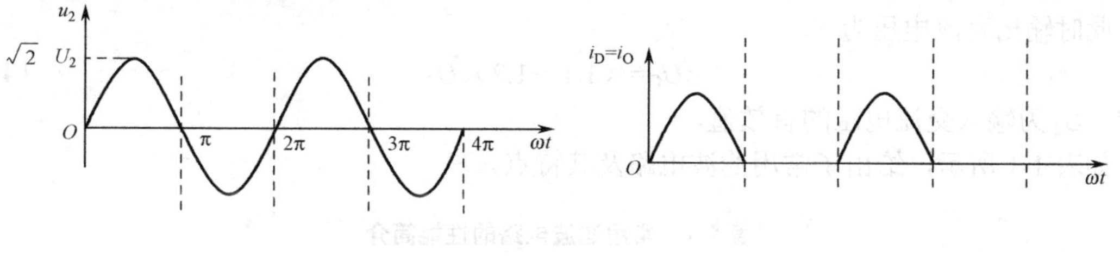

（a）半波整流电路的输入/输出波形

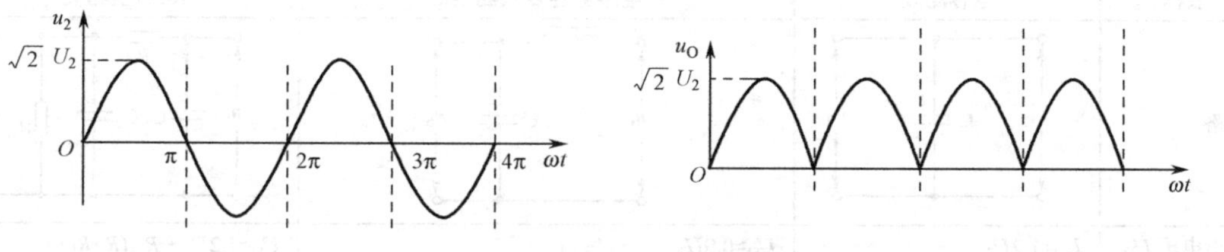

（b）桥式整流电路的输入/输出波形

图 1-3　单相整流电路的输入/输出波形

由图 1-3（a）可见，负载上得到单方向的脉动电压，由于电路只在 u_2 的正半周有输出，所以称为半波整流电路。半波整流电路结构简单，使用元件少，缺点是交流电压中只有半个周期得以利用，输出直流电压低，$U_O \approx 0.45U_2$，一般使用在对直流电压要求不高的场合。由图 1-3（b）可见，在整个周期内，始终有同方向的电流流过负载 R_L，故在 R_L 上得到单方向全波脉动的直流电压。可见，桥式全波整流电路输出电压为半波整流电路输出电压的两倍，即 $U_O \approx 0.9U_2$。

在全波整流电路中，很多时候采用整流桥堆，如图 1-4 所示，给出了整流全桥的符号及外形。其中，标有"～"或"AC"符号的引脚表示接变压器二次绕组或交流电源；标有"+"与"−"的符号引脚表示整流后输出电压的正负极，与滤波稳压电路的输入端相连。

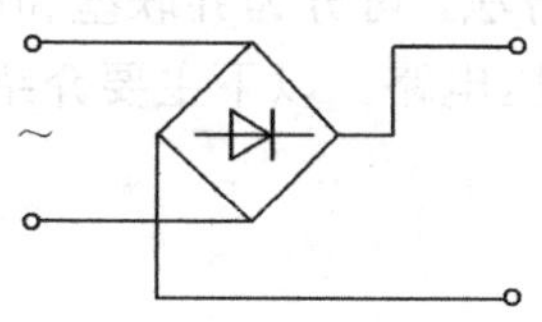

（a）全桥图形符号

（b）全桥外形

图 1-4　整流全桥

2．滤波电路

整流电路将交流电变为脉动直流电，但其中含有大量的交流成分，称为纹波电压。为了滤去交流成分，应在整流电路的后面加接滤波电路。常用滤波电路主要有电容滤波器、电感滤波器及电感、电容组合构成的复式滤波器。对于电容滤波，为了获得良好的滤波效果，工程上一般要求滤波电容满足

$$C \geqslant (3 \sim 5)\ T/(2R_L) \tag{1-1}$$

式中，T 为输入交流电压的周期；R_L 为负载电阻。

此时输出直流电压为

$$U_O=（1.1\sim1.2）U_2 \quad （1\text{-}2）$$

式中，U_2 为输入交流电压的有效值。

如表 1-1 所示，给出了常用滤波电路及其特点。

表 1-1　常用滤波电路的性能简介

名称	电容滤波	电感电容复式滤波	RC-π型滤波
电路	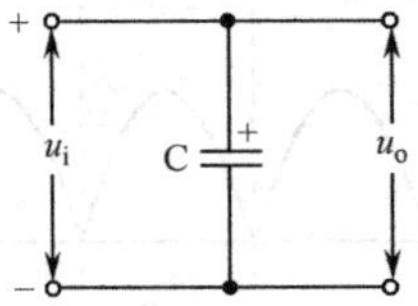	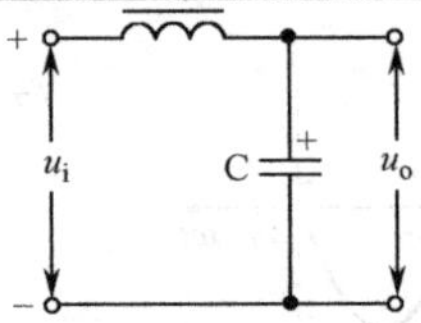	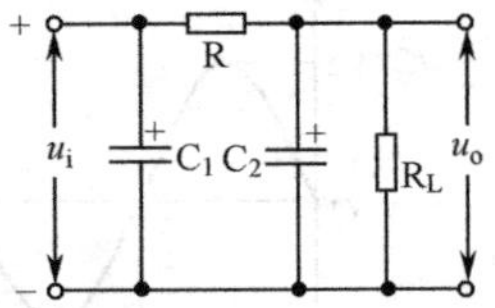
输出电压 U_O	$U_O≈1.2U_2$	$U_O≈0.9U_2$	$U_O≈1.2U_2 \cdot R_L/(R+R_L)$
优点	①输出电压较高 ②小电流时滤波效果较好	①几乎没有直流电压损失 ②滤波效果很好 ③整流电路不受浪涌电流的冲击 ④负载能力较强	①滤波效果较好 ②兼有降压限流作用 ③成本低、体积小
缺点	①负载能力差 ②电源接通瞬间充电电流很大，整流电路承受很大的浪涌冲击电流	①输出电流很大时需要有体积和质量都很大的滤波阻流圈 ②输出电压较电容滤波低 ③负载电流突变时易产生高电压，易击穿整流管	①带负载能力差 ②有直流压降损失
适用场合	小电流负载或负载变化不大的场合	负载电流大、要求纹波系数较小的场合	负载电阻较大、电流较小，要求纹波系数较小的场合

3．稳压电路

稳压电路根据调整元件类型可分为硅稳压二极管稳压电路、三极管稳压电路、晶闸管稳压电路、集成稳压电路等。根据调整元件与负载连接方法，可分为并联型和串联型稳压电路。根据调整元件工作状态不同，可分为线性和开关型稳压电路。以下主要介绍硅稳压二极管稳压电路、串联型稳压电路、集成三端式稳压电路。

1.1.2　硅稳压二极管稳压电路

1．硅稳压二极管稳压电路的组成及工作原理

硅稳压二极管稳压电路如图 1-5 所示。稳压二极管与负载并联，属于并联型稳压电路。这种电路主要用于对稳压要求不高的场合，有时也作为基准电压源。

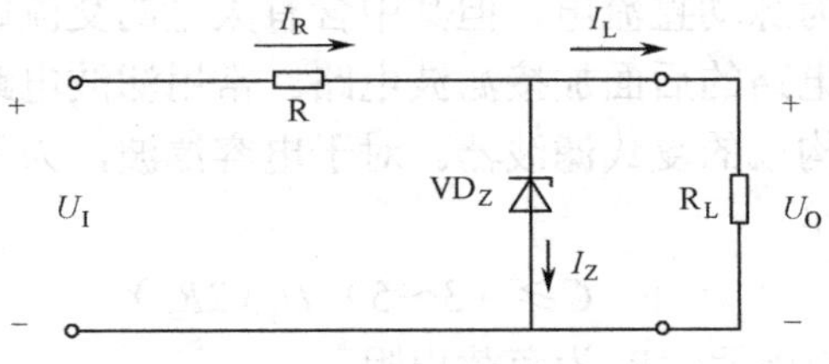

图 1-5　硅稳压二极管稳压电路

在图 1-5 中，在输入电压 U_I 与负载 R_L 之间串联一个起调节作用的稳压电阻 R，该电阻起限流保护稳压二极管的作用，称限流电阻。稳压管的稳压原理在于稳压管具有很强的电流控制能力，电流有很大增量时只引起很小的电压变化。反向击穿曲线越陡，动态电阻越小，稳压管的稳压性能越好。当电网电压 U_I 或负载 R_L 变化时，假如输出电压 U_O 下降，则稳压二极管内反向电流 I_Z 也减小，导致通过限流电阻 R 上的电流也减小，这样使压降 U_R 也下降，由于 $U_O=U_I-U_R$，使 U_O 值的下降受到限制。上述过程为：

$$U_O\downarrow \rightarrow I_Z\downarrow \rightarrow I_R\downarrow \rightarrow U_R\downarrow \rightarrow U_O\uparrow$$

由此可以看出，稳压管起着电流的自动调节作用，而限流电阻起着电压调整作用。

2．稳压管及限流电阻的选择

在图 1-5 的稳压电路中，为了保证稳压管正常工作，就必须根据电网电压和 R_L 的变化范围合适地选择限流电阻 R 及稳压管。

1）限流电阻的选择

（1）当 U_I 达到最大值和 I_L 达到最小值时，此时 $U_I=U_{Imax}$，则 $I_R=（U_{Imax}-U_Z）/R$ 达到最大值，而 $I_L=I_{Lmin}$，则 $I_Z=I_R-I_L$ 达到最大值。为了保证稳压管正常工作，此时的 I_Z 值应小于管子的 I_{Zmax}。

即

$$\frac{U_{Imax}-U_Z}{R}-I_{Lmin}<I_{Zmax} \qquad R>\frac{U_{Imax}-U_Z}{I_{Zmax}+I_{Lmin}} \tag{1-3}$$

（2）当 U_I 达到最小值和 I_L 达到最大值时，此时 $U_I=U_{Imin}$，则流过 R 的电流 $I_R=（U_{Imin}-U_Z）/R$ 达到最小值，而 $I_L=I_{Lmax}$，则流过稳压管的电流 $I_Z=I_R-I_L$ 达到最小值。此时稳压管的 I_Z 值应大于管子的稳定电流 I_{Zmin}。

即

$$\frac{U_{Imin}-U_Z}{R}-I_{Lmax}>I_{Zmin} \qquad R<\frac{U_{Imin}-U_Z}{I_{Zmin}+I_{Lmax}} \tag{1-4}$$

可用下式选择限流电阻 R 的功率

$$P=（U_{Imax}-U_Z）^2/R$$

从上述可知，选择合适的限流电阻既要保证稳压管反向击穿，又要保证流过稳压管的电流不超过额定值，同时还要考虑到限流电阻的功率。

2）确定稳压管的参数

稳压管的参数一般取 $U_Z=U_O$，$I_{Zmax}=（1.5\sim3）I_{Lmax}$，$U_I=（1.5\sim2）U_O$。

如图 1-6 所示是一种实际提供 6V 的直流稳压电源。从稳压管的特性可知，若能使稳压管始终工作在它的稳压区内，则输出基本稳定在稳压值 U_Z 左右，输出电流在十几毫安以内。

1.1.3 串联型稳压电路

硅稳压二极管稳压电路具有电路简单、调试方便等优点，但是输出电流较小，仅有几十毫安，输出电压不能调节，稳压性能较差，只适用于对稳压要求不高的小型电子设备。对于稳压性能要求较高或者输出电流较大的场合，就不能由简单的硅稳压管稳压电路来供给。

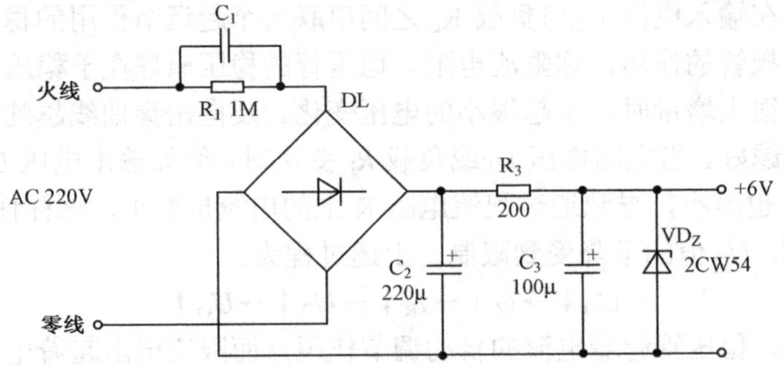

图 1-6　硅稳压管稳压的+6V 直流电源

具有放大环节的串联型稳压电路不但其输出电压在一定范围内可调，而且稳压性能较好，所以应用较广。串联型稳压电路，除了变压、整流和滤波外，稳压部分一般有调整、基准电压、比较放大器和取样电路 4 个环节，如图 1-7 所示。当电网电压或负载变动引起输出电压 U_O 变化时，取样电路将输出电压 U_O 的一部分馈送回比较放大器和基准电压进行比较，产生的误差电压经放大后去控制调整管的基极电流，自动地改变调整管集—射极间电压，补偿 U_O 的变化，从而维持输出电压基本不变。

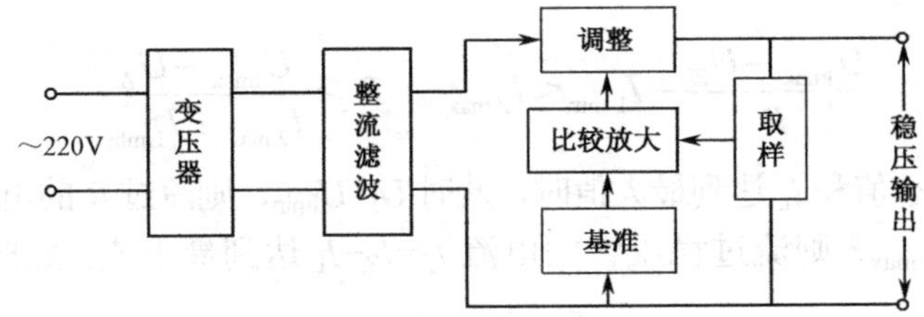

图 1-7　串联型稳压电路组成框图

1．串联型稳压电路的组成及工作原理

稳压二极管虽然起到稳压的作用，但缺点是工作电流较小，稳定电压值不能连续调节。为了加大输出电流，使输出电压可调节，常用串联型晶体管稳压电路，如图 1-8 所示是一种串联型稳压电路，由取样电路、基准电路、比较放大和调整电路等部分组成。其中，R_1、R_2、R_P 为取样电路；R_3 和 VD_Z 组成基准电路，R_3 是 VD_Z 的限流电阻，VD_Z 给 VT_2 发射极提供一个

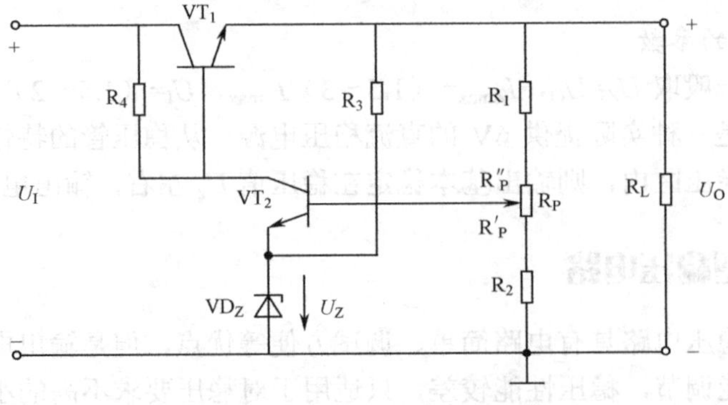

图 1-8　三极管串联型稳压电路

基准电压；VT_2为比较放大管，其作用是将稳压电路输出的电压变化量与VT_2的发射极基准电压相比较，它们的电压差经过VT_2放大后，送到调整管VT_1的基极，控制调整管工作。调整管VT_1是串联型稳压电路的核心元件，必须选择大功率三极管。

在图 1-8 中，采样电路中有一个电位器R_P串接在R_1和R_2之间，可以通过调节R_P的阻值大小来改变输出电压U_O。

输出电压为

$$U_O=(R_1+R_2+R_P)U_Z/(R_P'+R_2) \tag{1-5}$$

输出电压调节范围为

$$U_{Omin}=\frac{R_1+R_2+R_P}{R_P+R_2}U_Z \tag{1-6}$$

$$U_{Omax}=\frac{R_1+R_2+R_P}{R_2}U_Z \tag{1-7}$$

为提高输出电压的稳定性，应尽可能把输出电压的变化量全部放到比较放大管的基极，也就是说分压比$n=R_2/(R_1+R_2)$应取得大一些，但是n取值太大接近于 1 时，会使比较放大管的集—射极间压降过小，影响稳压范围，因此通常取n=0.5～0.8。同时，要求输入电压至少比最大输出电压高 3V。

（1）输入电压变化时的稳压过程。当输入电压U_I下降时，通过R_1、R_2组成的分压电路的作用，VT_2的基极电位U_{b2}也下降了，由于基准电压U_Z使VT_2发射极电位保持不变，U_{be2}随之减小。于是VT_2集电极电流减小，U_{c2}增高，即VT_1的基极电位增高，使I_{c1}增加，管压降U_{ce1}减小，从而使得输出电压U_O保持基本稳定。VT_2的放大倍数越大，调整作用就越强，输出电压就越稳定。

如果输入电压U_I增高，同样道理，又会通过反馈作用使U_O减小，保持输出电压基本不变。

（2）输出电压变化时的稳压过程。当输出电压U_O发生变化时，通过取样电路把U_O的变化量取样加到放大管VT_2的基极。由VT_2把取样电压和基准电压进行比较放大后，输出调整信号送到调整管VT_1的基极，以维持输出电压U_O基本不变。

2．性能改进的串联型稳压电路

在图 1-8 所示的稳压电路中，起调节作用的三极管必须工作于线性放大状态，故称为线性串联型稳压电路，但存在以下问题：

（1）对电网电压的波动抑制能力较差。

（2）流过稳压管的电流随U_I波动，使U_Z不稳定，降低了稳压精度。

（3）温度变化时，VT_2组成的放大电路产生零点漂移，使输出电压的稳定度变差。

针对这些问题，可采取多种措施，使其性能大为提高。例如，采用差分放大器作为比较放大器，以抑制零点漂移，提高稳压电路的温度稳定性；采用辅助电源构成基准电压源电路，提高电源的稳压系数；采用限流保护电路防止调整管电流过大或电压过高超过管耗而损坏等。

1）差动放大器作比较器的串联型稳压电路

选用差动放大器构成的比较放大器，能解决稳压电路的零点漂移问题，具体应用电路如图 1-9 所示。其工作原理和图 1-8 相同，输出电压按式（1-5）计算。

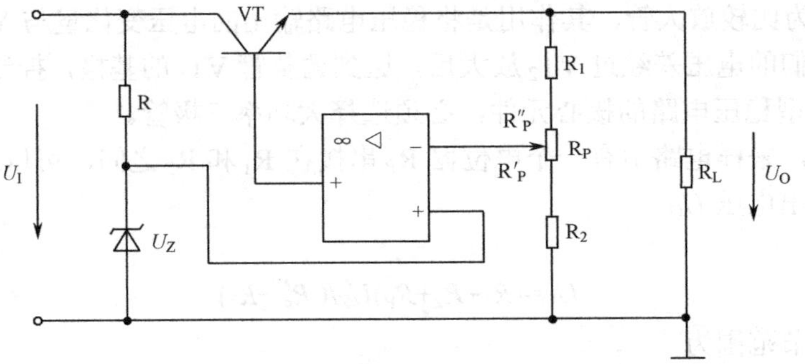

图 1-9　差分放大器作为比较器的串联型稳压电路

2）复合三极管作为调整管的串联型稳压电路

在串联型稳压电源中，负载电流要流过调整管，要求输出大电流的稳压电源必须使用大功率的调整管，这就要求有足够大的电流供给调整管的基极，而比较放大电路无法提供所需要的大电流；另外，调整管需要有较高的电流放大倍数，才能有效地提高稳压性能，但是大功率管一般电流放大倍数都不高。解决这些矛盾的办法，是采用复合三极管作为调整管。用复合管作为调整管的稳压电源电路如图 1-10 所示。

在图 1-10 中，VT_1、VT_2 组成复合管，起到稳压调整作用，VT_3 为比较放大管，VD_Z 提供基准电压。当电网电压或负载变化而引起输出电压 U_O 变化时，取样电路取出输出电压的一部分送入比较放大器 VT_3，与基准电压进行比较，产生的误差电压经放大后去控制由 VT_1、VT_2 组成的调整电路的集—射间电压，补偿 U_O 的变化，从而稳定输出电压。R_5 为输出电流取样电阻，R_5 和 VT_4 组成过流保护电路。当负载电流正常时，VT_4 截止不起保护作用；当负载电流过大时，在 R_5 上电压降使 VT_4 导通，吸取了 VT_2 的一部分基极电流，进而使 VT_1 输出电流下降，起到过流保护作用。

图 1-10 的工作原理和图 1-8 相似，其输出电压为 $U_O=(R_2+R_3+R_P)U_Z/(R'_P+R_3)$。为了取得较好的稳压效果，输入电压至少比最大输出电压高 3V。

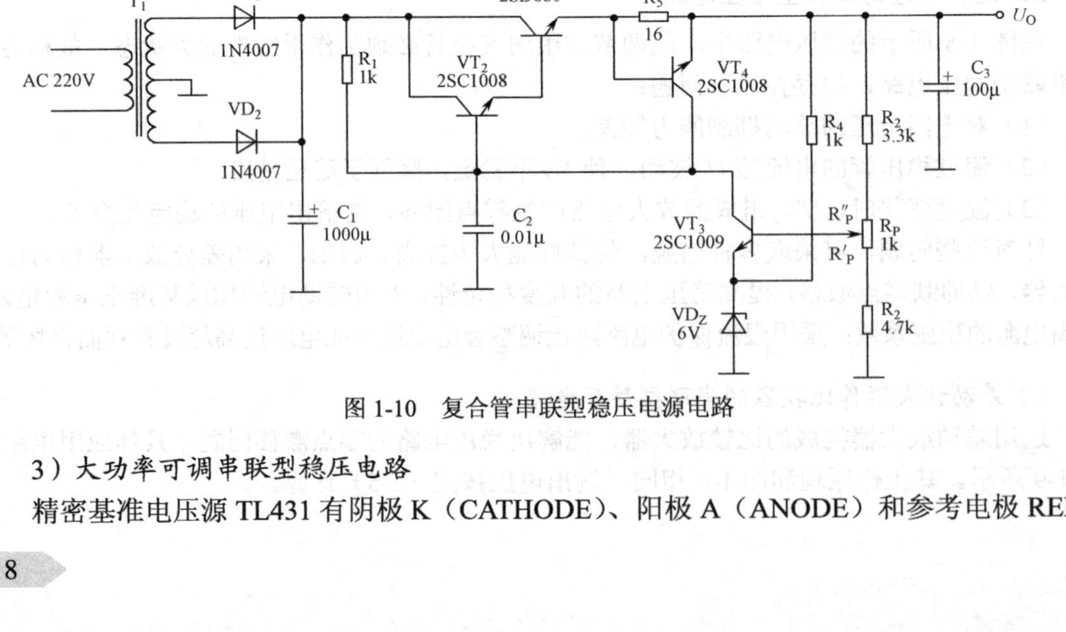

图 1-10　复合管串联型稳压电源电路

3）大功率可调串联型稳压电路

精密基准电压源 TL431 有阴极 K（CATHODE）、阳极 A（ANODE）和参考电极 REF，其引脚封装和电路符号如图 1-11 所示。TL431 的输出电压 U_{KA} 范围为 2.5～36V 连续可调，工作电流 I_{KA} 为 10～100mA，基准电压 U_{RA} 为 2.5V±2%，输出动态电阻典型值为 0.22Ω。

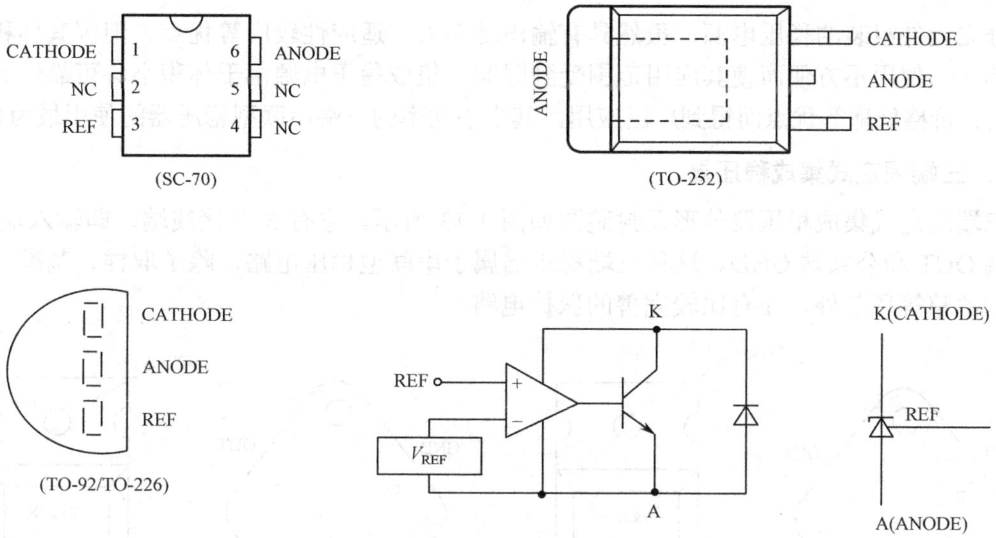

图 1-11　TL431 引脚封装和电路符号

利用 TL431 作为基准电压的大功率可调稳压电源，输出电压为 2.5～24V，最大输出电流为 6A，如图 1-12 所示。AC 220V 电压经变压器 B 降压、VD_1～VD_4 整流、C_1 滤波，得到 30V 电压。此外，VD_5、VD_6、C_2、C_3 组成倍压整流电路，d 点电位 U_d=60V；R_W、R_3 组成分压电路，与 TL431 构成取样放大电路；VT_1、R_2 组成限流保护电路，场效应管 K790 作为调整管，C_5 是输出滤波电容。稳压过程是：当输出电压降低时，f 点电位降低，经 TL431 内部放大使 e 点电压增高，经 K790 调整后，b 点电位升高；反之，当输出电压增高时，f 点电位升高，e 点电位降低，经 K790 调整后，b 点电位降低。从而使输出电压稳定。当输出电流大于 6A 时，在 R_2 上产生的压降达 0.6V，足以使三极管 VT1 得到偏置而导通，e 点电位将大大降低，从而使输出电压很低。这样，使输出电流被限制在 6A 以内，从而防止因过流而损坏调整管。在电路中除电阻 R_1 选用 2W、R_2 选用 5W 外，其他元件无特殊要求。R_W 用来调节输出电压大小，输出电压为 U_O= 2.5(R_3+ R'_P)/R_3。其中，R'_P 为电位器的有效电阻。

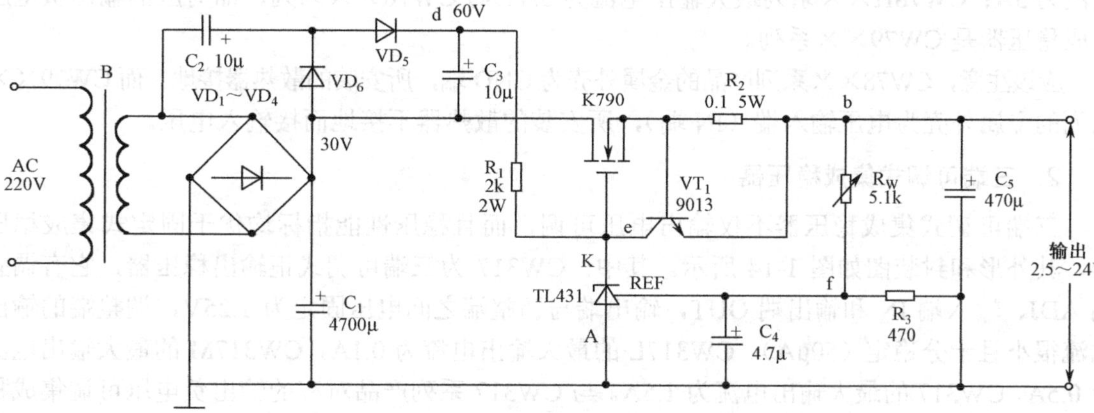

图 1-12　TL431 作基准电压的大功率可调稳压电源

1.1.4 集成稳压电源

分立元件组装的稳压电源，虽然具有输出功率大、适应性较广等优点，但因其体积大、功能单一、使用不方便而使其应用范围受到限制。集成稳压电源由于体积小、可靠性高、使用灵活、价格低廉等优点而得到广泛应用，其中小功率的三端串联型稳压器的使用最为普遍。

1．三端固定式集成稳压器

三端固定式集成稳压器外形及封装图如图 1-13 所示。它有 3 个接线端，即输入端 IN、输出端 OUT 和公共端 GND。这种三端稳压器属于串联型稳压电路，除了取样、基准、比较放大和调整等环节外，还有比较完善的保护电路。

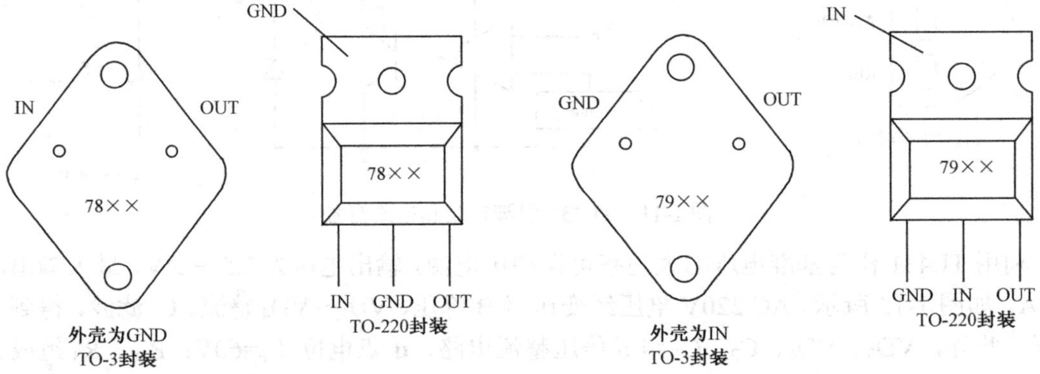

（a）78××系列　　（b）79××系列

图 1-13　三端固定式集成稳压器外形及封装图

CW78××系列是三端固定式输出正电压的集成稳压器，它的输出电压有 5V、6V、9V、12V、15V、18V、24V 等档次。它们型号的后两个数字就是输出电压的值。例如，CW7805 的输出电压为+5V，以此类推。CW78××系列产品的最大输出电流为 1.5A；CW78M××系列最大输出电流为 0.5A；CW78L××系列最大输出电流为 0.1A；CW78T××系列最大输出电流为 3A；CW78H××系列最大输出电流为 5A。与 CW78××系列产品对应的输出负电压集成稳压器是 CW79××系列。

应该注意，CW78××系列产品的金属外壳为 GND 端，所安装的散热器接地；而 CW79××系列的金属外壳为电压输入端（IN 端），所安装的散热器不接地而接输入电压。

2．三端可调式集成稳压器

三端可调式集成稳压器不仅输出电压可调，而且稳压性能指标均优于固定式集成稳压器，其外形和封装图如图 1-14 所示。其中，CW317 为三端可调式正输出稳压器，它有调整端 ADJ、输入端 IN 和输出端 OUT，输出端与调整端之间电压固定为 1.25V，调整端的输出电流很小且十分稳定（50μA）。CW317L 的最大输出电流为 0.1A，CW317M 的最大输出电流为 0.5A，CW317 的最大输出电流为 1.5A。与 CW317 系列产品对应的输出负电压可调集成稳压器是 CW337 系列。图 1-15（a）所示的应用电路，其输出电压为 $U_O=1.25(R_1+R_2)/R_1$，调节范围为 1.25～37V，要求输入电压至少为 40V。图 1-15（b）所示的应用电路，其输出电压为 $U_O=-1.25(R_1+R_2)/R_2$，调节范围为−1.25～−37V，要求输入电压至少为−40V。

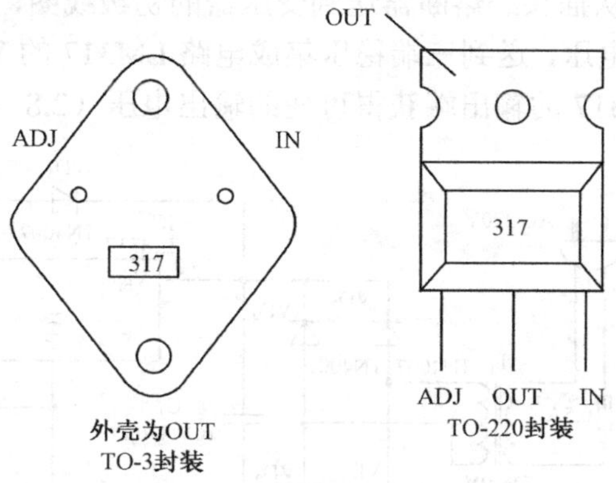

（a）317系列

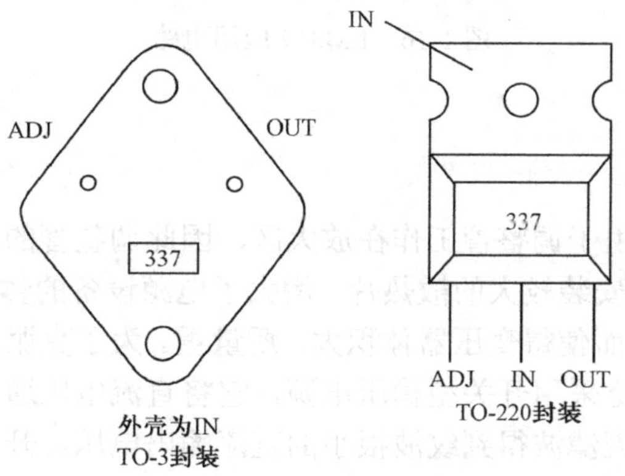

（b）337系列

图 1-14　三端可调式集成稳压器外形及封装图

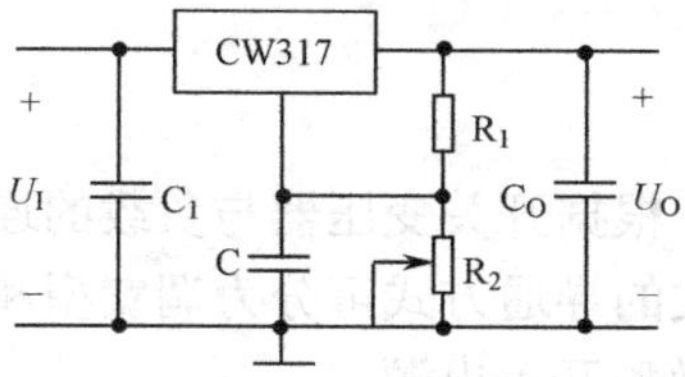

（a）CW317应用电路

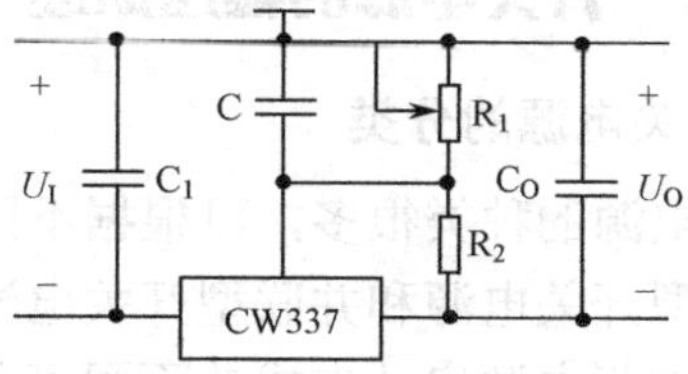

（b）CW337应用电路

图 1-15　可调式集成稳压器构成的正负电源电路

应该注意，CW317 的金属外壳为输出端（OUT 端），所安装的散热器接输出电压；而 CW337 的金属外壳为电压输入端（IN 端），所安装的散热器接输入电压。

3．LM317 应用例子

LM117/LM217/LM317 是美国国家半导体公司生产的三端可调正稳压器集成电路，我国生产的集成电路的对应型号为 CW117/CW217/CW317，分别对应军用品、工业品和商用品，是使用极为广泛的一类串联可调式集成稳压器。图 1-16 所示为 LM317 应用电路，输出电压为 2.8～7V。220V 交流电从插头经熔断器送到变压器的初级线圈，经过变压器降压、电容滤波后得到比较稳定的直流电压，送到三端稳压集成电路 LM317 的 V_{in} 端（3 脚）。调节可变电阻 R_P 的阻值，便可从 LM317 的输出端获得可变的输出电压（2.8～7V）。

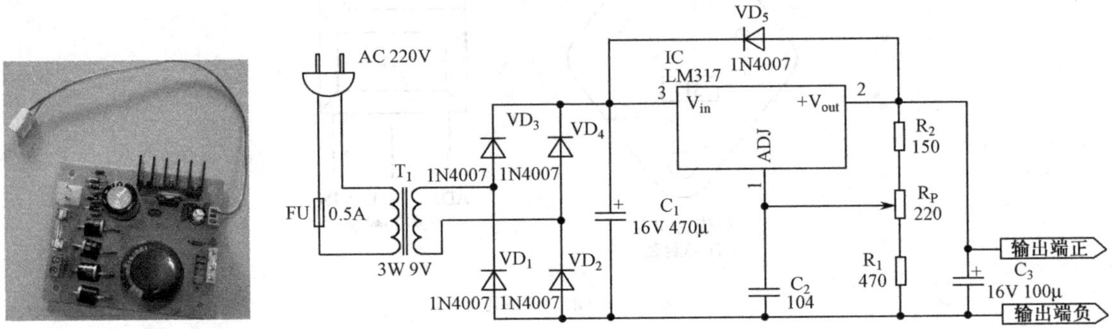

图 1-16　LM317 应用电路

1.2　开关稳压电源

串联型线性稳压电源由于调整管工作在放大区，因此调整管的功耗很大，效率较低（一般为 40%～60%），且需要安装较大的散热片，增大了电源设备的体积和质量。电源变压器的工作频率为 50Hz，频率低而使得变压器体积大、质量重。为了克服串联型稳压电源的这些缺点，在现代电子设备中广泛采用开关型稳压电源，它将直流电压通过半导体开关器件先转换成高频脉冲电压，再经整流滤波得到纹波很小的直流输出电压。开关型稳压电源的调整管工作在开关状态，通过改变开关管的导通时间来得到稳定的输出电压，具有功耗小、效率高、体积小、质量轻等特点，因此得到迅速的发展和广泛应用。

1.2.1　开关电源的稳压原理

1. 开关电源的分类

开关电源的种类很多，可根据不同标准进行分类。根据开关变压器与负载的连接方式可分为串联型开关电源和并联型开关电源；按照控制开关的导通方式可分为调宽型和调频型开关电源；按照电源启动方式的不同可分为自激型和他激型开关电源。

2. 开关电源的特点

与串联调整式稳压电源相比，开关电源具有如下特点：

（1）允许电网电压变化范围宽。当电网电压在 110～260V（某些机型允许 90～280V）范围内变化时，开关电源仍能获得稳定的直流输出电压，其直流输出电压的变化率保持在 2%以下。而串联调整式稳压电源允许电网电压变化范围一般约为 190～240V。

（2）功耗低、效率高。效率约为 80%～95%，其功耗是串联调整式稳压电源的 60%左右。

（3）体积小、质量轻。

（4）可靠性高。

（5）容易实现多路电压输出和遥控。

（6）电路复杂、造价较高。

3. 开关电源的组成

开关电源主要由EMI滤波器（抗干扰电路）、低频整流滤波电路、开关调整管振荡电路、开关变压器、高频整流滤波电路、过压过流保护电路、控制电路等组成，如图1-17所示。其工作过程是：220V交流电压经过EMI滤波器和低频整流滤波电路变换成300V左右的直流电压，在控制电路的控制下，开关调整管输出高频脉冲电压，经开关变压器进行升压或者降压变换后，再经过高频整流滤波电路输出稳定的直流电压。保护电路负责电路的过压、过流保护。

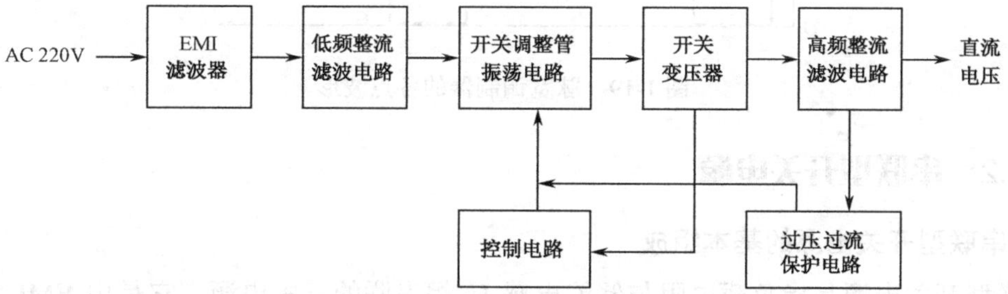

图1-17 开关电源组成框图

4. 开关电源的稳压原理

开关电源的稳压原理框图如图1-18所示。如果电网电压不稳使输出直流电压U_O增大，经光电耦合器隔离，误差放大器A的同向输入端电压减小，其输出电压减小。该电压（U_{C+}）与角波（U_{C-}）比较结果，会使其输出电压（U_G）的占空比减小，如图1-19虚线所示，从而使VMOS导通时间减少，截止时间增加。经二次整流后取出方波的平均值（U_O）将随之减小，这就是开关电源的稳压原理。

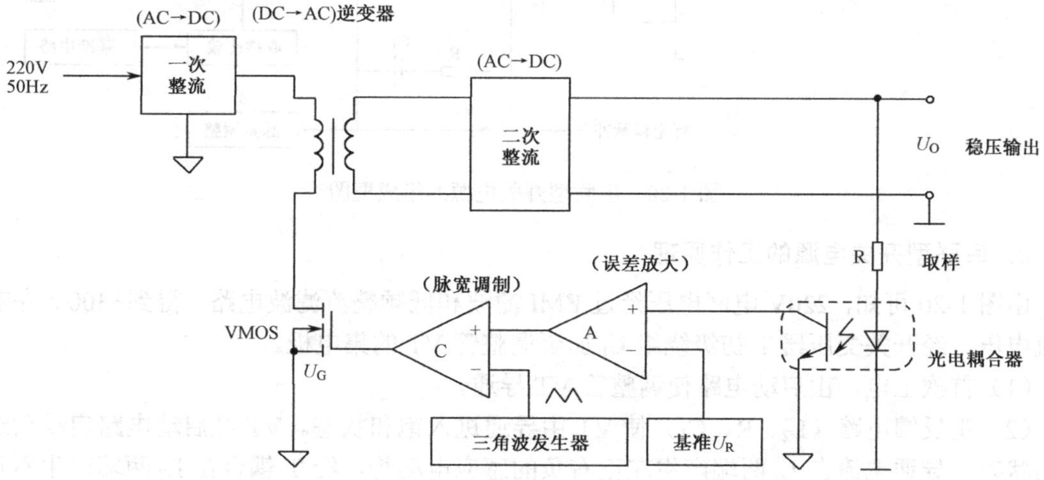

图1-18 开关电源的稳压原理框图

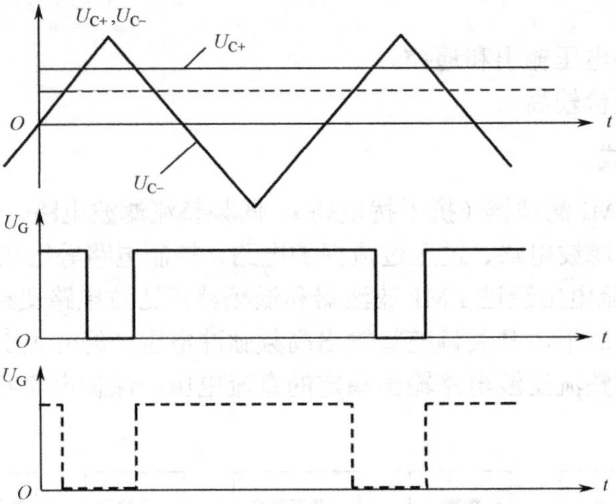

图 1-19　脉宽调制器的各点波形

1.2.2　串联型开关电源

1. 串联型开关电源的基本组成

串联型开关电源是指负载电阻与储能电感 L_1 相串联的开关电源。它是由 EMI 滤波器、整流滤波电路、开关调整管 VT、开关变压器 T、启动电路、正反馈电路、脉宽调整、取样比较及过压保护电路等组成的，如图 1-20 所示。

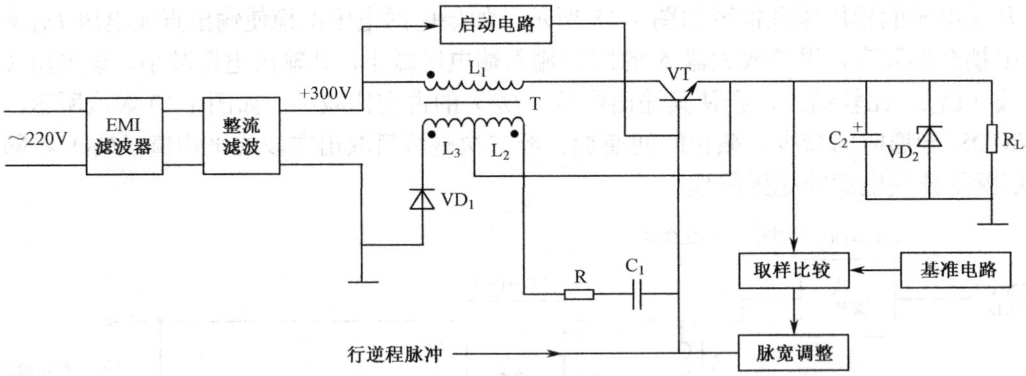

图 1-20　串联型开关电源的组成框图

2. 串联型开关电源的工作原理

由图 1-20 可知，220V 电网电压经过 EMI 滤波和低频整流滤波电路，得到+300V 左右的直流电压，经开关变压器 T 初级绕组 L_1 加至调整管 VT 的集电极。

（1）首次上电，由启动电路使调整管 VT 导通。

（2）正反馈电路（L_2、R、C_1）使 VT 由导通进入饱和状态。VT 经启动电路启动后进入导通状态，导通电流在 L_1 两端产生左正右负的感应电动势，经 T 耦合在 L_2 两端产生右正左负的感应电压，该电压经 R 向 C_1 充电并向 VT 提供基极电流，由此产生的正反馈使 VT 很快进入饱和导通状态。VT 饱和导通后，300V 电压经 L_1 向负载 R_L 供电，并对 C_2 充电，使 VT 的电流 I_{ce} 线性增加，同时在 L_1 中储能。

（3）正反馈电路中，随着 C_1 充电使 VT 由饱和变为截止。随着 C_1 充电电流的不断减小，VT 基极电流也不断减小，到某个时刻使 VT 退出饱和区而进入放大区，由于强烈的正反馈，使 VT 很快进入截止区。与此同时，反馈电容 C_1 开始放电，在 VT 的 be 结上形成反偏电压，使 VT 维持截止状态。VT 截止后，L_1 储存的能量通过 L_3 及二极管 VD_1 向负载供电，同时，C_2 上储存的电荷也向负载放电，使负载上得到平滑的直流电压。

（4）行逆程脉冲触发 VT 由截止变为导通。以后，VT 由截止转为导通，是靠行逆程脉冲的触发实现的。当行逆程脉冲到来时，强迫 VT 由截止转为导通，当行逆程脉冲过后靠反馈电路（L_2、R、C_1）的强烈正反馈，使 VT 进入饱和区。取样比较电路与脉宽调整电路根据输出电压的大小以及 C_1 的充电来综合控制 VT 的截止时刻，即控制 VT 的导通时间，从而使输出电压稳定。

（5）过压保护。稳压管 VD_2 起到过压保护作用。当输出电压很高时，会使稳压管 VD_2 击穿（烧坏而短路），使输出端短路，从而使过流保护电路立即动作或者使熔断器熔断而切断输入电源。

3．串联型开关电源的特点

串联型开关电源的主要特点是：对调整管的最大集电极电流和 c、e 极间耐压要求低；输出的直流电压稳压性能好，纹波系数小；具有电路简单、成本低、电网高频窜扰小等优点，但存在电网电压与主板地线不隔离的缺陷。当维修者触摸底盘时，220V 交流电会通过人体与大地形成回路，具有很大的危险性。如果使用示波器测量信号波形，又使用带地线的电源插座，将会引起电源短路。因此，维修时应特别注意人身和测量仪器的安全。为了检修方便，可在开关电源输入端加接 1∶1 的隔离变压器，目的是将开关电源电路与电网隔离。另外，采用这种开关电源电路的电视机若有 AV 输入/输出端子，还有可能使与之相连的录像机、DVD 等发生短路故障，连接前应特别注意。

4．串联型开关电源的应用实例

如图 1-21 所示为一种彩色电视机使用的串联自激调宽型开关电源的电路图，下面介绍其工作过程。

1）整流滤波与自动消磁电路

220V 交流电压经电源开关 S801、熔断器 FU801（2A）和互感滤波器（EMI）C801 与 T801 加至桥式整流电路，得到 300V 左右的直流电压。

自动消磁电路由消磁线圈 L901 和正温度系数（PTC）热敏电阻 RT890 组成，首次上电自动完成消磁功能。消磁线圈套在显像管的外框，由漆包线绕成，PTC 热敏电阻的特性是常温时电阻值一般在 16～27Ω，在通电加热后瞬间阻值达到几十千欧，因此消磁线圈中的电流在瞬间很大，然后沿一定的曲线下降到很小，这样就起到给显像管内部铁磁材料消磁的目的。

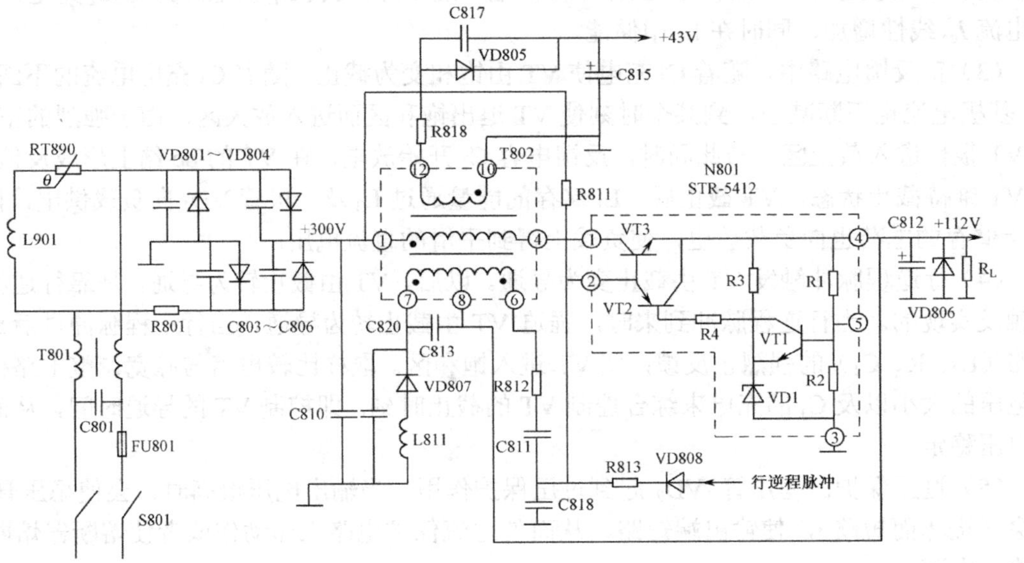

图 1-21　串联自激调宽型开关电源的电路图

2）开关调整与自激振荡电路

（1）脉冲前沿阶段（VT3 由截止→导通→饱和）。首次上电，300V 电压经启动电阻 R811 给 VT3 基极提供偏置电压，使 VT3 工作在放大状态。VT3 的 I_{c3} 流过 T802 的初级绕组产生感应电动势 e_1，为左正右负。同时在 T802 的⑥、⑧脚反馈绕组中产生左负右正的感应电动势 e_2，e_2 经 R812、C811 使 VT3 的 U_{be3} 增加，进一步使 I_{b3} 增加，形成正反馈，使 VT3 迅速饱和。

（2）脉冲平顶阶段（VT3 处于饱和状态）。VT3 饱和导通后，300V 电压经 T802 的初级绕组、VT3 给负载 R_L 供电，并给 C812 充电，电流 I_{c3} 按线性规律逐渐增加，使 T802 初级绕组储能。

（3）脉冲后沿阶段（VT3 由饱和→导通→截止）。在 VT3 饱和导通后，由 T802 反馈绕组产生的感应电动势 e_2（左负右正）经 R812、C811、$R_{be}//R_K$ 给 C811 充电。充电时间常数 $\tau_{充}=C_{811}\cdot(R_{812}+R_{be}//R_K)$。其中，$R_{be}$ 是 VT3 发射结的导通电阻，R_K 是调宽管 VT2 的 c、e 极间等效电阻。随着充电的进行，VT3 基极电流 I_{b3} 逐渐减小，当 $I_{b3}<I_{cm}/\beta$ 时（I_{cm}、β 分别是 VT3 管集电极饱和电流和电流放大倍数），VT3 脱离饱和进入放大状态。随后，由于 I_{b3} 减小，引起 I_{c3} 减小，T802 的初级绕组和反馈绕组中产生的感应电动势的极性均反相，所引起的正反馈使 VT3 迅速截止。

（4）脉冲间歇阶段（VT3 处于截止状态）。此阶段，T802 初级绕组储存的能量通过次级绕组释放出来。在 T802 的⑦脚、⑧脚次级绕组产生左负右正的感应电动势 e_3，使续流二极管 VD807 导通，并通过 VD807、L811 给负载 R_L 供电，并对 C812 充电。电路中的 L811、C820 有减小对外辐射干扰的功能，C812 起平滑滤波作用。同时，300V 电压经 R811、C811、R812、T802 的第⑥、⑧脚绕组也对 C812 充电，给负载 R_L 供电，而且还给 C811 反向充电，使 VT3 的基极电位 U_{b3} 逐渐增加，当 U_{b3} 约大于 0.5V 时，VT3 脱离截止状态而进入放大状态，开始下一个周期的振荡。

当行逆程脉冲到来时，VT3 基极电位 U_{b3} 迅速上升，使 VT3 提前脱离截止状态而进入放大状态，从而使间歇振荡与行振荡同步，被行频锁定。

3）稳压控制电路

稳压控制是由厚膜电路 N801 实现的。当市电电压过高或负载过轻而使设定值为 112V 的输出电压 U_O 偏高时，VT1 基极电位 U_{b1} 上升，引起 VT1 基极电流 I_{b1} 上升，又使 VT1 集电极电流 I_{c1} 增加，也就使 VT2 基极电流 I_{b2} 增加，使 VT2 的 c、e 极间等效电阻 R_K 减小，使脉冲平顶阶段充电时间常数 $\tau_{充}$ 减小，平顶时间减小，即脉冲宽度 T_{ON} 减小。在振荡周期 T 一定的情况下，T_{ON} 减小使输出的直流电压下降，从而使输出电压恢复到原先的设定值。反之，当某种原因使 U_O 降低时，经过与上述相反的稳压过程，同样可使输出的直流电压回到原来的设定值。

4）脉冲整流滤波与过压保护电路

开关调整管 VT3 导通时由厚膜电路 N801 直接输出，开关调整管 VT3 截止时由 T802 的⑦、⑧脚绕组提供电能以及 300V 电压经 R811、C811、R812、T802 的第⑥、⑧脚绕组也对 C812 充电，给负载 R_L 供电，输出主电压+112V。

当开关调整管 VT3 截止时，脉冲变压器 T802 的第⑫、⑩脚之间的绕组产生⑫脚为正、第⑩脚为负的感生电动势 e_4，经 VD805 整流、C815 滤波后，得到 43V 电压，供给场输出电路使用。当 VT3 饱和导通时，T802 第⑫、⑩脚绕组的感应电动势 e_4 为左负右正，e_4 使 VD805 截止，由 C815 给负载供电。电路中的 C817、R818 以及 C820、L811、C813、C818 都是用来减小开关电源对外辐射干扰的。

为了防止 112V 电压过高，电路中加有稳压二极管 VD806 作为过压保护元件。当输出的直流电压超过+130V 时，VD806 击穿，将+112V 输出端对地短路，强迫开关稳压电源停止工作。这种过压保护电路是破坏性保护电路，一旦 VD806 击穿就需要更换。

1.2.3 并联型开关电源

1. 并联型开关电源的基本组成

并联型开关电源是指负载电阻与储能电感 L_1 相并联的开关电源。它是由 EMI 滤波器、低频整流滤波电路、启动电路、开关调整管 VT、开关变压器 T、高频整流滤波电路、取样比较电路、脉宽调整电路、反馈电路、过流保护和过压保护电路等组成的，如图 1-22 所示。

2. 并联型开关电源的工作原理

由图 1-22 可知，220V 电网电压经过 EMI 滤波和低频整流滤波电路，得到+300V 左右的直流电压，经开关变压器 T 初级绕组 L_1 加至调整管 VT 的集电极。

（1）首次上电，300V 电压经启动电路使 VT 微导通。

（2）正反馈电路使 VT 由微导通进入饱和导通。启动电流使 VT 微导通，VT 的集电极电流 I_{ce} 流过开关变压器 T 的初级绕组 L_1，就在 L_1 两端产生上正下负的感应电动势，经 T 耦合

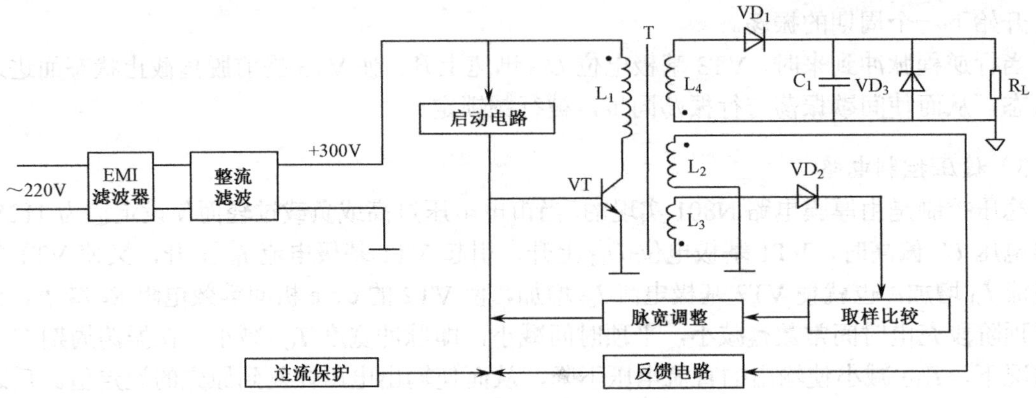

图 1-22　并联型开关电源的组成框图

在反馈绕组 L_2 两端，也产生上正下负的反馈电压，此反馈电压通过反馈电路加至 VT 基极，使 VT 很快进入饱和导通状态，L_1 储能。

（3）VT 导通时间的控制。VT 进入饱和导通后，导通时间由脉宽调整电路控制。取样比较电路根据输出电压的高低输出不同的误差电压去控制脉宽调整电路，再由脉宽调整电路来调整 VT 的导通时间，从而实现输出电压的稳定。

（4）VT 由截止变为导通的控制。对于自激式开关电源，由于 L_1 与分布电容及电路中的电容之间产生谐振，所引起的振铃电压使 VT 由截止转化为导通。对于他激式开关电源，一般是由行逆程脉冲来强迫 VT 导通的。

（5）L_1 储能向负载供电。在 VT 导通期间，300V 电压对 L_1 充电储能，二极管 VD_1 由于反偏而截止，输入电源不向负载供电；当 VT 截止时，VD_1 导通，原先在 VT 导通时储存在 L_1 上的能量通过变压器 T 耦合由 L_4 向负载 R_L 供电，同时向 C_1 充电。C_1 上积累的能量，在 VD_1 截止时供给负载，使负载电流保持平滑。

（6）过压保护。当输出电压很高时（一般设定在 140V 左右），稳压管 VD_3 击穿（烧坏而短路），使输出端短路，从而使过流保护电路立即动作或使熔断器熔断而切断输入电源。这种保护是一次性的，即故障排除后，稳压管需更换。

3．并联型开关电源的特点

并联型开关电源的主要特点是：采用开关变压器耦合，可以使输入电源与输出电源实现电气隔离，即电视机主板地线不与电网零线相连，也容易与外界建立接口连接，但电路相对复杂，对开关管要求较高。

1.3　直流充电电源

1.3.1　充电电池的种类和使用方法

1．常用充电电池的种类

充电电池，是指充电次数有限的可充电的电池，配合充电器使用，现在一般充电次数在 1000 次左右。充电电池的好处是经济、环保、电量足，适用于大功率、长时间使用的电器（如随身听、电动玩具等）。常用充电电池主要有铅酸蓄电池、镍镉电池、镍氢电池、锂电池、铁锂电池5种。市场上出售的充电小电池除锂电池外，主要有5号、7号充电电池，但也有1号充电电池。

1）铅酸蓄电池

铅酸蓄电池具有无须均衡充电、使用寿命长、内阻小、输出功率高、自放电小、成本相对较低等特点，是目前世界上应用最为广泛的电池产品。此类电池单体电压高（2V），主要用于汽车、摩托车的启动，应急照明系统、UPS不间断电源系统等大功率场合。改进型全密封免维护铅酸蓄电池，免去补充溶液的问题，使用更方便。

2）镍镉电池

镍镉（Ni-Cd）电池，单体电压1.2V，可代替普通电池，有充电记忆效应，如果没有完全放电就充电，会令容量降低。

3）镍氢电池

镍氢（Ni-MH）电池，单体电压1.2V，容量比镍镉电池高30%～60%，属环保型、无记忆电池。镍氢电池价格便宜，标准型号，但自放电较大。

4）锂（Li-ion）电池

锂（Li-ion）电池主要应用于手机、DV、笔记本电脑中，单个电池电压是3.6V，通常不做成5号电池的形式，具有容量大、质量轻、电压高等特点，但不耐储存，价格较高，基本上是“专款专用”，通用性差。

5）铁锂电池

铁锂（LiFePO4）电池是一种新型动力电池，具有输出效率高、常温时性能良好、不燃烧、不爆炸、循环寿命长、快速充电、环境无污染等特点，受到各方面的重视。铁锂电池的标称电压是3.2 V，终止充电电压是3.6V，终止放电电压是2.0V。主要应用在大型电动车辆、轻型电动车、电动工具、太阳能及风力发电的储能设备、UPS等领域。

这里举一个用铁锂动力电池替代铅酸蓄电池的应用实例。采用36V/10A·h(360W·h)的铅酸蓄电池，其质量为12kg，充一次电可行走约50km，充电次数约100次，使用时间约1年。若采用铁锂动力电池，采用同样的360W·h能量（12个10A·h电池串联组成），其质量约4kg，充电一次可行走80km左右，充电次数可达1000次，使用寿命可达3～5年。虽然说铁锂动力电池的价格较铅酸蓄电池高得多，但总的经济效果还是采用铁锂动力电池更好，并且在使用上更轻便。

2. 充电电池的正确使用方法

正确使用充电电池，可以延长电池的寿命或者减缓电池容量的衰退。充电器一定要与电池配对使用，充电器的充电电压、充电电流、充电保护等都是充电器的核心，直接决定电池能否充满和电池寿命。看清充电器的输出电压、充电电流以及说明书，必须明确可充哪些电池（包括电池种类、电池容量、电池尺寸等）。锂电池必须选用专用充电器，否则可能会达不到饱和状态，影响其性能发挥。

充电电池使用注意事项如下：

（1）正确选用配对的充电器。

（2）电池在充电过程中请不要拔下外接电源。

（3）使用电池时，请尽量全部用完再充电，并且一次就将电量充满。

（4）如果使用电池的电器长时间不用，请拔下电池，将电池单独存放。

（5）电池单独存放时间建议不要超过 1 个月，并保证每隔 1 个月左右就对电池进行充电。

（6）电池单独存放前，请保持电池电量大于 80%。

（7）电池应置于温度范围−10～35℃的干燥环境中存放，避免阳光直射。

（8）对于镍镉电池、锂电池，其破损后会污染环境，同时又有一定的危险性，请不要随意拆卸、丢弃。

1.3.2 蓄电池充电器

铅酸蓄电池由于其固有的特性，若使用不当，寿命将大大缩短。影响铅酸蓄电池寿命的因素很多，采用正确的充电方式，能有效延长蓄电池的使用寿命。

1. 常规充电法

（1）恒流充电法。恒流充电法是用调整充电装置输出电压或改变与蓄电池串联电阻，保持充电电流强度不变的充电方法。这种充电方法控制简单，但由于电池的可接受电流能力是随着充电过程的进行而逐渐下降的，到充电后期，充电电流多用于电解水，产生气体，使出气过甚。

（2）阶段充电法。此方法包括二阶段充电法和三阶段充电法。

① 二阶段充电法是采用恒电流与恒电压相结合的快速充电方法，如图 1-23 所示。首先，以恒电流充电，蓄电池电压上升至预定的电压值，然后，改为恒电压方式完成剩余的充电，充电电流逐渐下降。一般两阶段之间的转换电压就是第二阶段恒电压充电的电压。恒电压充电时要严格掌握充电电压，如果浮充电压过低，则蓄电池会充不满；如果浮充电压过高，则会造成过量充电，缩短蓄电池寿命。例如，额定电压为 12V 的蓄电池，其充电电压应在 13.5～13.8V 之间。

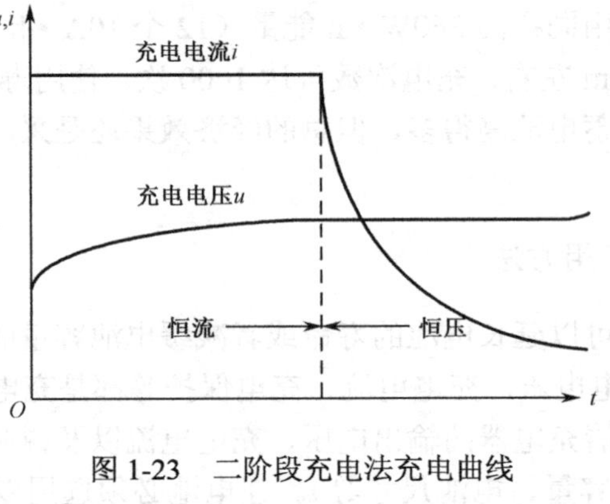

图 1-23　二阶段充电法充电曲线

② 三阶段充电法，在充电开始以恒电流 I_1 充电，到 T_1 时刻改用恒电压 U_2 充电，到 T_2

时刻以恒电流I_3充电直至充电结束，如图1-24所示。这种方法可以将出气量减到最少，但作为一种快速充电方法使用，会受到一定的限制。

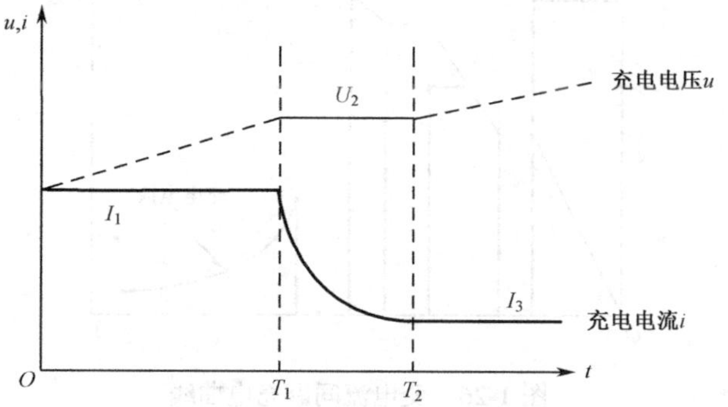

图1-24 三阶段充电法充电曲线

2. 快速充电法

下面介绍目前比较流行的几种快速充电方法。这些方法都是围绕着最佳充电曲线进行设计的，目的就是使其充电曲线尽可能地逼近蓄电池的最佳充电曲线。

（1）脉冲式充电法。脉冲式充电法首先是用脉冲电流对电池充电一段时间，然后让电池停充一段时间，再用脉冲电流对电池充电一段时间，再停充一段时间，如此循环，周期为T，如图1-25所示。充电脉冲使蓄电池充满电量，而间歇期使蓄电池经化学反应产生的氧气和氢气有时间重新化合而被吸收掉，使浓差极化和欧姆极化自然而然地得到消除，从而减轻了蓄电池的内压，使蓄电池可以吸收更多的电量。间歇脉冲使蓄电池有较充分的反应时间，减少了析气量，提高了蓄电池充电电流接受率。

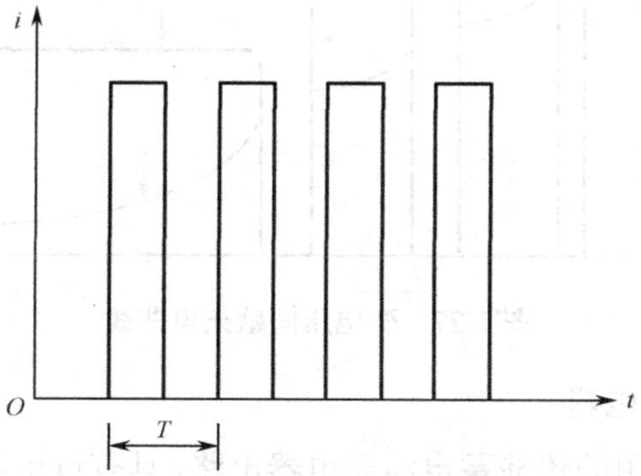

图1-25 脉冲充电曲线

（2）变电流间歇充电法。这种充电方法建立在恒流充电和脉冲充电基础上，如图1-26所示。其特点是将恒流充电段改为变电流间歇充电段。充电前期的各段采用变电流间歇充电的方法，保证较大充电电流，获得绝大部分充电量。充电后期采用定电压充电段，获得过充电量，将电池恢复至完全充电态。通过间歇停充，使蓄电池经化学反应产生的氧气和氢气有时间重新化合而被吸收掉，使浓差极化和欧姆极化自然而然地得到消除，从而减轻了蓄电池的内压，使下一轮充电能够更加顺利地进行，使蓄电池可以吸收更多的电量。

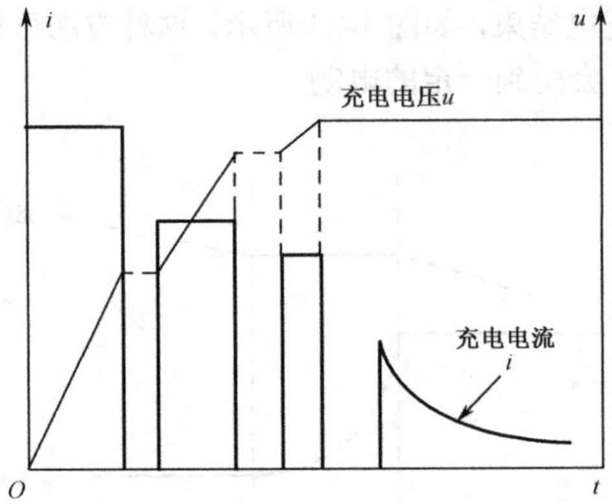

图 1-26　变电流间歇充电曲线

（3）变电压间歇充电法。在变电流间歇充电基础上提出了变电压间歇充电法，如图 1-27 所示。与变电流间歇充电方法不同之处在于第一阶段的不是间歇恒流，而是间歇恒压。

比较图 1-26 和图 1-27 可以看出，图 1-27 更加符合最佳充电的充电曲线。在每个恒电压充电阶段，由于是恒压充电，充电电流自然按照指数规律下降，符合电池电流可接受率随着充电的进行逐渐下降的特点。

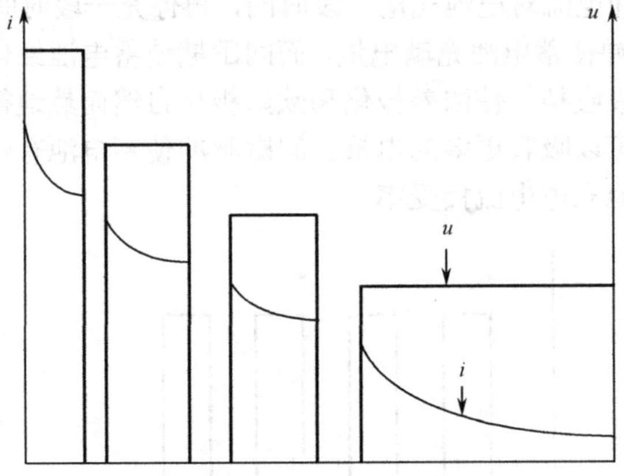

图 1-27　变电压间歇充电曲线

3．一种实用蓄电池充电器

图 1-28 所示是一种实用的铅酸蓄电池充电器电路，具有过电流自动保护和电池极性接反报警等功能，可用于 10～20A・h 的 12V 铅酸蓄电池充电。

（1）电路组成。该铅酸蓄电池充电器由电源电路、充电电路、电压控制电路、电流控制电路和电池极性接反报警电路组成，如图 1-28 所示。

电源电路由电源变压器 T，整流二极管 VD1、VD2，滤波电容器 C1～C6 和三端稳压集成电路 IC3（CW78H12）组成。

充电电路由电阻器 R1、R6～R8、晶体管 VT1、VT2 和充电指示发光二极管 VL3 组成。

电压控制电路由比较放大器 IC2（CA3130）、电阻器 R9～R11、电位器 RP2、稳压二极管 VS、电容器 C8 和发光二极管 VL2 组成。

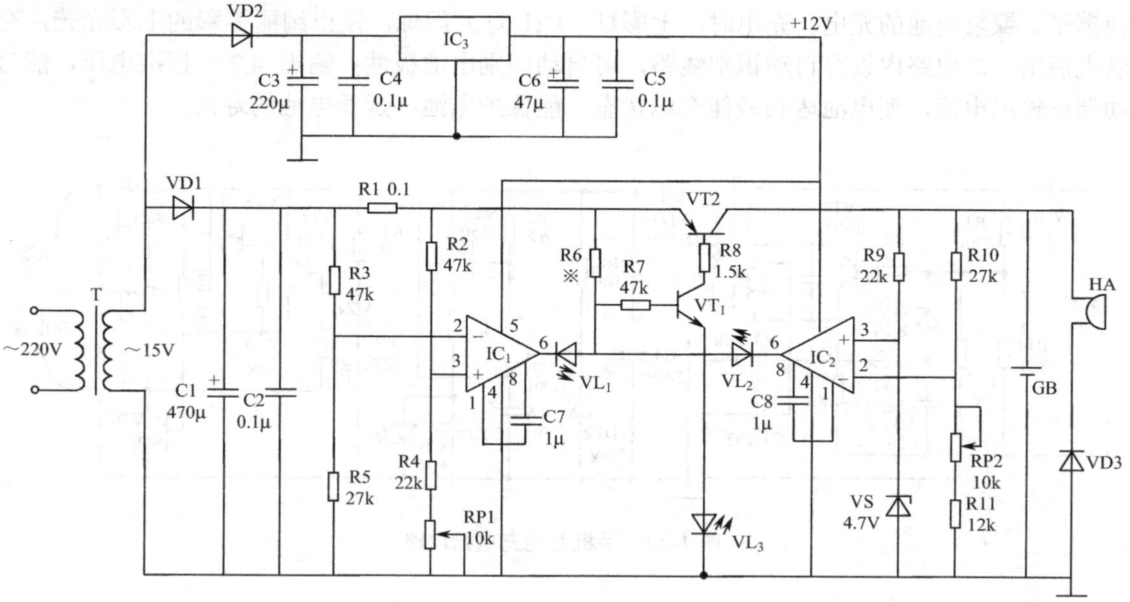

图 1-28 铅酸蓄电池充电器电路

电流控制电路由电阻器 R1～R5、电位器 RP1、比较放大器 IC1（CA3130）、电容器 C7 和发光二极管 VL1 组成。

电池极性接反报警电路由蜂鸣器 HA 和二极管 VD3 组成。

（2）电路工作原理。交流 220V 电压经变压器 T 降压后分为两路：一路经二极管 VD2 半波整流、C3 滤波及 IC3 稳压后，产生+12V 电压，供给 IC1 和 IC2；另一路经二极管 VD1 半波整流及 C1 滤波后，作为充电电压，经 R1 加至晶体管 VT2 的发射极。

在蓄电池 GB 的端电压低于 13.5V 时，IC2 的 3 脚（正输入端）电压高于 2 脚 (反相输入端)电压，6 脚输出高电平，VT1 和 VT2 导通，蓄电池 GB 开始充电，同时充电指示灯 VL3 点亮。

当蓄电池 GB 充满电（端电压达到 13.5V）时，IC2 的 2 脚电压高于 3 脚电压（4.7V），IC2 的 6 脚输出低电平，使充满指示灯 VL2 点亮，VT1 和 VT2 截止，充电结束。调整 RP2 的阻值，使蓄电池充满电后 VL2 点亮。

IC1 的 3 脚（正相输入端）为基准电流端，2 脚（反相输入端）为电流检测端。在蓄电池正常充电时，IC1 的 2 脚电压低于 3 脚电压，6 脚输出高电平，VL1 不发光。当某种原因（如被充蓄电池中某一格极板短路）使充电电流偏高时，IC1 的 2 脚电压将高于 3 脚电压，6 脚输出低电平，使故障指示灯 VL1 点亮，VT1 和 VT2 截止，充电电路停止充电，直到充电电流恢复正常。RP1 用来设定最大充电电流。

在蓄电池 GB 的极性与电路连接正确时，二极管 VD3 不导通，蜂鸣器 HA 不发声。若 GB 的极性接反，则 VD3 导通，蜂鸣器 HA 发出报警声，提示蓄电池的极性接反。

1.3.3 手机万能充电器

如图 1-29 所示为一种实用的手机万能充电器电路，可用于容量为 250～3000mA · h

锂离子、镍氢电池的充电。充电时，七彩灯（CH 灯）闪烁，发出绚丽多彩的七彩光芒，充满电后熄灭。电路内设有自动识别线路，可自动识别电池极性；输出 4.2V 标准电压，能自动调整输出电流，使电池达到最佳充电状态，能保护电池，延长电池的寿命。

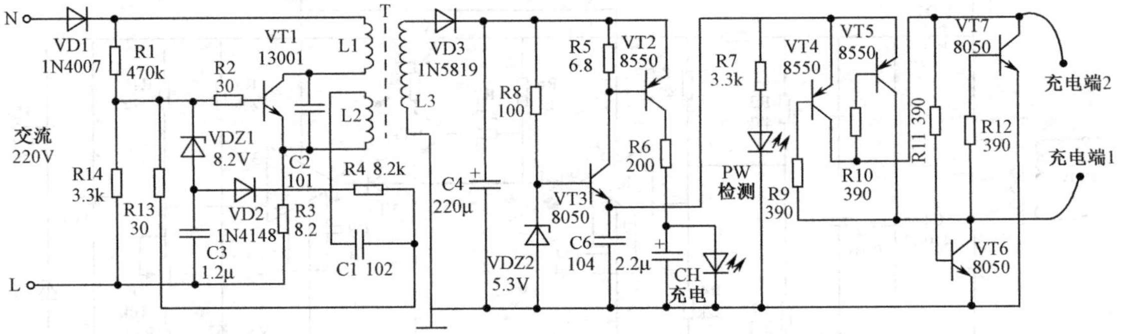

图 1-29　手机万能充电器电路

本电路可分为开关电源和充电电路两部分，以 C4 为界，左半部分（包括 C4）为开关电源部分，提供 9V 直流电压；右半部分为充电电路部分，输出 4.2V 标准电压。

1．开关电源

当接入电源后，通过整流二极管 VD1 得到 100V 左右的直流电压，经 R1、R2 给开关管 VT1 提供启动电流，使 VT1 开始导通，其集电极电流 I_{c1} 使 L1 中流过电流线性增长，产生上端为正的感应电动势，经变压器 T 耦合，在 L2 两端产生上端为正的感应电压，再经 C1、R13、R2 加到 VT1 的发射结，产生 VT1 基极为正、发射极为负的正反馈电压，使 VT1 很快饱和导通，并在 L1 中储能。与此同时，感应电压给 C1 充电，随着 C1 充电电压的增高，VT1 基极电流逐渐变低，到某个时刻会使 VT1 退出饱和区；由于 I_{c1} 开始减小，将在 L2 中感应出使 VT1 基极为负、发射极为正的正反馈电压，使 VT1 迅速截止；这时二极管 VD3 导通，将原先在 L1 中的储能通过次级绕组 L3 释放给负载。在 VT1 截止期间，直流输入电压又经 R1、R13 给 C1 反向充电，逐渐提高 VT1 基极电位，使其重新导通，再次翻转达到饱和状态，电路就这样重复振荡下去。最终由变压器 T 的次级绕组 L3 向负载输出所需要的脉冲电压，再经 VD3 高频整流和 C4 滤波后，获得 9V 直流电压，供给充电电路。

2．充电电路

在充电电路中，CH 为七彩发光二极管，与 VT2 组成充电指示电路；PW 为电源指示灯，与 R7 组成电源通电指示电路；VT4～VT7 组成电池极性自动识别电路。

当充电端 1 接电池正极、充电端 2 接电池负极时，充电回路是：电源正极→VT5 发射极→VT5 集电极→充电端 1→充电电池→充电端 2→VT7 饱和导通→电源负极。当充电端 2 接电池正极、充电端 1 接电池负极时，充电回路是：电源正极→VT4 发射极→VT4 集电极→充电端 2→充电电池→充电端 1→VT6 饱和导通→电源负极。因此，通过电池极性的自动识别，保证充电回路自动工作。

1.4　逆变电源

1.4.1　逆变电源的认知

逆变电源，一般是指将低压的直流电转变成高压（或低压）的交流电，是将直流电能转换成交流电能的装置，供交流负载用电。蓄电池、干电池、太阳能电池等直流电源向交流负载供电时，均需要逆变电路；交流电动机的调速变频器、不间断电源、感应加热电源等电力电子装置的核心部分都是逆变电路。例如，12V 蓄电池是不能为普通电灯或计算机、电视机等供电的，而把该蓄电池通过逆变器变成普通的 220V 交流电，就能供给这些电器使用了。

目前市面上比较常见的逆变电源有传统的逆变电源、数字式逆变电源和 UPS 电源。

传统逆变电源的变压器使用普通硅钢片绕制，不仅耗材、笨重、效率低，而且空载电流高达 0.7～2A，使得逆变所需的蓄电池、太阳能电池等电能浪费严重。此外，传统逆变电源还存在输出电压不稳定，容易损坏电器；缺少各种短路保护和欠压保护电路，容易烧毁逆变电源中输出功率管和蓄电池等储能装置的缺点。

数字式逆变电源是目前在居民中使用率比较高的逆变电源，可以完全解决传统逆变电源在使用过程中所存在的各种问题。它是计算机技术与电源技术相结合的实用型产品，是一种比较好的后备供电设备电源。大多数数字式逆变电源都采用开关电源方案，其脉宽调制方式有电压型和电流型两种，后者在对输出电压做误差控制调整的同时也对电流进行调整，因此具有很好的瞬变响应能力，能迅速响应输入、输出的变化和短路或过载故障，不但效率高，而且灵活性好。

UPS 电源是一种当市电中断后能及时向负载供电的不间断电源，按其工作原理可分为后备式、在线式以及在线互动式 3 种。

（1）后备式 UPS。后备式 UPS 的工作过程：在市电正常供电时，市电通过交流旁路通道再经转换开关直接向负载提供电源，机内的逆变器处于停止工作状态，同时处于电池充电状态；只有当市电供电中断或低于 170V 时，蓄电池才对 UPS 的逆变器供电，并向负载提供稳压、稳频的交流电源。后备式 UPS 电源的优点是：运行效率高、噪声低、价格相对便宜，主要适用于市电波动不大，对供电质量要求不高的场合。后备式 UPS 一般只能持续供电几分钟到几十分钟，主要是让使用者有时间备份数据，并尽快结束手头工作。

（2）在线式 UPS。在线式 UPS 的工作过程：与后备式 UPS 不同，其逆变器一直处于工作状态，它首先将外部交流电转变为直流电，再通过逆变器将直流电转换为高质量的正弦波交流电输出给负载。在线式 UPS 在供电状况下的主要功能是稳压及防止电波干扰；在停电时则使用备用直流电源给逆变器供电。在线式 UPS 的优点是供电持续时间长，一般为几个小时到十几个小时，适用于交通、银行、通信、医疗等行业，价格相对较高。

（3）在线互动式 UPS。这是一种智能化的 UPS，在输入市电正常时，UPS 的逆变器处于反向工作状态（即整流工作状态），给电池组充电；在市电异常时逆变器立刻转为逆变工作状态，将电池组电能转换为交流电输出。与后备式 UPS 相比，在线互动式 UPS 的保护功能较强，逆变器输出电压波形较好，可自动侦测外部输入电压是否处于正常范围之内，若有偏差可由稳压电路升压或降压，提供比较稳定的正弦波输出电压，同时具有较强的软件功能，进行 UPS 的远程控制和智能化管理。这种 UPS 集中了后备式 UPS 效率高和在线式 UPS 供电质量高的优点，但其稳频性能不是十分理想，不适合做常延时的 UPS 电源。

1.4.2 桥式逆变电路

1．桥式逆变电路的工作原理

单相桥式逆变电路的工作原理如图 1-30 所示。其中，S_1～S_4是桥式电路的 4 个臂，由电力电子器件及辅助电路组成。S_1和 S_4闭合、S_2和 S_3断开时，负载电压 u_o为正；当 S_1和 S_4断开、S_2和 S_3闭合时，负载电压 u_o为负，实现直流电到交流电的转换。改变两组开关切换频率，即可改变输出交流电的频率。

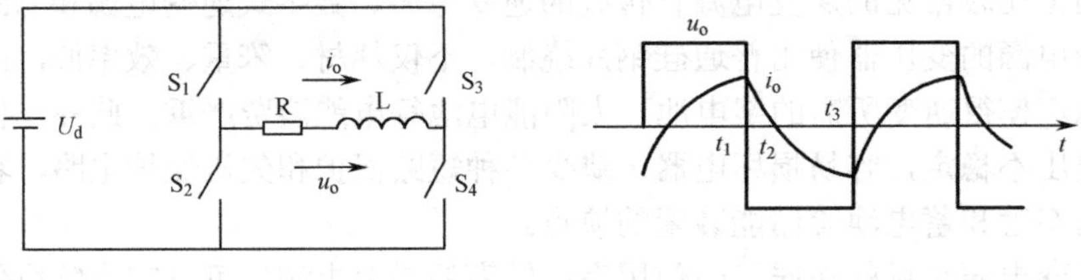

（a）逆变原理图　（b）信号工作波形

图 1-30　单相桥式逆变原理及其工作波形

信号工作波形分析：在 t_1之前，S_1和 S_4闭合，S_2和 S_3断开，u_o和 i_o均为正；t_1时刻断开 S_1、S_4，接通 S_2、S_3，u_o立刻变为负，但由于实际负载总是存在一定的分布电感，而使 i_o不能突变，只能逐步下降，在 t_2时刻降为零，之后 i_o才反向并增大；在 t_3时刻，闭合 S_1和 S_4，断开 S_2和 S_3，u_o立刻变为正，i_o逐渐上升。如此循环工作，就可以将直流电逆变为交流电。

2．单相桥式逆变电路

采用移相方式调节输出电压的单相桥式逆变电路如图 1-31 所示。其中，VT_1、VT_2、VT_3、VT_4采用 IGBT 开关管；VD_1、VD_2、VD_3、VD_4为续流二极管，起到使 i_o连续的作用；L 起到消除一些谐波、使输出电压正弦化的作用。IGBT（Insulated Gate Bipolar Transistor）是绝缘栅双极型晶体管，其开关作用是通过加正向栅极电压，使 IGBT 导通；反之，加反向栅极

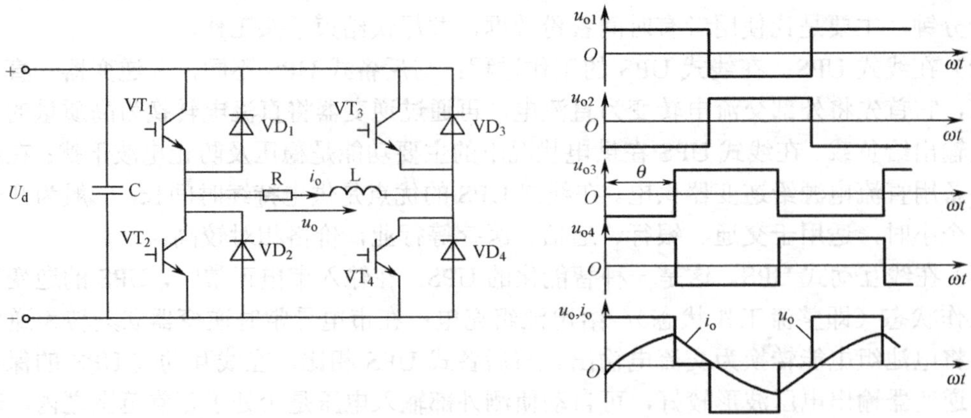

图 1-31　单相桥式逆变电路

电压使 IGBT 关断。各栅极信号（u_{o1}、u_{o2}、u_{o3}、u_{o4}）均为 180° 正偏、180° 反偏，且 VT_1 和 VT_2 互补，VT_3 和 VT_4 互补关系保持不变。为了使换流顺利进行，VT_3 的基极信号只比 VT_1 落后 θ（$0°<\theta<180°$），VT_3 的栅极信号分别比 VT_2 前移 $180°-\theta$，u_o 成为正负各为 θ 宽度的脉冲，改变 θ 即可调节输出电压有效值。

负载工作对基波电流接近串联谐振状态，对基波阻抗很大，对谐波阻抗很小，输出电压为

$$u_o=\frac{4U_d}{\pi}\left(\sin\omega t+\frac{1}{3}\sin 3\omega t+\frac{1}{5}\sin 5\omega t+\cdots\right)$$

其中，基波电压 u_{o1}、基波电压的幅值 U_{o1m}、基波电压的有效值 U_{o1} 分别表示为

$$u_{o1}=\frac{\pi U_d}{4}\sin\omega t \quad (\omega=2\pi f)$$

$$U_{o1m}=\frac{4U_d}{\pi}=1.27U_d$$

$$U_{o1}=\frac{2\sqrt{2}U_d}{\pi}=0.9U_d$$

由此可见，控制开关信号的频率 f 决定输出交流电的频率，改变直流电源电压 U_d 可以改变基波幅值和有效值，从而实现逆变的目的。

1.4.3 逆变电源应用实例

1. 一种家用逆变电源

如图 1-32 所示为一种性能优良的家用逆变电源。其输出功率为 150W，输出电压为 AC 220V，工作频率为 300Hz 左右，可以在停电时给家庭照明、电子镇流器的日光灯等家用电器供电。电容器 C2、C3 用涤纶电容，三极管 VT1～VT5 用 9013；VT6、VT7 用场效应管 IRF150。安装时要注意下列事项：VT6、VT7 在焊接必须使用接地良好的电烙铁或切断电源后再焊接；大电流要用直径 2.5mm² 以上的粗导线连接，并且连线尽量短；电瓶电压为 DC 12V、容量 12A·h 以上；功率管要加适当的散热片，例如，用 100mm×100mm×3mm 铝板散热。如果要增加功率，增加同型号的功率管并联使用，要相应地增加变压器的功率。

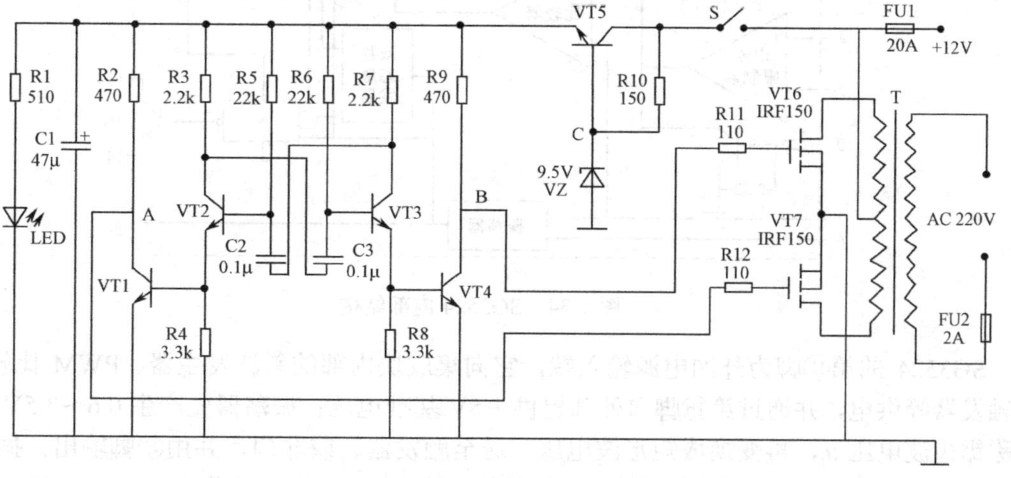

图 1-32 简单实用的家用逆变电源电路

由 VT5、VZ、R10 组成恒流源，提供稳定电流向振荡电路供电。R1 和 VD1 组成电源指示电路。由 VT2、R3、R5、C2、VT3、R6、R7、C3 构成集基耦合多谐振荡器，接通电源后，VT2 和 VT3 自动交替饱和导通或截止，在它们的发射极获得矩形波输出。多谐振荡器产生的矩形脉冲经过 VT1、VT4 放大后，分别去控制功率场效应管 VT6 和 VT7。VT6 和 VT7 工作在交替导通状态，将直流电逆变为交流电。

2．用 SG3524 构成逆变电源

目前国内外生产的 PWM 型集成控制器已达上百种，其中以 SG3524 较为流行，它是美国硅通用公司（Silicon General）生产的双端输出式脉宽调制芯片。SG3524 内部集成了精密基准电源、误差放大器、可调振荡器、脉冲同步触发器、输出晶体管、高增益比较器、限流检测放大器以及关断电路。SG3524 的工作电源电压范围为 8～35V，采用 DIP-16 型封装，引脚排列如图 1-33 所示，其内部结构如图 1-34 所示。

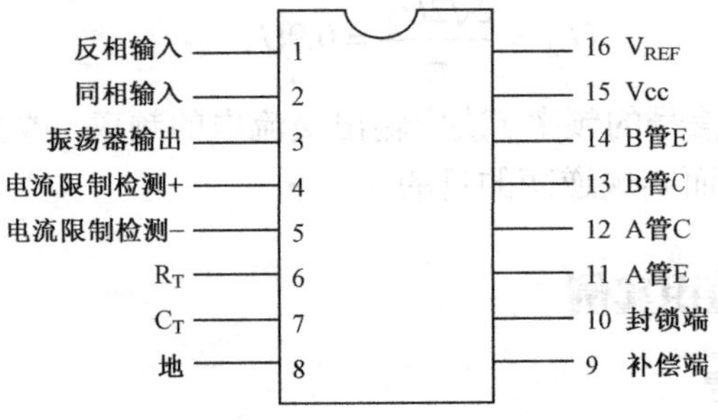

图 1-33　SG3524 引脚排列图

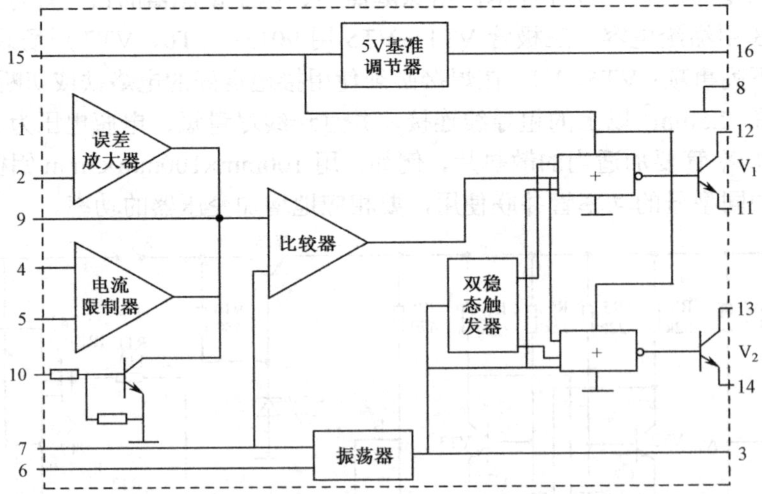

图 1-34　SG3524 内部结构

SG3524 的第⑮脚为外加电源输入端，它向集成块内部的斜波发生器、PWM 比较器、T 型触发器等供电，并通过第⑯脚向外部提供＋5V 基准电压；振荡器先产生 0.6～3.5V 连续不对称锯齿波电压 u_j，再变换成矩形波电压，送至触发器、或非门，并由③脚输出。振荡频率由 SG3524 的第⑥、⑦脚外接电阻器 R_T 和外接电容器 C_T 决定，其值为 f=1.15/R_TC_T。考虑到

对 C_T 的充电电流为（1.2～3.6）V/R_T，一般为 12μA～2mA，因此 R_T 的取值范围为 1.8～100kΩ，C_T 为 0.001～0.1μF，其最高振荡频率为 300kHz。

由 SG3524 芯片组成的逆变电路如图 1-35 所示。它采用了推挽式电路，变压器初级线包中心抽头接蓄电池正极，蓄电池负极接地，初级线包两端连接的开关管工作在交替导通状态。该逆变电路结构简单，不需要特制变压器，输出电压为方波，驱动功率管完成直流电到交流电的逆变。两只场效应管的选择根据需要的输出功率决定，型号要一致，若双管的输出功率达不到要求还可多只并联使用。变压器一般用 220V/2×12V 工频变压器即可，功率也是根据实际需要决定。场效应管 IRF1010 的主要参数为：漏源电压 V_{DSS}=55V，开启电压 V_{GS}=2～4V，通态电阻 R_{DS}=0.014Ω，标称电流 I_D=75A，标称功率 P_D=150W。图 1-35 中，20kΩ电位器用于调节脉宽，进而改变输出电压大小，可用于 AC 220V /800W 负载供电。

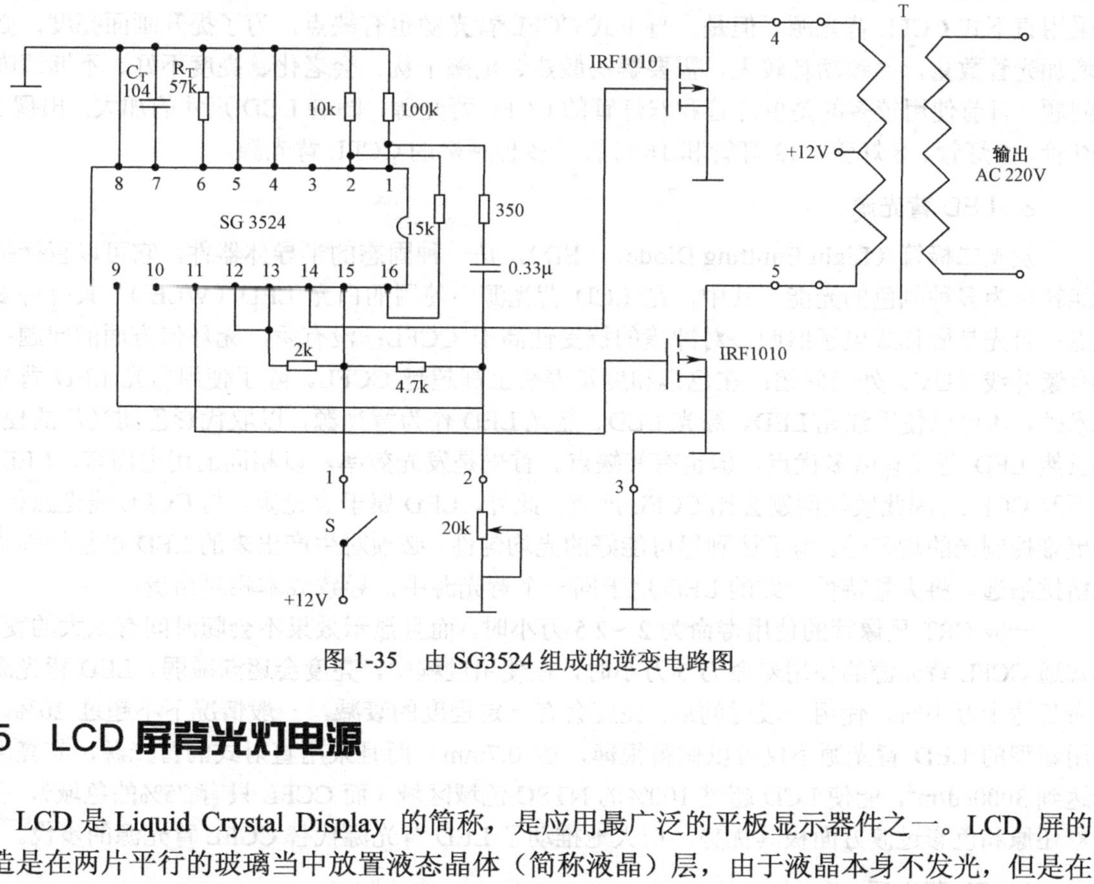

图 1-35 由 SG3524 组成的逆变电路图

1.5 LCD 屏背光灯电源

LCD 是 Liquid Crystal Display 的简称，是应用最广泛的平板显示器件之一。LCD 屏的构造是在两片平行的玻璃当中放置液态晶体（简称液晶）层，由于液晶本身不发光，但是在外加电场作用下，可以对背光源产生的光线进行折射、透光性、色彩的控制，进而实现电视画面的重显功能。为了使用户在任何条件下都能读出 LCD 显示器上的信息，必须给 LCD 面板装配一个能够提供合适光照强度的光源。如果背光灯损坏，也就没有光线发出，这时我们什么也看不到。作为 LCD 屏的核心部件，背光源性能的好坏除了会直接影响 LCD 显像质量外，背光源的成本也占据 LCD 屏的 3%～5%，所消耗的电力占 LCD 屏驱动模块的 75%。目前，LCD 屏主要有发光二极管（LED）、冷阴极荧光灯（CCFL）和电致发光灯（EL）三种背光源类型。

1.5.1 常见的 LCD 屏背光源

1. CCFL 背光源

冷阴极荧光灯（Cold Cathode Fluorescent Lamps，CCFL），是一种气体放电发光器件，其构造类似于日光灯，内部填充了惰性气体的密封玻璃管。由于 CCFL 具有灯管细小、结构简单、表面亮度高、易加工成各种形状（直管形、L 形、U 形、环形等），低成本、使用寿命为 5 万小时、白光源、显色性好、发光均匀等优点，所以，CCFL 是当前液晶屏最为理想的背光源之一，主要用于大尺寸 LCD 屏，同时也广泛应用于广告灯箱、扫描仪等仪器设备上。

CCFL 的背光设计有侧光式和直下式两种，但是侧光式因光导设计使得光能损率较高，进而使背光亮度受限，适合 8～15 英寸的 TFT－LCD 面板；而对于大尺寸 LCD－TV，一般采用直下式 CCFL 背光源。但是，直下式 CCFL 背光源也有缺点，为了提升画面亮度，必须增加光管数量，导致功耗较大，需要解决散热、电磁干扰、会老化、亮度不好、不够清晰等问题。目前使用较多的是单灯管和双灯管的 CCFL 背光源，随着 LCD 尺寸的加大，出现了 4 灯管、6 灯管、8 灯管、12 灯管和 16 灯管等多种规格的 CCFL 背光源。

2. LED 背光源

发光二极管（Light Emitting Diode，LED），是一种固态的半导体器件，它可以直接把电能转化为多种颜色的光能。其中，在 LCD 背光源中使用的白光 LED（WLED）具有许多优点：首先是固体式电子照明，对冲撞的抗受性高于 CCFL；没有汞，无环保方面的问题；没有紫外线（UV）外泄问题；在色饱和度及寿命上都超越 CCFL。除了使用白光 LED 背光技术外，还可以使用红光 LED、绿光 LED、蓝光 LED 作为背光源，以取代彩色滤光片的使用。虽然 LED 背光有诸多优点，但也有其缺点。首先是发光效率，以相同的用电而言，LED 并不及 CCFL，因此散热问题会比 CCFL 严重；此外，LED 属于点光源，与 CCFL 线光源相比，更难控制光的均匀性。为了达到尽可能好的光均匀性，必须对生产出来的 LED 进行特性上的精挑细选，将大量特性一致的 LED 用于同一个背光源中，导致成本相对昂贵。

一般 CRT 显像管的使用寿命为 2～2.5 万小时，而且显示效果不会随时间有太大的变化。普通 CCFL 背光源的使用寿命为 5 万小时，在使用过程中，亮度会逐渐减弱。LED 背光源寿命长达十万小时，使用一段时间后，亮度会有一定程度的衰减，一般情况下不超过 20%。实用新型的 LED 背光源不仅可以做得很薄，达 0.7mm，而且采用直射式的背光源，其亮度可达到 3000cd/m^2，能使 LCD 超过 100%的 NTSC 色域区域（而 CCFL 只有 75%的色域），在色彩还原和色彩过渡方面极具优势，极大地推动了 LED 背光源代替 CCFL 背光源的步伐。

3. EL 背光源

电致发光灯（Electronic Luminescence，EL）是通过加在两极的交流电压产生交流电场，被电场激发的电子撞击荧光物质，引起电子能级的跳跃、变化、复合而发射出高效率冷光的一种物理现象，即电激发光现象。EL 背光源就是利用上述原理，通过特殊工艺制成的一种先进的具有广泛用途的电致发光薄片，具有体积薄、质量轻、提供的面光源均匀一致的特点，它的功耗很低，要求的工作电压为 AC 80～100V，由逆变器将 DC 5/12/24V 输入电压变换为 AC 电压供给 EL 背光源使用。但是 EL 背光源寿命较短，平均半亮度寿命为 3000～5000h，主要用在手表、数字钟、单色PDA等LCD屏中。

1.5.2 冷阴极荧光灯

通常发射电子的材料，即阴极，分为冷阴极与热阴极两种。热阴极，是指用电流方式把阴极加热至800℃以上，如CRT显像管的阴极，让阴极内的电子因获得热能后转换为动能而向外发射。冷阴极，是指无须把阴极加热，而是利用电场的作用来控制界面的势能变化，使阴极内的电子把势能转换为动能而向外发射。两种阴极的最大区别是，热阴极用低电压就可以产生电子发射，而冷阴极往往需要很高的电压才能产生电子发射；热阴极的寿命比较短，冷阴极的寿命比较长，后者在LCD屏的背光源中得到应用。

1. CCFL发光原理

CCFL是一个密闭的气体放电管，其结构如图1-36所示。在管内封入惰性气体（以Ar为主），其中含有微量水银蒸气，并在玻璃内壁涂布荧光体。当在管子上加高电压时，灯管中的汞原子在高压的作用下会放出紫外光，波长大约是253.7nm。灯壁的荧光粉层吸收到灯管内的紫外光后会发出可见光，这时就看到灯管亮起来了。

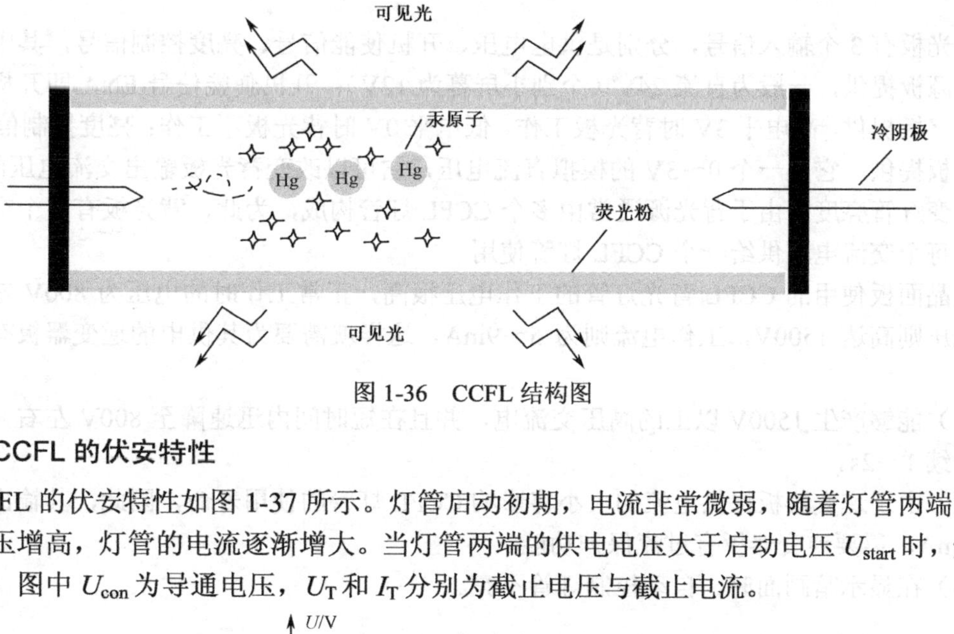

图1-36 CCFL结构图

2. CCFL的伏安特性

CCFL的伏安特性如图1-37所示。灯管启动初期，电流非常微弱，随着灯管两端电极之间的电压增高，灯管的电流逐渐增大。当灯管两端的供电电压大于启动电压U_{start}时，灯管启动结束。图中U_{con}为导通电压，U_T和I_T分别为截止电压与截止电流。

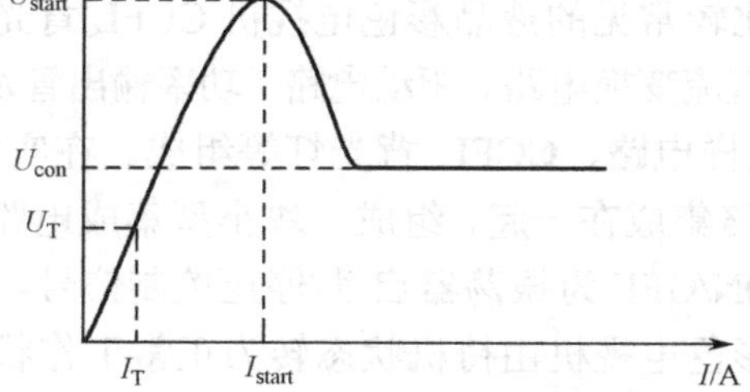

图1-37 CCFL的伏安特性

当灯管启动后，灯管出现负阻效应，即灯管电流增大，两极间的电压减小。灯管稳定发光后，灯管两端电压受制于电流值，其发光亮度由电流决定。

3. CCFL 背光板控制原理

为了最大化 CCFL 灯管的寿命，提高其工作效率（光输出与输入电功率之比），需要在高电压（一般 800V 左右）、交流（一般为 40～80kHz）电源的驱动下工作，因此通常需要将直流低压电源逆变为高压交流电源，如图 1-38 所示。

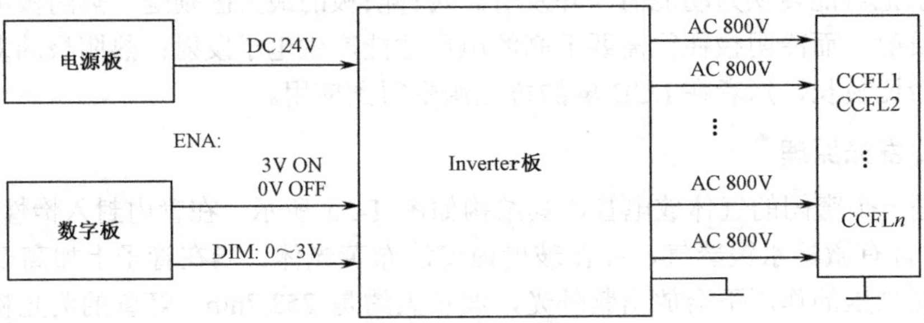

图 1-38　CCFL 背光板控制原理

背光板有 3 个输入信号，分别是供电电压、开机使能信号、亮度控制信号，其中供电电压由电源板提供，一般为直流 24V（个别小屏幕为 12V）；开机使能信号 ENA 即开机控制电平由数字板提供，高电平 3V 时背光板工作，低电平 0V 时背光板不工作；亮度控制信号 DIM 由数字板提供，它是一个 0～3V 的模拟直流电压，它可以改变背光板输出交流电压的高低，从而改变灯管亮度。由于背光源通常由多个 CCFL 灯管构成，为此，背光板有多个交流输出电压，每个交流电压供给一个 CCFL 灯管使用。

液晶面板使用的 CCFL 背光灯管的工作电压很高，正常工作时的电压为 800V 左右，而启动电压则高达 1500V，工作电流则为 5～9mA。这样就需要为其供电的逆变器板有如下功能：

（1）能够产生 1500V 以上的高压交流电，并且在短时间内迅速降至 800V 左右，这段时间约持续 1～2s。

（2）由于逆变器板提供电流的大小将影响 CCFL 灯管的使用寿命，因此，其输出电流应小于 9mA，需要逆变器板有过流保护功能。

（3）在显示暗画面时，自动控制灯管不亮。

4．液晶彩色电视机 CCFL 背光灯逆变电路

如图 1-39 所示为一种比较常见的液晶彩色电视机 CCFL 背光源的逆变电路。该逆变电路主要由驱动控制集成电路、直流变换电路、驱动电路（功率输出管及高压变压器 T）、保护电路、谐振电容、输出电压电流取样电路、CCFL 背光灯等组成。在实际的背光灯逆变电路中，常将振荡器、调制器、保护电路集成在一起，组成一块小型集成电路，一般称之为驱动控制 IC。

背光灯开启控制信号 ON/OFF 为振荡器启动/停止控制信号，该控制信号一般来自微控制器（MCU）部分。当液晶彩色电视机由待机状态转为正常工作状态后，MCU 向振荡器送出启动工作信号（高电平信号），振荡器接收到信号后开始工作，产生频率为 40～80kHz 的振

荡信号送入调制器，在调制器内部与 MCU 部分送来的 PWM 亮度调整信号（ADJ）进行调制后，输出 PWM 激励脉冲信号，送往直流变换电路，使直流变换电路产生可控的直流电压，为功率输出管供电。

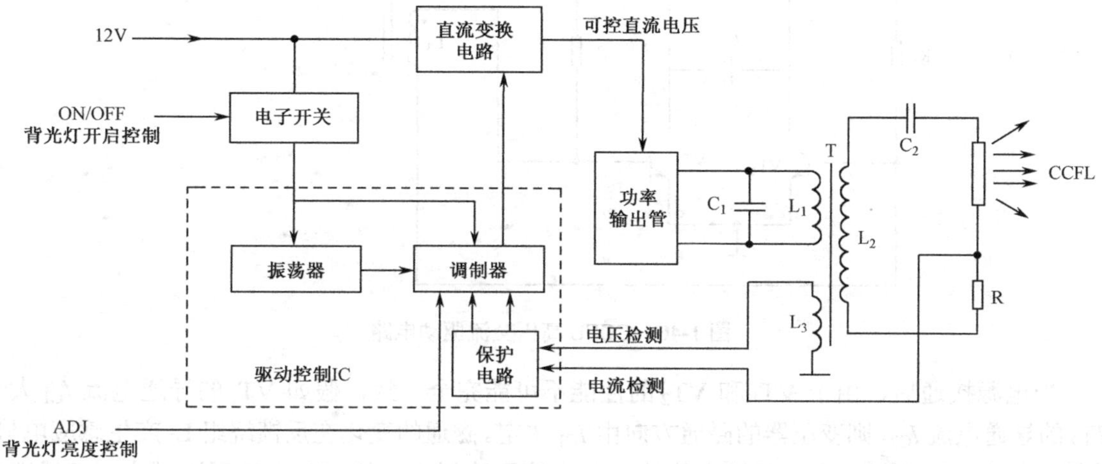

图 1-39 CCFL 背光源逆变电路组成框图

功率输出管及外围电容 C_1 和变压器绕组 L_1 组成自激振荡电路，产生的振荡信号经功率输出管放大和高压变压器升压及 C_2 耦合后，输出高频交流高压，点亮 CCFL 背光灯管。为了保护灯管，需要设置过流和过压保护电路。过流保护检测信号由串联在背光灯管上的取样电阻 R 上取得，输送到驱动控制 IC。过压保护检测信号从 L_3 上取得，也输送到驱动控制 IC。当输出电压及背光灯管工作电流出现异常时，驱动控制 IC 控制调制器停止输出，从而起到保护作用。

LCD 屏上图像亮度调节依赖于背光灯亮度的调节。当调节亮度时，MCU 输出的亮度控制信号加到驱动控制 IC，通过改变驱动控制 IC 输出的 PWM 脉冲的占空比，进而改变直流变换器输出的直流电压大小，也就改变了加在驱动输出管上的电压大小，即改变了自激振荡的振荡幅度，从而使高压变压器输出的信号幅度、CCFL 两端的高压幅度发生变化，达到调节亮度的目的。

如图 1-39 所示的电路只能驱动一只 CCFL 背光灯管，由于背光灯管不能并联和串联应用，所以，若需要驱动多只 CCFL 背光灯管，则必须由相应的多个高压绕组或者多个高压变压器以及相适配的激励电路来完成。

5. CCFL 高压交流驱动电路

CCFL 高压交流驱动电路如图 1-40 所示。这是一个自激推挽式 DC-AC 逆变电路，变压器 T 由 4 个绕组组成，其中，推挽管 VT_1 和 VT_2 的集电极接到初级绕组 L_1 和 L_2，CCFL 两端通过耦合电容 C_2 接到次级绕组 L_4，VT_1 和 VT_2 的基极接到反馈绕组 L_3。电感 L 为变压器 T 的中心抽头提供一个较高的交流输入阻抗。R_1 和 R_2 提供基极偏置电流，从而决定 VT_1 和 VT_2 的集电极电流大小，最终决定 CCFL 的次级电流大小。

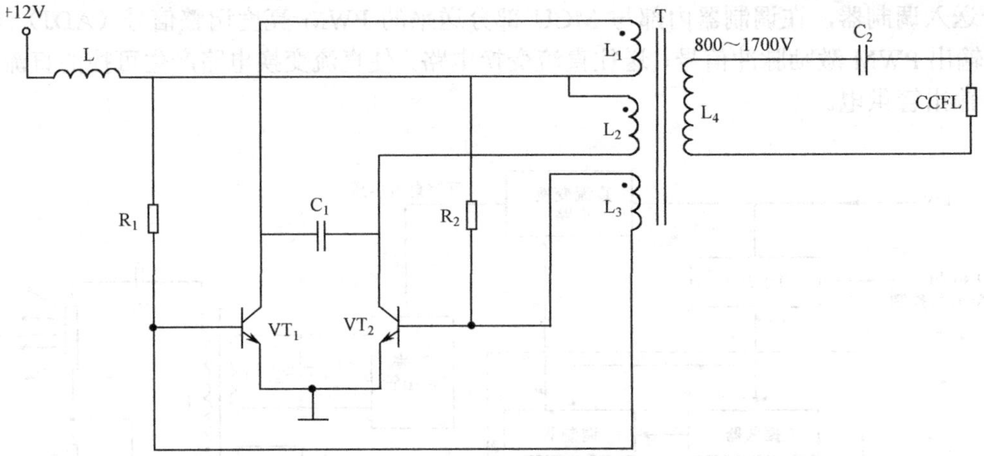

图 1-40　CCFL 高压交流驱动电路

当电源接通后，由于 VT_1 和 VT_2 的性能不可能完全一致，假如 VT_1 的导通电流 I_{C1} 大于 VT_2 的导通电流 I_{C2}，则变压器的磁通方向由 I_{C1} 决定。磁通的变化在反馈绕组 L_3 产生感应电势，其极性是带“・”端为负，反馈电势使 VT_1 电流再次增大，使 VT_2 电流再次减小，正反馈的结果使 VT_1 饱和导通，VT_2 截止；同时，12V 电压经 L_2 对 C_1 充电，并在 L_2 上储能。当 C_1 充电到最大电压后，L_2 中的储能反向对 C_1 充电，将在 L_2 上产生上正下负的感应电压，经 L_3 耦合产生的正反馈，使 VT_1 截止，VT_2 饱和导通，如此循环形成振荡，并在次级绕组 L_4 上产生交流高压。此交流高压经 C_2 加到 CCFL 灯管两端，驱动 CCFL 工作。

1.5.3　发光二极管背光源

1. 白光 LED 的特点

现在大功率白光 LED 的功率有 1W、3W、5W、10W 等，如美国 CREE 公司的 Xlmap 7090XR-E 系列的白光 LED，该系列白光 LED 根据发光效率可以分为 M2、M3、N2、N3、N4、P2、P3、P4、Q2、Q3、Q4、Q5 等级别，驱动电流在 350mA～1A 之间，工作电压一般为 3.3～3.9V。在 350mA 时发光效率最高可以达到 114（lm/W），随着电流的增大发光效率逐渐降低，其最高级 CREE XLmap 7090 XR-E Q5 LED 在 1A 电流时的亮度可以达到 220～240lm。

通常 LED 都用恒流源来驱动。这是因为它们的亮度是由流明（lm）来衡量的，而且电流越大流明值越高。在 LED 正向偏置时发光，为保证显示质量，需要采用恒流驱动器来补偿 LED 电压降及温度变化的影响，从而确保稳定的光输出。

2. LED 恒流驱动电路

市场上大多数开关稳压器均设计为恒定电压输出，而非恒定电流输出。只须将电路略为修改，以电流侦测电阻调节电压降幅，即可将恒定电压稳压器改为恒定电流输出的运作方式。例如，集成的同步降压 DC-DC 转换器 TPS62260 所构成的恒定电压输出和恒定电流输出电路，如图 1-41 所示。

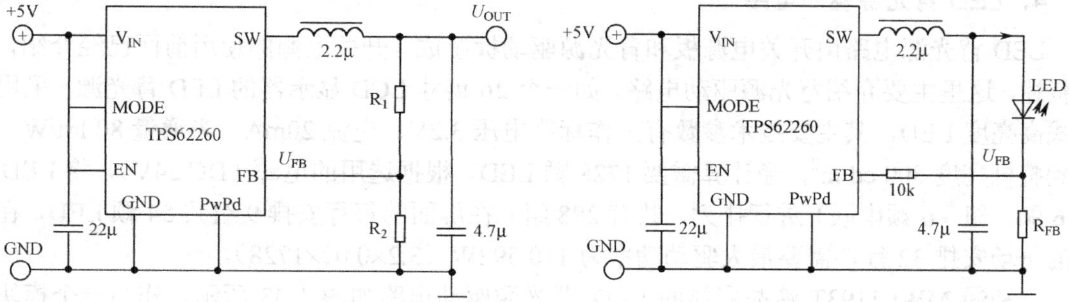

(a) 恒定电压输出　　(b) 恒定电流输出

图 1-41　恒定电压输出和恒定电流输出电路

在图 1-41（a）和（b）中，恒定输出电压和恒定输出电流分别为

$$U_{OUT}=U_{FB}（1+R_1/R_2）=0.6（1+R_1/R_2）$$

$$I_F= U_{FB}/R_{FB}=0.6/R_{FB}$$

其中，TPS62260 内部参考电压的典型值为 0.6V。

3. 用 PWM 调节 LED 亮度

背光 LED 采用恒流源供电，自然会想到用调节电流的大小来调节 LED 的发光亮度。但是，由于 LED 的发光亮度并不是严格与电流成比例的，LED 发射光线的波长还与电流大小有关，所以，不能采用调节电流大小的方法来调节 LED 亮度。为此，在采用恒流源为 LED 提供标称工作电流的基础上，在 LED 的阴极端提供足够幅度的脉宽调制（PWM）脉冲，使 LED 间断性地导通和截止，通过调节导通脉冲的宽度实现 LED 亮度调节。

图 1-42 就是用 PWM 实现 LED 亮度调节的例子。方法一，将小于 100kHz 的 PWM 脉冲信号直接加到 TPS62260 的使能端（EN），整个开关稳压电路的启动和关闭是由 PWM 信号控制的，通过调节脉冲宽度来调节 LED 亮度。方法二，将小于 5kHz 的 PWM 脉冲信号通过二极管 TS4148RY 耦合到 TPS62260 的误差放大器的输入端（FB），通过调节脉冲宽度来调节 LED 亮度。方法三，将小于 50kHz 的 PWM 脉冲信号用来控制一个与 LED 并联的场效应管 Si2302ADS，通过调节脉冲宽度来调节场效应管的截止和饱和导通的时间，进而使 LED 迅速开启和关闭，从而调节 LED 亮度。

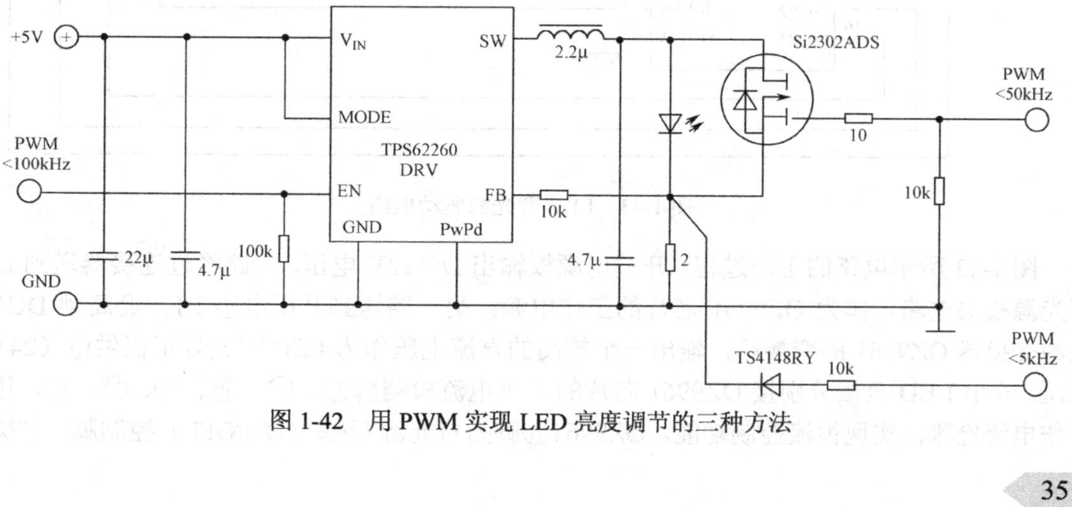

图 1-42　用 PWM 实现 LED 亮度调节的三种方法

4．LED 背光源驱动电路

LED 背光源电路由开关电源板和背光源驱动板组成。开关电源的使用前面已经介绍，不再赘述，这里主要介绍背光源驱动电路。如一个 26 英寸 LCD 显示器的 LED 背光源，采用贴片式高亮度 LED，其主要技术参数有工作标称电压 3.2V、电流 20mA、光通量 80 lm/W。要达到整机亮度 800 cd/m^2，经计算需要 1728 颗 LED，根据选用的电源（DC 24V），将 LED 分为 6 颗一组（6 颗串联）进行排列，共有 288 组。在屏面的每行安排 9 组共 54 颗 LED，在屏面的每场安排 32 行，需要最大驱动功率为 110.592W（3.2×0.02×1728）。

飞利浦 MWE1193T 液晶彩显的 LED 背光源驱动电路如图 1-43 所示。作为一个模块电路通过连接器与开关电源板相连，其电路核心是一块 OZ9961 芯片。该芯片是高频 DC/DC 电源变换器，可以驱动 6 串 LED，内部有过流、过压、过热、二极管开路等保护电路，还有软启动功能。其引脚功能说明：PIN1 为 IC 电源，PIN2 为内部基准电压，PIN3 为 IC 使能端，PIN4 为外接 RT 端，PIN5 为过压保护端，PIN6 为状态输出端，PIN7 为软启动控制端，PIN8 为电流检测 1，PIN9 为电流检测 2，PIN10 为电流检测 3，PIN11 为模拟地，PIN12 为电流检测 4，PIN13 为电流检测 5，PIN14 为电流检测 6，PIN15 为 LED 正常工作电流设置端，PIN16 为外接实现 PWM 控制的低频振荡定时电容端，PIN17 为 PWM 控制输入端，PIN18 为驱动输出到外部 MOS 管，PIN19 为电源地，PIN20 为外部 MOS 管电流检测输入端。

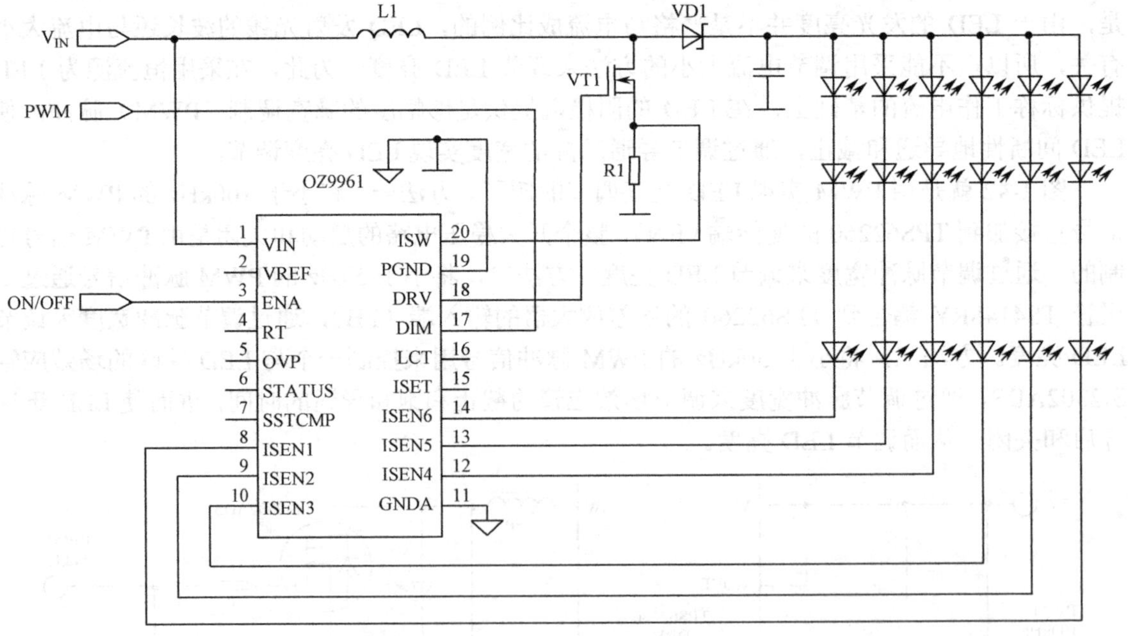

图 1-43　LED 背光源驱动电路

图 1-43 所示电路的工作过程：开关电源板输出 DC 12V 电压，一路经过连接器送到 LED 背光源模块电路，作为 OZ9961 芯片的工作电源；另一路送到升压电感 L1，经高频 DC/DC 电源变换器 OZ9961 的变换后，输出一个较高的直流电压作为 LED 背光灯正极供电（24V）电压。6 串 LED 负极分别接 OZ9961 芯片的 6 个电流检测脚⑧、⑨、⑩、⑫、⑬、⑭，进行工作电流检测，实现恒流控制功能。OZ9961③脚为背光源开/关（ON/OFF）控制脚，⑰脚为

背光灯亮度（PWM）控制脚，这两个引脚经过连接器与开关电路板相连，保证驱动板电路控制 LED 背光源的开/关与亮度调节。

复习思考题 1

1．稳压电源分为哪几类？各有什么特点？

2．线性直流稳压电源和开关直流稳压电源有什么区别？

3．在图 1-44 中，稳压管为 2CW14，它的参数是 U_Z=6V，I_Z=10mA，P_Z= 200mW，整流输出电压 U_2=15V，稳定电流为 10mA。当 u_1 在 220V±10%范围变化，负载电阻在 0.5～2kΩ变化时，试计算限流电阻 R 的取值范围。

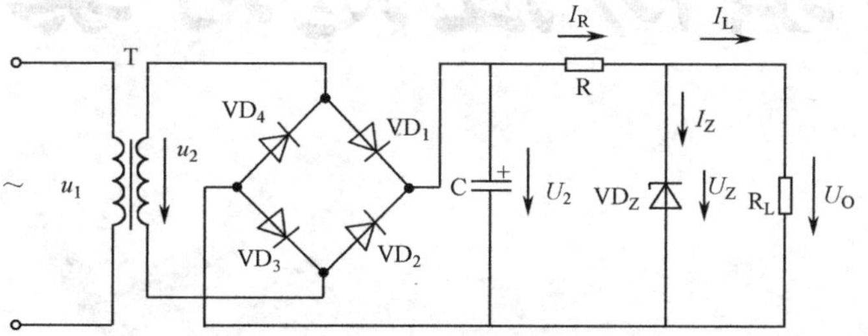

图 1-44 硅稳压管稳压电路

4．试设计一种 SG3524 构成的开关稳压电源电路。

5．蓄电池常规充电方法有哪些？各有何特点？

6．常用液晶屏背光源有哪些？各有何特点？

7．液晶屏背光板（逆变器板）工作原理是什么？

8．LED 液晶屏背光灯的亮度是怎样调节的？

项目2

消防应急灯具

教学导航

学习目标：了解消防应急灯具的分类、功能与作用以及主要技术指标；掌握消防应急灯具的工作原理与常见电路故障的检修。

学习重点：消防应急灯具的主要技术指标；应急照明灯的工作原理与故障检修。

问题思考：（1）消防应急灯具有哪些类型及应用场所？

（2）应急照明灯和应急标志灯的电路组成有何区别？

（3）消防应急灯具常见故障处理方法有哪些？

2.1　消防应急灯具的认知

根据《消防应急灯具》国家标准（GB17945—2000），消防应急灯具是指在火灾发生时，为人员疏散、消防作业提供标志和/或照明的各类灯具。其中，消防应急照明灯是指为人员疏散和/或消防作业提供照明的消防应急灯具；消防应急标志灯是指用图形和/或文字指示安全出口及其方向，楼层、避难层及其他安全场所，灭火器具存放位置及其方向，禁止入内的通道、场所及危险品存放处的消防应急灯具；消防应急照明标志灯是指同时具备消防应急照明灯和消防应急标志灯功能的消防应急灯具。消防应急灯具平时利用外接电源供电，在断电时自动切换到使用状态。一般高层建筑、教学楼、商场、娱乐场所等人员密集的地方都会配置消防应急灯。图 2-1 给出了一些消防应急灯实物图。

（a）应急照明灯　　（b）应急标志灯　　（c）应急照明标志灯

图 2-1　消防应急灯实物图

1．消防应急灯具的分类

消防应急灯具按应急供电形式可以分为自带电源型（电池装在灯具内部或附近）、集中电源型（灯具内无独立的电池而由集中供电装置供电）、子母电源型（子应急灯由母应急灯供电）3 种；按用途可以分为标志灯、照明灯及照明标志灯 3 种；按工作方式可以分为持续型（交直流均可点亮灯具，交流可控）、非持续型（交流充电、直流灯亮）2 种；按应急实现方式可以分为独立型（独立完成由主电状态转入应急状态）、集中控制型（工作状态由控制器控制）、子母控制型（由母应急灯控制子应急灯的应急状态）3 种。

2．消防应急灯具的主要功能

消防应急灯是一种十分重要的照明装置，它可以在停电时自动实现切换供电，在正常供电时自动对后备蓄电池充电，并有充电保护功能。由于它涉及建筑物发生火灾时人员的安全疏散、消防应急照明和指示等项内容，在消防救援中扮演着十分重要的角色，甚至被人们称做“生命之灯”。

目前，由于消防应急灯电路采用了先进的电子控制电路，其主要功能有：

（1）自动切换功能。断电发生时，内置的控制电路在 5s 内（高危险区域在 0.25s 内）自动切换电源，进入应急状态。市电恢复供电时，自动切换回充电状态。

（2）恒流充电功能。充电时，红色和绿色指示灯亮，充满时，红色指示灯熄灭，此时转入涓流充电状态；绿色指示灯显示主电状态，市电正常接入即点亮。

（3）故障检测功能。若电池熔断器断或接触不良，或内部控制电路不正常，内置的自检电路将自动点亮黄色指示灯。

（4）过放电保护功能。当电池电压放电到额定电压的80%时，电子开关立即切断放电回路，可确保电池的长寿命。

（5）试验按钮功能。在主电正常供电的条件下，按下试验按钮等同于切断外部电源，用于模拟停电状态试验。在主电断电的条件下按下该按钮，可以关闭应急照明灯。

3．消防应急灯具的主要技术指标

（1）消防应急灯具的应急工作时间应不小于90min，且不小于灯具本身标称的应急工作时间。

（2）消防应急灯具应设主电、充电、故障状态指示灯。主电状态用绿色，充电状态用红色，故障状态用黄色。集中电源型消防应急灯具应设主电和应急电源状态指示灯，主电状态用绿色，应急状态用红色。主电和应急电源共用供电线路的消防应急灯具允许只用红色指示灯。

（3）消防应急灯具应有过充电保护和充电回路短路保护功能。消防应急灯的充电时间应不大于24h，最大连续过充电电流不应超过$0.05C_5A$（如果电池容量为1000mA·h，则$0.05C_5A$表示0.05倍电池容量电流，即50mA；C_5表示5h连续放电的电池）。集中电源型消防应急灯具使用免维护铅酸蓄电池时最大充电电流不应大于$0.4C_{20}A$（0.4倍容量电流，该电池连续放电20h）。

（4）消防应急灯具应有过放电保护功能。电池放电终止电压应不小于额定电压的80%，放电终止后，在未重新充电条件下，即使电池电压恢复，消防应急灯具也不应重新启动，且静态泄放电流应不大于$10^{-5}\ C_5A$。集中电源型消防应急灯具使用免维护铅酸蓄电池时最大放电电流不应大于$0.6\ C_{20}A$。电池放电终止电压应不小于电池额定电压的90%，静态泄放电流应不大于$10^{-5}\ C_{20}A$。

（5）消防应急灯具在主电电压为187～242V范围内，不应转入应急状态。

（6）消防应急灯具由主电状态转入应急状态时的主电电压应在132～187V范围内。由应急状态恢复到主电状态时的主电电压应不小于187V。

（7）消防应急灯具的主电源输入端与壳体之间的绝缘电阻应不小于50MΩ，有绝缘要求的外部带电端子与壳体间的绝缘电阻应不小于20MΩ。

（8）消防应急灯具的主电源输入端与壳体间应能耐受的频率为50Hz±1%，电压为1500V±10%，历时60±5s的试验。消防应急灯具的外部带电端子（额定电压≤50V/DC）与壳体间应能耐受频率为50Hz±1%、电压为500V±10%，历时60±5s的试验。试验期间，消防应急灯具不应发生表面飞弧和击穿现象，试验后，消防应急灯具应能正常工作。

2.2 LED应急照明灯

2.2.1 LED应急照明灯的结构

消防应急灯作为一种备用照明设备，在灯具内装有主电停电时自动提供电源的控制电路与蓄电池（或充电电池组），在有市电供电的情况下自动给蓄电池充电。由于它长时间与220V

交流电源并联在一起工作，所以容易发生电路故障。要想学会应急照明灯电路故障的检修，在掌握应急照明灯电路主要功能的基础上，还必须熟悉应急照明灯电路的结构与工作原理，掌握应急照明灯电路故障现象的分析与判断方法，找到故障点进行排除。

RH-311L 型应急照明灯的内部结构如图 2-2 所示。它由灯座、充电电池组、LED 显示板 1 和显示板 2、接线端子、控制主板、状态指示板等组成。其中，灯座用于安装 AC 220V 白炽灯泡，在主电供电的情况下，通过外接开关控制白炽灯的亮/灭；充电电池组（3.6V/300mA・h）在主电断电的情况下，提供应急灯照明电源；LED 显示板 1 和显示板 2 在主电断电时，提供应急照明；接线端子用于 AC 220V 电源输入、外接照明开关、灯座电源转接等；控制主板用于电源电压的降压、整流、滤波、充电与应急控制等；状态指示板用于主电、充电、故障等状态指示。

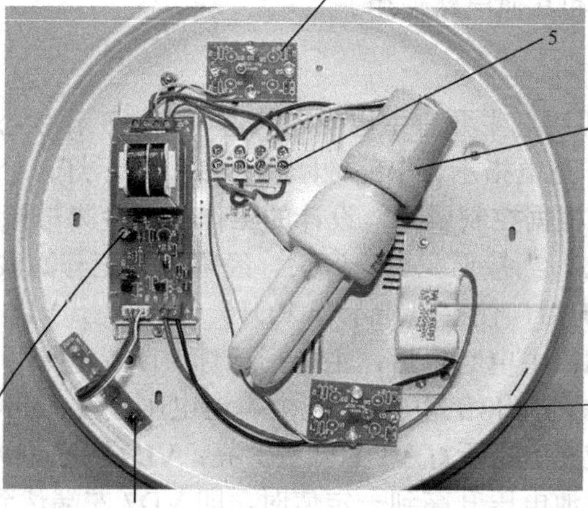

1—灯座；2—充电电池组；3—LED显示板1；4—LED显示板2；5—接线端子；6—控制主板；7—状态指示板

图 2-2 RH-311L 型应急照明灯的内部结构

2.2.2 LED 应急照明灯的功能分析

RH-311L 型应急照明灯是一种集正常照明、应急照明等功能于一体的照明灯具，其主要功能如下：

（1）正常照明功能。当灯座上安装白炽灯泡后，在主电供电的情况下闭合外接开关，由主电供电实现白炽灯的正常照明功能。

（2）应急照明功能。当主电突然断电时，自动切换为备用电池供电，进入应急状态，由 LED 提供照明。当市电恢复正常供电后，自动切换充电状态，恢复正常照明功能。

（3）主电指示与充电控制功能。绿色指示灯显示主电状态，市电正常接入即点亮，市电断电就熄灭。红色指示灯用于指示正常充电状态。充电时，红色指示灯和绿色指示灯均亮；电池充满后，红色指示灯熄灭，此时转入涓流充电状态。

（4）故障检测功能。若与电池串联的熔断器熔断或者接触不良，或内部控制电路不正常，内置的自检电路将自动点亮黄色指示灯。

（5）过放电保护功能。当电池电压放电到额定电压的 80%时，电子电路能自动切断电池的放电回路，可确保电池的长寿命。

（6）试验按钮功能。在主电正常供电的条件下，如果压牢试验按钮等同于切断外部电源，用于模拟主电停电状态的试验。

2.2.3 LED 应急照明灯的电路分析

RH-311L 型应急照明灯的控制电路由变压、整流与滤波电路，状态指示电路，应急控制电路，LED 应急照明电路等组成，如图 2-3 所示。

1．变压、整流与滤波电路

RH-311L 型应急照明灯的变压、整流与滤波电路如图 2-4 所示。AC 220V 经变压器 T1 降压为 AC 8V 电压，经 VD1～VD4 桥式整流和 C1 滤波后，得到 DC 8.8V 电压（电池正常充电），供给充电电路和其他电路使用。

2．状态指示电路

RH-311L 型应急照明灯主要有主电供电状态、充电工作状态和电路故障状态 3 种工作状态，相应有主电指示、充电指示、电路故障指示 3 盏指示灯，分别采用标准的绿光 LED、红光 LED 和黄光 LED。根据控制要求，设计的工作状态检测与指示电路如图 2-5 所示。

（1）主电供电状态。当接通主电电源后，经降压整流与滤波后得到的 DC 8.8V 电压，经过 R1、Rx、VD10 限流后，使主电指示灯 VD10（绿）亮，VD10 正向导通电压为 2V，正常显示电流为 10～20mA；主电断电后，主电指示灯 VD10 熄灭。

（2）充电工作状态。刚开始充电时，充电电池电压较低，VT4 截止，DC 8.8V 电压经 R1、R9、VD11 限流后，使充电指示灯 VD11（红）亮，VD11 正向导通电压为 1.8V，正常显示电流为 10～20mA；当电池电压升高到一定值时，即 VD7 左端达到 4.6V 电压，该电压经 R8→R10→VT4(9013)通路，使 VT4 导通，从而使红灯 VD11 熄灭，正常充电结束，进入涓流充电状态。

（3）电路故障状态。在主电供电的情况下，当电池失效或者与之串联的熔断器熔断后，施加的直流电压高于 8.8V 使稳压管 VD9 工作，再经过 R12 使故障灯 VD12（黄）亮，VD12 正向导通电压为 2V，正常显示电流为 10～20mA。当主电断电后，故障灯 VD12 熄灭。

3．应急控制电路

RH-311L 型应急照明灯的应急控制电路如图 2-6 所示。当主电正常供电时，DC 8.8V 电压经 R8、VD7 限流后，给电池 GB 充电；同时，DC 8.8V 电压经 R1、R3，对 C2 充电，为应急转换做好准备，并使 VT1 导通，但由于 C 点电位高于 A 点电位，而使 VD5 和 VT2 均截止，切断电池供电回路。

当主电由供电转为断电时，C2 上的充电压使 VT1 继续保持导通状态，C 点由高电位转为低电位，此时 A 点电位高于 C 点电位，使 VD5 和 VT2 均导通，由备用电池向 LED 应急照明电路供电。选择蓄电池容量为 3.6V/300mA・h，在 LED 照明电路电流小于或等于 200mA 的情况下，确保 LED 应急照明工作时间不小于 90min，符合国家标准要求。当电池电压放电到额定电压的 80%时，由于供电电压低于 LED 的导通电压而自动切断电池的放电回路，可确保电池的长寿命。

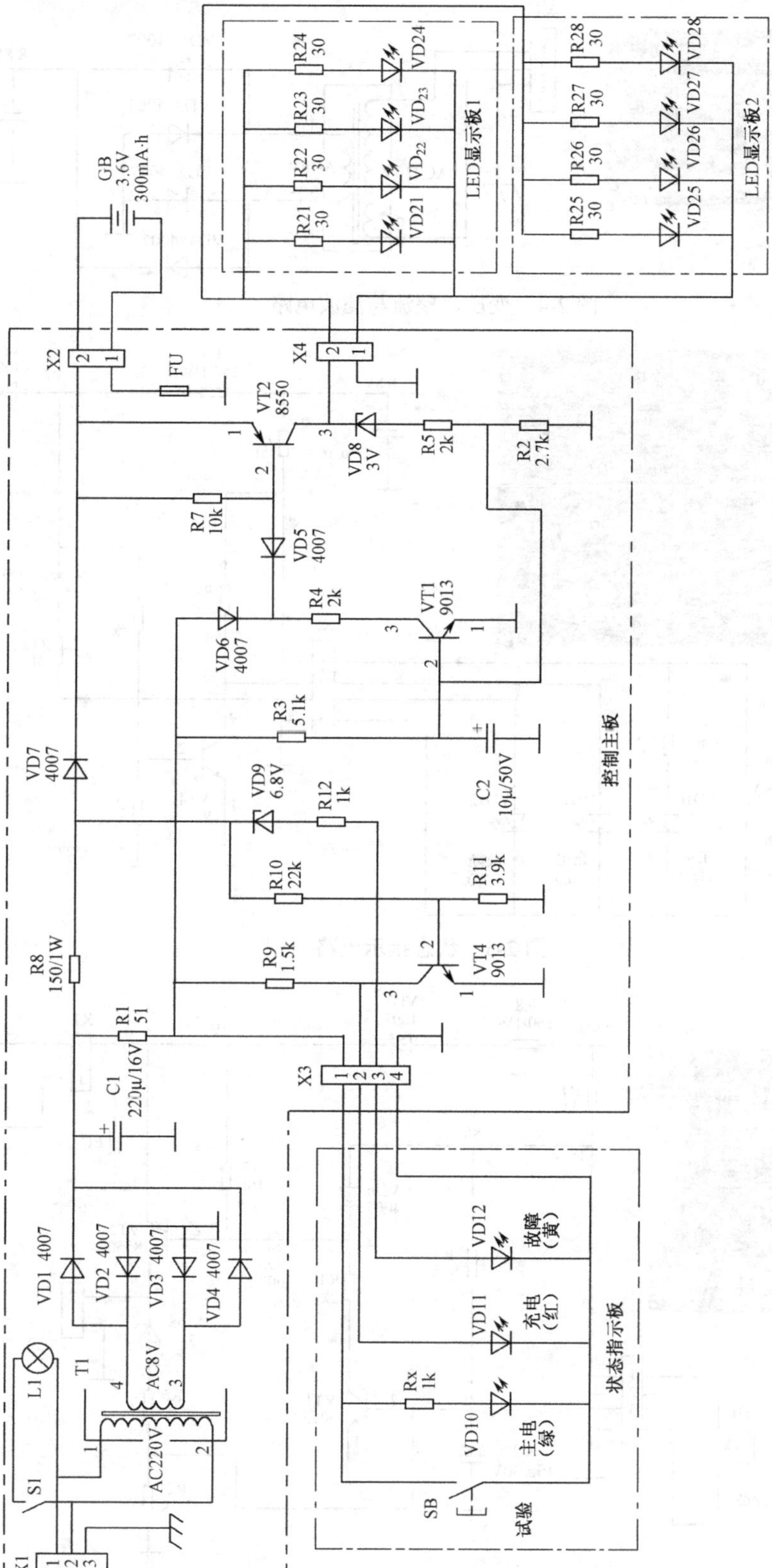

图2-3 RH-311L型应急照明灯的控制电路

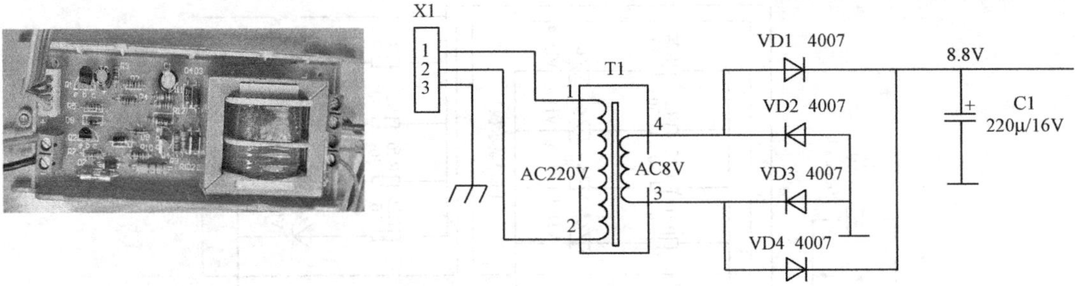

图 2-4 变压、整流与滤波电路

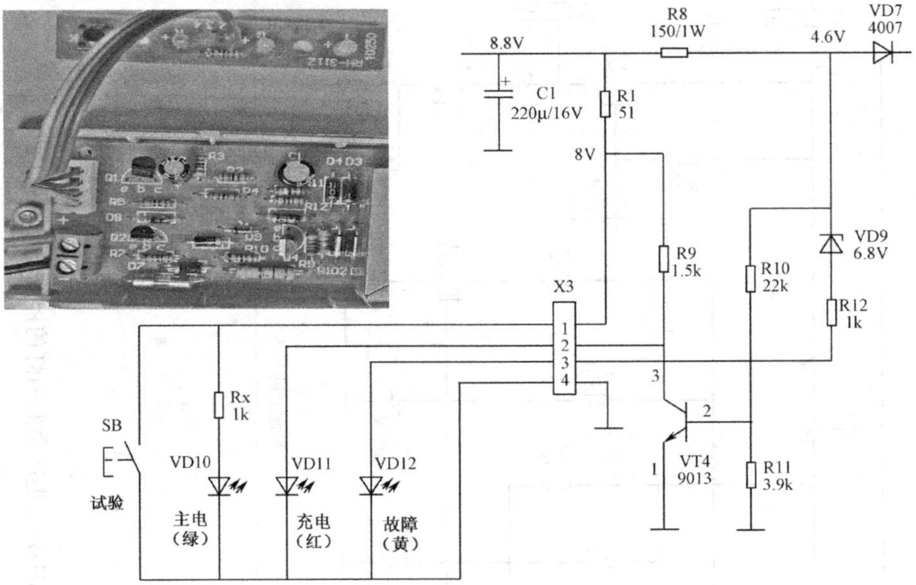

图 2-5 状态指示电路

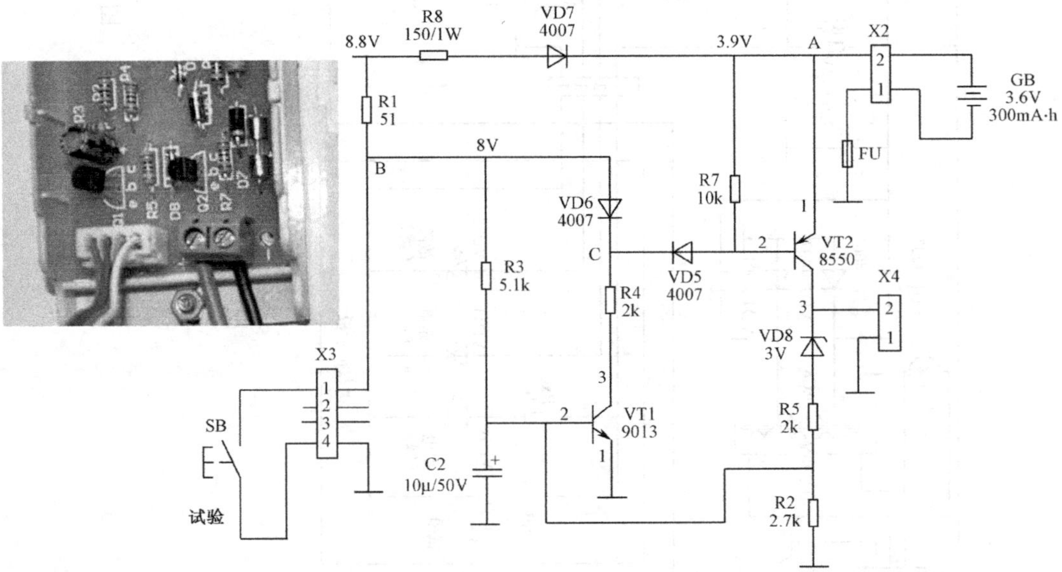

图 2-6 应急控制电路

在主电正常供电的情况下，如果压牢试验按钮 SB，则模拟主电断电而进入应急照明状态，松开试验按钮恢复主电供电状态。

4．LED 应急照明电路

RH-311L 型应急照明灯的应急照明功能是由白光 LED 来实现的，其照明控制电路如图 2-7 所示。

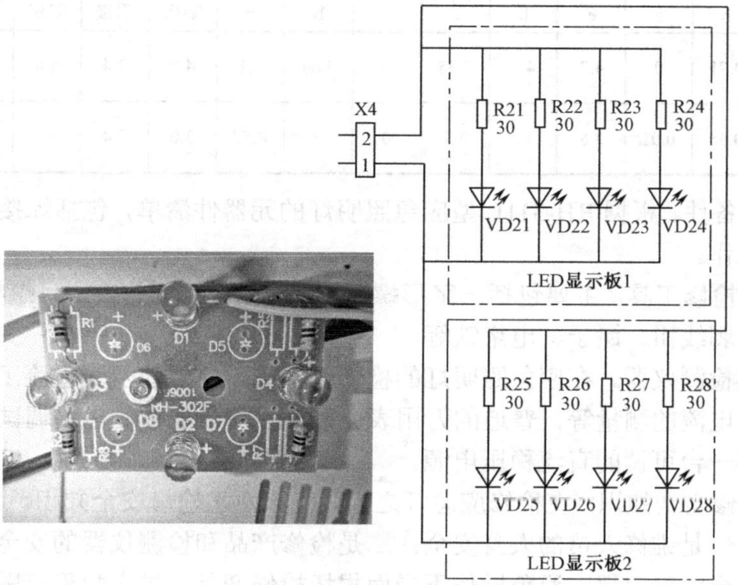

图 2-7　LED 应急照明电路

为了照明光线的均匀性，将应急照明电路做成两块板，分布在底座的两边，每块应急照明板上均安装了 4 只白光 LED，其正向导通电压为 3V，正向工作电流范围为 10～30mA。同时，为了避免 LED 正向导通电压的离散性而导致功率消耗不均衡的问题，每只 LED 串联一只电阻后再并联使用。在本设计中，因为蓄电池容量为 300mA·h，共使用了 8 路白光 LED 电路，总的工作电流不能超过 200mA，即每个 LED 回路的工作电流不能超过 25mA，考虑到白光 LED 的正向导通电压为 3V，故选取限流电阻为 30Ω，以保证应急工作时间不小于 90min。

2.2.4　常见故障分析判断与维修

RH-311L 型应急照明灯是一种功能和电路比较简单的电子产品，其发生故障时的检修方法遵循一般电子产品的维修方法。要做好应急照明灯的维修工作，既要熟悉应急照明灯的工作原理，又要熟悉单元电路的工作过程及其调试技能，并且严格按照科学的维修程序进行维修，慢慢积累维修经验。

1．维修前的准备

维修工作是一项理论与实践紧密结合的技术工作，要做好该项工作，必须事先做好准备工作。维修前的准备工作主要有以下几个方面。

（1）必要的技术资料。主要包括 RH-311L 型应急照明灯的使用说明书、电路原理图、印制电路板布置图，电路关键点的工作电压等。电池充电和放电时电路主要工作点电位如表 2-1 所示。

表 2-1　电池充放电时电路主要工作点电位

元器编号	VT1			VT2			VT4			VD5		VD7		VD8	
引脚	e	b	c	e	b	c	e	b	c	阳极	阴极	阳极	阴极	阳极	阴极
充电时电位/V	0	0.71	0	4.2	4.2	0.65	0	0.64	2.1	4.2	7.4	5.0	4.2	0.7	0.6
放电时电位/V	0	0.65	0.01	3.8	3.0	3.4	0	0	0.57	3.0	2.4	0.5	3.7	3.3	1.2

（2）必要的备件。根据 RH-311L 型应急照明灯的元器件清单，包括焊接材料和连接导线等，做好备件工作。

（3）必需的检修工具。主要包括一字形螺钉旋具、十字形螺钉旋具、螺帽旋具、尖嘴钳、斜口钳、剪刀、剥线钳、镊子、电烙铁等。

（4）必要的检测仪器。在应急照明灯的检修过程中，主要涉及交直流工作电压的测量、电阻测量、工作电流的测量等，普通的万用表就能满足测量要求。电路调试需要外加直流电压，所以还需要一台可调的直流稳压电源。

（5）熟悉检修安全知识。在检修应急灯之前，应该熟悉检修安全知识。这里所说的安全，包括两个方面：一是维修人员的人身安全；二是检修产品和检测仪器的安全。要养成大胆细心，随时注意安全的好习惯，避免操作不当而损坏检修产品、扩大故障范围或发生人身触电事故等。

2．维修步骤

（1）不通电观察。打开外壳，检查内部电路的电阻、电容、晶体管、LED、电源变压器、充电电池、熔丝、导线等是否有烧焦、漏液、松脱、断路、接触不良及连接器插接是否牢靠等问题。这些明显的表面故障一经发现，应立即予以修复。

（2）通电观察。不通电观察结束后，接着应进行通电观察。给 RH-311L 型应急照明灯加上 AC 220V 电压，观察主电指示灯（绿）、充电指示灯（红）、故障指示灯（黄）是否正常发光；如果主电指示灯和充电指示灯正常发光，则应按下试验按钮，观察 LED 应急照明是否正常，以便进一步观察故障部位。但是，在接通电源时就出现烧熔丝、打火、冒烟、焦味等现象时，则应立即断开电源，等查明故障原因并进行适当处理后才能重新进行通电观察。

（3）故障检测与诊断。根据故障现象的观察以及应急照明灯工作原理的分析，只能初步得出可能产生故障的部位和原因，要确定发生故障的确切部位，还必须用仪表进行测量，通过测量—分析—再测量—再分析，才能查出损坏的元器件或者电路故障点。

（4）故障处理。根据查出的损坏元器件或者电路故障点，进行元器件更换、重焊、整修等操作，使电路功能恢复正常。

（5）试机检验。电路故障修复后，还要进行通电试机检验，以确保维修后的应急灯各项功能全部恢复正常为止。

3．维修过程注意事项

（1）电烙铁妥善安置。在维修过程中，工作台上的电烙铁要妥善安置，防止烫伤维修人员或者烫坏应急灯的外壳或其他部件。

（2）拆下来的紧固件、前后盖、元器件、零部件等要妥善放置，防止无意中丢失或损坏。

（3）拆下元器件时，原来的安装位置和引出线要有明显标志，并做好记录，以确保元件更换或重装位置正确。拆开的线头要采取安全措施，防止浮动线头和元器件相碰，造成短路或接地等故障。

（4）掉入电路板上的螺钉、螺母、导线、焊锡等，一定要及时清除，以免造成人为故障或留下隐患。

（5）在带电测量时，一定要防止测试探头与相邻的焊点或元器件相碰，以免造成新的故障。

（6）在更换元器件时，要认真仔细地检查代用件与电路的连接是否正确，特别要注意接地线的连接。

4．常见故障检修

（1）接通 AC 220V 电源后，主电指示灯、充电指示灯、故障指示灯均不亮故障的检修。由图 2-4 和图 2-5 可知，对于这类故障，一般先检查直流供电电路是否正常，可以用万用表测量整流滤波后的直流电压是否正常（正常值为 DC 9～10V）。如果该直流电压不正常，则应进一步检查变压器 T1 的次级输出电压是否正常（正常值为 AC 8V 左右）。如果 AC 8V 电压不正常，则应检查变压器 T1 的输入电压（AC 220V）是否正常，若输入电压正常，则说明变压器 T1 已损坏，需要更换。如果 T1 的输入电压不正常，则应检查电源插座和连接导线。如果 T1 输出的 AC 8V 电压正常，而整流滤波后的直流电压不正常，则应检查整流二极管、滤波电容以及输出电路是否对地短路。

如果整流滤波后的直流电压正常，则应检查 R1 和 R8 是否正常。如果 R1 正常，则应检查连接器 X3 与连接导线、Rx、VD10、R9、VD11 是否正常。如果 R8 正常，则应检查 VT4 的工作状态。

（2）接通 AC 220V 电源后，主电指示灯、充电指示灯、故障指示灯均亮故障的检修。由图 2-5 可知，主电指示灯和充电指示灯均亮，说明整流滤波电路正常，而故障指示灯亮，有可能 VD9 短路或者 VD7 开路或者电池充电回路开路，应检查 VD9、VD7、连接器 X2、电池 GB、熔断器 FU 等。

（3）接通 AC 220V 电源后，主电指示灯和充电指示灯发光正常，但不能实现应急转换故障的检修。对于这类故障现象，往往是应急转换控制电路发生了故障。由图 2-6 可知，首先用万用表测量连接器 X4 是否有正常的输出电压（正常电压为 DC 3.5V 左右），如果输出电压不正常，则应检查 C2 能否正常充电，只有 C2 正常充电后，才能使 VT1 导通；如果 C2 不能正常充电，则应检查 R5、C2 是否正常，若不正常，则应更换；如果 C2 能正常充电，则应检查 R4、VD5 是否正常，若不正常，则应更换；如果 R4、VD5 均正常，则应检查 VT1 是否正常，若不正常，则应更换；然后再检查 VT2 能否正常工作，若不能正常工作，则应更换。

如果连接器 X4 有正常的输出电压，则应检查连接线、LED 显示板上的限流电阻和 LED 发光管。

实训1 LED应急照明灯的检修

【实训目的】

（1）识读LED应急照明灯的内部结构与主要部件。

（2）分析LED应急照明灯的工作原理。

（3）能对LED应急照明灯的常见故障进行检修。

【实训仪器和材料】

（1）LED应急照明灯。

（2）万用表。

（3）备品备件。

（4）焊接工具与材料。

【实训内容】

（1）在断电情况下，按图2-3连接电路，并仔细检查电路连接的正确性和可靠性。

（2）在断电条件下，按照图2-3对所有元器件进行逐一查对，将电路符号与实物对应。

（3）接通AC 220V电源，测量T1的初级电压和次级电压、C1两端的直流电压、电池充电电流、LED状态指示灯的导通电压、LED应急照明灯的导通电压。

（4）AC 220V电源由接通变为断开后（处于应急状态），测量VT1、VT2、VT4各电极的工作电压，稳压管VD8两端电压。

（5）AC 220V电源在供电和断电两种情况下，分别按下试验按钮SB，观察LED应急照明灯的工作状态，并对工作过程进行简单分析。

【实训报告要求】

（1）简述实训步骤。

（2）记录测量结果并对其加以分析。

（3）如何判断RH-311L型应急照明灯工作是否正常？

2.3 LED应急标志灯

2.3.1 LED应急标志灯的结构

RH-201A型应急标志灯的内部结构如图2-8所示。它由充电电池组、LED应急标志显示板、接线端子、控制主板、状态指示板等组成。其中，充电电池组（3.6V/300mA·h）在主电断电的情况下，提供应急标志灯电源；LED应急标志显示板提供照明，显示安全出口标识和出口方向；接线端子用于AC 220V电源输入等；控制主板用于输入交流电源的整流、滤波、逆变控制、电池充放电控制等；状态指示板用于主电、充电、故障等状态指示。

2.3.2 LED应急标志灯的功能分析

RH-201A型应急标志灯的主要功能如下：

（1）主电正常时的应急标志指示功能。在主电正常供电的情况下，由主电点亮内部LED，即可实现“安全出口 EXIT 和出口方向箭头”指示功能。

1—充电电池组；2—LED应急标志显示板；3—接线端子；4—控制主板；5—状态指示板

图 2-8 RH-201A 型应急标志灯的内部结构

（2）主电断电后的应急标志指示功能。当主电突然断电时，自动切换为备用电池供电，由电池点亮内部 LED，实现“安全出口 EXIT 和出口方向箭头”指示功能。当市电恢复正常供电后，自动切换充电状态以及恢复主电正常时的应急标志指示功能。

（3）主电指示与充电控制功能。绿色指示灯显示主电状态，市电正常接入即点亮，市电断电就熄灭。红色指示灯显示正常充电状态，充电时，红色指示灯和绿色指示灯均亮；电池充满后，红色指示灯熄灭，此时转入涓流充电状态。

（4）故障检测功能。如果与电池串联的熔断器熔断或者接触不良，或内部控制电路不正常，内置的自检电路将自动点亮黄色指示灯。

（5）过放电保护功能。当电池电压放电到额定电压的 80%时，电子电路能自动切断放电回路，可确保电池的长寿命。

（6）试验按钮功能。在主电正常供电条件下，如果按牢试验按钮等同于切断外部电源，用于模拟停电状态试验。

2.3.3 LED 应急标志灯的电路分析

RH-201A 型应急标志灯的控制电路由整流滤波与逆变电路、电池充放电控制电路和应急标志指示电路组成，如图 2-9 所示。

1．整流滤波与逆变电路

整流是把交流电变换为直流电，而逆变是将直流电变换为交流电，为什么要进行这样的变换呢？主要是为了实现欠压保护和过流保护功能，即当主电电压低于 187V 时，欠压保护电路自动切断 AC 220V 电压；当负载电流超出额定值时，过流保护电路动作，自动切断 AC 220V 电源。

RH-201A 型应急标志灯的整流滤波与逆变电路如图 2-10 所示。AC 220V 经 VD1、VD2 半波整流和 C1、C2 滤波后，得到相应的直流电压，分别供给欠压处理电路和逆变电路使用。当主电电压正常时，VT1 饱和导通，VT2 和 VT3 截止，逆变电路工作正常，由逆变电路为

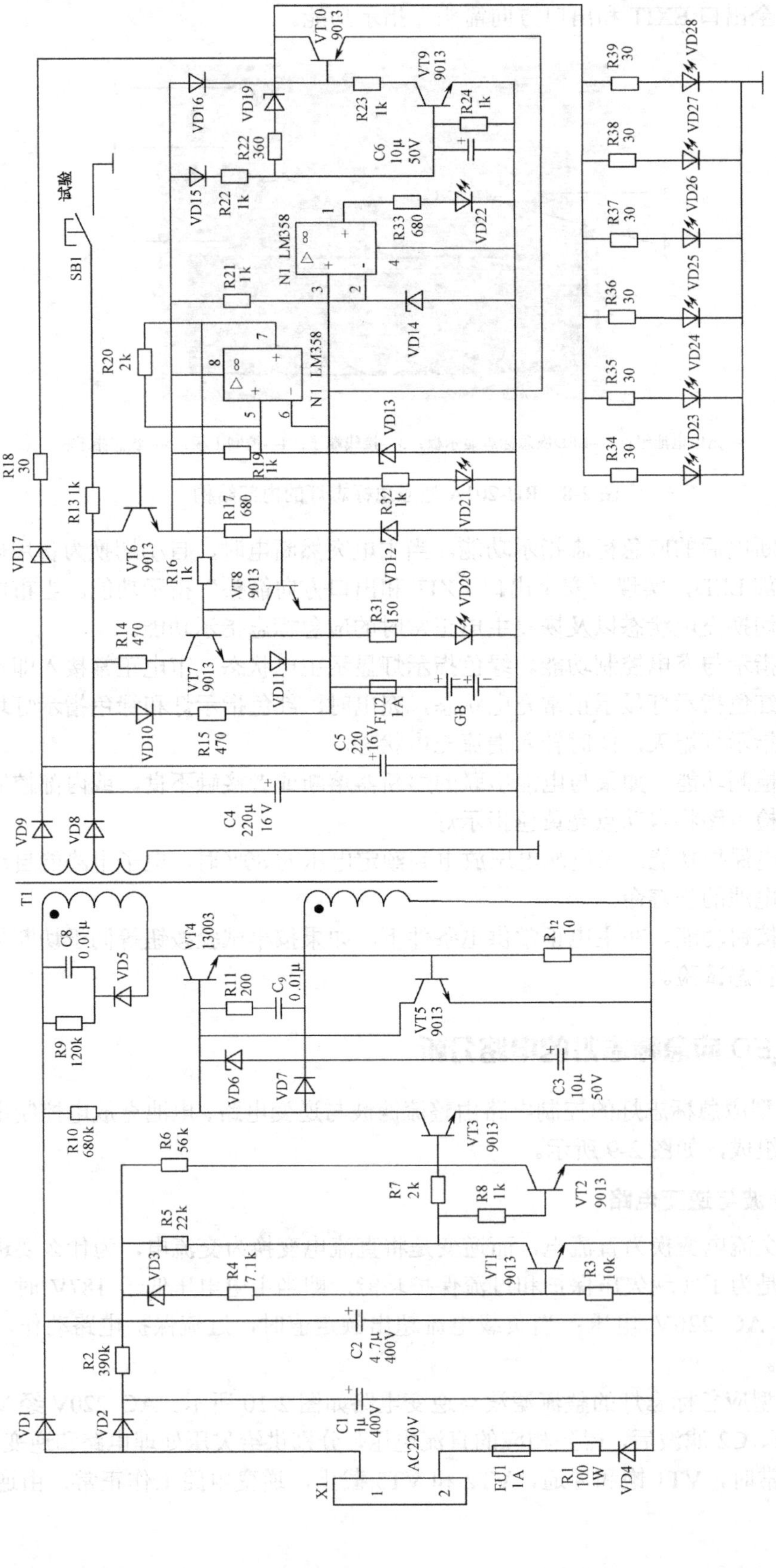

图2-9 RH-201A型应急标志灯的控制电路

电池充电和点亮 LED 提供电源，电路进入逆变和充电状态。当主电电压低于 187V 时，欠压处理电路的 VT1 截止；VT2 导通，为 VD2 半波整流电路提供负载电流；VT3 导通，使逆变电路停止工作，切断 AC 220V 输入电源。

在主电正常供电的条件下，VT3 截止，由开关变压器 T1、开关管 VT4、启动电阻 R10 等组成振荡电路。由启动电阻 R10 给 VT4 提供微小的启动电流，正反馈电路使 VT4 由导通进入饱和区；随着 C9 充电电流的不断减小，产生的正反馈使 VT4 进入截止区，然后电源对 C3 进行充电，使 VT4 的基极电位逐步提高，提高到一定程度再次使 VT4 导通；由于 C3、VD6、R11、C9 和 T1 的正反馈绕组所组成的谐振，使 VT4 进入循环振荡工作状态，并在开关变压器 T1 的次级输出脉动电压。其中，R12 和 VT5 组成过流保护电路，当负载电流过大时，在 R12 上产生的电压降使 VT5 饱和导通，吸收一部分 VT4 的基极电流，实现过流保护功能，并使 VT4 停止工作，从而使逆变器停止工作。

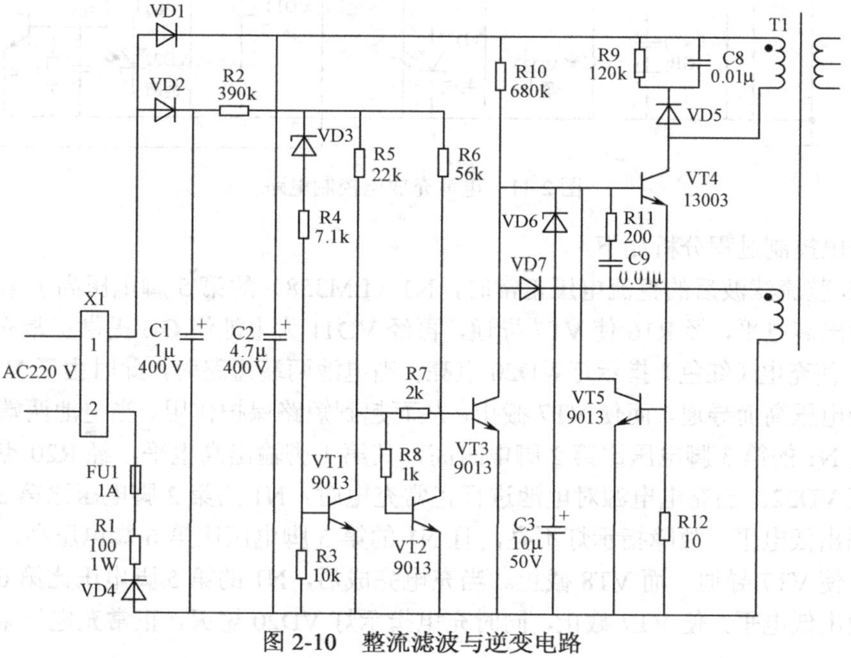

图 2-10　整流滤波与逆变电路

2．电池充放电控制电路

RH-201A 型应急标志灯的电池充放电控制电路如图 2-11 所示。

（1）主电正常工作状态。在主电电压正常和逆变电路工作正常的条件下，由 VD9 半波整流和 C5 滤波后得到的直流电压，经 VD17、R18 加到应急标志指示电路，点亮 6 只白光 LED，照亮应急方向标志。由 VD8 半波整流和 C4 滤波后得到的直流电压，分成两路，一路经 VD10 和 R15 给电池组 GB 提供微小（涓流）充电电流；另一路经 R13 使 VT6 导通，再分成 7 路输出。第 1 路经 R17 给稳压管 VD12 提供稳定电流；第 2 路经 R32 给主电（绿色）指示灯 VD21 提供工作电流；第 3 路经 R19 给稳压管 VD13 提供稳定电流；第 4 路给集成运放 LM358 提供工作电压；第 5 路经 R21 给稳压管 VD14 提供稳定电流；第 6 路经 VD15、R22 给 VT9 的基极提供偏置电压；第 7 路经 VD16、R23 给 VT9 的集电极提供电压，结果 VT9 导通，VT10 的基极因为处于高电位而截止。

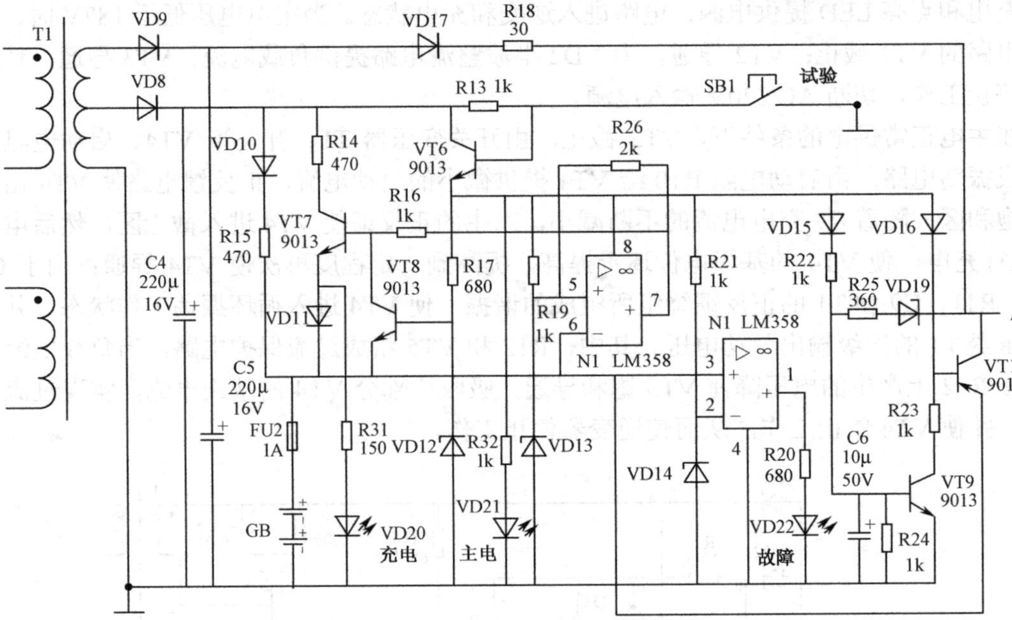

图 2-11　电池充放电控制电路

电池充电控制过程分析如下：

当 VD8 整流滤波后的直流电压正常时，N1（LM358）的第 5 脚电压高于第 6 脚电压，其第 7 脚输出高电平，经 R16 使 VT7 导通，再经 VD11 为电池组 GB 提供正常充电电流，同时经过 R31 使充电（红色）指示灯 VD20 点亮。当电池两端短路时，此时由于 VT8 的基极电压比发射极电压高而导通，而使 VT7 截止，从而起到短路保护作用。当电池两端开路或 FU2 熔断时，使 N1 的第 3 脚电压比第 2 脚电压高，其第 1 脚输出高电平，经 R20 点亮故障（黄色）指示灯 VD22。当充电电源对电池进行正常充电时，N1 的第 2 脚电压比第 3 脚电压高，其第 1 脚输出低电平，故障指示灯不亮，且 N1 的第 5 脚电压比第 6 脚电压高，其第 7 脚输出高电平，使 VT7 导通，而 VT8 截止。当充电完成后，N1 的第 5 脚电压比第 6 脚电压低，其第 7 脚输出低电平，使 VT7 截止，同时充电指示灯 VD20 熄灭，正常充电结束，进入涓流充电状态。

（2）应急工作状态。当主电电压由正常变为断电状态时，C6 上的充电电压使 VT9 继续保持导通状态，此时 VT10 的基极处于低电位而导通，进入应急工作状态，由电池 GB 向 LED 应急标志指示电路供电，点亮应急出口方向标志。随着电池放电，输出电压逐步减小，当输出电压小于 VD19 的稳定电压时，使 VT9 截止，同时 VT10 也截止，从而结束电池放电过程，保护电池过放电。

（3）测试工作状态。在主电正常工作的状态下，如果按牢试验按钮 SB1，则 VT6 截止、VT7 截止，使 VD20 和 VD21 均熄灭，VT9 和 VT10 均导通，模拟主电断电的应急控制功能。

3．应急标志指示电路

RH-201A 型应急标志指示电路如图 2-12 所示。在图 2-12 中，考虑到电池容量为 300mA·h，断电后要维持 90min，总电流要小于 200mA。本应急标志灯共使用 6 路白光 LED 电路，总的工作电流不超过 200mA，即每个 LED 回路的工作电流不超过 30mA，考虑到白光 LED 的正向导通电压为 3V，故选取限流电阻为 30Ω，以保证应急工作时间不小于 90min。

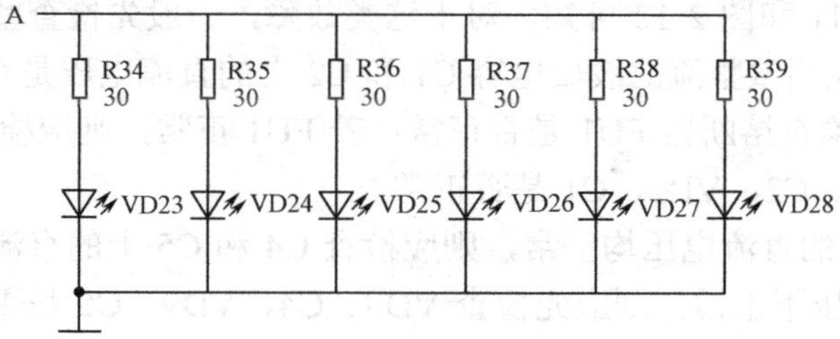

图 2-12　应急标志指示电路

2.3.4　常见故障分析判断与维修

要检修 RH-201A 型应急标志灯，必须事先准备好 RH-201A 型应急标志灯的使用说明书、电路原理图、印制电路板布置图，电路关键点的工作电压、有关工具、仪器、备用元器件及材料等。整流滤波与逆变电路在主电正常工作时的主要工作点电位如表 2-2 所示。电池充放电电路的主要工作点电位如表 2-3 和表 2-4 所示。

表 2-2　整流滤波与逆变电路的主要工作点电位

元器编号	VT1			VT2			VT3			VT4			VT5			VD3	
引脚	e	b	c	e	b	c	e	b	c	e	b	c	e	b	c	阳极	阴极
充电时电位/V	0	0.6	0.3	0	0.3	12	0	0.3	0.1	0	−0.13	280	0	0	−0.13	5.5	12.2

表 2-3　电池充放电电路的主要工作点电位（一）

元器编号	VT6			VT7			VT8			VT9			VT10			VD3	
引脚	e	b	c	e	b	c	e	b	c	e	b	c	e	b	c	阳极	阴极
充电时电位/V	7.26	7.96	8.13	4.8	5.5	5.06	4.16	2.06	5.5	0	0.73	0	4.1	6.4	3.3	5.5	12.2
放电时电位/V	0.53	1.05	1.05	0	0.45	0.85	3.76	0.58	0.45	0	0.65	0	3.17	2.41	3.05	5.5	12.2

表 2-4　电池充放电电路的主要工作点电位（二）

元器编号	VD8		VD9		VD12		VD13		VD14		N1(LM358)							
引脚	阳极	阴极	阳极	阴极	阳极	阴极	阳极	阴极	阳极	阴极	1	2	3	4	5	6	7	8
充电时电位/V	0	8.13	0	5.38	0	2.06	0	3.97	0	5.46	0	5.46	4.15	0	3.97	7.13	0.75	7.26
放电时电位/V											0.17	0.66	3.8	0	0.5	3.7	0.5	0.5

1．应急照明灯不亮故障的检修

故障现象：接通 AC 220V 电源，主电指示灯、充电指示灯、应急出口指示灯均不亮。

由图 2-10、图 2-11 和图 2-12 可知，对于这类故障，一般先检查整流滤波与逆变电路是否正常，可以用万用表测量整流滤波后电容 C1 和 C2 上的直流电压是否正常。如果直流电压不正常，则应进一步检查熔断器 FU1 是否正常；若 FU1 正常，则应检查 R1 和 VD4 是否正常，否则应检查 VD1、C2、VD2、C1 是否正常。

如果 C1 和 C2 上的直流电压均正常，则应检查 C4 和 C5 上的直流电压是否正常。如果 C4 和 C5 上的直流电压不正常，则应先检查 VD8、C4、VD9、C5 是否正常，再检查逆变电路的 T1、VT4、VT5 与 VT1、VT2、VT3 及相关元器件。

如果 C4 和 C5 上的直流电压正常，则应先检查 VD17、R18 是否正常；再检查充放电控制电路到应急标志指示电路的连接是否正常，最后检查 LED 应急指示电路是否正常。如果主电指示灯和充电指示灯均不亮，则应先检查 VT6 发射极的直流电压是否正常；若直流电压不正常，则应检查 VT6、R13 是否正常；若直流电压正常，则应检查 R32 和 VD21，是否正常。

2．不应急故障的检修

故障现象：接通 AC 220V 电源，应急指示灯亮，断开 AC 220V 电源，应急指示灯熄灭，不能实现应急功能。

对于这类故障，由于应急指示灯在接通外部电源时能亮，说明整流逆变电路和应急指示电路均正常，故障原因一般在电池充放电控制电路，或者电池本身不能充电。在接通 AC 220V 电源的条件下，先观察主电指示灯 VD21、充电指示灯 VD20、故障指示灯 VD22 是否亮。如果这三盏灯均不亮，则应检查 C4 上的直流电压是否正常；如果 C4 上的直流电压正常，则应检查 VT6 工作是否正常。

如果主电指示灯 VD21 亮，但充电指示灯 VD20 和故障指示灯 VD22 不亮，则应检查 LM358、VT7、VT8 工作是否正常；如果主电和充电指示灯均亮，则应检查 VT9、VT10 工作是否正常；如果故障指示灯 VD22 亮，则应检查 FU2、电池 GB 是否开路。

实训 2　LED 应急标志灯的检修

【实训目的】

（1）识读 LED 应急标志灯的内部结构与主要部件。

（2）分析 LED 应急标志灯的工作原理。

（3）能对 LED 应急标志灯的常见故障进行检修。

【实训仪器和材料】

（1）LED 应急标志灯。

（2）万用表。

（3）备品备件。

（4）焊接工具与材料。

【实训内容】

（1）在断电情况下，按图 2-9 连接电路，并仔细检查电路连接的正确性和可靠性。

（2）在断电条件下，按照图 2-9 对所有元器件进行逐一查对，将电路符号与实物对应。

（3）接通 AC 220V 电源，测量电容 C1 和 C2 两端的直流电压，稳压管 VD3 两端电压，三极管 VT1、VT2、VT3 各电极的工作电压，电容 C4 和 C5 两端的直流电压，VT6 发射极电压，通过电阻 R18 的电流，运放 LM358 各个引脚的工作电压。

（4）AC 220V 电源由接通变为断开后（处于应急状态），测量 VT9、VT10 各电极的工作电压，稳压管 VD19 两端电压。

（5）在 AC 220V 电源供电情况下，按下试验按钮 SB1，观察 LED 应急标志灯的工作状态，并对工作过程进行简单分析。

【实训报告要求】

（1）简述实训步骤。

（2）记录测量结果并对其加以分析。

（3）如何判断 RH-201A 型应急标志灯工作是否正常？

2.4 节能灯管应急照明灯

2.4.1 节能灯管应急照明灯的结构

RH-411 型节能灯管应急照明灯的内部结构如图 2-13 所示。它由接线端子、充电电池组、控制主板、状态指示板以及外接节能灯等组成。其中，接线端子用于 AC 220V 电源输入、外接 AC 220V 节能灯；充电电池组容量为 2500mA·h，在主电断电的情况下，提供应急灯照明电源，并保证 9W 节能灯管持续亮 90min 以上；控制主板用于电源电压的降压、整流、滤波、充电与应急控制等；状态指示板用于主电供电、充电、故障状态指示以及测试操作按钮等。

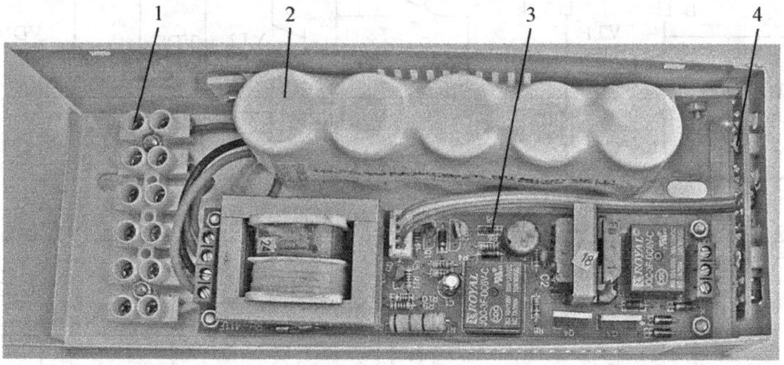

1—接线端子；2—充电电池组；3—控制主板；4—状态指示板

图 2-13 RH-411 型节能灯管应急照明灯的内部结构

2.4.2 节能灯管应急照明灯的功能分析

RH-411 型节能灯管应急照明灯的主要功能如下：

（1）正常照明功能。当灯座上安装节能灯泡后，由主电供电实现节能灯的正常照明功能。

（2）应急照明功能。当主电突然断电时，自动切换为备用电池组供电，进入应急状态，由电池组逆变后提供给节能灯照明。当市电恢复正常供电后，自动切换为电池充电以及恢复正常照明功能。

（3）主电指示与充电控制功能。绿色指示灯显示主电状态，市电正常接入即点亮，市电断电就熄灭。正常充电时，红色指示灯亮；电池充满后，红色指示灯熄灭，此时转入涓流充电状态。

（4）故障检测功能。如与电池串联的熔断器熔断或者接触不良，或内部控制电路不正常，内置的自检电路将自动点亮黄色指示灯。

（5）过放电保护功能。当电池电压放电到额定电压的80%时，电子电路能自动切断电池的放电回路，可确保电池的长寿命。

（6）试验按钮功能。在主电正常供电条件下，如果压牢试验按钮等同于切断外部电源，用于模拟停电状态试验。

2.4.3 节能灯管应急照明灯的电路分析

RH-411型节能灯管应急照明灯控制电路由整流滤波与状态指示电路、逆变控制电路等组成，如图2-14所示。

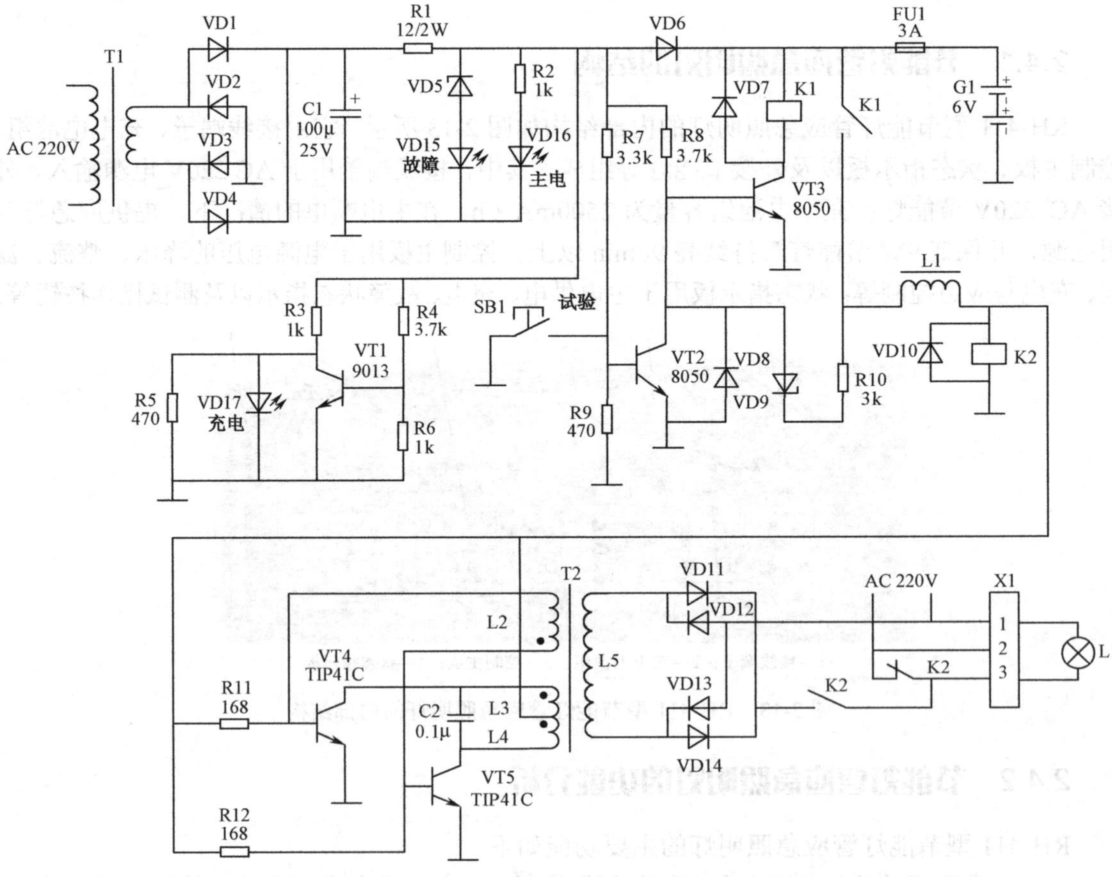

图2-14 RH-411型节能灯管应急照明灯控制电路

1. 整流滤波与状态指示电路

RH-411型节能灯管应急照明灯的整流滤波与状态指示电路如图2-15所示。AC 220V输入电压经过 T1 降压和 VD1、VD2、VD3、VD4 桥式整流，C1 滤波后得到 DC 10V 电压。该直流电压经 R1 限流降压，分 5 路输出。第 1 路经稳压管 VD5 降压后，加到故障（黄色）指示灯 VD15。如果电池充电回路开路，导致 A 点电压升高并超过 VD5 的稳压值时，则故障指示灯 VD15 点亮。第 2 路经 R2 限流后加到 VD16，点亮主电（绿色）指示灯 VD16；如果主电断电，则 VD16 熄灭。第 3 路经 R3 加到 VD17 和 VT1 的集电极。第 4 路经 R4 加到 VT1 的基极，为 VT1 提供偏置电压。在正常充电条件下，VT1 处于放大状态，为整流滤波电路提供负载电流，其集－射极电压能点亮充电（红色）指示灯 VD17；当电池充满后，A 点电位会使 VT1 饱和导通，使 VD17 熄灭，进入涓流充电状态。第 5 路（A 点）将直流电压加到电池充电回路和逆变控制电路。

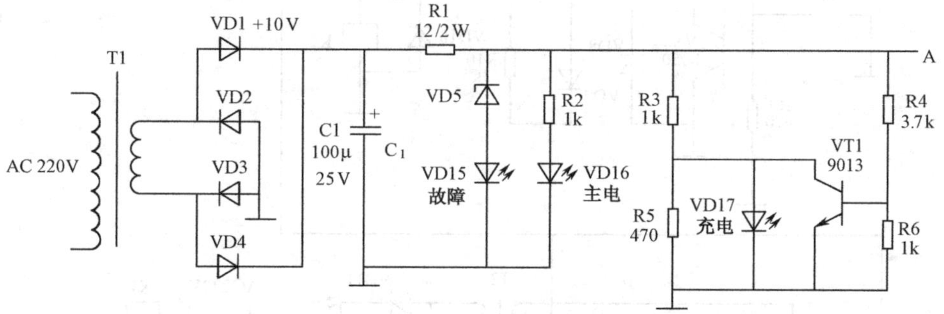

图 2-15　整流滤波与状态指示电路

2．逆变控制电路

RH-411 型节能灯管应急照明灯的逆变控制电路如图 2-16 所示。在外加 AC 220V 电源正常供电的条件下，从整流滤波电路送来的直流电压（A 点）分成 4 路输出。第 1 路经 VD6、FU1 向电池组 G1 充电；第 2 路经 R7、R9 分压后使 VT2 饱和导通；第 3 路经 R8 给 VT2 提供集电极电压；第 4 路加到继电器 K1 的线圈，但由于 VT2 饱和导通、VT3 截止，而使继电器 K1 的线圈无电流通过。K1 常开触头处于断开状态，继电器 K2 线圈无电流通过，使得后面的逆变电路无直流电源供电而处于停止状态，AC 220V 电源直接给节能灯管供电。VD6 阻止电池电流流向输入端，VD7、VD8、VD10 起保护晶体管的作用。

当外加 AC 220V 电源突然断电后，由于电容 C1 的直流电压是逐渐下降的，下降到某一时刻，会使 VT2 由饱和导通逐渐变为截止状态，但在此过程中 A 点电压仍然能够使 VT3 导通，使 K1 线圈流过电流，K1 常开触头闭合，电池电压经过 R10、VD9 给 VT3 的基极供电，维持 VT3 的导通。同时，电池电压经过 L1 加到继电器 K2 线圈，使其常开触头闭合，并对逆变电压供电。当电池放电到额定电压的 80%时，电池电压将低于 VD9 的稳定电压而使 VT3 截止，继电器线圈 K1 失电，自动切断电池的放电回路，避免电池的过放电而影响寿命。

在主电正常供电的条件下，如果按牢试验按钮 SB1，使 VT2 截止，VT3 导通，模拟主电断电状态，进行应急（逆变）试验。

在逆变电路中，由于 VT4 和 VT5 的性能不可能完全一致，因此假如 VT4、VT5 的集电极电流存在关系式 $I_4>I_5$，则变压器 T2 的磁通方向由 I_4 决定。磁通的变化在反馈绕组 L2 产生感应电势，其极性是带“·”端为负，反馈电势使 VT4 电流再增大，使 VT5 电流再减小，

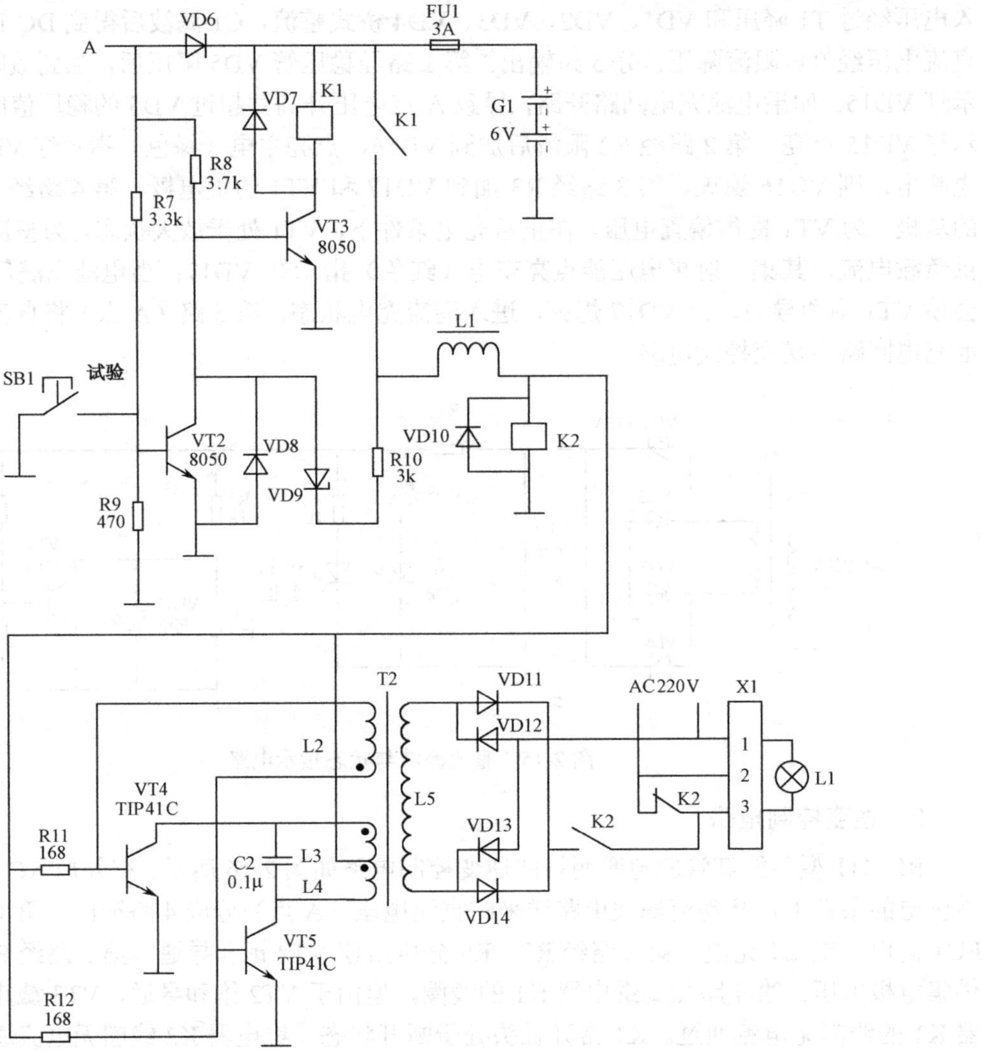

图 2-16　逆变控制电路

这就是正反馈，其结果使 VT4 饱和导通，而 VT5 截止，同时对 C2 充电；当 C2 充电到一定程度转为放电时，在反馈绕组 L2 产生反向感应电势，其极性是带“·”端为正，反馈电势使 VT4 电流减小，使 VT5 电流增大，正反馈的结果使 VT5 进入饱和状态，而 VT4 截止，对 C2 反向充电，如此循环形成振荡，并在次级绕组 L5 产生交流高压。此交流高压加到节能灯管两端，点亮节能灯。VD11、VD12、VD13、VD14 的作用是能把变压器 T2 的次级电压加到节能灯管，而阻止节能灯管产生的干扰影响逆变电路。

2.4.4　常见故障分析判断与维修

要检修 RH-411 型节能灯管应急照明灯，必须事先准备好 RH-411 型节能灯管应急照明灯的使用说明书、电路原理图、印制电路板布置图，电路关键点的工作电压、有关工具、仪器、备用元器件及材料等。RH-411 型节能灯管应急照明灯的主要工作点电位如表 2-5 所示。

表 2-5 主要工作点电位

元器编号	VT1			VT2			VT3			VT4			VT5		
引脚	e	b	c	e	b	c	e	b	c	e	b	c	e	B	c
充电时电位/V	0	0.7	1.8	0	0.7	0.1	0	0.1	6.1	0	0	0	0	0	0
放电时电位/V	0	0	0.7	0	0	6.8	0	0.7	0.1	0	0.7	0.1	0	0	6.1

1．应急照明灯不亮故障的检修

故障现象：接通 AC220V 电源，主电指示灯、充电指示灯、应急照明灯均不亮。

由图 2-14、图 2-15 可知，对于这类故障，应根据状态指示灯、应急照明灯的工作状态来分别处理。如果加上 AC 220V 电源后节能灯管不会亮，则应检查 AC 220V 电源和灯管的连接端子以及更换节能灯管等；如果加上 AC 220V 电源后，主电指示灯和充电指示灯不会亮，则首先应检查 C1 上的直流电压是否正常，然后检查 R2、VD16、R3、VD17 是否正常；如果故障指示灯亮，则应检查 VD5 是否击穿，FU1 是否熔断、电池是否损坏或者电池充电回路是否开路。

2．不应急故障的检修

故障现象：接通 AC 220V 电源，节能灯管亮，断开 AC 220V 电源，节能灯管立刻熄灭。

对于这类故障，应检查直流电源的控制电路和逆变电路。根据图 2-16，当 AC 220V 电压由接通变为断开，先检查继电器 K2 线圈两端是否有直流电压，如果直流电压不正常，则应检查继电器 K1 线圈两端电压是否正常。如果 K1 线圈两端电压不正常，则应检查 FU1 是否熔断；如果 FU1 良好，则应检查 VT2、VT3 工作是否正常；如果 K1 线圈两端电压正常，则应检查 K1 常开触头是否闭合、L1 是否开路、连线是否良好。

如果逆变电路的输入直流电压正常，则应检查 VT4、VT5、T2 的振荡电路工作是否正常；如果振荡电路工作正常，则应检查 VD11、VD12、VD13、VD14 是否良好，以及 K2 常开触头是否闭合。

实训 3　节能灯管应急照明灯的检修

【实训目的】

（1）识读节能灯管应急照明灯的内部结构与主要部件。

（2）分析节能灯管应急照明灯的工作原理。

（3）能对节能灯管应急照明灯的常见故障进行检修。

【实训仪器和材料】

（1）节能灯管应急照明灯。

（2）万用表。

（3）备品备件。

（4）焊接工具与材料。

【实训内容】

（1）在断电情况下，按图 2-14 连接电路，并仔细检查电路连接的正确性和可靠性。

（2）在断电条件下，按照图 2-14 对所有元器件进行逐一查对，将电路符号与实物对应。

（3）接通 AC 220V 电源，测量 T1 的初级电压和次级电压，C1 两端的直流电压，电池充电电流，三极管 VT1、VT2、VT3 各电极的工作电压。

（4）AC 220V 电源由接通变为断开后（处于应急状态），测量 VT2、VT3 各电极的工作电压，稳压管 VD9 两端电压，继电器 K1、K2 线圈的工作电压，节能灯管两端的交流电压。

（5）AC 220V 电源在供电和断电两种情况下，分别按下试验按钮 SB1，观察节能灯管的工作状态，并对工作过程进行简单分析。

【实训报告要求】

（1）简述实训步骤。

（2）记录测量结果并对其加以分析。

（3）如何判断 RH-411 型节能灯管应急照明灯工作是否正常？

复习思考题 2

1．消防应急灯具的主要作用有哪些？

2．消防应急灯具有哪些主要类型及主要功能？

3．消防应急灯的主要技术指标有哪些？

4．简述 RH-311L 型应急照明灯由正常供电到应急照明的转换过程。

5．在 RH-311L 型应急照明灯的控制电路中，如果与电池串联的熔断器 FU 发生熔断，则会发生什么现象？试分析原因。

6．当 RH-311L 型应急照明灯加上 AC 220V 市电后，发现所有指示灯均不亮，请写出故障的检修步骤与方法。

7．RH-201A 型应急标志灯加上 AC 220V 市电后，发现主电指示灯、故障指示灯和安全出口指示灯均亮，请写出故障的检修步骤与方法。

8．RH-201A 型应急标志灯加上 AC 220V 市电后，发现所有指示灯均不亮，请写出故障的检修步骤与方法。

9．RH-411 型节能灯管应急标志灯加上 AC 220V 市电后，发现主电指示灯、充电指示灯和节能灯管均不亮，请写出故障的检修步骤与方法。

10．RH-411 型节能灯管应急标志灯加上 AC 220V 市电时节能灯管能亮，但断开 AC 220V 电源后，节能灯管不会亮，请写出故障的检修步骤与方法。

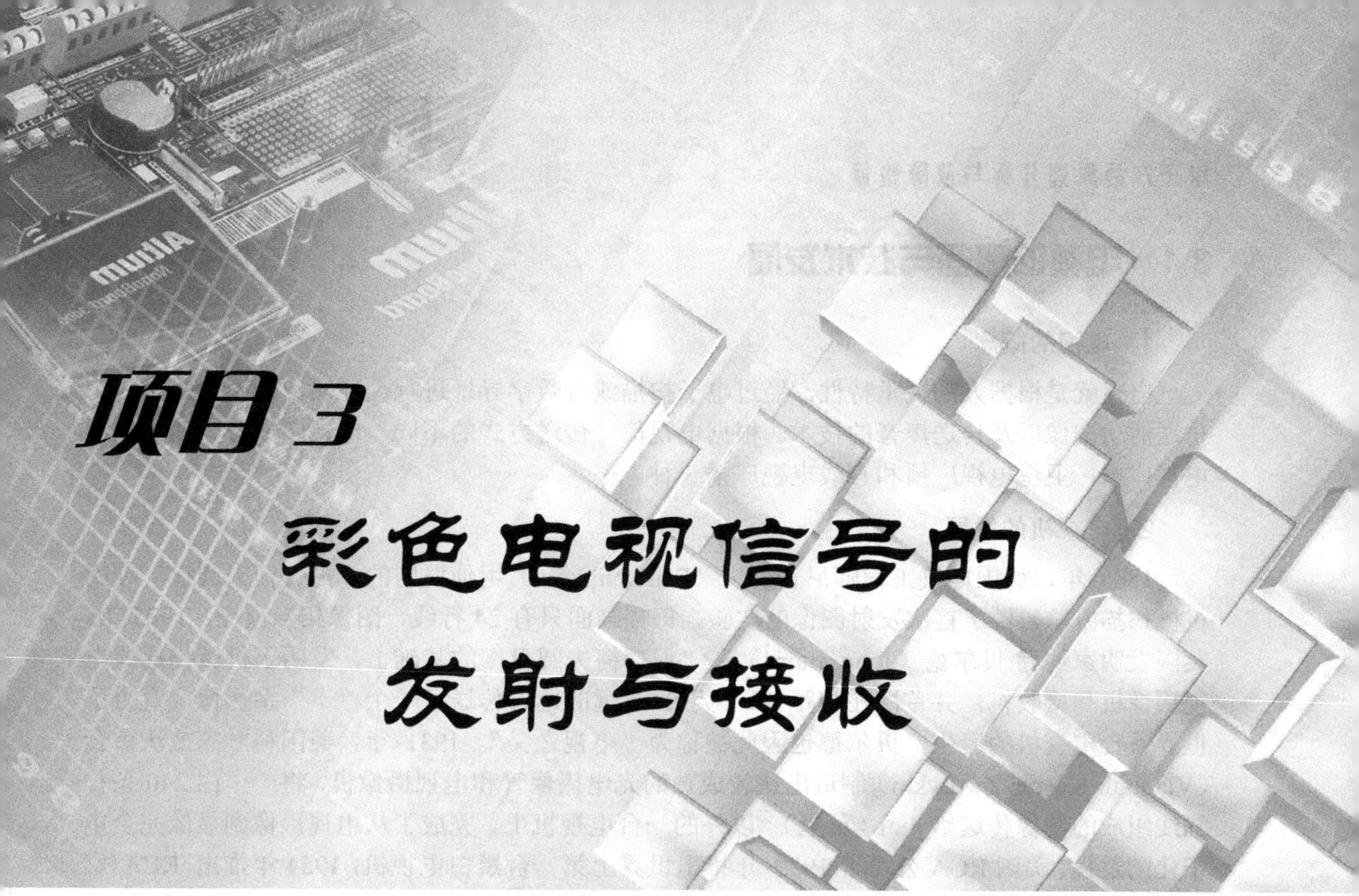

项目3 彩色电视信号的发射与接收

教学导航

学习目标： 熟悉图像、像素与电视信号之间的关系；掌握三基色原理与亮度方程；熟悉 PAL 制电视信号的编码发射与接收解码过程。

学习重点： 三基色原理与亮度方程；PAL 制彩色电视信号的编码发射与接收解码原理。

问题思考：（1）电视是如何传送与重现彩色图像的？

（2）电视机为何能够选择收看多套电视节目？

（3）电视技术的发展方向是什么？

3.1 电视的概念与技术发展

1. 电视的概念

电视就是根据人的视觉特性，经过电子扫描或者数字寻址进行循环输出，用电的方法来传送活动图像以及传送声音的技术。根据电视信号传送方式的不同，电视广播可分地面无线电视广播、卫星电视广播和有线电视广播 3 种。

2. 电视机的发展

1883 年，德国电气工程师尼普柯夫（Paul Nipkow）用他发明的“尼普柯夫圆盘”使用机械扫描方法，做了首次发射图像的实验，每幅画面只有 24 行线，图像相当模糊。1925 年，英国发明家约翰·贝尔德（John Baird）在“尼普柯夫圆盘”的基础上，发明了机械扫描式电视摄像机和接收机，并首次在相距 4ft（英尺）①远的地方传送了一个“十”字影像，宣告了世界首台电视机的诞生，贝尔德也因此被称为“电视之父”。1931 年，美国科学家兹沃雷金（Vladimir Kosma Zworykin）制造出比较成熟的光电摄像管和电视摄像机，将一个由 240 条扫描线组成的图像传送给 4mi（英里）②以外的一台电视机上，完成了从电视摄像到显像完全电子化的过程。美国 RCA 公司于 1939 年推出世界上第一台黑白电视机，1954 年推出 RCA 彩色电视机。

近年来，各种电视新技术层出不穷，等离子体电视、液晶电视、LED 背光源液晶电视（LED 电视）、薄膜电视（OLED 电视）、手机电视、3D 电视、激光电视、SED 电视、光晶硅电视、DLP 背投电视、LED 全彩显示屏等都得到了快速增长。

3. 电视的新技术发展

“第一代电视”指黑白电视，“第二代电视”指彩色电视，“第三代电视”指高清电视，而“第四代电视”将是激光电视。激光光源本身即为偏振光，是最适合表现 3D 效果的光源，而两者的结合也十分容易。可以说在 3D 显示领域，激光电视有着无法比拟的优势，而且 3D 技术也是未来激光电视的主要发展方向之一。我国在“十二五”期间内要实现宽带电信网、数字电视网和下一代互联网的三网融合，电视机将成为多媒体终端，兼有计算机和手机的功能。

（1）等离子体电视（PDP 电视）。PDP 电视机具有视觉感好、色彩逼真、响应速度快、容易做成特大屏幕（80 英寸以上）等特点。

（2）液晶电视（LCD-TV）。LCD 电视机具有绿色环保、高分辨率、轻薄便携、尺寸规格多等特点。

（3）LED 背光源液晶电视（LED 电视）。LED 背光源电视和普通 CCFL 液晶电视不同的是背光源由 CCFL 背光灯换为 LED 背光灯，具有质地轻薄、色彩艳丽、节能省电等优势。根据发光颜色的不同，LED 可以分为白光 LED 背光源和 RGB-LED 背光源。白光 LED 的优势主要体现在耗电量方面，广泛应用于对功耗要求高的移动设备上；而 RGB-LED 背光源色域

---

① 1ft=0.3048m。

② 1mi=1.609 344km。

宽广，它能够大幅度提高色彩表现，通过高纯度红、绿、蓝 LED 器件，实现 CCFL 不能达到的宽广色域，主要应用于各类高端显示设备上。普通 CCFL 背光源的寿命一般在 3～4 万小时，一些顶级 CCFL 背光源（WCG－CCFL）寿命在 6 万小时左右，而白光 LED 背光源寿命已经高达 10 万小时。

（4）薄膜电视（OLED 电视）。OLED 是 Organic Light Emitting Diode 的缩写，称为“有机发光二极管”。OLED 电视机具有从侧面也能看清楚图像的超宽视角（最高可达 165°），响应速度更快（是液晶刷新速度的 1000 倍），薄到 2mm 以下，甚至可以设计成能被卷起来的“幕布”，更重要的是，OLED 电视能够主动发光而不像液晶电视需要背光源。

（5）手机电视。CMMB 手机电视，它是利用中国移动多媒体广播（China Mobile Multimedia Broadcasting，CMMB）技术推出的便携式移动多媒体广播电视产品。

（6）激光电视。采用彩色激光显示器的电视称激光电视。激光显示器主要是由激光器、光偏转器和屏幕等组成。与普通 CRT 电视相比，在相同屏幕尺寸、相同图像效果条件下，其功耗大大降低。另外，激光是 100%单色光，红、蓝、绿三色光分别调制，其色域覆盖率理论上可以高达人眼色域范围的 90%以上，这比目前 LED 电视最高 62%色域覆盖率还要提高一个档次，彩色效果非常理想。它的室温寿命一般可达 10 万小时，经高温老化试验推算出的室温寿命可达百万小时，因此它是一种长寿命、高可靠性的产品。激光光源本身即为偏振光，是最适合表现 3D 效果的光源，在 3D 显示领域，激光电视有着无法比拟的优势，而且 3D 技术也是未来激光电视的主要发展方向之一。

（7）SED 电视。简单地说，SED（Surface-conduction Electron-emitter Display）技术就是将 CRT 的电子枪微型化，有效地创造数百万个 CRT，使每一个像素点都有 3 个微型电子枪（电子源），它们分别对应像素点上 RGB 三色。但现阶段由于 SED 电视在产量价格上没有竞争优势，而难以批量生产。

（8）光晶硅电视（LCOS 背投电视）。LCOS 背投电视采用光硅晶为核心的 LCOS 第 3 代反射型液晶高清显示技术。该技术具有大屏幕、高亮度、高分辨率、省电等优势，既能超越 PDP 的亮度，又能再现 LCD 的高解像度画面。

（9）DLP（数字光处理）背投电视。DLP 背投电视的核心就是 DMD 芯片，这个只有火柴盒大小的芯片上竟密密麻麻地排列了 130～600 万面小镜子，光源通过这些小镜子反射到屏幕上直接形成图像。因此，DLP 背投电视可以做得更薄，体积不再庞大，能耗也随之降低很多，而且不存在图像老化问题。

（10）LED 全彩显示屏。LED 就是 Light Emitting Diode 的缩写。它是由很多个 RGB 发光二极管组成，每个像素组均有 RGB 二极管，靠每组像素灯的亮灭来显示不同颜色的全彩画面。面积一般为几十平方米至几百平方米，亮度高、可在阳光下工作，具有防风、防雨、防水等功能，主要用于室内大厅、户外广告、车站、广场、商场等，用来显示文字、图形、图像、动画、行情、视频、录像信号等各种信息。

（11）三网融合。所谓“三网融合”，就是指电信网、广播电视网和计算机通信网的相互渗透、互相兼容、并逐步整合成为全世界统一的信息通信网络。“三网融合”是为了实现网络资源的共享，避免低水平的重复建设，形成适应性广、容易维护、费用低的高速带宽的多媒体基础平台。目前这三张网都在向下一代发展，广播电视网由模拟向数字双向发展（NGB），电信网向下一代通信网发展（NGN），互联网向下一代互联网发展（NGI）。通过三网融合，下一代广播电视网除了可做广播电视业务外，也可开展互联网接入业务和通信业务，用的是有线猫（Cable MODEM）；下一代电信网除了可以做原来的电信业务外还可以做电视业务和互联网业务，用的是电话线猫（xDSL）；有线和电话线将来也都可以用光纤到户来代替，下一代互联网除了做原来的互联网业务外也可以做电信业务和电视业务。

3.2 图像分解与光电转换

1．图像分解

像素是组成图像的最小单位，许许多多像素组成一幅完整的图像。在一幅图像中，像素点越多，则图像越清晰。在普通模拟电视中，一幅电视画面大约包含44万像素（575×575×4/3=440 833）。而一张35mm的电影胶片，是由近百万像素组成的，所以电影画面比模拟电视画面显得更清晰、逼真。Full HD高清晰度电视的图像分辨率为1920×1080，约为200万像素。研究表明，当相邻两个像素对人眼所张的视角小于1.5′时，人眼就分不清两个像素点了，说明人眼对像素的分辨率是有限的。也就是说，当一幅图像的像素达到一定数量后，再增加像素点数，对提高图像清晰度的作用就不明显了。

2．电视图像的传送

电视是在发送端，把一幅静止图像分解成许多像素，并把各个像素的亮度逐一转变为相应的电信号，经过一个通道按顺序一一传送出去；在接收端，按相同的顺序，将各个像素的电信号在电视屏幕的相应位置上转变为不同亮度的光点，从而合成一幅完整的图像。将运动物体图像连续地分解为若干幅稍有变化的静止图像，然后将这些静止的图像顺序地快速传送，只要每两幅图像出现的时间小于人眼视觉惰性时间（每秒传送48幅图像），人眼就会有连续动作的图像感觉，即实现了活动图像的传送。

3．图像的光电转换

图像的光电转换就是用摄像机将客观景物转变为电信号，称为图像信号。摄像管是摄像机中的光电转换器件，目前有光电导摄像管和CCD摄像管。光电导摄像管采用电子扫描的方式将一幅图像的各个像素点的光信号一一转化为图像信号，而CCD采用矩阵扫描的方式将各个像素点的光信号转换为图像信号。CCD又称为电荷耦合器件（Charge Coupled Device），以CCD为图像传感器构成的摄像管称为CCD摄像管，是近年来迅速发展起来的一种新型器件。它是以电荷的多少代表图像信号的亮暗、以时钟信号控制代替电子束扫描实现图像信号的摄取、变换和输出的固态电子器件。

3.3 三基色原理与亮度方程式

1．物体的颜色

物体的颜色是外来的光刺激作用于人的视觉器官而产生的主观感觉。我们所看到的颜色是一定波长的可见光线进入人眼中而产生的。从光的角度可将物体分为发光体和不发光体两大类。发光体的颜色由其本身发出的光谱所确定，例如，激光二极管发红光是由于其光谱为

780nm；不发光的物体颜色与照射光的光谱和其对照射光的吸收、反射、透射等特性有关，例如，绿叶反射绿色的光，吸收其他的光而呈绿色。如果物体吸收所有的色光，就显示黑色。在黑暗中，由于没有可见光线，人眼就看不到物体。因而物体的颜色不仅取决于物体本身，还与光源、周围环境的颜色，以及观察者的视觉系统有关系。

2．可见光光谱

变化着的电场和磁场互相激发，形成在空间传播的电磁波。按波长划分，电磁波可分为无线电波、红外线、可见光、紫外线、X 射线、宇宙射线等。波长在 780～380nm 范围内的电磁波能使人眼产生颜色的感觉，称为可见光，颜色依次为红、橙、黄、绿、青、蓝、紫七色。太阳光照到三棱镜折射后可以得到可见光的光谱，如图 3-1 所示。

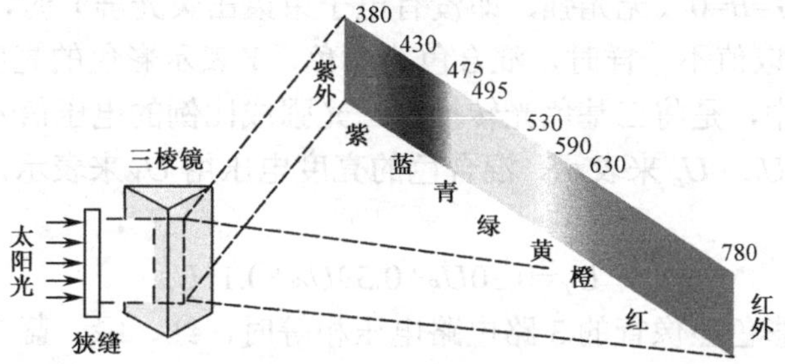

图 3-1　可见光光谱

3．彩色三要素

任何一种彩色都可用亮度、色调和色饱和度 3 个物理量来确定，这 3 个物理量称为彩色三要素。亮度反映光作用人眼时所引起的明亮程度，色调反映彩色的类别，色饱和度表示彩色光颜色的深浅程度。色调与色饱和度合称为色度。在某一色调的彩色光中，掺入的白光越多，彩色的色饱和度就越低。如果某彩色光的色饱和度为 100%，表示该彩色光中没有掺入白光。

4．三基色原理

只含单一波长的光称为单色光，含有两种或两种以上波长成分的光称为复合光。人们在进行混色实验时发现，只要选取 3 种不同颜色的单色光按一定比例混合就可以得到自然界中绝大多数彩色，具有这种特性的 3 个单色光叫做基色光，对应的 3 种颜色称为三基色。人眼对红、绿、蓝 3 种颜色的反映最灵敏，而且它们的配色范围也比较广，用这 3 种颜色可以随意配出自然界中的绝大部分颜色。因此，在彩色电视中，选用红、绿、蓝 3 种颜色作为三基色。三基色原理有以下 4 个方面的含义：

（1）三基色必须是相互独立的，即其中任何一种基色都不能由另外两种基色混合而产生。

（2）自然界中的大多数颜色都可以用三基色按一定的比例混合得到。或者说，自然界中的大多数颜色都可以分解为三基色。3 个基色的混合比例，决定了混合色的色调和饱和度。

（3）混合色的亮度等于构成该混合色的各个基色的亮度之和。

（4）三基色原理是彩色电视机的理论基础，根据这一原理，要传送和重现自然界中各种彩色，无须传送每种彩色所对应的电信号（因太多而无法实现），而只须把要传送的彩色分解成红、绿、蓝 3 种基色，然后将它们变成 3 种电信号进行传送。在接收端，用这 3 种电信号分别控制能发红、绿、蓝光的彩色显示器就能重新显示出原来的彩色图像。

5．亮度方程式

将某种彩色分解为红、绿、蓝三基色后，彩色光的亮度 Y 与 3 种基色光强之间满足如下关系式：

$$Y=0.30R+0.59G+0.11B \tag{3-1}$$

该式称为亮度方程式，其中，Y 表示混合色的亮度，R、G、B 分别表示红、绿、蓝的光线强度。当三基色光强度相等（即 $R=G=B$）时，混合色为白色，彩色电视机接收黑白电视信号就属于这种情况。当 $R=G=B=1$（相对光强为最大，即允许轰击荧光屏的电子数为最多）时，混合色为白色，其亮度为最亮（$Y=1$）；当 $R=G=B=$某个小于 1 的值时，混合色为灰色，其亮度 $Y<1$；当 $R=G=B=0$（无光强，即没有电子束轰击荧光屏）时，混合色为黑色，其亮度 $Y=0$。当 R、G、B 取值不一样时，混合色为彩色，Y 表示彩色的亮度。

在彩色电视广播中，是将三基色光转换为与光强成比例的电压信号后再传送的。如果三基色电压分别用 U_R、U_G、U_B 来表示，混合色的亮度电压用 U_Y 来表示，则亮度方程式也可表示为

$$U_Y=0.30U_R+0.59U_G+0.11U_B \tag{3-2}$$

上式说明当送到彩色显像管的 3 路电路电压相等时，红、绿、蓝 3 种荧光粉所发出光的亮度之比，应当符合公式中系数的比例关系，这时荧光屏上应呈现为白光。

6．混色方法

不同颜色混合在一起，能产生新的颜色，这种方法称为混色法。混色分为相加混色和相减混色。相加混色是各分色的光谱成分相加，彩色电视机就是利用红、绿、蓝 3 种基色相加产生各种不同的彩色。

为了实现相加混色，除了将 3 种不同的基色，同时投射到某一全反射面产生相加混色外，还可以利用人眼的某些视觉特性实现相加混色。电视中的相加混色主要有以下 3 种方法。

（1）时间混色法。将 3 种不同的基色以足够快的速度轮流投射到某一平面，因为人眼的视觉惰性，分辨不出 3 种基色，而只能看到它们的混合色。这一技术在彩电中得到应用。

（2）空间混色法。将 3 种基色分别投射到同一表面上相邻的 3 点，只要这些点足够接近，由于人眼分辨力的有限性，不能分辨出这 3 种基色，而只能感觉到它们的混合色。这一技术也在彩色电视机中得到应用。

（3）生理混色法。当两只眼睛同时分别观看不同的颜色，也会产生混色效应。例如，两只眼睛分别戴上红、绿滤波眼镜，当两眼分别单独观看时，只能看到红光或绿光；但当两眼同时观看时，将看到它们的混合色——黄色，这就是生理混色法。如 3D 电视就利用了这种混色方法。

7．三基色相加混色规律

利用混色法对三基色进行混色实验，在白色屏幕上投射红、绿、蓝三基色，只要红、绿、蓝三基色光等量相加，混色结果如下：

红光+绿光=黄光，绿光+蓝光=青光，蓝光+红光=紫光，红光+绿光+蓝光=白光，

黄光+蓝光=白光，红光+青光=白光，绿光+紫光=白光，黄光+青光+紫光=白光

如果两种颜色相加得到白色，则称这两种颜色互为补色。例如，红色和青色互为补色，绿色和紫色互为补色，蓝色和黄色互为补色。如果两种基色的混合比例改变，则会得到多种颜色的光。例如，红光和绿光混合时，如果红光比例由小到大变化，则依次产生绿、黄绿、黄、橙、红等颜色。

当红、绿、蓝 3 基色光以不同比例混合时，将会得到各种较淡的颜色，即饱和度较低的色调，如淡青、淡绿、淡紫、淡红等。色度三角形能简单明了地描述三基色和它们的混合色之间的关系，如图 3-2 所示。

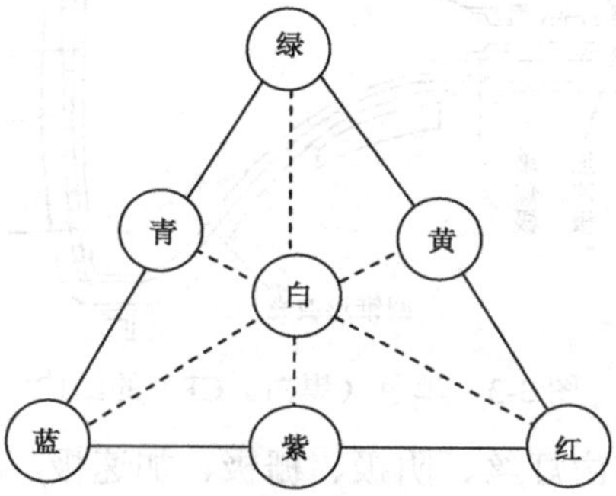

图 3-2　色度三角形

色度三角形只描述了彩色的色调与饱和度，但不能描述彩色的亮度情况，其含义如下：

（1）三角形的 3 个顶点对应 3 种基色（红 R、绿 G、蓝 B）。

（2）三角形 3 条边上各点所对应的是两个顶点的基色按相应比例混合后得到的某种彩色。3 条边的中点对应黄色 Y、青色 C 和紫色 M。3 条边上各点对应的彩色饱和度均为 100%。

（3）三角形的中心点对应白色 W（色饱和度为 0）。

（4）三角形内部各点是三基色的混合色（色饱和度小于 100%）。三角形顶点与中心点的连线是等色调线，离中心点越近的点所对应的色饱和度越低。

3.4　CRT 图像显示原理

阴极射线管（Cathode Ray Tube，CRT），作为成像器件已有 100 多年的发展历史，是实现最早、应用最为广泛的一种显示技术，具有技术成熟、图像色彩丰富、还原性好、全彩色、高清晰度、较低成本和丰富的几何失真调整能力等优点，主要应用于电视、计算机显示器、工业监视器、投影仪等终端显示设备。随着大众对显示效果、品质、健康、环保及人性化等方面要求的不断提高，CRT 的发展经历了球面、柱面、平面直角、荫罩式纯平面、荫栅式纯平显像管的不断完善。如今市面上主流纯平 CRT 显示器采用的显像管主要包含 LG“未来窗”、三星“丹娜管”、索尼“特丽珑”、三菱“钻石珑”和日立“锋利珑”等。但是，由于 CRT 的质量、体积、厚度均较大，又不能实现折叠化、便携化、大型屏幕化等缺点，正受到新型显示器的挑战。

3.4.1　单色 CRT 的结构

单色（黑白）CRT 主要由四部分组成：发射电子束用的电子枪、圆锥形玻壳、玻壳正面用于显示的荧光屏、位于玻壳之外控制电子束偏转扫描的偏转磁轭。它是电真空器件，能承受高压并防爆。单色CRT的结构如图3-3所示。

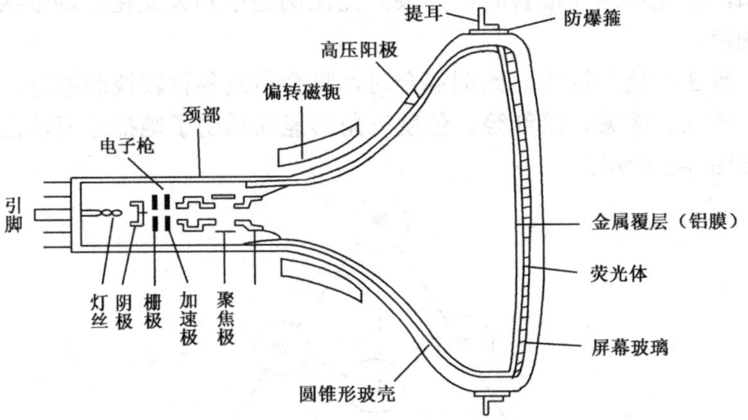

图3-3　单色（黑白）CRT的结构

（1）电子枪。电子枪通常由灯丝、阴极、栅极、加速极、聚焦极、第2和第4高压阳极组成，如图3-4所示。其工作原理是：当各电极施加正常工作电压时，通过灯丝加热阴极，阴极便发射电子，这些电子在加速、聚焦电场和偏转磁场的共同作用下，形成很细的电子束，在阳极高压作用下，获得巨大的能量，以极高的速度去轰击荧光粉层而产生光线。

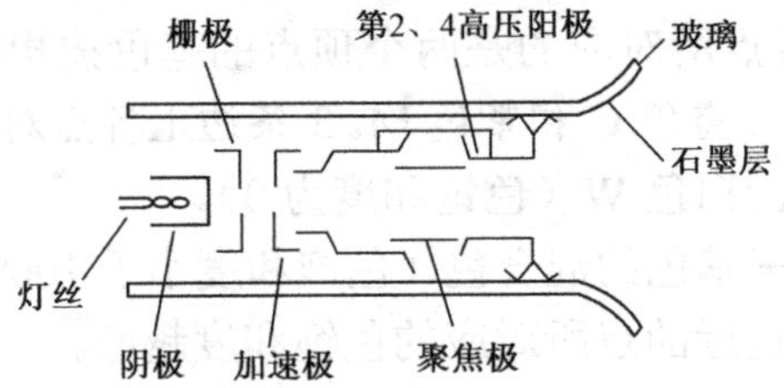

图3-4　电子枪的结构

（2）圆锥形玻壳。圆锥形玻壳用于连接电子枪和荧光屏，它的内外壁分别涂有石墨导电层，从而形成一个以玻璃为介质、以内外壁石墨导电层为电极的电容器，作为第2和第4高压阳极的滤波电容。在管锥体部分装有高压嘴，它与显像管内部的高压阳极相连，作为高压供电端。内壁石墨导电层与高压阳极相连，形成一个等电位空间，以保证电子束高速运动。外壁石墨导电层与电视机的接地端相连，以防止管外电磁场的干扰。

（3）荧光屏。荧光屏由屏幕玻璃、荧光粉层和铝膜组成。在显像管屏幕内的玻璃表面上，沉积一层10μm厚的荧光粉，在电子束的轰击下产生光线。荧光粉层外面又蒸镀了一层1μm厚的铝膜，铝膜与内石墨层相连，加有高压，既加速电子束，又保护荧光粉不受离子冲击而损伤（离子因质量大、速度慢而不能穿过铝膜）。荧光粉受电子束轰击时发光，某一点上受轰击的电子数越多或电子速度越快则越亮。电子停止轰击后亮度并不立即消失，而是逐渐暗下来，余辉时间约20ms。

（4）偏转磁轭。偏转磁轭是由偏转系统和磁轭组成的。磁轭本身不产生磁场，是一种在磁路中可以起到很好聚集磁力线作用的软磁材料。偏转系统由偏转线圈与中心位置调节器组成，如图3-5所示。

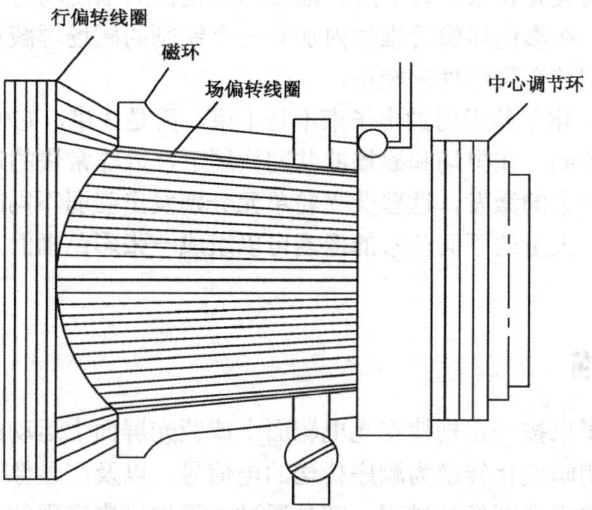

图 3-5 偏转磁轭结构图

在显像管管颈上套有行、场偏转线圈，分别通有行、场扫描电路送来的锯齿波电流，同时产生在垂直方向和水平方向随时间变化的均匀磁场，驱动电子束按从左到右、从上到下的规律进行扫描运动，在荧光屏上便出现满屏的扫描光栅。另外，在偏转线圈后部装有两个径向充磁的环状磁性塑料片，称为中心位置调节器。当光栅中心偏离屏幕中心时，通过调节两片磁环的位置，可使光栅中心与屏幕中心重合。

3.4.2 彩色 CRT 的结构

单色 CRT 只能显示黑白图像，要显示彩色图像必须使用彩色 CRT。由三基色原理、空间相加混色、时间相加混色的方法可知，彩色图像可用三基色光来合成。彩色 CRT 的结构如图 3-6 所示。比较图 3-3 和图 3-6 可知，它们之间的主要区别是：彩色 CRT 有 3 个阴极，它们的阴栅电压分别受到 R、G、B 3 种基色信号的控制；在荧光屏后面 1cm 处装有 1 块厚度为 0.15mm 的薄金属板，叫荫罩板，在其上开有很多条状小孔，它的作用是使 R、G、B 电子

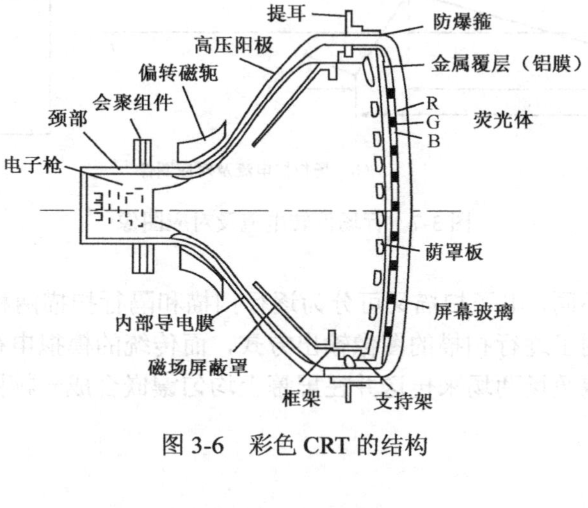

图 3-6 彩色 CRT 的结构

束只能轰击与之对应的荧光粉条；为了防止地磁和电视机周围磁场对电子束扫描产生影响而造成色纯与会聚不良，在彩色显像管锥体内加有一个铁制的磁场屏蔽罩。一旦出现色纯或会聚不良时，还可通过调节会聚组件来校正。

彩色 CRT 工作时，电子枪发射的电子束不是 1 束，而是 3 束，它们分别受 R、G、B 3 个基色视频信号电压的控制，在电场和磁场的共同作用下，以非常快的速度去轰击各自的荧光粉单元。受到高速电子束的激发，这些荧光粉单元分别发出强弱不同的红、绿、蓝 3 种光，产生不同色彩的像素，大量的不同色彩的像素可以组成一张彩色画面，而不断变换的画面就成为可动的彩色图像。

3.4.3 电子扫描

电子扫描是指电子束按一定规律在光电靶面上或荧光屏面上运动的过程。在摄像机中，将一幅图像各像素的明暗变化转换为顺序传送的电信号，以及在显像管中把这些顺序传送的电信号重新恢复为一幅重现图像的过程，都是通过电子扫描来实现的。以显像管为例，电子枪各极加上合适的电压后，阴极便发射出电子束，如果没有扫描，电子束聚焦后在屏幕中心显示一个亮点。要使整个屏幕发光，必须使电子束在水平和垂直方向运动。为此，在显像管管颈上套有两副偏转线圈，一副使电子束做水平运动，称为行扫描；另一副使电子束做垂直运动，称为场扫描。在行偏转线圈中加锯齿波电流，就会使电子束从左向右运动，在屏幕上显示水平一条亮线；在场偏转线圈中加锯齿波电流，就会使电子束从上到下运动，在屏幕上显示垂直一条亮线，如图 3-7 所示。在行扫描和场扫描的共同作用下，将在屏幕上显示满幅光栅。

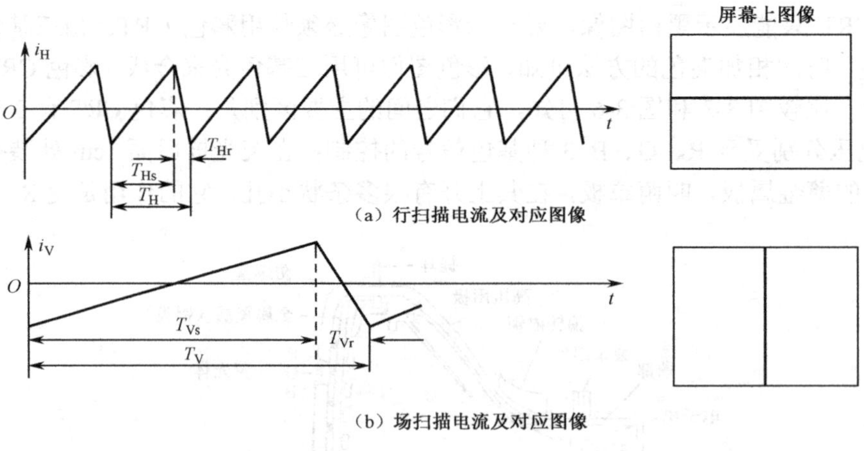

图 3-7　行场偏转电流及对应图像

根据扫描方式的不同，电子扫描又可分为逐行扫描和隔行扫描两种方式，如图 3-8 所示。数字高清晰电视机采用了逐行扫描的图像输出方式，而传统的模拟电视广播采用了隔行扫描方式，通过奇数场和偶数场两场来传送并在屏幕上均匀镶嵌合成一帧图像。其图像合成过程如图 3-9 所示。

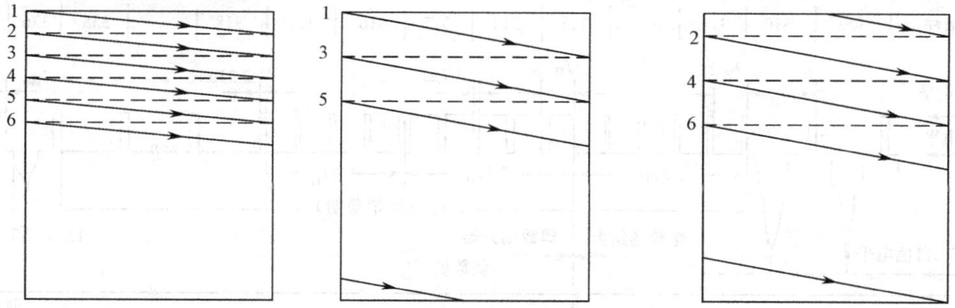

图 3-8　电子扫描示意图

图 3-9　隔行扫描图像合成过程

我国模拟电视广播（PAL 制）采用隔行扫描方式，其主要扫描参数如下：

行周期 T_H=64μs，行频 f_H=15 625Hz；

行正程 T_{Hs}=52μs，行逆程 T_{Hr}=12μs；行同步脉冲宽度 T_{HP}=4.7μs；

场周期 T_V=20ms，场频 f_V=50Hz；

场正程 $T_{Vs}=287T_H$+20μs =18.388ms≈18.4 ms；

场逆程 $T_{Vr}=25T_H$+12μs=1.612 ms≈1.6 ms；场同步脉冲宽度 T_{VP}=160μs；

帧周期 T_Z=40 ms；每帧行数 625 行（其中：正程 575 行）；

帧频 f_Z=25Hz；每场行数 312.5 行（其中：正程 287.5 行）。

3.4.4　黑白全电视信号

在隔行扫描的模拟电视系统中，电视机要正确重现电视台播送的黑白图像，必须传送由图像信号、复合同步信号、复合消隐信号、槽脉冲和均衡脉冲信号所组成的黑白全电视信号，如图 3-10 所示。

由图 3-10 可知，扫描到第 312.5 行时，奇数场结束，偶数场开始。规定相对幅度 10%～12.5%为白色电平，75%为黑色（消隐）电平，100%为同步电平。场消隐期为 $25T_H$（行周期 T_H=64μs），由前后均衡脉冲、场同步脉冲、多个行同步脉冲等组成。场同步脉冲宽度为 $2.5T_H$（160μs），并以 $T_H/2$ 为周期开了五个小凹槽（凹槽宽度为 4.7μs），称为槽脉冲，以便在场同步信号期间不丢失行同步信号，使行扫描保持同步。在场同步脉冲前后分别加置五个脉宽为 2.35μs、周期为 $T_H/2$ 的前后均匀脉冲，保证了奇偶两场图像的均匀镶嵌。

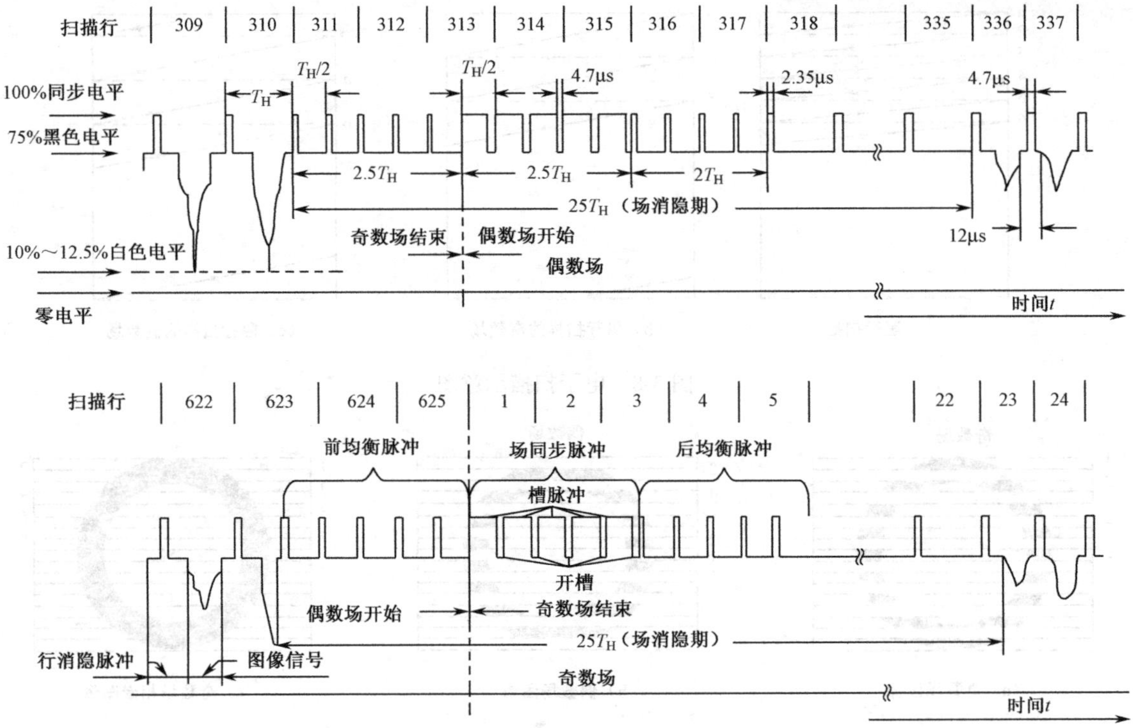

图 3-10　黑白全电视信号

图像信号的相对幅度位于 12.5%～75%之间，且在两个相邻行消隐信号的中间传送。在行消隐期间，只传送行同步信号，不传送图像信号。行消隐脉冲的宽度为 12μs，周期为 64μs，相对幅度为75%，主要作用是在行回扫期间屏幕上不出现干扰亮线（水平细亮线）。行同步脉冲的宽度为 4.7μs，周期为 64μs，相对幅度为 100%，行同步脉冲前沿与行消隐脉冲前沿的间隔时间为 1.5μs，如图 3-11 所示。

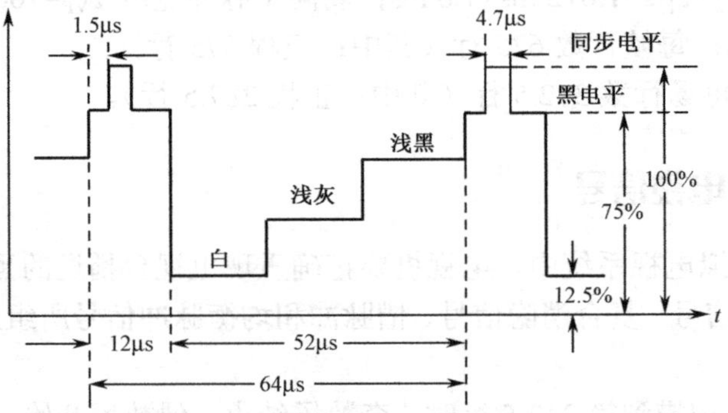

图 3-11　相邻扫描行之间的视频信号

当电视机中产生的行扫描信号与电视台播送的行扫描信号同频同相（即完全同步）时，电视机才能正确重现图像。如果电视机产生的行频高于或低于电视台传送的行频时，则在电视机屏幕上出现向右或向左倾斜的混乱图像，如图 3-12 所示。如果收、发两端行扫描信号的行频相等但初相位不同，则图像会整体向左或向右偏移甚至被分裂成左右两个部分。

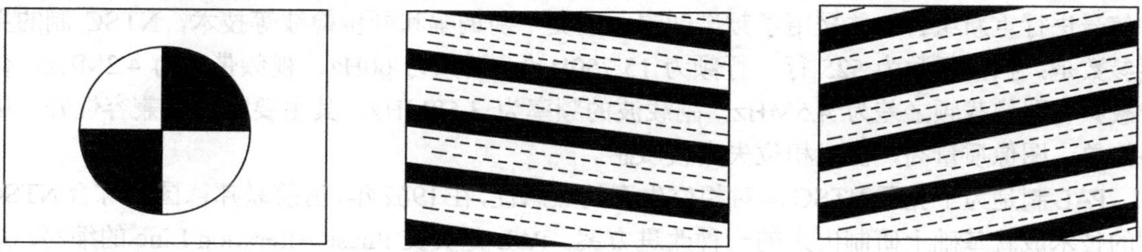

（a）同步时的图像　（b）行频偏高时的图像　（c）行频偏低时的图像

图 3-12　行不同步时的屏幕图像

如果收、发两端的场扫描信号不同步，则图像会不断地向上或向下移动，甚至被分裂成上下两个部分，如图 3-13 所示。

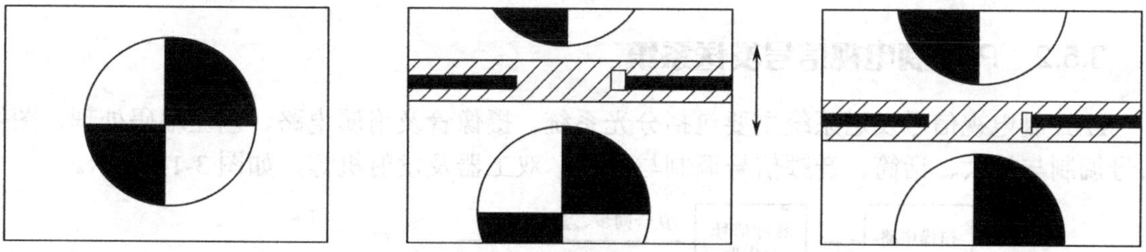

（a）同步时的图像　（b）场频偏高或偏低时的图像　（c）场频相等但初相不同时的图像

图 3-13　场不同步时的屏幕图像

3.5　PAL 制彩色电视信号的发射

在电视信号中除了图像信号外还有伴音信号。由于伴音信号和图像信号中都有丰富的低频成分，不能直接通过天线有效地发射出去和接收下来，必须使用频率足够高的载波进行调制，才能把已调制的高频信号从天线上有效发射到空中以电磁波形式进行传播。我国模拟电视标准规定：图像信号采用残留边带调幅方式，伴音信号采用调频方式。调制后的这两种信号在频域中保持着特定的间隔，并与标准电视频道的本振频率进行混频后得到全射频电视信号，通过天线发射出去。

3.5.1　兼容制模拟彩色电视制式

由于彩色电视系统是在黑白电视系统的基础上发展而来的，所以在设计彩色电视系统时考虑到黑白电视的兼容性。电视系统的兼容是指黑白电视机能接收彩色电视信号而重现正常的黑白图像，以及彩色电视机在接收黑白电视节目时能重现正常的黑白图像。

目前，世界上都采用了兼容制彩色电视制式，分为 NTSC 制、PAL 制和 SECAM 制三种。美国、日本、韩国、中国台湾地区、加拿大等采用了 NTSC 制，中国、德国、英国、中国香港地区等采用了 PAL 制，法国、俄罗斯、东欧等采用了 SECAM 制。

由于 PAL 制是在 NTSC 制基础上提出的，所以先对 NTSC 制做简单介绍。NTSC 制是美国在 1953 年研究出来的一种兼容性彩色电视制式，该制式从人眼的彩色视觉出发，对 R、G、

B 信号进行重新组合，并采用了频谱间置、正交平衡调幅和同步检波等技术。NTSC 制的主要参数是：扫描行数为 525 行（行频为 15 750Hz），场频为 60Hz，视频带宽为 4.2MHz，伴音载频与图像载频之差为 4.5MHz，副载波的频率为 3.58MHz。其主要特点是兼容性好、电路简单、图像质量高，但对相位失真较敏感。

PAL 制是为了克服 NTSC 制对相位失真的敏感性，在 1962 年，由前联邦德国在综合 NTSC 制的技术成就基础上研制出来的一种改进方案。PAL 是英文 Phase Alteration Line 的缩写，意思是逐行倒相，也属于同时制。它对同时传送的两个色差信号中的一个色差信号采用逐行倒相，另一个色差信号进行正交调制方式。这样，如果在信号传输过程中发生相位失真，则会由于相邻两行信号的相位相反起到互相补偿作用，从而有效地克服了因相位失真而引起的色彩变化。因此，PAL 制对相位失真不敏感，图像彩色误差较小，但 PAL 制的编码器和解码器都比 NTSC 制复杂，信号处理也较麻烦，接收机的造价也高。

3.5.2 PAL 制电视信号发送系统

PAL 制电视信号发送系统主要包括分光系统、摄像管及附属电路、色差编码处理、图像信号调制与放大、话筒、音频信号调制与放大、双工器及发射机等，如图 3-14 所示。

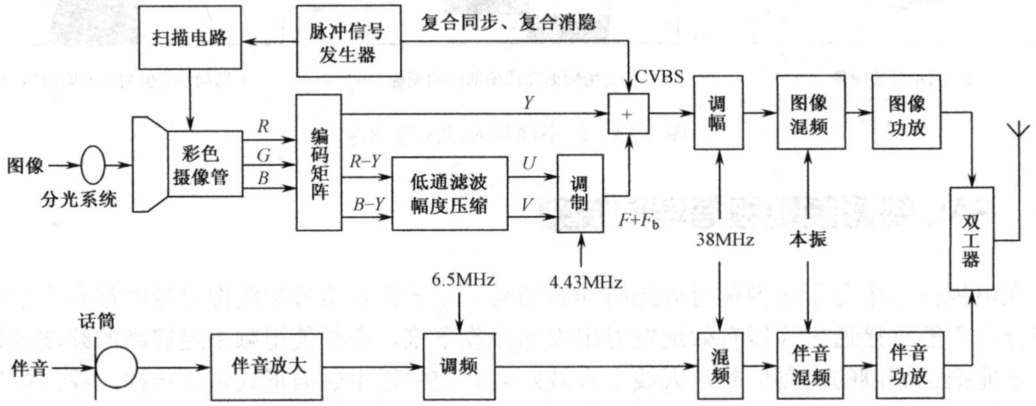

图 3-14　PAL 制彩色电视信号的发送过程

电视发送处理过程如下：

（1）彩色图像被分色光学系统分解为红、绿、蓝三基色画面，并分别投射到三只黑白摄像管的靶面上进行光电转换。摄像管本身并无辨色能力，它只能辨别亮度，色度则由三基色光的比例决定。

（2）摄像管输出的三基色电信号（R、G、B），经过编码矩阵电路转换为亮度信号 Y 和两个色差信号（$R-Y$）与（$B-Y$），其数学表达式为

红色差信号：$R-Y=R-(0.30R+0.59G+0.11B)=0.70R-0.59G-0.11B$　　（3-3）

绿色差信号：$G-Y=G-(0.30R+0.59G+0.11B)=-0.30R+0.41G-0.11B$　　（3-4）

蓝色差信号：$B-Y=B-(0.30R+0.59G+0.11B)=-0.30R-0.59G+0.89B$　　（3-5）

显然，三个色差信号并不独立，由其中的两个色差信号可求出第三个色差信号。例如，将亮度信号分解为 $Y=0.30R+0.59G+0.11B$，再与亮度方程相减，得

$$0.30(R-Y)+0.59(G-Y)+0.11(B-Y)=0$$

或者　$G-Y=-(0.30/0.59)(R-Y)-(0.11/0.59)(B-Y)$　（3-6）

根据式（3-6），可以根据红色差（$R-Y$）和蓝色差（$B-Y$）来得到绿色差（$G-Y$）。

（3）由于人眼的视觉特性，对黑白对比的细节有较高的分辨力，而对彩色对比的细节分辨力较低，因此，在彩色电视信号处理中采用了大面积着色方法。即在彩色图像传送过程中，只有大面积部分（低频部分）需要在传送其亮度信息的同时还必须传送其色度成分，而颜色的细节（高频部分）部分，都可以用亮度信号来取代。为此，色差信号经过低通滤波器进行频带压缩（保留0～1.3MHz）和幅度压缩后加至调制器，与4.43MHz彩色副载波进行逐行倒相的正交平衡调幅，使其频谱高移，产生色度信号 F，同时还产生了可使彩色同步的色同步信号 F_b。

（4）亮度信号、色度信号、色同步信号、复合同步信号和复合消隐信号相加，形成了具有6MHz带宽的彩色全电视信号（Composite Video Broadcast Signal，CVBS）。

（5）CVBS与38MHz图像中频载波进行普通调幅，产生调幅波信号，经残留边带滤波器滤波后产生残留边带的调幅信号，再与标准电视频道的本振信号混频，产生高频图像信号。

（6）电视伴音由话筒转换为伴音信号，经音频放大器放大后送到调频器，与6.5MHz载波进行频率调制，产生调频波信号，再与38MHz图像中频混频（差频）得到31.5MHz的调频波，再与标准电视频道的本振信号混频，产生高频伴音信号。

（7）高频图像信号和高频伴音信号混合，形成8MHz带宽的高频（射频）电视信号，由天线发射出去。

3.5.3　彩色全电视信号

（1）普通调幅AM是指用调制信号去改变高频载波的幅度而形成的调幅波。也就是说，高频调幅信号的幅度随着所要传送图像信号幅度的变化而变化，此图像信号叫做调制信号。频率为 f_1 的调制信号和频率为 f_c 的载波进行调幅后，变成 f_c、f_c+f_1、f_c-f_1 3个频率信号。

普通调幅AM具有设备简单、成本较低的特点，但是调幅后的载波信号不含有用信息却占用了整个调幅波信号能量的2/3以上，说明普通调幅的能量利用率较低，仅在普通调幅广播中采用。

（2）平衡调幅就是抑制载波的调幅，简称双边调幅（DSB-AM），它能有效提高能量利用率。色差信号采用平衡调幅后，既可节省发射功率，又能减少色差信号对亮度信号的干扰。用两个频率相同、相位差为90°的副载波分别对红、蓝色差信号进行抑制载波的调幅，称为正交平衡调幅（NTSC制）。

（3）在正交平衡调幅的基础上，将其中的红色差信号进行逐行倒相，以减少视频信号相位传输失真影响，称为逐行倒相正交平衡调幅（PAL制）。

PAL制色度信号的数学表达式为

$$\begin{aligned} F &= F_U + F_V = U\sin\omega_{sc}t \pm V\cos\omega_{sc}t \\ &= 0.493(B-Y)\sin\omega_{sc}t \pm 0.877(R-Y)\cos\omega_{sc}t \end{aligned} \qquad (3\text{-}7)$$

式中，ω_{sc} 为副载波角频率，$\omega_{sc}=2\pi f_{sc}$，$f_{sc}=4\,433\,618.75\text{Hz}$。

（4）通过频谱间置的方法将色度信号 F 安插在亮度信号 Y 的高频端，构成彩色图像信号。具体做法是：将2个色差信号频带压缩到0～1.3MHz，并进行相应的幅度压缩，再通过选择一个合适的载频（称为彩色副载频 f_{sc}），将 $R-Y$ 和 $B-Y$ 信号调制在彩色副载频上，进行频谱搬移，再将调制后的 $R-Y$ 和 $B-Y$ 信号安插在 Y 信号谱线的间隙内。

（5）PAL 制色同步信号。在 PAL 制彩色电视机中，要解调 $F_U=U\sin\omega_{sc}t$ 色度信号分量，需要送 $\sin\omega_{sc}t$ 副载波；要解调 $F_V=\pm V\cos\omega_{sc}t$ 色度信号分量的 PAL 行需要送 $-\cos\omega_{sc}t$ 副载波，而对 NTSC 行需要送 $\cos\omega_{sc}t$ 副载波。要做到这一点，需要有一个识别 PAL 行与 NTSC 行的识别信号，即需要在发送端提供一个识别信号，这个识别信号就是色同步信号。色同步信号 F_b 是由 9～11 个副载波周期组成的，位于行消隐信号的后肩上进行传送，起始点距离行同步脉冲前沿的时间为 5.6±0.1μs，其脉冲宽度为 2.25±0.23μs，脉冲幅度等于行同步脉冲幅度 B（B=0.3V±9mV）的一半，如图 3-15 所示。

PAL 制色同步信号的初相位为±135°，即不倒相行（NTSC 行）为+135°，倒相行（PAL 行）为−135°，其数学表达式为

$$F_b=\frac{B}{2}\sin(\omega_{sc}t\pm135^\circ) \tag{3-8}$$

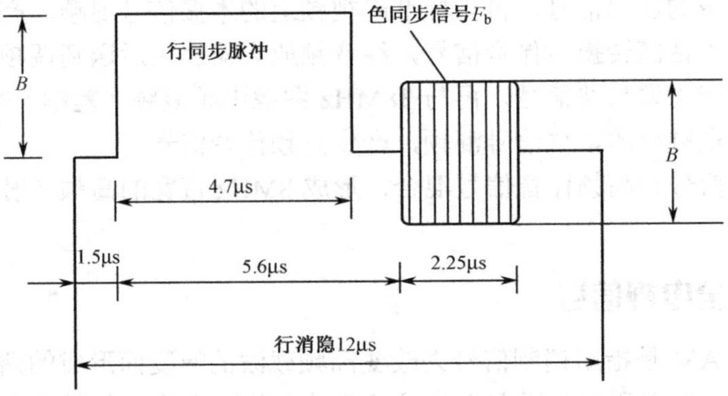

图 3-15　PAL 制色同步信号及其传送位置

（6）彩色全电视信号 CVBS。黑白全电视信号包括亮度信号、复合同步信号和复合消隐信号。在黑白全电视信号的基础上，再叠加色度信号和色同步信号就构成了彩色全电视信号 CVBS。相邻两行的彩色全电视信号波形如图 3-16 所示。由图 3-16 可知，2 个相邻行消隐电平之间传送彩色图像信号（亮度信号和色度信号），色同步信号位于行消隐电平的后肩上，亮度信号采用负极性（相对电平越低，亮度越大）。

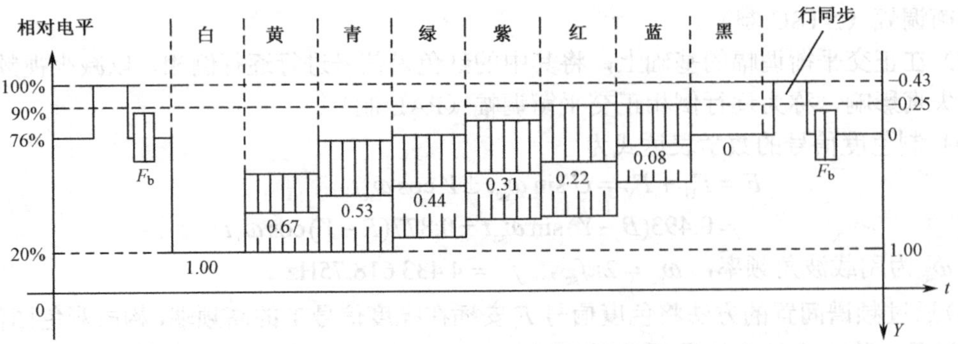

图 3-16　相邻两行的彩色全电视信号波形

3.5.4　伴音信号的调频

（1）调频就是将欲传送的伴音信号作为调制信号去调制高频载波的频率而形成的调频波，使调频波的瞬时频率随着伴音信号的幅度变化而变化。频率为 f_1 的调制信号和载频 f_c 调频后，变成 f_c、f_c+nf_1、f_c-nf_1 等无穷多组频率信号（n=1，2，3，…）。采用调频方式具有抗干扰能力强、信噪比高等特点，但要求占用信号带宽较宽。

（2）电视伴音调频信号的带宽。人耳能听到声音信号的频率范围一般为 20Hz～20kHz。伴音信号由于自身频带很窄，采用调频制传送后，得到的已调信号的带宽和图像信号相比是微不足道的，加上采用了与图像信号不同的调制方式，能减少图像信号与伴音信号之间的相互干扰，使伴音信号具有更强的抗干扰能力以获得良好的音质。若 Δf 为最大频偏，f_2 为调制信号的最高频率，则调频信号的带宽为 $B_W=2\times(\Delta f+f_2)$。我国电视标准规定的伴音信号的频率范围为 20Hz～15kHz，即伴音调制信号的带度为 15kHz。采用调频方式传送后，最大频偏 Δf 为 50kHz，则伴音调频信号的带宽为 $B_W=2\times(50+15)=130\text{kHz}$。

（3）高频伴音信号的产生过程。话筒将声音转换成伴音信号，经过伴音放大电路放大后，与 6.5MHz 载频进行频率调制产生调频波（第二伴音中频信号），再与 38MHz 载波进行混频，得到 31.5MHz 调频波（伴音中频信号），最后再与本振信号混频得到某个标准电视频道上的高频伴音信号（电视频道的伴音载频始终比图像载频高 6.5MHz），再送到发送天线发送出去（或有线传送）。

3.5.5　图像信号的残留边带调幅

彩色全电视信号 CVBS 的频率范围为 0～6MHz，与 38MHz 图像中频载波进行普通调幅后，形成的调幅波要占用 12MHz 的带宽，直接传送这样宽频带的信号，会使空间频段利用率降低，同时也会给发射机及发射天线的设计制造带来许多困难，使电视接收机复杂化。图像信号调幅后形成的上、下两个边带，包含有相同的视频信号，如果在发射的时候设法抑制掉其中的一个边带，仍可完成传送图像信息的任务，这种传送方式称为单边带传送方式。从理论上分析，单边带调制能使信号频带降低一半从而提高了波段利用效率。但它要求电视机必须采用恢复载波的同步解调方式，这将增加电视机的复杂性和成本。而且由于图像信号频带是从零频（直流）开始的，要从已调的调幅信号频谱中保留载频和一个边带，在技术上也较难制造出具有如此陡峭特性的单边带滤波器。因此，在目前的模拟电视系统中，采用了残留边带调幅方式传输图像信号。

所谓残留边带，就是指在传输某一边带（上边带）的同时也传送另一边带（下边带）的一部分（0.75MHz 以下的低频部分）。残留边带调幅的实现方法是，先用图像载频 f_P（f_P=38MHz）对图像信号进行普通调幅，产生 AM 信号，然后通过一个具有残留边带特性的滤波器保留载频 f_P 和整个上边带，而滤除下边带中（f_P−1.25MHz）以下的频率分量，只保留下边带中（f_P−0.75MHz）以上的分量，并在（f_P−1.25MHz）至（f_P−0.75MHz）频率分量间具有线性过渡特性，如图 3-17 所示。

3.5.6　电视频道的划分

高频图像信号和高频伴音信号占有一个 8MHz 的频带，这个频带称为电视频道。在电视

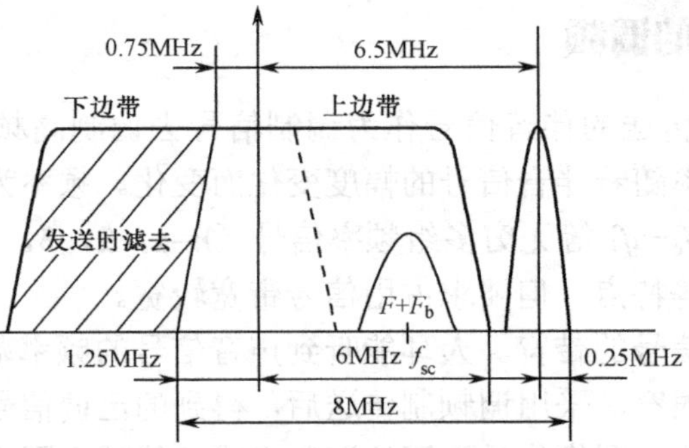

图 3-17　残留边带调幅的信号频谱

广播中，每个电台节目必须单独使用一个频道。我国模拟电视是 PAL D/K 制式，每个频道带宽为 8MHz（图像载波频率−1.25MHz～图像载波频率+6.75MHz），伴音载波频率比图像载波频率高 6.5MHz。例如，3 频道的图像载波频率是 65.75MHz，伴音载波频率是 72.25MHz，电视信号频率范围是 64.5～72.5MHz。

（1）无线电视频道配置。目前，我国电视广播主要有无线电视系统（又称地面电视广播）和有线电视系统。无线电视系统频道划分情况（按照 GB4877—1985）是，甚高频波段（VHF）又分割为Ⅰ波段 DS1～DS5（48.5～72.5 MHz，76～92 MHz）和Ⅲ波段 DS6～DS12（167～223 MHz），共安排了 12 个频道；特高频波段（UHF）又分割为Ⅳ波段 DS13～DS24（470～566 MHz）和Ⅴ波段 DS25～DS68（606～958 MHz），共安排了 56 个频道。Ⅰ波段又称为 V_L 波段，Ⅲ波段又称为 V_H 波段，Ⅳ和Ⅴ波段又统称为 U 波段。

（2）有线模拟电视频道配置。根据《有线电视频率配置》（GB/T17786—1999）标准，除了使用标准电视频道 DS1～DS68 外，还使用增补频道 Z1～Z7（111～167MHz）、Z8～Z37（223～463MHz）、Z38～Z42（566～606 MHz），共安排了 42 个增补频道。

（3）有线数字电视频道配置。根据国家广播电影电视总局发布的《有线数字电视频道配置指导性意见》，有线数字电视广播的频道仍采用 8MHz 带宽、邻频配置，双向有线电视系统的工作频带范围是 5～1000MHz。其中，5～65MHz 用于反向上行传输，87～108MHz 为正向调频广播，111～958MHz 为正向电视广播，958～1000MHz 为反向上行传输。

我国有线电视系统按频带宽度分为 300MHz、450MHz、550MHz、750MHz、1000MHz 5 种。各频带宽度的有线电视系统传送频道容量如下：

300MHz 系统包括标准频道 DS1～DS12 和增补频道 Z1～Z16，共 28 个频道。

450MHz 系统包括标准频道 DS1～DS12 和增补频道 Z1～Z35，共 47 个频道。

550MHz 系统包括标准频道 DS1～DS22 和增补频道 Z1～Z38，共 60 个频道。

750MHz 系统包括标准频道 DS1～DS42、增补频道 Z1～Z37、增补频道 Z38～Z42（又称 24+1～24+5 频道，频率范围为 566～606MHz），共 84 个频道。

1000MHz 系统包括标准频道 DS1～DS68、增补频道 Z1～Z42，共 110 个频道。

我国电视广播频道频率划分如表 3-1 所示。

表 3-1　中国电视频道频率划分

波段	国际频道/国内频道	频率范围/MHz	图像载频/MHz	伴音载频/MHz	中心频率/MHz
I	1/1 频道	48.5～56.5	49.75	56.25	52.5
	2/2 频道	56.5～64.5	57.75	64.25	60.5
	3/3 频道	64.5～72.5	65.75	72.25	68.5
	4/4 频道	76～84	77.25	83.75	80
	5/5 频道	84～92	85.25	91.75	88
II	（87～108）为调频广播				
A 波段	13/增补 1	111～119	112.25	118.75	115
	14/增补 2	119～127	120.25	126.75	123
	15/增补 3	127～135	128.25	134.75	131
	16/增补 4	135～143	136.25	142.75	139
	17/增补 5	143～151	144.25	150.75	147
	18/增补 6	151～159	152.25	158.75	155
	19/增补 7	159～167	160.25	166.75	164
III	6/6 频道	167～175	168.25	174.25	171
	7/7 频道	175～183	176.25	182.75	179
	8/8 频道	183～191	184.25	190.75	187
	9/9 频道	191～199	192.25	198.75	195
	10/10 频道	199～207	200.25	206.75	203
	11/11 频道	207～215	208.25	214.75	211
	12/12 频道	215～223	216.25	222.75	219
B 波段	20/增补 8	223～231	224.25	230.75	227
	21/增补 9	231～239	232.25	238.75	235
	22/增补 10	239～247	240.25	246.75	243
	23/增补 11	247～255	248.25	254.75	251
	24/增补 12	255～263	256.25	262.75	259
	25/增补 13	263～271	264.25	270.75	267
	26/增补 14	271～279	272.25	278.75	275
	27/增补 15	279～287	280.25	286.75	283
	28/增补 16	287～295	288.25	294.75	291
	29/增补 17	295～303	296.25	302.75	299
	30/增补 18	303～311	304.25	310.75	307
	31/增补 19	311～319	312.25	318.75	315
	32/增补 20	319～327	320.25	326.75	323
	33/增补 21	327～335	328.25	334.75	331
	34/增补 22	335～343	336.25	342.75	339
	35/增补 23	343～351	344.25	350.75	347
	36/增补 24	351～359	352.25	358.75	355
	37/增补 25	359～367	360.25	366.75	363
	38/增补 26	367～375	368.25	374.75	371
	39/增补 27	375～383	376.25	382.75	379
	40/增补 28	383～391	384.25	390.75	387

续表

波段	国际频道/国内频道	频率范围/MHz	图像载频/MHz	伴音载频/MHz	中心频率/MHz
B 波段	41/增补 29	391～399	392.25	398.75	395
	42/增补 30	399～407	400.25	406.75	403
	43/增补 31	407～415	408.25	414.75	411
	44/增补 32	415～423	416.25	422.75	419
	45/增补 33	423～431	424.25	430.75	427
	46/增补 34	431～439	432.25	438.75	435
	47/增补 35	439～447	440.25	446.75	443
	48/增补 36	447～455	448.25	454.75	451
	49/增补 37	455～463	456.25	462.75	459
Ⅳ	50/13 频道	470～478	471.25	477.75	474
	51/14 频道	478～486	479.25	485.75	482
	52/15 频道	486～494	487.25	493.75	491
	53/16 频道	492～500	495.25	501.75	498
	54/17 频道	502～510	503.25	509.75	506
	55/18 频道	510～518	511.25	517.75	514
	56/19 频道	518～526	519.25	525.75	522
	57/20 频道	526～534	527.25	533.75	530
	58/21 频道	534～542	535.25	541.75	538
	59/22 频道	542～550	543.25	549.75	546
	60/23 频道	550～558	551.25	557.75	554
	61/24 频道	558～566	559.25	565.75	562
	62/24+1 频道（增补 38）	566～574	567.25	573.75	570
	63/24+2 频道（增补 39）	574～582	575.25	581.75	578
	63/24+3 频道（增补 40）	582～590	583.25	589.75	586
	63/24+4 频道（增补 41）	590～598	591.25	597.75	594
	63/24+5 频道（增补 42）	598～606	599.25	605.75	602
Ⅴ	67/25 频道	606～614	607.25	613.75	610
	68/26 频道	614～622	615.25	621.75	618
	69/27 频道	622～630	623.25	629.75	626
	70/28 频道	630～638	631.25	637.75	634
	71/29 频道	638～646	639.25	645.75	642
	72/30 频道	646～654	647.25	653.75	650
	73/31 频道	654～662	655.25	661.75	658
	74/32 频道	662～670	663.25	669.75	666
	75/33 频道	670～678	671.25	677.75	674
	76/34 频道	678～686	679.25	685.75	682
	77/35 频道	686～694	687.25	693.75	690
	78/36 频道	694～702	695.25	701.75	698
	79/37 频道	702～710	703.25	709.75	706
	80/38 频道	710～718	711.25	717.75	714
	81/39 频道	718～726	719.25	725.75	722
	82/40 频道	726～734	727.25	733.75	730

续表

波段	国际频道/国内频道	频率范围/MHz	图像载频/MHz	伴音载频/MHz	中心频率/MHz
V	83/41 频道	734～742	735.25	741.75	738
	84/42 频道	742～750	743.25	749.75	746
	85/43 频道	750～758	751.25	757.75	754
	86/44 频道	758～766	759.25	765.75	762
	87/45 频道	766～774	767.25	773.75	770
	88/46 频道	774～782	775.25	781.75	778
	89/47 频道	782～790	783.25	789.75	786
	90/48 频道	790～798	791.25	797.75	794
	91/49 频道	798～806	799.25	805.75	802
	92/50 频道	806～814	807.25	813.75	810
	93/51 频道	814～822	815.25	821.75	818
	94/52 频道	822～830	823.25	829.75	826
	95/53 频道	830～838	831.25	837.75	834
	96/54 频道	838～846	839.25	845.75	842
	97/55 频道	846～854	847.25	853.75	850
	98/56 频道	854～862	855.25	861.75	858
	99/57 频道	862～870	863.25	869.75	866
	100/58 频道	870～878	871.25	877.75	874
	101/59 频道	878～885	879.25	885.75	882
	102/60 频道	886～893	887.25	893.75	890
	103/61 频道	894～901	895.25	901.75	898
	104/62 频道	902～910	903.25	909.75	906
	105/63 频道	910～918	911.25	917.75	914
	106/64 频道	918～926	919.25	925.75	922
	107/65 频道	926～934	927.25	933.75	930
	108/66 频道	934～942	935.25	941.75	938
	109/67 频道	942～950	943.25	949.75	946
	110/68 频道	950～958	951.25	957.75	954

3.6　PAL 制彩色电视信号的接收

在电视广播发送端，图像和伴音是由两部独立的发射机同时发送的，但由于两者的载频比较接近，所以，共用一副发送天线来传送。在接收端，为了节约材料费用，图像信号和伴音信号共用一个接收机来接收。电视接收机有黑白电视机和彩色电视机两种，这两种接收机的公共通道、伴音通道、扫描系统的工作原理基本相同。

3.6.1　黑白电视机信号处理框图

黑白电视机信号处理框图如图 3-18 所示。其工作过程是，天线接收高频电磁波信号，然后经过选频、放大、混频、中放与视频检波后得到黑白全电视信号和第二伴音中频信号，并分成 3 路处理。

（1）第二伴音中频信号经过鉴频得到音频信号，再经伴音放大后由扬声器还原成声音。

（2）黑白全电视信号经过视频放大后由显像管完成电光转换，在屏幕上重现原景物。

（3）经过同步分离电路分离出行场同步信号，分别去控制行场振荡电路，最后在行场偏转线圈中产生锯齿波的电流信号，实现光栅的水平和垂直扫描。

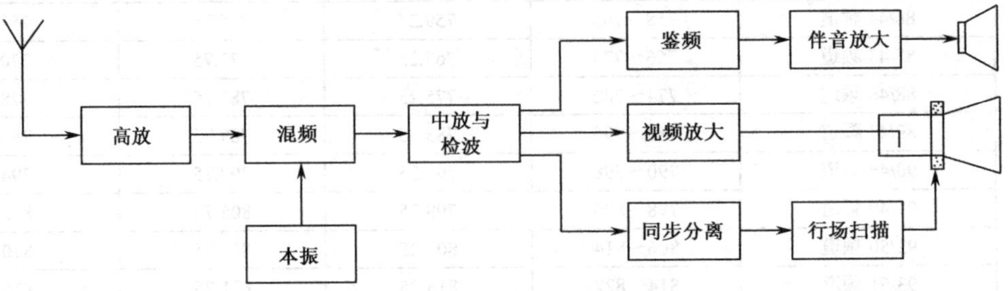

图 3-18　黑白电视机信号处理框图

例如，国内曾经广泛采用 3 片μPC 系列集成电路组成的黑白电视机，如图 3-19 所示。其中，电源采用变压器降压、整流滤波和串联调整式稳压电路，输出 18V 和 12V 电压；μPC1366 为中放通道集成电路，具有中频信号放大、视频检波、预视放、噪声抑制、中放 AGC 和高放 AGC 等功能；μPC1353C 为伴音通道集成电路，具有伴音中频限幅放大、差分峰值鉴频、直流电子音量控制和音频功率放大等功能；μPC1031H2 为场扫描集成电路，具有场同步、场振荡、锯齿波电压形成、场激励和场输出等功能。

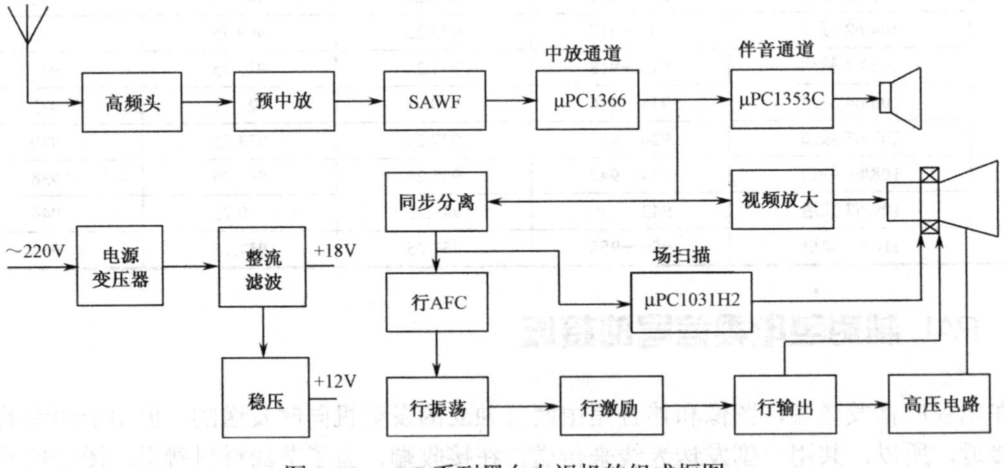

图 3-19　μPC 系列黑白电视机的组成框图

3.6.2　彩色电视机信号处理框图

彩色电视机信号处理框图如图 3-20 所示。其工作过程是，公共通道将天线接收到的高频电视信号进行放大、混频、视频检波等处理，得到 6.5MHz 第二伴音中频信号和彩色全电视信号 CVBS，然后分 4 路处理。

（1）6.5MHz 第二伴音中频信号经伴音通道处理还原出伴音。

（2）CVBS 分别加至亮度通道、色处理电路、同步分离与扫描电路。亮度通道将 CVBS

中的亮度信号 Y 取出来，进行放大、延时等处理后，再加至解码矩阵电路。

（3）色处理电路将CVBS中的色度信号和色同步信号取出来，并对色度信号进行选择放大、梳状滤波、同步解调等处理，还原出两个色差信号（$R-Y$）和（$B-Y$），然后加至解码矩阵电路。解码矩阵电路将 Y、（$R-Y$）、（$B-Y$）还原出三基色电信号。三基色电信号经末级视放电路放大后，加至彩色显像管的3个阴极，从而重现彩色图像。

（4）同步分离与扫描电路把CVBS中的行、场同步信号分离出来，分别去控制行、场扫描电路，使它们产生与发送端同步的行、场扫描锯齿波电流，控制电子束扫描运动，形成符合要求的光栅。行扫描电路还产生显像管和其他电路所需要的中低电压与阳极高压。

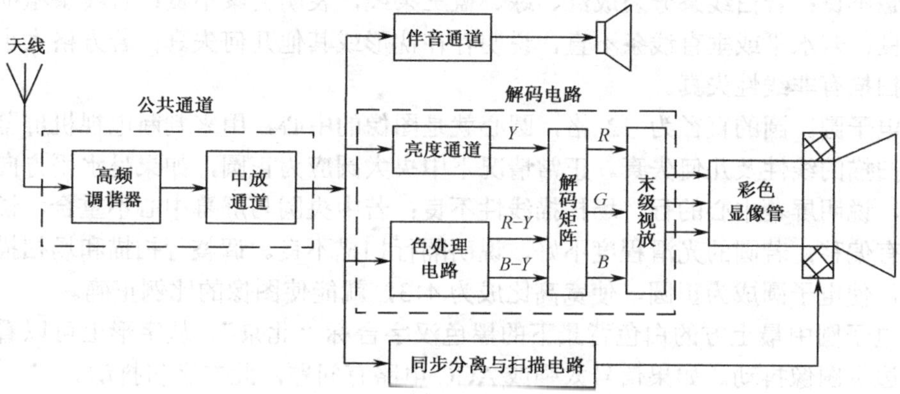

图 3-20 彩色电视机信号处理框图

3.6.3 标准彩色测试图

国家标准彩色电视广播测试图是彩色电视机重现彩色图像质量好坏的一个具体衡量标准，它综合了彩色电视机调试和检验所需的绝大部分信息，如图3-21所示。本标准图形主要供彩色电视中心台、发射台播出节目之前使用。根据本图形可以直观估计广播电视系统及电视机的质量。专业维修人员可以利用本图形将检修后的电视机调整到满意的收看状态。

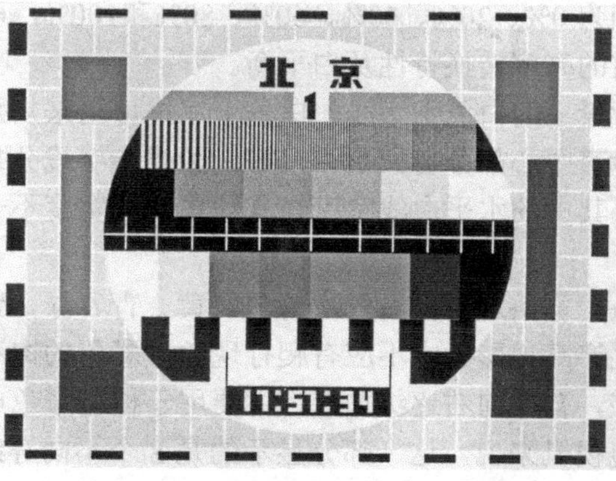

图 3-21 国家标准彩色测试图

国家标准彩色测试图的四周是黑白矩形组成的护边框，护边框的外框用于提供正确的4:3

宽高比。护边框内是灰底白方格线；图形的正中央是电子圆，圆内提供9种测试信号。

（1）黑白矩形护边框。它是由黑、白矩形块组成的，其构成整幅图像的宽高比为4:3。可用来检测宽高比，检查行、场扫描幅度和图像的中心位置。若四周护边框看不到，则说明行、场扫描幅度过大；若仅出现某一边框，则说明光栅中心位置偏移；若右边黑白格错位，则说明同步分离不良。

（2）白线条方格图案。护边框内为灰底白线条正方格图案，水平方向17格、垂直方向13格。用它可以判别扫描线性、几何失真、光栅有效利用面积、色纯度、白平衡、动会聚以及背景杂波等特性。若灰色背景上有其他颜色，则表明色纯不良；若灰色不均匀，出现色斑，则说明消磁不良；若白线条分裂成红、绿、蓝三条线，表明会聚不良；若线条粗细不均，表明聚焦不良；若水平或垂直线条不直，说明存在枕形或其他几何失真；若方格大小不一，说明行、场扫描有非线性失真。

（3）电子圆。圆的直径为12格，圆心就是图像的中心，用来判断电视机屏幕中间部分的行、场扫描的线性及几何失真。正常情况下中央大圆应为正圆，如果呈水平方向或垂直方向的椭圆，说明屏幕中心的行、场扫描线性不良；若中央圆与屏幕中心不重合，说明光栅的中心位置有偏移；若圆的光滑程度不好，说明隔行扫描不良。调整行扫描和场扫描电路的幅度和线性，使电子圆成为正圆，使宽高比成为4:3，就能使图像的比例正确。

（4）电子圆中最上方的白色背景下的黑色汉字台标“北京”。从字形上可以看出是否有重影、镶边及图像抖动。如果信号太强或AGC电路有问题，此二字将抖动。

（5）电子圆中的肤色标准。在“北京”二字下边为肤色标准色带，中间是台号“1”，左边为男肤色稍深，右边为女肤色稍浅，可用于电视机的“色调”、“亮度”调节时参考。只有将肤色调正确，彩色图像（尤其是人物面部颜色）才能给人以真实感。

（6）电子圆中的水平清晰度线条。肤色下边是水平清晰度线条，自左向右共分五组，各组竖线条越来越密。每组竖线条数标志着电视机的带宽和分辨力，分辨力从左至右分别对应于140线（1.8MHz）、220线（2.8MHz）、300线（3.8MHz）、380线（4.8MHz）和500线（6.25MHz）。正常电视机的清晰度应大于380线，显示的条数越多说明电视机的清晰度越高。

（7）电子圆中的灰度等级。电子圆内有6级灰度，自右向左一个方块比一个方块灰度深。与白电平幅度的比值分别为0%、20%、40%、60%、80%和100%，可用来检查和评定图像的灰色层次，检测传输通道的亮度转换特性及白平衡。

（8）电子圆中的黑背景上的白色十字线。白色十字线可用来判别图像的中心位置、隔行扫描和调整静会聚，即检查中心部分会聚是否良好。如果十字线分裂为红、绿、蓝彩色线，则说明静会聚失常；如果其中的水平白线宽度与其他白线的宽度不一样，则说明隔行扫描不准确，存在并行现象。

（9）电子圆中的彩条。彩条从左至右依次为白、黄、青、绿、紫、红、蓝、黑。它们的颜色应纯正，饱和度应足够高，彩条中不应有爬行现象。彩色的饱和度可调节，调节到最小时可以得到8个灰度等级，自左向右逐级加深，主要用于检查彩色电路对彩色信号的处理及显示是否正确。对黑白电视机来说，这一部分显示的是8个不同等级的灰度条图案。

（10）电子圆中的黑、白块和黑色竖线条。它们可用来观察水平方向黑白交界处是否有拖尾和镶边，从而可推断电视机的高频和低频特性是否满足要求。当图像边沿模糊，出现镶边和黑色拖尾或白色拖尾时，则说明图像通道的低频特性不良。2条黑色竖线用来判断有无多径反射及天线之间的阻抗是否匹配。

（11）电子圆中的北京时间。从它上面可以观察黑底白字信号是否存在重影和镶边。

（12）电子圆周围的彩色方块。左上角的彩色方块色调为青色，对应的测试信号为$-(R-Y)$色度分量；左下角的彩色方块色调为紫红色，对应的测试信号为$-(G-Y)$色度分量；右上角的彩色方块色调为黄绿色，对应的测试信号为$-(B-Y)$色度分量；右下角的彩色方块色调为蓝紫色，对应的测试信号为$(B-Y)$色度分量。

复习思考题 3

1．电视系统是如何传送活动图像的？

2．黑白全电视信号由哪些信号组成？各自的作用是什么？规定的参数值是多少？

3．图像信号为什么要采用残留边带方式发送？

4．全电视信号是怎样发送到空间的？

5．电视伴音采用何种调制方式？伴音载频与图像载频的关系是什么？

6．利用相加混色规律，分析下面几种颜色相加后的结果：

（1）黄色+紫色+青色；（2）青色+紫色+绿色；（3）黄色+青色+红色；（4）黄色+紫色+蓝色。

7．写出R、G、B、Y、$(R-Y)$、$(G-Y)$、$(B-Y)$、U、V、F_U、F_V、F、F_b、CVBS 等符号的含义。在 PAL 制彩色电视中，它们之间有什么关系？

8．设 PAL 制电视系统摄取的彩色光为青光（三基色光强分别为：$R=0$，$G=1$，$B=1$），试求编码器输出的亮度信号 Y、色差信号 U 和 V、色度信号 F。

项目4 彩色显像管电视机

教学导航

学习目标：了解彩色显像管电视机的基本结构和各单元电路的组成。掌握彩色显像管电视机的工作原理与常见电路故障的检修。

学习重点：彩色显像管电视机的整机结构组成及彩色显像管电视机常见故障检修。

问题思考：（1）彩色显像管电视机一般由哪些部分组成？

（2）彩色显像管电视机的电路组成有何特点？

（3）彩色显像管电视机检修注意事项有哪些？

（4）常见故障应如何检修？

4.1 彩色电视机整机结构的识读

4.1.1 整机结构与主要部件的识读

1. 超外差内载波式接收技术

CRT 彩色电视机的具体品牌型号规格虽然很多，但从根本上来说都是一种超外差接收机，即采用超外差内载波式接收技术，其基本结构大致相同。所谓超外差，是指天线接收到的射频电视信号，经高频放大后与本机产生的本振信号进行混频，得到固定的中频信号。所谓内载波式，是指利用图像中频信号和伴音中频信号在通过检波级时，由于差拍产生第二伴音中频信号的内差方式。下面以西湖 E 机芯彩色电视机为例来学习 CRT 彩色电视机的内部结构。

2. CRT 彩色电视机内部整机结构

如图 4-1 所示为西湖 E 机芯彩色电视机的内部整机实物图。它由彩色显示管、末级视放板、偏转线圈、消磁线圈、扬声器和主板等组成。主板的主要作用：一是接收射频电视信号，进行放大、混频、解调、解码等处理后，输出 3 个色差信号和亮度信号，加到末级视放板；二是输出处理后的音频信号，加到扬声器重现声音；三是输出行场偏转线圈所需要的矩形波电压和锯齿波电压，在偏转线圈中产生锯齿波电流和偏转磁场，使电子束扫描形成光栅；四是由开关电源电路和行输出的中高压形成电路提供直流工作电压；五是提供开机消磁电流，加到消磁线圈，自动对彩色显像管内的铁制部件进行消磁。末级视放板的主要作用是将主板送来的 3 个色差信号和亮度信号分别进行相加，得到三基色电信号，再经过放大后分别加到显像管的 3 个阴极，重显彩色图像。

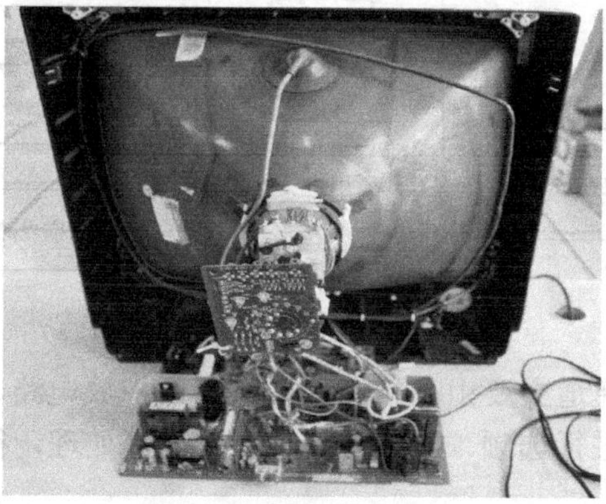

图 4-1　西湖 E 机芯彩色电视机的内部整机实物图

4.1.2 电路组成框图与功能模块的识读

1. 整机电路图的识读技巧

对于初学者来说，彩色电视机的整机电路图显得复杂，有点无从下手的感觉，但只要掌握整机电路的识读技巧，学习相关电路知识，就能识读电视机的整机电路。一般按照电路组成框图、整机电路图、电路板实物的次序，来理解掌握电视机的工作原理以及故障判断与维修方法。在识读电路图时，先找到易读元器件。在整机电路图上，高频调谐器、扬声器、显像管、行输出变压器、偏转线圈、开关变压器、集成电路等符号容易识别，它们的部位也容易找到。可以把这些最直观、最易识读的元器件作为看图看物的起始点，确认好这些元器件的位置后，顺着连线，很容易找到它们的邻近电路。例如，由高频调谐器找到遥控选台电路和图像中频通道；由扬声器找到伴音通道；由显像管找到末级视放和解码电路；由电源插头找到电源电路；由行输出变压器找到行扫描电路等。

2. 彩色电视机组成框图

懂理论并能进行电路图纸分析对于一个电子维修人员是至关重要的，实际的操作往往是在理论的指导下进行的。在理论基础方面，应注意电路结构、单元电路、识图和理论分析能力等方面的培养。其中，电路结构分析是首要的，通过电路结构可以建立一个全局观。实际工作中，许多维修分析方法都来自对电路结构图的分析。

彩色电视机主要包括公共通道、伴音通道、亮度通道、色度解码系统、显像系统、扫描系统、电源系统、控制系统等几大部分，如图 4-2 所示。

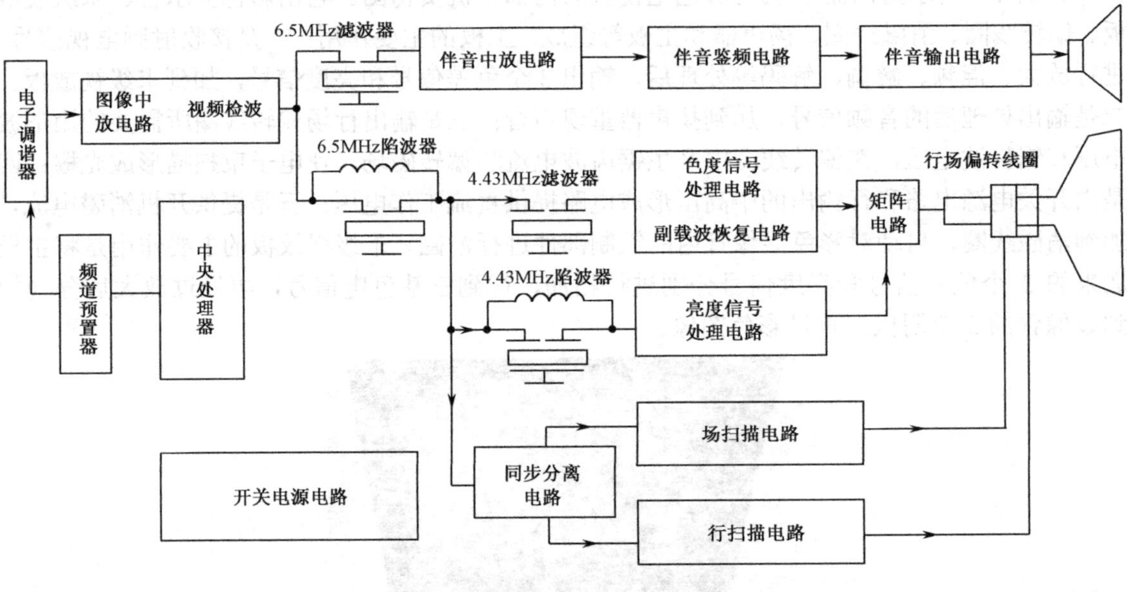

图 4-2　彩色电视机的组成框图

（1）公共通道。公共通道主要由高频调谐器、图像中放电路、视频检波器等电路组成，其作用是对射频电视信号进行选频、放大、变频、检波等处理，得到彩色全电视信号和第二伴音中频信号。

（2）伴音通道。伴音通道主要由 6.5MHz 带通滤波器、伴音中放电路、伴音鉴频电路、伴音输出电路、扬声器等组成，其作用是将第二伴音中频信号进行放大、鉴频、功率放大后，形成音频信号推动扬声器重现声音信息。

（3）亮度通道。亮度通道主要由 4.43MHz 陷波器、亮度信号处理电路等组成，其作用是从彩色全电视信号中分离出亮度信号，然后进行放大、校正、延迟、直流恢复等处理，形成黑白图像的基本信号。

（4）色度解码系统。色度解码系统主要由 4.43MHz 带通滤波器、色度信号处理电路、彩色副载波恢复电路、矩阵电路等组成，其作用是从彩色全电视信号中分离出色度信号和色同步信号，经处理后得到（$R-Y$）、（$B-Y$）、（$G-Y$）3 个色差信号。

亮度通道、色度通道、副载波恢复电路、解码矩阵电路四大部分又称为解码器。

（5）显像系统。显像系统主要由彩色显像管和末级视放电路等组成，其作用是将 3 个色差信号和亮度信号混合后形成 R、G、B 三基色电信号，送入彩色显像管，重现彩色图像信息。

（6）扫描系统。扫描系统主要由同步分离电路、场扫描电路、行扫描电路等组成，其作用是通过行、场扫描电路向行、场偏转线圈提供幅度足够、线性良好的锯齿波输出电流，使 CRT 完成电子扫描并形成光栅。

（7）电源系统。电源系统主要由开关稳压电源、行输出的中高压形成电路两部分组成，其功能就是向整机提供符合要求的各种电源电压。

（8）控制系统。控制系统主要由微电脑控制器（CPU）、遥控电路等组成，其作用是对整机各部分正常工作进行自动控制，并提供显示信号以便于调控。

3．西湖 E 机芯彩色电视机组成框图

如图 4-3 所示为西湖 E 机芯彩色电视机组成框图。它主要由高频调谐器、预中放和声表面波滤波器、单片机芯电路、AV/TV 切换电路、音量控制与音频功放电路、基色矩阵与末级视放电路、彩色显像管、场输出电路、行推动与行输出电路、开关电源与中高压电路、微处理器与遥控处理电路等组成。

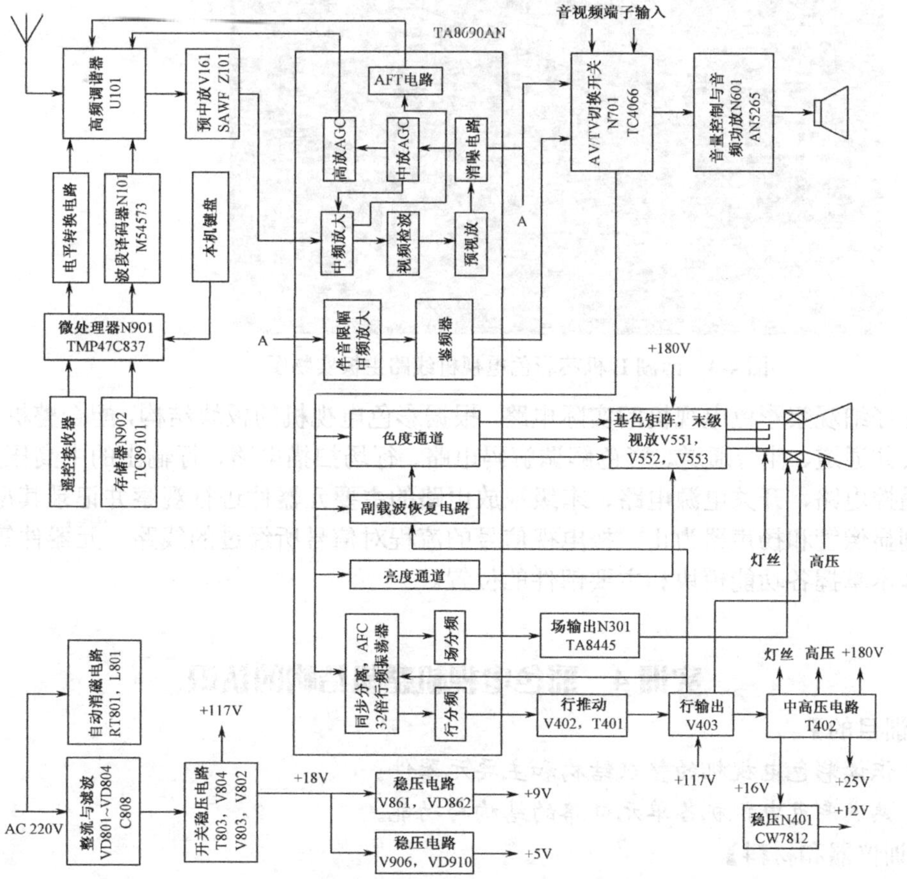

图 4-3 西湖 E 机芯彩色电视机组成框图

根据电路功能划分，可以将彩色电视机整机电路划分为公共通道、伴音通道、彩色解调解码电路、行场扫描电路、行输出的中高压形成电路、末级视放电路、开关电源电路、微电脑遥控电路等功能模块，再根据特殊元件来识别各个功能模块。例如，末级视放电路往往在显像管的正后方，通过显像管管座和电子枪相连；通过扬声器，就能找到与它直接相连的伴音电路；通过行输出变压器就能找到行扫描电路；通过开关电源变压器就能找到开关电源电路，等等。

如图 4-4 所示为西湖 E 机芯彩色电视机的线路主板实物图，它包括了除基色矩阵和末级视放电路之外的所有电路。从图 4-4 可以看出，主板上的元器件是按功能单元来布置的。例如，在高频调谐器的周围附近，后面是预中放和 SAWF 电路，左边是波段译码器与音频功放电路，右边是 AV 输入端子和 AV/TV 切换电路。在行输出变压器附近是行推动、行输出电路与场输出电路。在单片机芯电路 TA8690 的周围是该芯片正常工作所需的辅助电路。在微处理器 TMP47C837 附近是遥控与键盘接收电路、电平转换电路、存储器等。在输入电源插座附近是抗干扰电路、整流与滤波电路、自动消磁电路等。在开关变压器附近是开关电源电路。

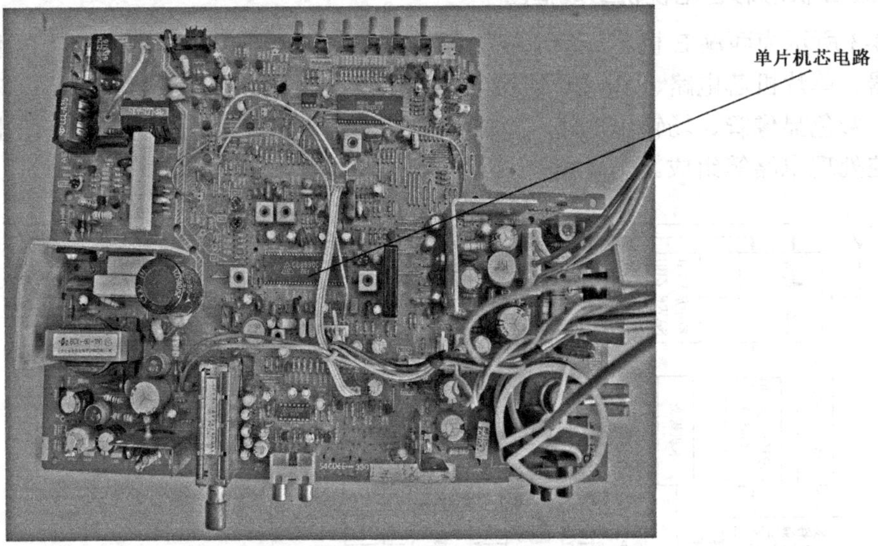

图 4-4　西湖 E 机芯彩色电视机线路主板实物图

通过仔细观察彩色电视机的实际电路，根据彩色电视机的板块结构，配合整机组成框图，分别对公共通道、伴音通道、彩色解调解码电路、行场扫描电路、行输出的中高压形成电路、微电脑遥控电路、开关电源电路、末级视放电路的主要元器件进行观察并记录其型号。从天线开始到显像管和扬声器为止，按电视信号的流程对信号所经过的线路、元器件等进行逐一查对，基本掌握各功能模块和主要部件的位置。

实训 4　彩色电视机整机结构的认识

【实训目的】

（1）识读彩色电视机的整机结构和主要元器件。

（2）熟悉彩色电视机各单元电路的结构与功能。

【实训仪器和材料】

（1）西湖 E 机芯彩色电视机。

（2）彩色电视机拆卸工具。

（3）万用表。

【实训内容】

（1）仔细观察彩色电视机的实际电路，结合彩色电视机的组成框图和整机电路图，分别对公共通道、伴音通道、亮度通道、色度解调解码电路、行场扫描电路、微电脑控制电路、开关电源电路的主要元器件进行观察并记录其型号以及所属单元电路。

（2）从天线开始到显像管和扬声器为止，按电视信号的流程对信号所经过的线路、元器件逐一查对，弄清楚流经主要元器件的电压信号的波形、频率、幅度大小等参数。

（3）观察彩色电视机的输入/输出接口及连接电线/电缆，熟悉彩色电视机的操作使用方法。

【实训报告要求】

（1）简述实训步骤。

（2）记录单元电路及主要元器件的名称、型号并列表。

（3）分析彩色电视机内部结构特点及主板电路特点。

（4）CRT彩色电视机的基本组成有哪些单元电路？

4.2 公共通道与伴音通道

公共通道是指图像信号和伴音信号共同经过的处理电路，主要由高频调谐器和中频通道组成，其作用是对射频电视信号进行选频、放大、变频、检波等处理后，得到彩色全电视信号和第二伴音中频信号。

4.2.1 高频调谐器

1. 高频调谐器的组成与作用

高频调谐器又称高频头，其性能优劣对电视机的选择性、通频带、灵敏度和信噪比等技术指标有重要影响。高频头由输入回路、高频放大器、混频器和本机振荡器等组成，如图4-5所示，主要有选频、放大、变频三大作用。

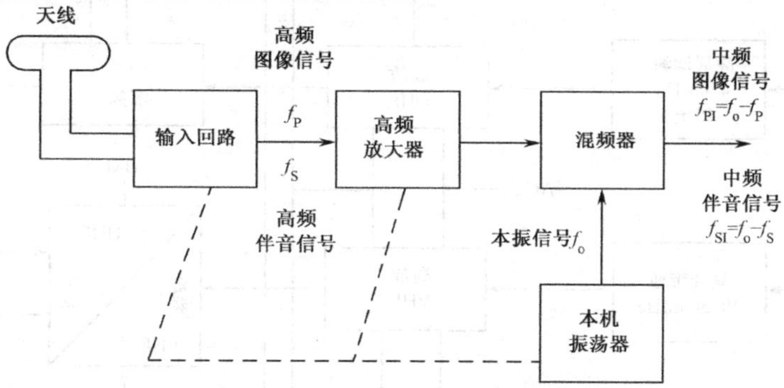

图4-5 高频调谐器的组成框图

（1）选频作用。从天线接收到的各种无线电波中选出某一个电视频道的节目，而抑制其他的信号。选频作用是由输入调谐回路完成的，它决定整机的选择性。

（2）放大作用。将选出的高频电视信号进行20dB的电压放大，以满足混频器所需要的信号幅度，并提高信噪比。该功能是由高频放大器完成的，它决定整机的信噪比。

（3）变频作用。将高频图像载波、高频伴音载波与本振信号进行差拍，输出固定的 38MHz 图像中频信号和 31.5MHz 第一伴音中频信号；对彩色电视机还输出 33.57MHz 色度副载波中频信号。

2．高频调谐器的分类

高频调谐器按调谐方式分为机械调谐式和电子调谐式两大类。按照调谐选台方式的不同，电子调谐器又可分为模拟调谐式电子调谐器和数字调谐式电子调谐器。数字调谐式电子调谐器又可分为电压合成式电子调谐器和频率合成式电子调谐器。目前生产的彩色电视机均采用不仅能接收标准电视频道节目，还能接收有线电视增补频道节目的频率合成式的全频道电子调谐器。

3．电子调谐器的工作原理

全频道电子调谐器组成框图如图 4-6 所示。其中，特高频（U 频段）和甚高频（V 频段）在结构上基本独立，但在 U 频段工作时，V 频段的混频级作为 U 频段的一个中频放大级，以提高 U 频段的增益。高放级是由场效应管和双调谐回路组成的，高放级的放大倍数受到延迟 AGC 控制。选台所需的调谐电压 BT 分别加在高放电路和本振电路的各个变容二极管上，因为变容二极管的结电容会随着外加反向电压而变化，所以通过改变调谐电压即可改变谐振电容量，实现在本频段内选台。由于变容二极管的结电容随着外加反向电压的变化范围有限，不能覆盖整个 V 频段，所以又将 V 频段划分为 VL（1～5 频道）和 VH（6～12 频道）2 个频段，通过连接不同的调谐电感实现 VH 和 VL 波段的调谐选台。U、VH、VL 3 个波段的工作电压 BU、BH、BL 分别加到不同的开关二极管两端，通过开关二极管导通切除部分调谐电感，实现波段切换。混频级一般由共基极正弦自激振荡器组成，AFT 电压加在 UHF 和 VHF 本振级的变容二极管上，当本振频率或输入信号频率漂移时，能自动调节频率为准确值。

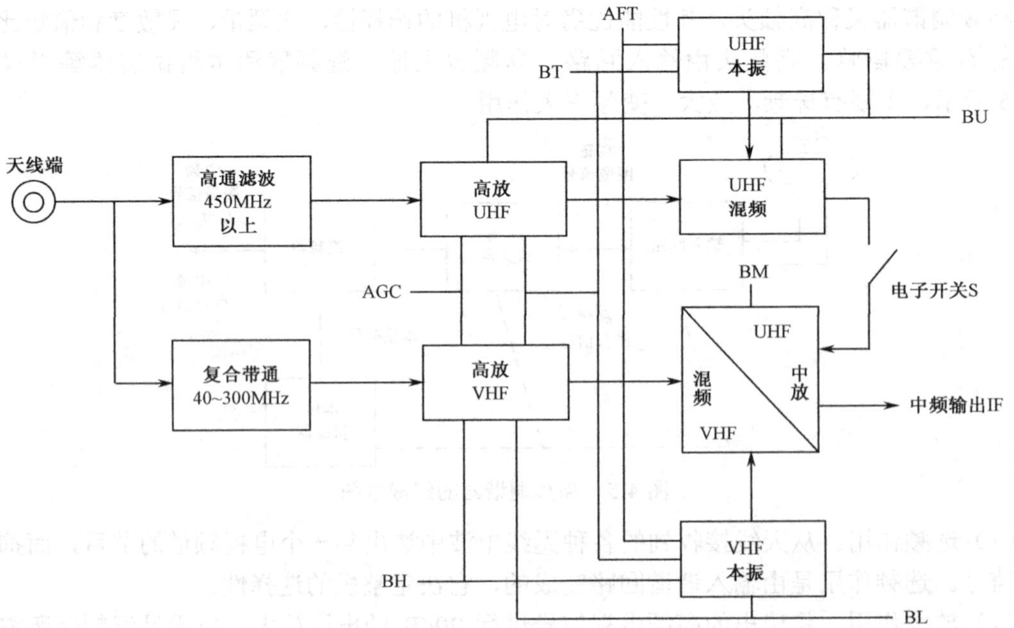

图 4-6　全频道电子调谐器组成框图

（1）电子调谐器的组成与频段分配。电子调谐器主要由输入滤波器、高放、本振和混频 4 部分电路组成，如图 4-6 所示。其中，VHF 包括Ⅰ波段（48.5～92MHz）的 1～5 频道和Ⅲ波段（167～223MHz）的 6～12 频道；UHF 波段包括Ⅳ和Ⅴ波段（470～958MHz）的 13～68 频道。考虑到在有线电视系统中使用增补频道，新式全频道电子调谐器除了能接收 68 个标准电视频道外，还能接收增补频道的电视节目。在第 5 频道和第 6 频道之间（即 A 波段），安排了 7 个增补频道 Z1～Z7；在第 12 频道和第 13 频道之间（即 B 波段），安排了 30 个增补频道 Z8～Z37；在第 24 频道和第 25 频道之间（Ⅳ波段），安排了 5 个增补频道 Z38～Z42。

（2）电子调谐器的工作过程。在图 4-6 中，当接收 VHF 频道信号时，电子开关 S 断开，同时 UHF 电路因为没有电源（BU=0）而不工作。此时 1～12 频道（含增补频道 Z1～Z7）信号经带通滤波器送至 VHF 的高放电路进行高频放大，然后与 VHF 的本振信号混频，最后输出载频为 38MHz 的残留边带视频调幅信号和载频为 31.5MHz 的伴音中频调频信号以及 33.57MHz 色度副载波中频信号。

当接收 UHF 频道信号时，电子开关 S 接通，同时 UHF 电路因接通电源（电源 BU=12V）而工作，此时 VHF 的高放与本振电路因没有电源（BV=0）而不工作，但 VHF 的混频器电源正常（BM=12V），仍处于工作状态，并作为 UHF 的中放级（38MHz 中频放大）。此时 13～68 频道（包括 Z8～Z42）信号经高通滤波器送至 UHF 的输入回路，经初选后再进入 UHF 高放电路进行高频放大，然后与 UHF 的本振信号混频，再经过 UHF 的中频放大，最后输出载频为 38MHz 的残留边带图像中频调幅信号和载频为 31.5MHz 的伴音中频调频信号以及 33.57MHz 色度副载波中频信号。

当接收频段（VHF 或 UHF）确定后，还要经过调谐使回路的谐振频率与接收频道的中心频率一致时，才能接收该频道的电视信号。通过改变加在变容二极管两端的反向电压，就能改变二极管的结电容，从而使回路的谐振频率改变，以达到调谐选台的目的。

4．模拟调谐式电子调谐器

从图 4-7 可以看出，当开关 S 打在“30V”位置时，二极管 VD1 因反偏而截止，回路电感较大，为 L_1+L_2，此时处于Ⅰ频段，通过调节 RP 的大小，就能改变变容二极管 VD 的反向偏压，使结电容变化，从而使回路的谐振频率变化，达到调谐选择 1～5 频道的目的。当开关 S 打在“0V”位置时，二极管 VD1 因正偏而导通，将 L2 交流短路，谐振回路总电感只剩下 L1，此时处于Ⅲ频段，通过调节 RP 的大小，就能达到调谐 6～12 频道（含 Z1～Z7）的目的。通过调节电位器来改变加在变容二极管 VD 两端的反偏电压，从而改变变容二极管的电容量 C，进而改变调谐频率 $f=1/2\pi\sqrt{LC}$。将电子调谐器与节目预选器配合使用，就能实现频道转换和节目预选功能。U 频段的调谐选台与此类似，只是无须进行波段切换。

5．电压合成式电子调谐器

（1）电压合成式电子调谐器。电压合成式电子调谐器的特点是，制造厂将各频道所需的不同调谐电压数字化，并且存储在 EEPROM 中，选台时在微处理器控制下输出与所选频道相应的选台数据，再从 EEPROM 中读出调谐电压所对应的数字信号，然后通过 D/A 转换成直流调谐电压，加给电子调谐器进行调谐选台，如图 4-8 所示。这种调谐方式与红外遥控系统配合，可实现多种遥控功能，因而在以往遥控彩色电视机中得到应用，如 EC312A、TDQ3B 等电子调谐器。

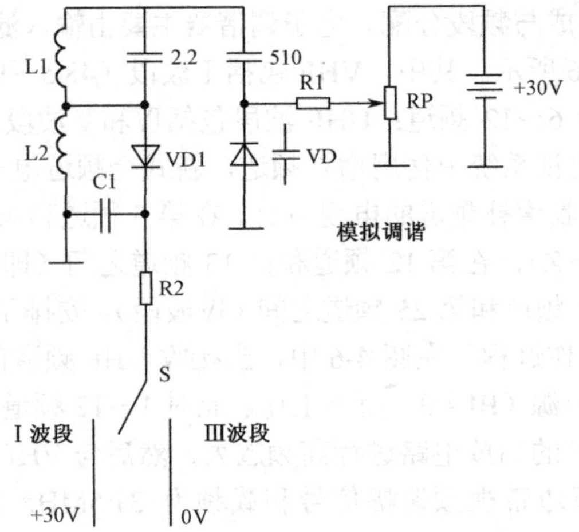

图 4-7　V 频段切换与模拟调谐原理

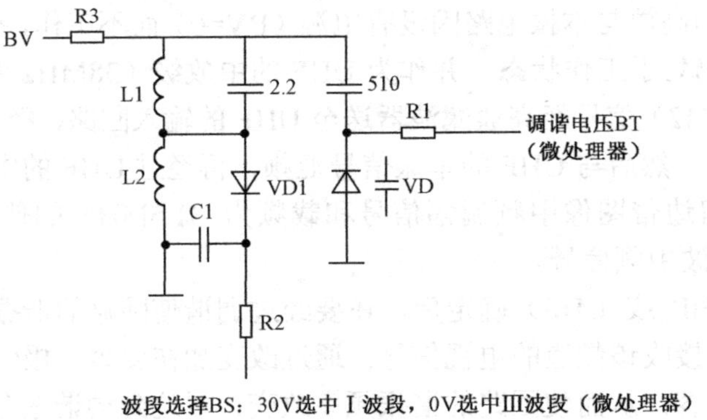

图 4-8　电压合成式电子调谐原理

（2）EC312A 型高频调谐器。EC312A 型高频调谐器由 450MHz 高通滤波器、UHF 高放电路、UHF 混频电路、UHF 本振电路以及 40～300MHz 复合带通滤波器、VHF 高放电路、VHF 本振电路和 VHF 混频/UHF 中放电路等组成。因为 VHF 高放管与 UHF 高放管都采用了 MOS 双栅极场效应管，所以 UHF 与 VHF 高放电路的 AGC 控制属于反向 AGC 控制，即输入信号增大时，AGC 电压降低，使高放增益下降。当接收 VHF-L 频段（1～5 频道）时，高频调谐器的 BV 端为 12V，BU 端为 0V，BS 端为 30V；当接收 VHF-H 频段（6～12 频道）时，BV 端为 12V，BU 端为 0V，BS 端为 0V；当接收 UHF 频段（13～68 频道）时，BV 端为 0V，BU 端为 12V，BS 端为 0V。EC312A 型高频调谐器各引脚的作用与电压值如表 4-1 所示。

表 4-1　EC312A 型高频调谐器各引脚的作用与电压值

引脚名称	引脚作用	引脚电压/V
BU	UHF 高放与本振电路的工作电压	UHF 频段：12；其余为 0
VAGC	VHF 与 UHF 高放电路的 AGC 控制电压	7.0～0.5
BS	VHF-L 与 VHF-H 频段的切换电压	VHF-L 频段：30；其余为 0
BV	VHF 高放与本振电路的供电电压	VHF 频段：12；UHF 频段为 0
BT	频道调谐电压	0～30

续表

引脚名称	引脚作用	引脚电压/V
AFC	全频段 AFT 电路的控制电压	6.4±4
BM	VHF 混频/UHF 中放电路的供电电压	12
IF	中频信号输出	

（3）TDQ-3B 型高频调谐器。TDQ-3B 型高频调谐器的电路组成和 EC312A 型高频调谐器基本相同。当接收 VHF-L 频段（1～5 频道）时，高频调谐器的 BU 端为 0V，BH 端为 0V，BL 端为 12V；当接收 VHF-H 频段（6～12 频道）时，BU 端为 0V，BH 端为 12V，BL 端为 0V；当接收 UHF 频段（13～68 频道）时，BU 端为 12V，BH 端为 0V，BL 端为 0V。TDQ-3B 型高频调谐器各引脚的作用与电压值如表 4-2 所示。

表 4-2 TDQ-3B 型高频调谐器各引脚的作用与电压值

引脚名称	引脚作用	引脚电压/V
BU	UHF 高放与本振电路的工作电压	UHF 频段：12；其余为 0
AGC	VHF 与 UHF 高放电路的 AGC 控制电压	8.0～0.5
BH	VHF-H 频段的工作电压	VHF-H 频段：12；其余为 0
BL	VHF-L 频段的工作电压	VHF-L 频段：12；其余为 0
BT	频道调谐电压	0.5～30
AFT	全频段 AFT 电路的控制电压	6.5±4
BM	VHF 混频/UHF 中放电路的供电电压	12
IF	中频信号输出	

6. 频率合成式电子调谐器

频率合成式电子调谐器是由全频道电子调谐电路和锁相环（PLL）频率合成电路两部分组成的，如图 4-9 所示。选台时，微处理器将波段切换信号送给频段译码电路，将可变分频器的分频比 N 送给 PLL 电路。PLL 电路首先对来自压控振荡器的本振频率 f_{VCO} 进行 N 倍分频，然后送给鉴相器处理。在鉴相器中再与晶振送来的基准信号 f_o/R 进行频率和相位的比较，输出的误差电压去控制压控振荡器的本振频率，使之输出调谐步长为 8MHz 的高稳定度的本振频率信号。例如，第 1 频道的分频比为 N_1=49.75MHz/(f_o/R)，第 2 频道的分频比为 N_2=（49.75+1×8）MHz/(f_o/R)，第 3 频道的分频比为 N_3=（49.75+2×8）MHz/(f_o/R)，以此类推。这种调谐方式具有频率合成选台准确度高、温度特性好、可选频道数多、搜索时间短、能接收

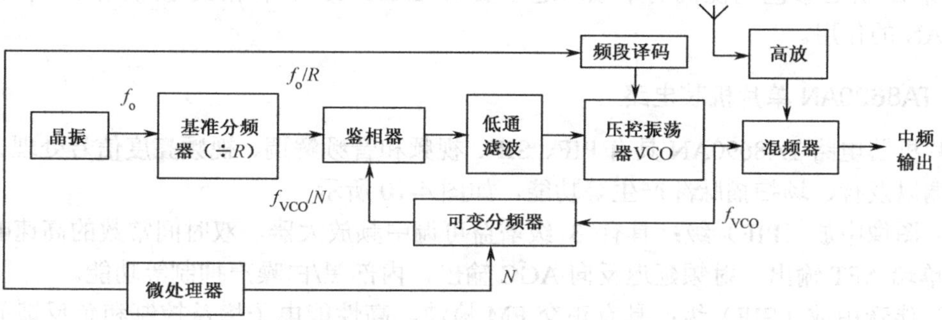

图 4-9 频率合成式电子调谐器的原理

增补频道等优点；并可按实际频道选台，例如，用2频道来记忆中央二台节目，使用极为方便，不再需要操作者去记忆节目号存储的是哪个电视频道；但电路较复杂，元器件较多，成本增加，在新式彩色电视机中得到广泛应用，如EC815L、TDQ-687（含中放）、SFTDC-3H3-HS-1、JS-5A/1232CW等电子调谐器。

7. 高频调谐器故障检修

如果发现全频道所有电视节目的图像和伴音都很差的情况，那么有可能是高频调谐器的故障，也有可能是电视信号的问题。可以先检查一下天线、馈线、连接插头插座是否有不良情况；如果是有线电视用户，专业维修人员可以用电视场强仪测量有线电视信号的好坏，也可以用一台好的电视机进行对比试验。还可以用表笔作为电视机天线试一试，观察电视屏幕显示的变化情况。如果电视屏幕变化明显，则故障一般在天线连接部分或输入信号有问题；如果屏幕没有反映，则故障一般在高频调谐器或中频通道部分。

如果高频调谐器本身不良，则会引起无中频信号输出，或者输出的中频信号比较弱。其症状表现为无伴音、无图像，或者伴音、图像的质量都比较差。当高频调谐器完全损坏无法正常工作时，会造成全频段无法接收，将出现“无图像、无伴音、有光栅”的故障。对于这类故障，首先应检查高频调谐器的供电各引脚BM、BU、BH、BL、AGC、AFT、BT的工作电压以及各引脚的信号，如果工作电压不正常，则应检查相关供电电路；如果工作电压均正常，一般应更换高频调谐器。

当高频调谐器的某个频段工作电压不正常，而其他频段工作电压正常，则会出现“某个频段接收不正常，而其他频段接收正常”的故障。根据不正常的频段工作电压，检修所对应的供电电路。

如果高频调谐器的高放电路不正常，则会造成灵敏度下降、信噪比变差、伴音和图像质量比较差、弱信号无法接收的故障。对于这种故障，一般应更换高频调谐器。

4.2.2 中频通道

中频通道是指对中频电视信号进行处理的电路。其主要作用是对高频调谐器输出的中频电视信号进行放大、视频检波、差频解调等处理，得到彩色全电视信号和第二伴音中频信号，同时还产生中放电路本身及高频调谐器的高放电路所需要的AGC电压、高频调谐器及CPU所需要的AFT电压。

西湖E机芯彩色电视机的中频通道主要由TA8690AN和相关电路构成，下面先介绍TA8690AN的作用。

1. TA8690AN单片机芯电路

单片机芯电路TA8690AN具有PIF、SIF、视频和音频解调、视频亮度信号处理、色度信号的解调以及行、场扫描脉冲产生等功能，如图4-10所示。

（1）图像中放（PIF）级：具有3级增益可调中频放大器，双时间常数的高速响应峰值AGC，单端AFT输出，射频延迟反向AGC输出，内部黑/白噪声抑制等功能。

（2）伴音中放（SIF）级：具有正交FM检波、高性能电子增益控制和负反馈前置放大功能。

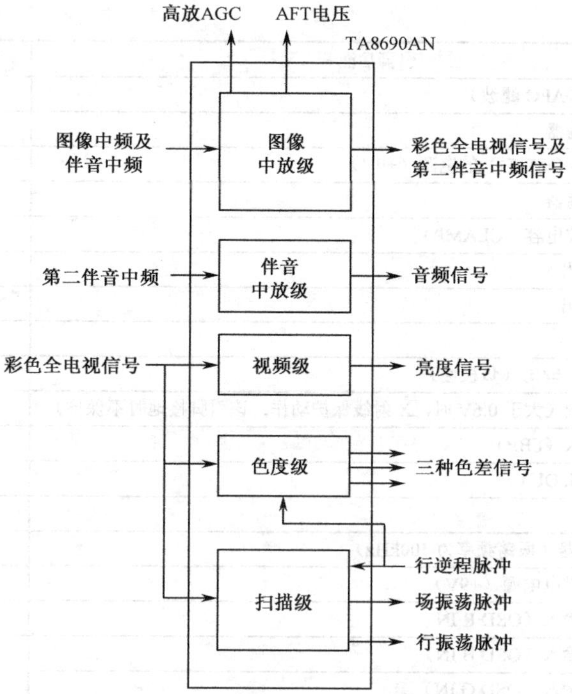

图 4-10　TA8690AN 内部组成框图

（3）视频级：具有二次微分图像清晰度电路，对比度与饱和度同调跟踪控制、用消隐脉冲钳位的亮度控制电路，内部消隐电路。

（4）色度级：具有 ACC 电路，独立的彩色控制电路，色差信号输出，APC 电路，消色电路，屏幕显示亮度的开/关（ON/OFF）控制接口，PAL/NTSC 开关，在 NTSC 制式中的色调控制电路。

（5）扫描级：具有同步分离电路，扫描 AFC 电路，脉冲振荡与分频系统，与发送端同步的行回扫脉冲输入，行前置驱动输出，X 射线保护，场脉冲输出，50/60Hz 检测电路。

TA8690AN 各引脚功能及静态直流参考电压值如表 4-3 所示。

表 4-3　TA8690AN 各引脚功能及静态直流参考电压值

引脚号	引脚功能	静态直流参考电压/V
1	需要进行音量衰减控制的音频信号输入（ATT INPUT）	3.0
2	音频前置放大器的负反馈输入端（SOUND NF）	4.0
3	外接去加重电容及鉴频信号输出（输出 20Hz～15kHz 音频信号）	4.5
4	第二伴音中频移相 90° 后的输入端（外接 LC 移相 90° 电路）	3.0
5	第二伴音中频限幅放大器输出（SIF LIMIT OUT）	3.4
6	IF AGC 滤波器 1	6.5
7	IF AGC 滤波器 2	6.5
8	中频电路接地（PIF/SIF GND）	0
9	中频信号输入（IF）	3.8
10	中频信号输入（IF）	3.8

续表

引脚号	引脚功能	静态直流参考电压/V
11	自动相位滤波（APC 滤波）	4.5
12	副载频压控振荡器	5.1
13	视频/彩色/偏转（V/C/D）的电源（+9V）	9.0
14	副载频压控振荡器	6.5
15	黑电平钳位滤波电容（CLAMP）	1.0
16	红色差 *R*–*Y* 输出	5.5
17	蓝色差 *B*–*Y* 输出	5.5
18	绿色差 *G*–*Y* 输出	5.5
19	亮度信号（–*Y*）输出（负极性）	4.6
20	X 射线保护控制（大于 0.6V 时，X 射线保护动作；该引脚接地时不保护）	0（不保护）
21	行回扫脉冲输入（FBP）	1.2
22	行激励输出（H. OUT）	2.2
23	行 AFC 滤波器	6.4
24	32 倍行频振荡器（振荡频率为 500kHz）	4.5
25	行振荡电路的供电电源（+9V）	8.6
26	红色字符信号输入（OSD R IN）	2.0
27	蓝色字符信号输入（OSD B IN）	2.0
28	绿色字符信号输入（OSD G IN）	2.0
29	场同步分离滤波器（V. SEP FIL）	0.6
30	场振荡脉冲输出（V. OUT）	0.2
31	视频亮度信号输入（VIDEO IN）	2.7
32	色调控制（NTSC）和 PAL/NTSC 开关（该脚钳位在 0.5V 时，为 PAL 制）	0.5（PAL 制）
33	图像清晰度控制（SHARP IN）	6.0
34	亮度控制（BRT）	3.9
35	色度信号输入（CHROMA IN）	4.7
36	同步分离输入（SYNC IN）	3.0
37	视频、彩色、偏转电路的接地端（V/C/D GND）	0
38	色度信号延时激励放大输出（D.L DRIVER）	6.2
39	对比度控制（CONT）（与饱和度同调）	4.8～5.1
40	色饱和度控制（COL）	3.0～5.1
41	延迟一行（1H）后的色度信号输入（DELAY IN）	4.0
42	消色滤波器（KILLER FILTER）	3.2
43	视频检波输出（PIF DET OUT）（输出图像信号与第二伴音中频信号）	3.2
44	中频电路供电电源（PIF/SIF VCC）（+9V）	9.0
45	图像中频载波的选频回路（PIF TANK）	6.5
46	图像中频载波的选频回路（PIF TANK）	6.5
47	AFT 移相回路（AFT TANK）（图像中频载波的移相回路）	3.0
48	AFT 电压输出（AFT OUT）	4.5
49	第二伴音中频信号输入（SIF IN）	3.0
50	音量衰减控制端（ATT CONTROL）	3.0
51	射频 AGC 输出（RF AGC OUT）	2.0
52	射频 AGC 延迟量调节控制端（RF AGC ADJ）	3.8
53	经过音量衰减控制后的音频输出（ATT OUT）	3.0
54	屏幕显示亮度开/关控制（低于 1.4V 时，自动关闭视频输出和彩色输出）	3.5

2．中频通道构成与工作原理

中频通道主要由预中放电路、声表面波滤波器（Surface Acoustic Wave Filter，SAWF）、图像中频放大器、视频检波器、AFT 检波器、自动增益控制电路（AGC）、自动噪声抑制电路（ANC）和预视放电路等组成，如图 4-11 所示。它将高频头输出的中频信号（包括图像中频、伴音中频、色度中频副载波）进行处理后，输出彩色全电视信号、第二伴音中频信号、AFT 电压和 RF AGC 电压。

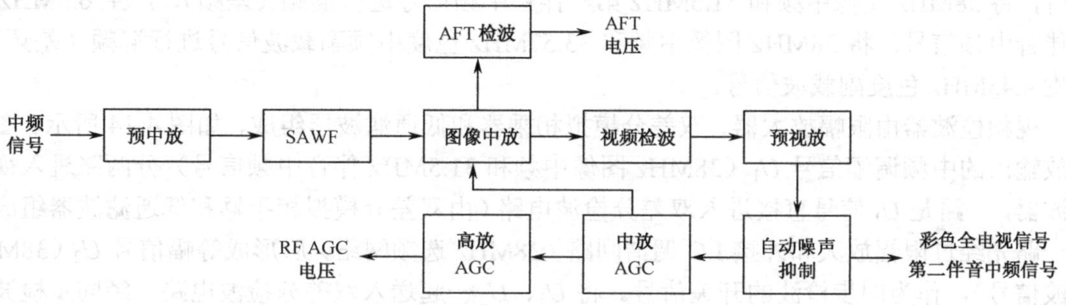

图 4-11 中频通道组成框图

（1）预中放电路。预中放电路的主要作用是将高频调谐器输出的中频信号不失真地放大 15dB 左右（5.6 倍），以弥补声表面波滤波器（SAWF）的插入损耗。

（2）声表面波滤波器（SAWF）。由于在电视发送端，图像信号采用残留边带方式传送，将 0～0.75MHz 的视频信号采用双边带传送，0.75～6MHz 的视频信号采用单边带传送。因此，若电视机把这些信号全部接收下来并均匀放大，那么经过视频检波器检出的 0.75MHz 以下频率分量的振幅将是 0.75MHz 以上频率分量的两倍，这样就会使图像信号中的低频分量过强，破坏了原来的频谱关系。所以，必须在电视机中把这些加重的部分去掉，采取的措施是在图像中放电路之前插入声表面波滤波器。

SAWF 是利用某些晶体的压电效应和声表面波传播的物理特性设计的一种新型器件。其电路图形符号和中频特性如图 4-12，图 4-13 所示。从图 4-12 可知，在 38MHz 处中频特性衰减了 6dB，即中频电压放大倍数下降到最大值的一半，使图像信号中过强的低频分量得到了衰减。

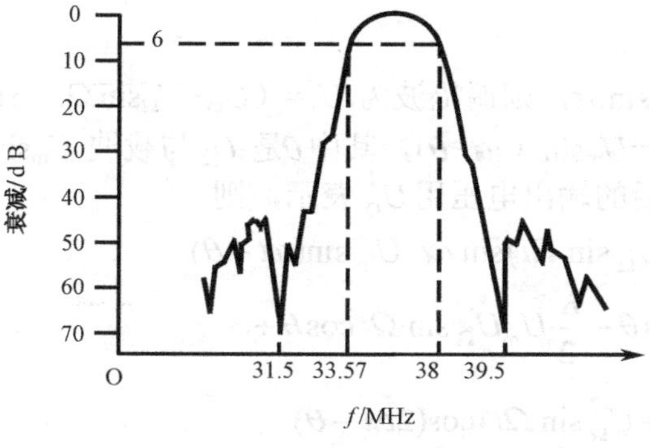

图 4-12 SAWF 的中频特性

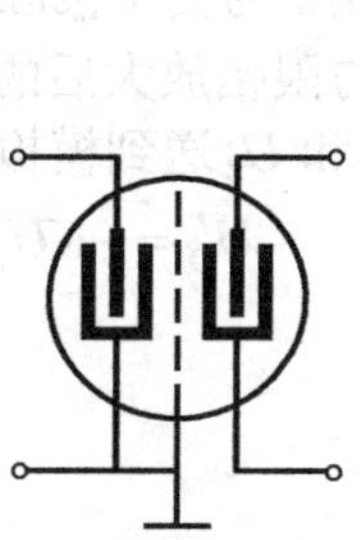

图 4-13 SAWF 的电路图形符号

（3）图像中频放大器。图像中频放大器的作用是对高频头输出的中频电视信号进行放大，使之达到视频检波器正常工作所需的电平。目前，晶体管电视机最高灵敏度约 10～20μV，高频头的增益一般为 20～30dB，AGC 和同步分离电路对视频检波器的输出电压幅度要求其峰-峰值为 1～1.4V 左右，而视频检波器的衰减量约 6dB，所以要求图像中放级的输出电压幅度为 1.4～2V，于是可以估算出图像中放级总增益为 60dB（1000 倍）左右，通常由 3～4 级中放电路组成。

（4）视频检波器。视频检波器的作用是对图像中频信号进行同步检波，得到视频信号。同时，将 38MHz 图像中频和 31.5MHz 第一伴音中频信号进行混频（差频），产生 6.5MHz 第二伴音中频信号；将 38MHz 图像中频和 33.57MHz 色度中频副载波信号进行混频（差频），产生 4.43MHz 色度副载波信号。

视频检波器由限幅放大器、双差分模拟相乘器和低通滤波器组成，如图 4-14 所示。图像中放输出的中频调幅信号 U_1（38MHz 图像中频和 31.5MHz 伴音中频信号）分两路进入视频检波器，一路是 U_1 信号直接进入双差分检波电路（由双差分模拟相乘器和低通滤波器组成）；另一路先经过限幅放大和外接 LC 调谐回路（38MHz 选频网络）后形成等幅信号 U_2（38MHz 载波信号），作为同步检波的开关信号。将 U_1、U_2 一起送入双差分检波电路，经同步检波后得到 0～6MHz 视频信号、6.5MHz 第二伴音中频信号（调频波）和 4.43MHz 色度副载波信号。

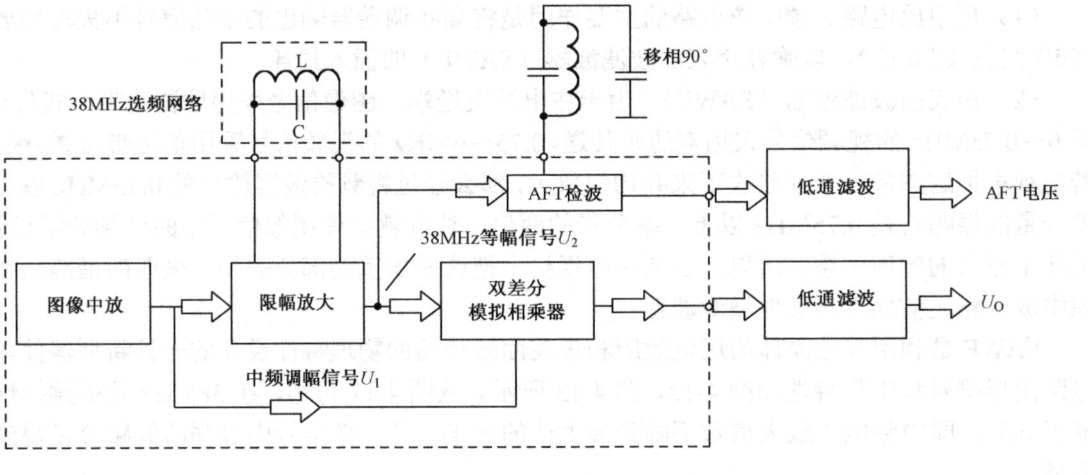

图 4-14　视频检波和 AFT 检波组成框图

视频检波原理分析如下：

设调制信号为 $U_\Omega \sin\Omega t$，载波为 $U_m \sin\omega t$，则调幅波为 $U_1=(U_m+U_\Omega \sin\Omega t)\sin\omega t$；经过载波选频与限幅放大后的等幅信号为 $U_2=U_m \sin(\omega t-\theta)$，其中 θ 是 U_2 与载波 $U_m \sin\omega t$ 的相位差。将 U_1 和 U_2 送到模拟相乘器，相乘后的输出电压用 U'_O 表示，则

$$\begin{aligned}U'_O &= -KU_1U_2 = -K(U_m+U_\Omega \sin\Omega t)\sin\omega t\cdot U_m \sin(\omega t-\theta)\\ &= -\frac{K}{2}U_m^2\cos\theta-\frac{K}{2}U_mU_\Omega \sin\Omega t\cos\theta+\\ &\quad \frac{K}{2}U_m(U_m+U_\Omega \sin\Omega t)\cos(2\omega t-\theta)\end{aligned} \tag{4-1}$$

式中，K 为模拟相乘器的传输系数。

再由低通滤波器滤除其中的二次谐波分量后，得到的输出电压为

$$U''_{\mathrm{O}}=-\frac{K}{2}U_{\mathrm{m}}^{2}\cos\theta-\frac{K}{2}U_{\mathrm{m}}U_{\Omega}\sin\Omega t\cos\theta \tag{4-2}$$

实用中，通过微调载波选频电感的磁芯位置，使θ=0，从而得到最大的同步检波输出电压 U_{O}为

$$U_{\mathrm{O}}=-\frac{K}{2}U_{\mathrm{m}}^{2}-\frac{K}{2}U_{\mathrm{m}}U_{\Omega}\sin\Omega t \tag{4-3}$$

（5）AFT 检波器。AFT 检波器的作用是使其本振频率能自动地稳定在正常值，以保证彩色电视图像信号的稳定。另外，AFT 检波器在自动扫描搜索频道时，还可以作为完成自动扫描搜索频道和锁台的识别信号，送给微处理器（CPU）使用。AFT 检波器将图像中频调幅信号和图像中频载波信号经过移相电路移相后形成的电压信号相乘，再经过低通滤波器滤去高频成分后，输出 AFT 电压。当高频调谐器的本振频率准确时，混频后的图像中频载频为 38MHz，移相电路只对 38MHz 载波信号移相 90°，即送到 AFT 检波器的两个信号的相位差为 90°，于是 AFT 检波电路输出的误差电压 U_{AFT}为零，对本振频率无校正作用。当本振频率漂移使图像中频载频偏离 38MHz 时，两路信号的相位差将大于或小于 90°，此时 AFT 检波器输出误差电压 U_{AFT}大于零，并加到高频调谐器本振回路变容二极管的两端，用于校准高频调谐器的本振频率，以保证混频后的图像中频载频稳定在 38MHz 频率上。

（6）自动增益控制电路（AGC）。由于电视机使用条件不同或者受某种外界因素影响时，从天线输入的高频电视信号的强弱相差很大。输入信号由弱变强时，视频检波器输出的视频信号也由小变大，当输出的视频信号幅度增人到 1.4V（峰-峰值）左右后，如果再继续增大，可能会引起同步分离、视放等电路工作不正常，也会使中放末级进入非线性工作状态，造成失真。为此，设计了中放 AGC 电路和高放 AGC 电路，使视频检波器的输出电压基本保持不变。通常分配给高放 AGC 的范围为 20dB，中放 AGC 的范围为 40dB。

AGC 电路的工作过程是，若输入信号的幅度增大，则在中频集成电路内部，中放 AGC 电路产生的 IF AGC 电压首先控制中放电路，使中放电路增益下降，等到信号增强使中放增益不能再减小时，中频集成电路输出的 RF AGC 电压控制高频头的高放电路，使高放电路增益下降，最终使视频检波器的输出电压保持基本稳定。

（7）自动噪声抑制电路（ANC）。混进全电视信号中的干扰脉冲总是难免的，有时幅度较大，可超出同步电平，会与同步头一起被分离出来，破坏同步工作，使图像紊乱。为此，在电视机中设置了黑/白噪声抑制电路（称为 ANC 电路），以消除大幅度窄脉冲干扰的影响。所谓黑噪声，是指超过消隐电平的干扰窄脉冲，在屏幕上表现为超黑色；所谓白噪声，是指超过白电平的干扰窄脉冲，在屏幕上表现为超白色。对于幅度小于黑/白电平的干扰脉冲，或者对于幅度超过黑/白电平但重复频率较高的干扰脉冲，ANC 电路将失去抗干扰能力。

（8）预视放电路。预视放级的输入端与视频检波器的输出端相连，因此，预视放级的输入电阻也就是检波器负载的一部分，如果输入电阻太小，则会使检波效率降低，所以要求预视放级的输入阻抗要高。同时，预视放级要把检波器输出的视频信号分别送到视放输出级、AGC 电路和同步分离电路，还要把 6.5MHz 第二伴音中频信号送到伴音通道，所以要求预视放级的输出阻抗要低，带负载能力要强。因此，预视放级采用了射极跟随器电路，不但具有输入阻抗高和输出阻抗低的特点，而且在各路负载和视频检波器之间起着良好的隔离作用和阻抗变换作用。

3. 西湖 E 机芯彩色电视机的中频通道

西湖 E 机芯彩色电视机的中频通道由预中放级 VT161、声表面波滤波器 Z101、TA8690AN 及外围元件等组成，如图 4-15 所示。

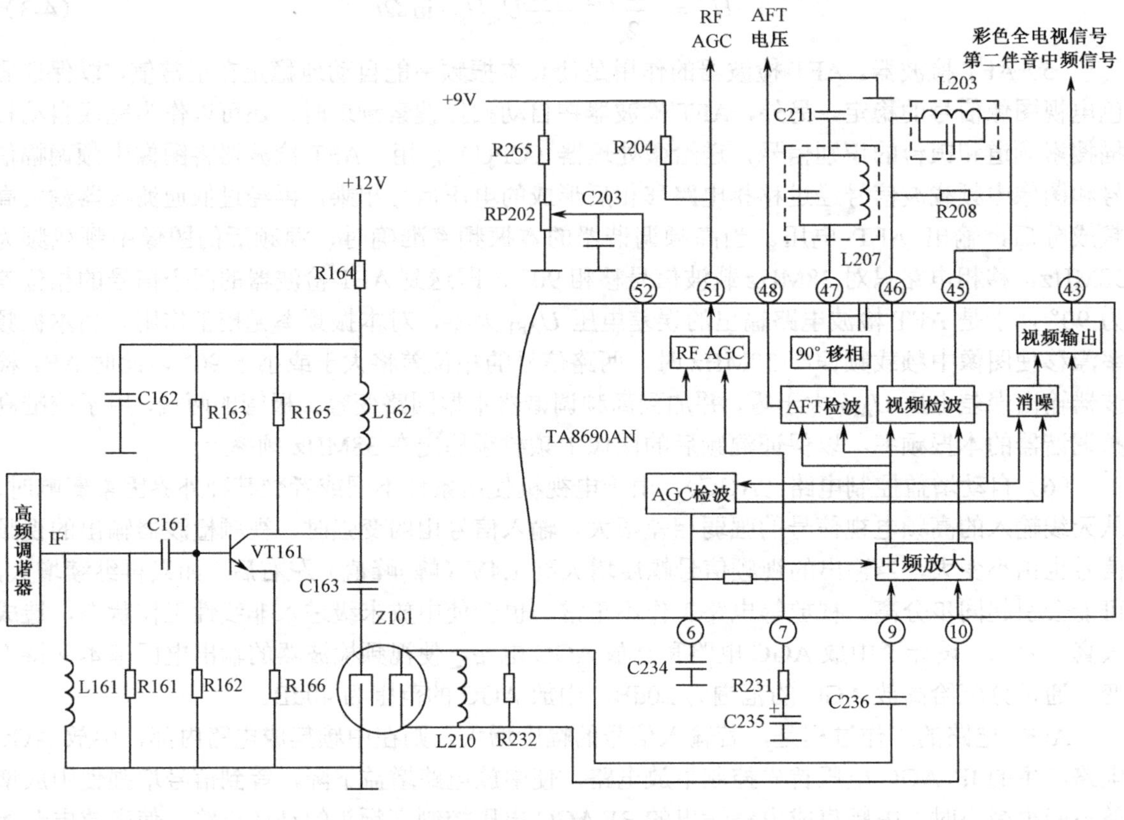

图 4-15　西湖 E 机芯彩色电视机的中频通道

（1）预中放电路与声表面波滤波器。从高频调谐器 U101 的 IF 端输出的中频电视信号，经 C161 耦合加至预中放管 VT161 基极。预中放级将中频信号加以放大后，经 C163 耦合加至声表面波滤波器 Z101 的输入端，经 SAWF 处理后形成符合中频幅频特性要求的中频信号，经 C236 耦合加至 TA8690AN 的第⑨和第⑩脚内的中频放大电路。R163、R162 是 VT161 的基极偏置电阻；L162 与分布电容组成 VT161 集电极图像中频（38MHz）选频回路，R165 是阻尼电阻，可展宽频带；R166 是 VT161 发射极交直流负反馈电阻，可减小非线性失真；R164、C162 是预中放电路供电电源的退耦电路；L161 和 R161 用来与高频调谐器的混频输出端进行阻抗匹配；L210 和 R232 是 SAWF 与 TA8690AN 之间的阻抗匹配元件。

（2）中放与视频检波等电路。由 TA8690AN 第⑨、第⑩脚输入的中频信号，经中频放大电路放大后，加至集成块内的视频检波电路。视频检波采用双差分同步检波器，它有两个输入信号：一个是中频放大电路送来的图像中频调幅信号；另一个是 38MHz 图像中频载波信号，该信号由 38MHz 选频限幅放大电路对图像中频信号进行选频与放大后得到。TA8690AN 的第㊺、㊻脚外接的 L203 和 R208 就是 38MHz 选频回路，R208 是阻尼电阻，用来降低选频

回路的 Q 值，使选频回路具有一定的带宽，使视频检波工作稳定。视频检波电路除了完成视频检波输出 CVBS 信号外，还将 38MHz 载波与 31.5MHz 伴音中频信号进行混频，产生第二伴音中频信号（6.5MHz 调频信号），并送往消噪电路处理。

（3）消噪电路。当输入信号幅度高于 5.4V 时，消噪电路将信号电平钳位在 3.9V 后输出；当输入信号幅度低于 1.5V 时，消噪电路将信号电平钳位在 3.6V 后输出。经过消噪处理后的彩色全电视信号与第二伴音中频信号由㊸脚输出。

（4）AGC 检波电路。视频检波电路输出的视频信号，还加至集成块内的 AGC 检波电路。AGC 检波采用峰值检波，TA8690AN 第⑥、第⑦脚外接的 C234、R231、C235 组成了中放 AGC 双时间常数滤波电路。中放 AGC 电路采用正向 AGC 控制方式，当输入信号增强时，经过 AGC 检波电路检出的直流电压，其值与视频检波送来的图像信号幅度成正比，此时第⑥、第⑦脚电压也升高，经过 RC 滤波后的直流电压去控制中放各级，从而使中放的增益下降，起到自动增益控制的作用。

另外，中放 AGC 电压还加至集成块内的 RF AGC 放大电路。经过 RF AGC 放大后的 RF AGC 电压，由第㊿脚输出，去控制高频调谐器的高放增益。第52脚外接电位器 RP202 为延迟量调整电位器，调整 RP202 的大小可以改变高放 AGC 的延迟量。高放 AGC 属于反向 AGC 控制，当高频电视信号达到一定幅度后，第51脚输出电压开始下降，输入信号越强，第51脚的电压越低，从而使高放增益越小。

（5）AFT 检波电路。TA8690AN 内部的 AFT 检波电路有两路输入信号，一路是由图像中频载波选频限幅放大电路从图像中频调幅信号中选出图像中频载波信号，另一路是图像中频载波信号经过第㊼脚外接 L207 和 C211 构成移相电路移相后形成的电压信号。这两路信号在 AFT 检波电路中进行相位比较。当本振频率准确时，混频后的图像中频载频为 38MHz，移相电路对 38MHz 信号移相 90°，即送到 AFT 检波电路的两个信号的相位差为 90°，于是 AFT 检波电路输出的误差电压 U_{AFT} 为零，对本振频率无校正作用。当高频调谐器的本振频率漂移使图像中频载频偏离 38MHz 时，两路信号的相位差不再为 90°，AFT 检波电路从第㊽脚输出误差电压 U_{AFT}，去校正高频调谐器的本振频率，以保证图像中频载频稳定在 38MHz 频率上。

4．中频通道发生电路故障分析

当中频通道有故障时，会引起图像、伴音均不正常，或者产生无图像、无伴音的故障。用示波器测量高频调谐器 IF 端的输出信号，声表面波滤波器的输入端、输出端信号，TA8690AN 的第⑨、⑩脚输入信号和第㊸脚输出信号，可以确定故障发生的部位。若中频通道不通或完全不工作时，则出现“无图像、无伴音、有光栅”的故障。当声表面波滤波器的损耗变大或开路后，会使图像对比度下降、丢失，接收灵敏度变差，严重时会使图像消失。当 AFT 移相网络的移相特性曲线左移或右移时，会造成 AFT 开关拨至 OFF 处调好台后，再将 AFT 开关拨至 ON 处时，接收反而变得不正常，出现图像对比度差、无彩色、噪点干扰严重、伴音声小且失真等故障现象，甚至还会产生无图像的故障现象。当高放 AGC 电压不正常时，则会产生接收灵敏度下降，屏幕上图像信号弱，画面雪花大、对比度差、无彩色等故障现象。检查时，首先应将电视机调到空频道上，测量 RF AGC 的静态电压，正常时一般在 6V 左右。当调到有电视节目的频道时，若 RF AGC 电压有所下降，则说明 AGC 电路工作正常；否则 AGC 电路工作不正常。如果 RF AGC 电压不正常，应通过 RP202 重新调整 RF AGC 电压，观察是否能解决故障；如果不能解决故障，这时应检查 RP202 和 TA8690AN 第㉛、㉜引脚电压、外围元器件及高频调谐器是否正常。

4.2.3 伴音通道

1．伴音通道的组成与作用

伴音通道主要由伴音中放、鉴频器和低频功率放大器等组成，如图 4-16 所示。伴音通道的作用是，将第二伴音中频调频信号加以限幅放大，抑制寄生调幅信号，经鉴频器鉴频输出低频伴音信号，再经音频功率放大后去推动扬声器，重放电视伴音。

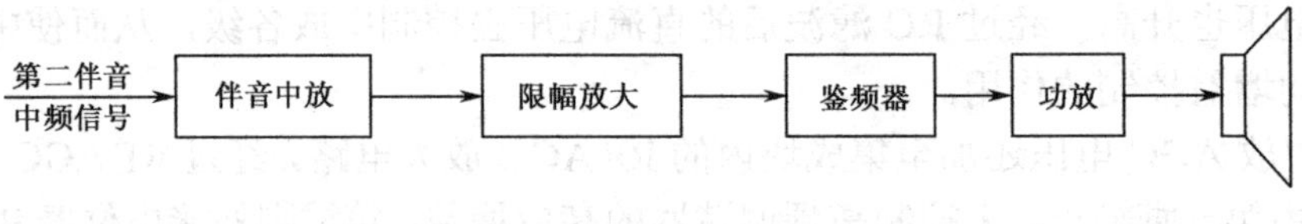

图 4-16　伴音通道简化方框图

完整的多制式彩色电视机的伴音通道主要由伴音制式选择电路、中放限幅电路、鉴频器、AV 接口电路、去加重电路、电子衰减器、功率放大器等组成，如图 4-17 所示。

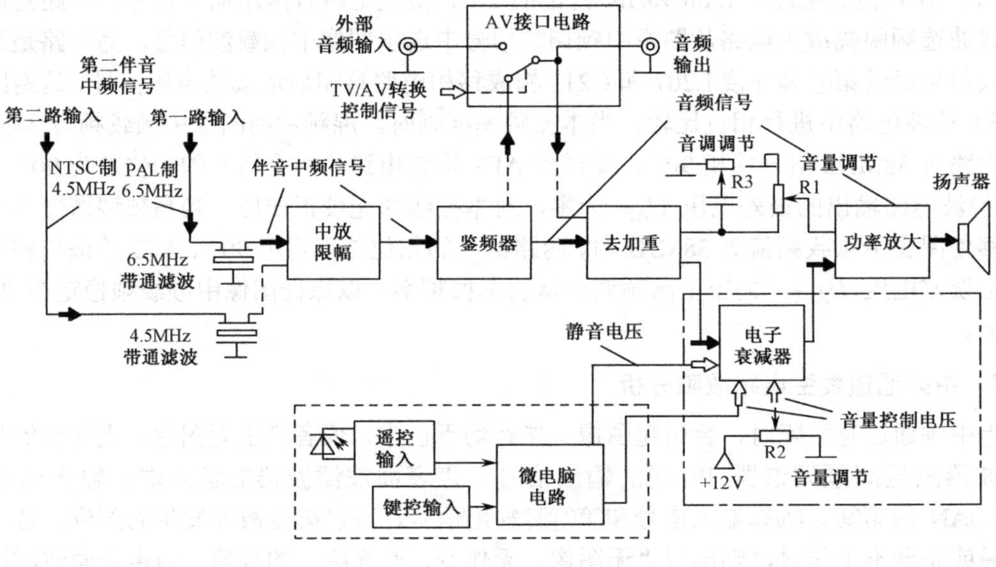

图 4-17　多制式彩色电视机伴音通道组成框图

（1）伴音制式选择电路。由于世界各地区电视广播制式存在差别，或者电视节目源（如 DVD 播放节目）制式不同，使用第二伴音中频信号的频率有 4.5MHz、5.5MHz、6.0MHz、6.5MHz 等多种。对于多制式电视机，在伴音通道前端增加了伴音制式选择电路。例如，对于 PAL 制，选择第一路信号输入，则将 6.5MHz 第二伴音中频信号进行鉴频处理；对于 NTSC 制（美国制式），选择第二路信号输入，则将 4.5MHz 第二伴音中频信号进行鉴频处理。

（2）中放限幅电路。将输入的第二伴音中频信号（等幅调频信号）进行放大并且加以限幅，去掉超过允许幅度的寄生干扰信号，送给鉴频器处理。

（3）鉴频器。鉴频器的作用是对调频的伴音信号进行解调，还原出低频伴音信号。鉴频器输出电压 U_O 随输入信号频率 f 的变化而变化，从而输出调频之前的伴音调制信号。

（4）AV 接口电路。AV 接口电路主要完成电视节目的音频信号和外部音频信号输入的选择切换任务，以及将电视节目的音频信号输出的切换工作。

（5）去加重电路。去加重电路主要对音频信号传输中经过提升的高频分量幅度进行适当的衰减，以便恢复原来音频信号的正常频谱关系。

（6）电子衰减器。电子衰减器主要根据遥控指令对音频信号进行适当的衰减。

（7）功率放大器。功率放大器的主要作用是对音频信号进行低频功率放大，并能调节音量、音调，驱动扬声器完成电—声转换。

2. 预加重和去加重电路

由于电视音频信号中的高频分量振幅小于低频分量振幅，而调频传送系统的干扰信号多为高频干扰，所以，调频信号的信噪比随着音频调制信号频率的升高而下降。为此，在电视信号发送端进行音频调频之前，有意地提升音频调制信号的高频分量幅度，称为“预加重”，目的是保持较高的信噪比进行传送。在接收端鉴频之后要相应地衰减音频信号中的高频分量幅度，称为“去加重”，目的是恢复音频信号原来的高低音幅度关系。预加重和去加重采用的电路分别是 RC 微分电路和 RC 积分电路。

3. 西湖彩色电视机的伴音通道

西湖彩色电视机的伴音通道由 6.5MHz 带通滤波器 Z202、TA8690AN 及外围元件组成的伴音通道小信号处理电路、AV/TV 切换开关（TC4066）、AN5265 和外围元件等组成，如图 4-18 所示。

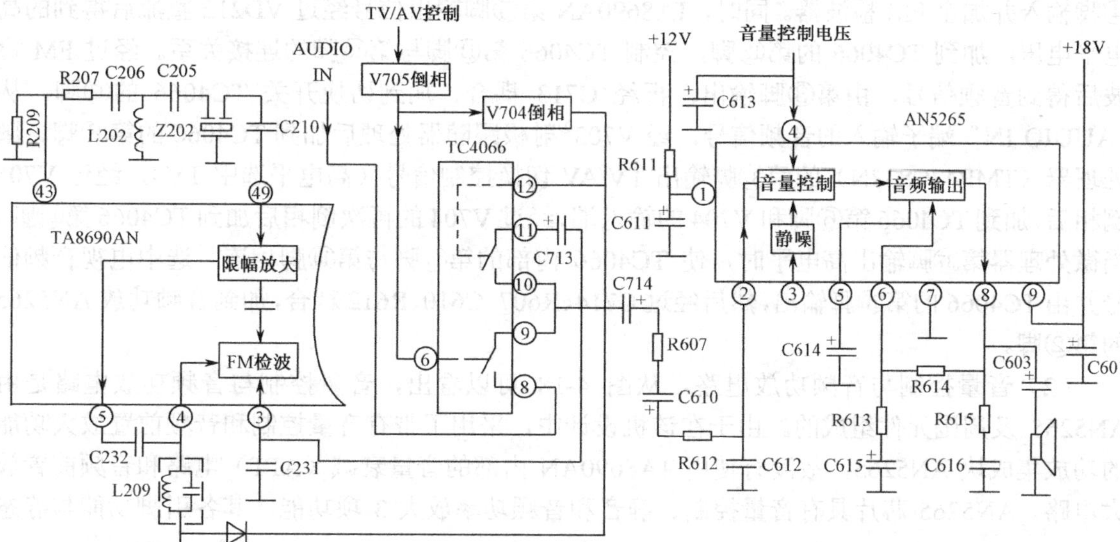

图 4-18　西湖彩色电视机的伴音通道

（1）伴音通道小信号处理电路。伴音通道小信号处理电路由 6.5MHz 带通滤波器 Z202、TA8690AN 集成块内部的伴音中频限幅放大器、FM 检波和切换开关 TC4066 等组成。模拟切换开关 TC4066 用于选择接收电视的音频信号或接收线路输入的音频信号（AUDIO IN），其各引脚功能与静态直流参考电压如表 4-4 所示。

表 4-4　TC4066 各引脚功能与静态直流参考电压

引脚号	引脚功能	静态直流参考电压/V
1	开关 SW1 输入/输出端	2.4
2	开关 SW1 输入/输出端	2.4
3	开关 SW2 输入/输出端	2.4
4	开关 SW2 输入/输出端	0
5	开关 SW2 控制端	0
6	开关 SW3 控制端	0
7	地	0
8	开关 SW3 输入/输出端	4.4
9	开关 SW3 输入/输出端	0
10	开关 SW4 输入/输出端	0
11	开关 SW4 输入/输出端	0
12	开关 SW4 控制端（处于接收电视信号状态）	11.2
13	开关 SW1 控制端（处于接收电视信号状态）	11.2
14	电源	11.7

经过视频检波得到的彩色全电视信号和第二伴音中频信号由 TA8690AN 第㊸脚输出，经 R207、C206、L202、C205、Z202 取出第二伴音中频信号，经 C210 输入到 TA8690AN 第㊾脚，经过限幅放大后的调频信号分两路输出，一路经内部电容耦合直接加到 FM 检波器（鉴频器），另一路由第⑤脚输出，再经 C232、L209、C233 移相后（对于 6.5MHz 载波移相 90°）由第④脚输入并加至 FM 检波器。同时，TA8690AN 第⑤脚输出信号经过 VD212 整流后得到的高电平电压，加到 TC4066 的第⑫脚，控制 TC4066 第⑪脚与第⑩脚的连接关系。经过 FM 检波后得到音频信号，由第③脚输出，再经 C713 耦合，加到切换开关 TC4066 的⑪脚。从“AUDIO IN”端子输入的音频信号，经 V703[①]射极跟随器处理后加到 TC4066 的第⑧脚。微处理器（TMP47C837N）的第㊲脚输出 TV/AV 切换控制信号（高电平选中 TV），经过 V705 倒相后，加到 TC4066 第⑥脚和 V704 的输入端，经过 V704 的再次倒相后加到 TC4066 第⑫脚。当微处理器第㊲脚输出高电平时，使 TC4066 内部的第⑪脚与第⑩脚相连，选中电视音频信号并由 TC4066 的第⑩脚输出，然后经过 C714、R607、C610、R612 耦合，加到音频功放 AN5265 的第②脚。

（2）音量控制与音频功放电路。从图 4-18 可以看出，音量控制与音频功放电路是由 AN5265 及周围元件组成的。由于在该机设计中，采用了带有音量控制和音频前置放大功能的功放集成块 AN5265，故没有使用 TA8690AN 内部的音量衰减（ATT）电路和音频前置放大电路。AN5265 芯片具有音量控制、静音和音频功率放大 3 项功能，其各引脚功能与静态

① 注：本章中提到的元器件在方框图中无显示的可参见附录 A 的整机电路图，其中三极管在附录 A 中用“V”表示。

直流参考电压如表 4-5 所示。

表 4-5　AN5265 各引脚功能与静态直流参考电压

引脚号	引脚功能	静态直流参考电压/V
1	+12V 电源输入 VCC1	12.0
2	音频信号输入 IN	5.0
3	静音控制输入 MUTE	0
4	音量控制输入 VOL	0.6
5	外接滤波器 FIL	8.6
6	反馈输入 FB	9.1
7	接地 GND	0
8	音频功放输出 OUT	9.2
9	+18V 电源输入 VCC2	18.0

音频信号由 AN5265 的第②脚送入内部的音量衰减（ATT）电路，ATT 电路受到第④脚的直流电压控制。而 AN5265 的第④脚直流电压是由微处理器（TMP47C837N）的第④脚输出电压经过 V915 和 V917 进行电平转换后获得的。当 AN5265 第④脚电压≤0.6V 时，音量控制电路被截止，处于静音状态。当 AN5265 第④脚电压在 0.6～8.9V 之间变化时，音频放大增益随之变化，由第⑧脚输出音频功率也随之变化，从而实现了音量控制。经过功率放大后的音频信号由 AN5265 的⑧脚输出，再经 C603 耦合，去推动扬声器。

AN5265 的静音功能在本机中没有使用，即第③脚悬空，没有外加 MUTE 控制电压。R611、C611 为+12V 电源的退耦元件，C601 为+18V 电源的退耦电容；C612、C613、C614、R615、C616 为滤波元件；R614、R613、C615 提供低频反馈通路。R616 可增加阻尼降低输出回路的 Q 值，避免自激振荡作用。

4．伴音通道发生电路故障分析

若伴音通道不通、完全不工作或者伴音信号对地短路，则造成“有图像、无伴音”的故障现象。当移相电路 C232、L209、C233 异常，使鉴频器 S 曲线的中心点偏离 6.5MHz 时，则产生伴音小、有嗡音干扰和伴音失真现象，严重时还会造成无伴音输出的故障现象。如果 AN5265 的第④脚音量控制电压不正常，则会造成音量失控或者无伴音的故障现象。

4.2.4　电视/调频广播场强仪

DS1882 型电视/调频广播场强仪是专为有线电视系统设计的测量仪器，它覆盖了 46～870MHz 的标准电视频道、增补电视频道和调频立体声广播电台的频率范围，其面板布置如图 4-19

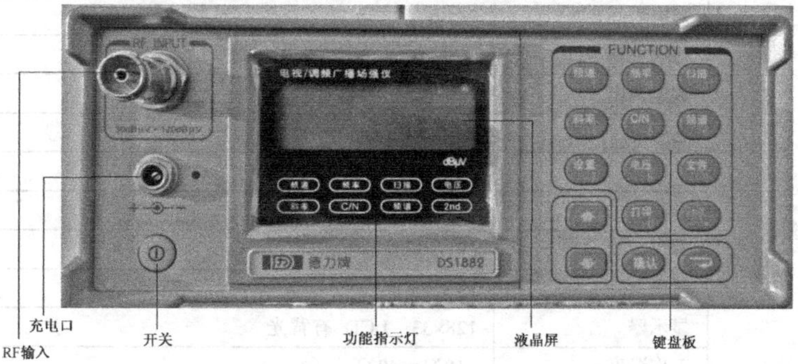

图 4-19　DS1882 型电视/调频广播场强仪

所示。它具有高性能、高可靠性、使用时间长、界面友好、充电时间更短等特点，可用于室内测量及野外作业。DS1882 型电视/调频广播场强仪的主要技术指标如表 4-6 所示。

表 4-6　DS1882 型电视/调频广播场强仪的主要技术指标

项目	参数名称	技术指标
频率	频率范围	46～870MHz（B 型 5～870MHz）
	精度	$\pm50\times10^{-6}$（25℃±5℃）
	分辨率	10kHz
单电平测试	范围	30～120dBμV
	精度	±1.5dB@25℃（输入电平≥35dBμV） ±2dB@25℃（扫描频道、频率、斜率模式） ±3dB（0～40℃）
	分辨率	0.1dB
	输入阻抗	75Ω
频道频谱	频道数	最多 83 个频道
	扫描速度	每秒 6 个频道
	显示幅度范围	最多 30dB
	显示刻度	1，2，5，10dB/格
	焦距	1×，2×，3×，4×，共 4 级放大
频率频谱	频率带宽	5MHz、10MHz、20MHz、40MHz
	显示幅度范围	最多 30dB
	显示刻度	1，2，5，10dB/格
载噪比（*C*/*N*）	输入信号范围	> 85dBμV
	载噪比范围	最大 20～50dB（以输入电平而定）
	精度	±2dB（关闭载波）
	分辨率	0.1dB
斜率测量	频道数	最多 4 个
	显示	频谱曲线或斜率列表（频道号和电平值）
电压测量	输入范围	0～100V（AC/DC）
	精度	±2V
	分辨率	0.1V
电源供给	电池	3.6V/3.5A·h 镍氢
	充电器输入	AC 90～240V 50Hz/ 60Hz
	充电器输出	最大 7V/1.8A
	充电时间	约 3h
	连续工作时间	大于 6h
一般参数	数据调出	150 频道×10 组
	通信口	RS 232C
	打印机	串行/并行打印机
	音频输出	内置喇叭
	体积	约 190mm×80mm×152mm
	质量	约 960g
	显示器	128×33　LCD　有背光
	工作温度	-10℃～40℃

1．面板装置

（1）RF 输入。这是射频输入端口。将被测有线电视射频信号通过接头接入该端口后，就可以对有线电视信号进行测量和分析。

（2）充电口。将专用充电器（输入 AC 90～240V，50Hz/输出 DC 7V，1.8A）与该端口相连。

（3）开关。这是仪器的电源开关。当使用外部交流电源供电时，关闭电源开关并没有切断外部交流电源，而是对电池充电。特别注意的是，关闭仪器电源后给电池充电时间不应大于 24h。开机时仪器进入测量画面后方可再次按下此键关机。

（4）功能指示灯。功能指示灯用于频道、频率、扫描、电压、斜率、*C/N*、频谱、2nd 等功能的指示。当进行相应操作时，所对应的功能指示灯会点亮。

（5）液晶屏。液晶屏用于显示测量数据或测量信息。

（6）键盘板。键盘板用于输入各种操作指令。

2．面板按键

（1）“频道 1”键。按此键进入电平测量模式。通过按下“2nd”键后，可用该键输入数字“1”。

（2）“频率 2”键。按此键进入频率测量模式。通过按下“2nd”键后，可用该键输入数字“2”。

（3）“扫描 3”键。按此键进入频道频谱扫描模式。通过按下“2nd”键后，可用该键输入数字“3”。

（4）“斜率 4”键。按此键进入斜率测量模式。通过按下“2nd”键后，可用该键输入数字“4”。

（5）“C/N 5”键。按此键进入载噪比测量模式。通过按下“2nd”键后，可用该键输入数字“5”。

（6）“频谱 6”键。按此键进入频率频谱扫描模式。通过按下“2nd”键后，可用该键输入数字“6”。

（7）“设置 7”键。按此键进入快速设置模式，再按此键进入仪器通用设置模式。通过按下“2nd”键后，可用该键输入数字“7”。

（8）“电压 8”键。按此键进入电压测量模式。通过按下“2nd”键后，可用该键输入数字“8”。

（9）“文件 9”键。按此键保存或导出文件。通过按下“2nd”键后，可用该键输入数字“9”。

（10）“打印 0”键。按此键打印频道频谱模式下扫描的数据。通过按下“2nd”键后，可用该键输入数字“0”。

（11）“2nd　.”键。按此键进入按键的第二功能，可以按照键盘上显示来输入数字。通过按下“2nd”键后，可用该键输入小数点“.”。

（12）“确认”键。按此键可以结束各种数据的输入和各项测量参数的选择并予以确认。

（13）“⟶↩”键。这是选择键或者在输入数字状态下的退格键。

（14）“⬆”键。上方向键（快增）。

（15）“⬇”键。下方向键（快减）。

3. 输入操作

通过按下“2nd .”键，可以进入输入数字和字符模式，按照键盘上所显示的数字，来输入所需要的数值，此时表示工作于字符输入模式，则第二功能指示灯“2nd”会点亮。

例如，输入数字3.5，可以按以下键：

[2nd .] + [扫描 3] + [2nd .] + [C/N 5]

最后，再按“确认”键确认输入。当输入有错误时，可以通过退格键“↩”退格，再重新输入数字。

对于标准电视频道1～68，该仪器显示的频道号对应为1～68。对于增补频道Z1～Z42，该仪器显示的频道号对应为101～142。

使用上下方向键，可以增加和减少频道号、中心频率、参考电平等。

在设置模式下，通过选择键“↩”，可以改变焦距、音量、刻度等信息。

4. 电平单位

电平单位有dBμV、dBmV和dBmW 3种。当需要表示系统中的一个功率（或电压）时，可利用电平来表示。系统中某一点的电平是指该点的功率（或电压）对某一基准功率（或电压）的分贝比 10lg（P/P_0）= 20lg（U/U_0）。对同一个功率，选用不同基准功率 P_0（或电压 U_0）所得电平数值不同，后面要加上不同的单位。若以1mW为基准功率，则功率为 P 时对应的电平为10lg（P/1mW），单位记为dBmW（分贝毫瓦）。若以1mV作为基准电压，则电压为 U 时对应的电平为20lg（U/1mV），单位记为dBmV（分贝毫伏）。若以1μV为基准电压，则电压为 U 时对应的电平为20lg（U/1μV），单位记为dBμV（分贝微伏）。

5. 电平测量

按“频道 1”键，可以进入电平测量状态。在该状态下，可以测量视频电平、音频电平、视音比V/A。通过不断按“频道 1”键，可以实现三种测量模式的切换，所测量信号的单位为dBμV。

按“⬆”、“⬇”键，仪器会增大或减小所测量的频道号。当然也可以按“2nd .”键，再按数字键来输入频道号。

（1）视频电平□的测量。在视频电平测量模式下，所测量的频道号、视频频率值、视频电平值、平均电平AVG、峰值电平P•H都会显示在屏幕上。平均电平和峰值电平的测量单位均为dBμV。平均电平AVG表示最近16次测量的平均值；峰值电平P•H表示进入该频道测量后所有测量值中的最大值。

在视频电平测量模式下，按“设置 7”键，则进入快捷设置模式。按“↩”键，可以设置是否选中该频道（如果显示“有效”两字，则说明该频道有效）。如果选中该频道，则可以在电平测量和频道扫描状态下对该频道进行测量。否则，不能对该频道进行测量。

（2）音频电平◂的测量。第2次按“频道 1”键，进入音频电平测量模式。在音频电平测量模式下，所测量的频道号、音频频率值、音频电平值、平均电平AVG、峰值电平P•H都会显示在屏幕上。同时，仪器里的喇叭也会按照所设置的音量发声。

在音频电平测量模式下，按“设置 7”键，则进入音量设置模式。此时，按“↩”键，可以调节喇叭的音量大小。

（3）视音比 V/A 的测量。第 3 次按“频道 1”键，进入视音比测量模式。在视音比测量模式下，所测量的频道号、视音比 V/A 的值、视频频率值、视频电平值、音频频率值、音频电平值都会显示在屏幕上。

6．频率测量

（1）频率测量模式。按“频率 2”键，进入频率测量模式。在设定的中心频率 f_Q 和测量带宽 B_W 内，同时显示中心频率、中心频率的电平值、测量带宽、带宽内的峰值电平值及其所对应的峰值频率 P・H。

（2）改变中心频率。要改变中心频率 f_Q，可以按“2nd　.”键，然后直接输入中心频率所对应的数字；也可以先按“↪”键，选择步进频率，再按 “⬆”、“⬇”键来调节中心频率值。

（3）改变频率带宽。要改变频率带宽 B_W，在频率测量模式下，按“设置 7”键，选择带宽设置，再按“2nd　.”键，然后直接输入 0～9.99MHz 范围内的测量频带宽度所对应的数字。

（4）音量调节。要进行音量控制设置，在频率测量模式下，按“设置 7”键，选择音量设置，再循环按“↪”键，进行音量设置（关闭、1 级、2 级、3 级、4 级音量循环）。

注意，当设置频带宽度为 0 时，则仪器里的喇叭会以预选设置的音量发声；当设置频带宽度不为 0 时，则仪器里的喇叭将不会工作。

7．载噪比测量

将仪器与有线电视系统相连，按下“C/N 5”键，进入载噪比测量模式。在载噪比测量模式下，频道号、载波电平、载噪比的值均在屏幕上显示。此时仪器将首先测量所选择的当前频道图像载波的电平值（大于 85dBμV 最佳）。如果被测图像载波电平小于 80dBμV，屏幕在载波比的数值位置处显示“⚠”，表示不能进行载噪比测量。

8．斜率电平测量

按下“斜率 4”键，进入斜率测量模式，即可测量两个频道的电平差值。DS1882（B）最多可以同时测量 4 个频道的斜率值。在斜率测量模式下，当前频道号、最高频道号与当前频道的电平差值及当前频道和最低频道号的电平差值均显示在屏幕上。

通过再次按“确认”键，可以快速调节参考电平和刻度，从而达到最佳观测效果。通过按“设置 7”键，进入快捷设置状态，可以设置参考电平及刻度。先按“↪”键，选择参考电平或刻度，再按 “⬆”、“⬇”键来调节设置值。

反复按“斜率 4”键，可以在斜率测量和斜率列表两种模式间互相切换。在斜率列表模式下，4 个频道号和对应的电平值都在屏幕上显示。按“↪”键，选择修改的频道号，再按 “⬆”、“⬇”键来调节被测量的频道号。

9．频率频谱扫描

（1）频率频谱扫描模式。按“频谱 6”键，进入频率频谱扫描模式。在该模式下，参考电平、频标处（垂直线）频率、频标处的电平值将显示在屏幕上。通过按“⬆”、“⬇”键来改变频标的位置。按下“确认”键，进行双频标测试，以“△”为标志。其中，动频标用虚线表示，定频标用实线表示。按“↑”、“↓”键，可以改变动频标的位置。参考电平、两个频标处的频率差值与电平差值均显示在屏幕的右方。

（2）中心频率与带宽的调整。如果想改变中心频率或带宽，则在频率频谱扫描模式下，按“设置 7”键，进入快捷设置方式。按“↑”、“↓”键，选择需要修改的是中心频率还是带宽。在选择修改中心频率的情况下，通过按“2nd .”键，然后直接输入数字，再按“确认”键，完成中心频率的修改。在选择修改带宽的情况下，通过按“↩”键，可以循环选择频率带宽（5MHz、10MHz、20MHz、40MHz）。

（3）参考电平的调节。如果想改变参考（REF）电平，则按“↩”键，然后再通过“↑”、“↓”键，可以在 0～127dBμV 范围内改变电平参考值，再按一次“↩”键，停止改变参考电平，此时为新的参考电平值。

（4）两个波峰之间电平差值的测量。如果想查看两个波峰之间的电平差值，则需要进行如下操作：

① 在频率频谱扫描模式下，将频标移到其中一个峰值处。

② 按“确认”键，进入双频标状态。

③ 通过“↑”、“↓”键，可以改变动频标的位置并且移至第二个波峰处。此时屏幕上显示参考电平、两频标之间的频率差值、两频标处的电平差值等信息。

（5）峰值保持测量模式。第 2 次按下“频谱 6”键，进入峰值保持测量模式。此时峰值曲线及测量频谱均显示在屏幕上，并在频率之前显示“P”标志。在峰值保持测量模式下，频标位于峰值处。此时，频标处的频率和峰值电平都显示在屏幕上。

（6）两个峰值之间的频率差值与电平差值的测量。在峰值保持测量模式下，再按下“确认”键，则屏幕上显示“P△”，表示当前为峰值及双频标状态。此时，参考电平、两频标处所对应的峰值频率之差、两频标处所对应的峰值电平之差均显示在屏幕上。

10．频道频谱扫描

为了观察全频道的视频电平和有线电视系统信号的平坦度及幅度，按“扫描 3”键，进入频道频谱扫描模式。在所扫描的一场内最多可以容纳 83 个频道。但是，通过调节频标移动一场的位置，最多可以观察 150 个频道的电平值。在频道频谱扫描模式下，频道频谱曲线（各频道的视频电平）、参考电平、频标处的频道号、频标处的视频电平都显示在屏幕上。

在频道频谱扫描模式下，按“设置 7”键，进入伴音/变焦设置模式，再通过按“↩”键，来打开或关闭音频扫描功能。如果打开音频扫描功能，则在屏幕上音频电平将以白线的形式显示在波形上。如果打开音频扫描功能，就可以通过反复按“确认”键，来选择观察视频电平还是音频电平。

通过反复按“↩”键，选择参考电平或者频道号的设置，再通过“↑”、“↓”键来改变设置值。

在变焦设置模式下，通过反复按“↩”键，可以循环调节 4 级显示焦距（1×，2×，3×，4×）。

11．电压测量

按下“电压 8”键，进入电压测量状态。此时仪器将测量自身内部的供电电压。在仪器依靠内部蓄电池供电时，仪器测量的内部供电电压是蓄电池的电压，而当使用外部交流电通过稳压电源给蓄电池充电并给仪器供电时，仪器会自动转至测量稳压电源的供电电压。

12．系统设置

在非测量模式下，按“设置 7”键，或者在测量模式下连续按2次“设置 7”键，都可以进入仪器通用设置模式，进行背光延时设置、延时关机设置、频道标识设置、创建用户频道表、编辑用户频道、添加频道、删除频道表、恢复出厂设置。

（1）背光延时设置。在此设置中，用户可以设置无按键操作时，背光自动关闭的时间，从而使仪器工作在省电模式下。在通用设置模式下，通过“⬆”、“⬇”键选中背光延时设置功能，按“确认”键，再通过“⬆”、“⬇”键来改变设置值（关闭、常开，3min、5min、10min、30min；对应关闭背光、背光常开，延时3min、5min、10min、30min后自动关闭背光）。

（2）延时关机设置。本仪器可以设置无按键操作时的自动关机时间（3min、5min、10min、30min）。在通用设置模式下，通过“⬆”、“⬇”键选中延时关机设置功能，按“确认”键，再通过“⬆”、“⬇”键来改变设置值（常开、3min、5min、10min、30min）。

（3）频道标识设置。仪器的频道可以按频道名称（“字母+数字”表示，如增补频道Z06）显示，或者按频道号（纯数字表示，如增补频道6表示为106）显示。在通用设置模式下，通过“⬆”、“⬇”键选中频道标识设置功能，按“确认”键，再通过“⬆”、“⬇”键来改变设置值（频道名称、频道号）。

（4）创建用户频道表。在首次使用该仪器前，应先创建一遍用户频道表。该过程自动将有线电视系统中的有效频道选中，其他非有效频道将不出现在各个测量画面中。具体操作步骤是：先将仪器与有线电视系统相连；在通用设置模式下，通过“⬆”、“⬇”键选中创建用户频道表，按“确认”键；选择好需要创建的用户频道表（一般选择中国频道表），再按“确认”键。此时，仪器将自动测试所有频道，并完成用户频道表的创建工作。注意，只有信号电平大于45dBμV的频道，才能被选中进入用户频道表。

（5）编辑用户频道表。在此设置中，可以任意选中或删除用户频道表中的频道。只有被选中的频道才可以在测量模式中测量。在通用设置模式下，通过“⬆”、“⬇”键选中编辑用户频道表，按“确认”键，进入编辑用户频道表。通过“⬆”、“⬇”键改变频道号，再用“⟶”键改变频道有效性设置（有效、无效）。

（6）添加频道。用户频道表中最多可以包括150个频道。当其中的频道数量小于这个最大值时，用户可以自行添加频道。其中，包括增加频道号、频道名称、视频频率、音频频率等信息。在通用设置模式下，通过“⬆”、“⬇”键选中添加频道，按“确认”键，进入添加频道。再通过“⬆”、“⬇”键选择要编辑的项，也可以直接输入要编辑的频道号（用第二功能的数字键来输入）。

注意事项：

① 可以输入0～9.99MHz的音频偏移频率。

② 只有使用数字频道号时，才可以使用数字输入（用第二功能的数字键来输入数字）。

③ 标准频道号（字母+数字）和数字频道号不可以和已有的其他频道重复。

（7）删除频道。通过此功能可以删除用户频道表中的频道。在通用设置模式下，通过“⬆”、“⬇”键选中删除频道，按“确认”键，进入删除频道。再按“确认”键，将当前频道删除。注意，当用户频道表中的频道总数小于6个时，删除频道功能不起作用。

（8）恢复出厂设置。如果发现设置不合理，则可以通过此功能重新恢复出厂设置。在通用设置模式下，通过“⬆”、“⬇”键选中恢复出厂设置，按“确认”键，重新恢复出厂设置。

4.2.5 数字示波器

利用 DS5102C 型数字示波器可以对电视信号波形及各种参数进行观测和测试。实验时可以验证其工作原理，维修时可通过波形和参数的对比来确定故障部位，达到快速排除故障的目的。

DS5102C 型数字示波器及面板操作示意图如图 4-20 所示。

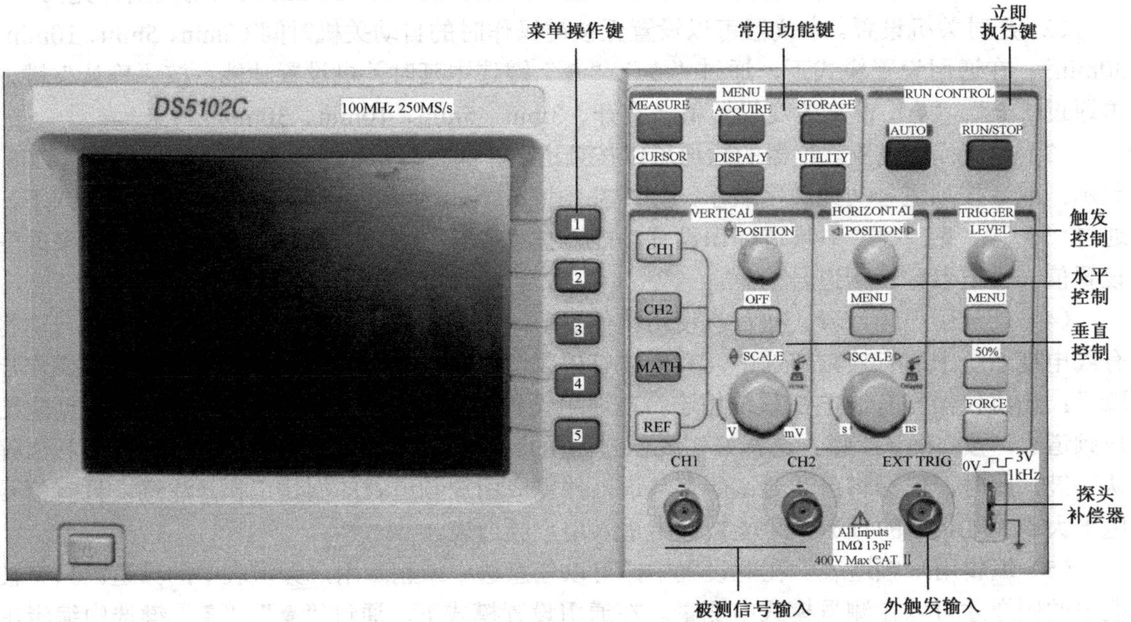

图 4-20　DS5102C 型数字示波器及面板操作示意图

1．连接端子

（1）CH1 端子：通道 1 信号输入端。

（2）CH2 端子：通道 2 信号输入端。

（3）EXT TRIG 端子：外部触发信号输入端。

（4）探头补偿器：输出 0～3V、1kHz 方波信号。

（5）电源插座（背面）：用于连接 AC 220V 电源。

（6）USB 接口（背面）：用于连接可移动存储设备、打印机。

2．面板各按钮的名称与功能

1）MENU 菜单按钮

菜单按钮包括 MEASURE、ACQUIRE、STORAGE、CURSOR、DISPLAY、UTILITY 6 个。

（1）MEASURE 按钮：自动测量按钮。

（2）ACQUIRE 按钮：设置采样方式按钮。

（3）STORAGE 按钮：存储和调出按钮。

（4）CURSOR 按钮：光标测量按钮。

（5）DISPLAY 按钮：设置显示方式按钮。

（6）UTILITY 按钮：辅助系统功能设置按钮。

2）RUN CONTROL 运行控制按钮

运行控制按钮包括 AUTO、RUN/STOP 2 个。

（1）AUTO 按钮：自动设置按钮，自动设置仪器各项控制值，以产生适宜观察的波形显示。

（2）RUN/STOP 按钮：运行和停止波形采样钮。

3）菜单操作键

位于显示屏左侧，自上而下定义为 1～5 号操作键。通过它们设置当前菜单的不同选项、模拟信号输入、外触发输入、探头补偿信号输出等。

4）VERTICAL 垂直控制区按钮

（1）POSITION 按钮：用于控制信号的垂直显示位置。按下该按钮可使垂直显示位置恢复到零点。

（2）SCALE 按钮：转动该按钮改变“Volt/div”垂直挡位。按下 SCALE 按钮作为设置输入通道的粗调/微调状态的快捷键。

（3）CH1 按钮：按下 CH1 按钮，显示第 1 通道信号。

（4）CH2 按钮：按下 CH2 按钮，显示第 2 通道信号。

（5）MATH 按钮：按下 MATH 按钮，显示 CH1 和 CH2 输入信号的运算结果。

（6）REF 按钮：按下 REF 按钮，显示参考波形菜单。

（7）OFF 按钮：当菜单未隐蔽时，按下 OFF 按钮，则快速关闭菜单。如果在按 CH1 按钮或 CH2 按钮后立即按 OFF 按钮，则同时关闭菜单和相应通道。

5）HORIZONTAL 水平控制区按钮

（1）POSITION 按钮：用于控制信号的触发位移。按下该按钮使触发位移恢复到水平零点处。

（2）SCALE 按钮：用于改变“s/div”水平挡位。按下该按钮可切换到延迟扫描状态。

（3）MENU 按钮：按下此按钮，显示 TIME 菜单。在此菜单下可开启/关闭延迟扫描或切换 Y-T、X-Y 和 ROLL 显示模式，还可以设置水平触发位移复位。

6）TRIGGER 触发控制区按钮

（1）LEVEL 按钮：用于改变触发电平设置。按下此按钮可作为设置触发电平恢复到零点的快捷键。

（2）MENU 按钮：用于调出触发操作菜单，改变触发的设置。

（3）50%按钮：设定触发电平在触发信号幅值的垂直中点。

（4）FORCE 按钮：强制产生一触发信号。

3. DS5102C 操作

1）设置垂直系统

主要进行信号来源通道的设置、数学运算方式设置和参考波形调出设置。

（1）CH1、CH2 通道的设置。按 CH1 或 CH2 按钮，系统显示相应通道的操作菜单，操作说明如表 4-7 所示。

表 4-7　通道设置说明

功能菜单	设定	说明
耦合	交流 直流 接地	阻挡输入信号的直流成分 通过输入信号的交流和直流成分 断开输入信号
带宽控制	打开 关闭	限制带宽至 20MHz，以减少显示噪声 满带宽
探头	1× 10× 100× 1 000×	根据探头衰减因素选取其中一个值，以保持垂直标尺读数准确
数字滤波		设置数字滤波
下一页	1/2	进入下一页菜单（以下均同，不再说明）
上一页	2/2	返回上一页菜单（以下均同，不再说明）
挡位调节	粗调 微调	粗调按 1-2-5 进制设定垂直灵敏度 微调则在粗调设置范围之间进一步细分，以改善垂直分辨率
反相	打开 关闭	打开波形反相功能 波形正常显示
输入	1MΩ 50Ω	设置通道输入阻抗为 1MΩ 设置通道输入阻抗为 50Ω

（2）数学运算功能（MATH）。该功能显示 CH1、CH2 通道信号波形的相加、相减、相乘、快速傅里叶变换（FFT）的数学运算结果，操作说明如表 4-8 所示。

表 4-8　数学功能运算设置说明

功能菜单	设定	说明
操作	A+B A–B A×B FFT	信源 A 与信源 B 波形相加 信源 A 波形减去信源 B 波形 信源 A 与信源 B 波形相乘 FFT 数学运算
信源选择	CH1 CH2	设定 CH1 为运算波形 设定 CH2 为运算波形
窗函数	Rectangle Hanning Hamming Blackman	设定 Rectangle 窗函数 设定 Hanning 窗函数 设定 Hamming 窗函数 设定 Blackman 窗函数

续表

功能菜单	设定	说明
显示	分屏 全屏	半屏显示 FFT 波形 全屏显示 FFT 波形
垂直刻度	Vrms dBVrms	设定以 Vrms 为垂直刻度单位 设定以 dBVrms 为垂直刻度单位

（3）REF 功能。在实际测试过程中，用 DS5102C 示波器测量观察有关组件的波形，可以把波形和参考波形样板进行比较，从而判断故障原因。按下 REF 按钮显示参考波形菜单，设置说明如表 4-9 所示。

表 4-9　REF 功能设置说明

功能菜单	设定	说明
信源选择	CH1 CH2	选择 CH1 作为参考通道 选择 CH2 作为参考通道
保存		选择一个已保存的波形作为参考通道的数据源
反相	打开 关闭	设置参数波形反相状态 关闭反相状态

2）设置水平系统

操作水平控制按键 MENU，显示水平菜单，操作说明如表 4-10 所示。

表 4-10　水平系统设置说明

功能菜单	设定	说明
延迟扫描	打开 关闭	进入 Delayed 波形延迟扫描 关闭延迟扫描
格式	Y-T X-Y	Y-T 方式显示垂直电压（Y 轴）与水平时间（X 轴）的相对关系 X-Y 方式在水平 X 轴上显示通道 1 电压，在垂直 Y 轴上显示通道 2 电压
◀◆▶	触发位移 触发释抑	调整触发位置在内存中的水平位移 设置可以接受另一触发事件之间的时间量
触发位移复位		调整触发位置到中心 0 点
触发释抑复位		设置触发释抑时间为 100ns

3）设置触发系统

触发决定了示波器何时开始采集数据和显示波形。一旦触发被正确设定，它可以将不稳定的显示转换成有意义的波形。按 MENU 按钮，可进行触发方式设置，如图 4-21 所示。触发方式有边沿、脉宽、斜率、视频、交替、码型和持续时间触发。

4）设置采样系统

采样系统设置如表 4-11 所示。

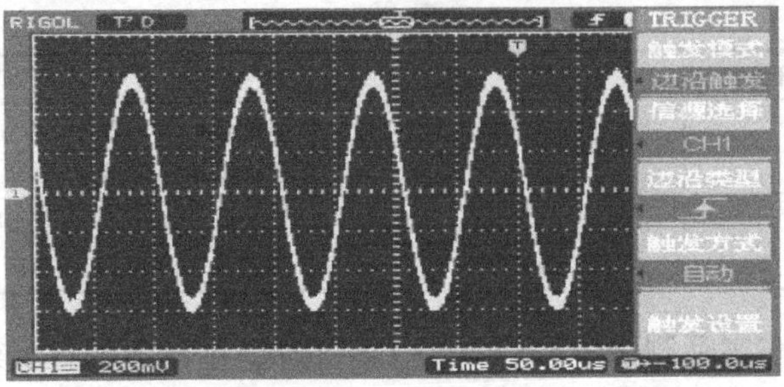

图 4-21　触发设置

表 4-11　采样系统设置说明

功能菜单	设　定	说　明
获取方式	普通 平均 模拟 峰值检测	打开普通采样方式 设置平均采样方式 设置模拟显示方式 打开峰值检测方式
平均次数	2～256	以 2 的倍数步进，从 2～256 设置平均次数
采样方式	实时采样 等效采样	设置采样方式为实时采样 设置采样方式为等效采样
亮度	◀ ◆ ▶ <i%>	设置模拟显示采用点的亮度
混淆方式	关闭 打开	关闭混淆抑制功能 打开混淆抑制功能

5）设置显示系统

在 MENU 控制区的 DISPLAY 按钮为显示系统的功能按键，按下该键后，进行显示系统设置操作，如表 4-12 所示。

表 4-12　显示系统设置说明

功能菜单	设　定	说　明
显示类型	矢量 点	采样点之间通过连线的方式显示 直接显示采样点
屏幕网格		打开背景网格及坐标 关闭背景网格 关闭背景网格及坐标
☼ ⊕		增强屏幕显示对比度
☼ ⊖		减弱屏幕显示对比度
波形保持	关闭 打开	记录点以高刷新率变化 记录点一直保持，直至波形保持功能被关闭
菜单保持	1s、2s、5s、10s、20s、无限	设置隐藏菜单时间。菜单将在最后一次按键动作后的设置时间内隐藏
屏幕	普通 反相	设置屏幕为正常显示模式 设置屏幕为反相显示模式

6）存储和调出

在 MENU 控制区的 STORAGE 按钮为存储系统的功能按键。使用 STORAGE 按钮进行存储菜单设置，如表 4-13 所示。通过菜单控制按钮设置存储/调出波形，或者进行存储类型和波形存储位置的设置。

表 4-13　存储菜单设置说明

功能菜单	设　定	说　明
存储类型	波形存储 设置存储 出厂设置	设置保存、调出波形操作 设置保存、调出设置操作 设置调出出厂设置操作
波形	No.1, No.2, …, No.10	设置波形存储位置
调出		调出出厂设置或指定位置的存储文件
保存		保存波形数据到指定位置

7）辅助系统功能设置

在 MENU 控制区的 UTILITY 按钮为辅助系统功能按键。按下该键，显示辅助系统功能设置菜单，操作说明如表 4-14 所示。

表 4-14　辅助系统功能设置说明

功能菜单	设　定	说　明
接口设置		进入接口设置操作
声音	（打开声音） （关闭声音）	设置按键声音
频率计	关闭 打开	关闭频率计功能 打开频率计功能
Language	简体中文 繁体中文 韩文 日文 English	设置系统显示语言为简体中文 设置系统显示语言为繁体中文 设置系统显示语言为韩文 设置系统显示语言为日文 设置系统显示语言为英文
通过测试		设置通过测试操作
波形录制		设置波形录制操作
自校正		执行自校正操作
自测试		执行自测试操作

8）自动测量

DS5102C 示波器具有峰-峰值、最大值、最小值、顶端值、底端值、幅值、平均值、均方根值、过冲、预冲、频率、周期、上升时间、下降时间、正占空比、负占空比、通道 1 或通道 2 相对于上升沿的延迟时间、通道 1 或通道 2 相对于下降沿的延迟时间、正脉宽、负脉宽等 20 种自动测量功能，其中，共有 10 种电压测量和 10 种时间测量。按 MENU 控制区的 MEASURE 按钮，显示自动测量菜单，操作说明如表 4-15 所示。

表 4-15　自动测量设置说明

功能菜单	设　定	说　明
信源选择	CH1、CH2	设置被测信号的输入通道
电压测量		选择测量电压参数

续表

功能菜单	设定	说明
时间测量		选择测量时间参数
清除测量		清除测量结果
全部测量	关闭	关闭全部测量显示
	打开	打开全部测量显示

4. 测量电信号的方法和步骤

用示波器可以测量各种电信号的电压、电流（通过一定的电阻将电流转换成电压进行测量）、周期、频率、相位等参数。现简单介绍DS5102C测量电信号的方法。

（1）快速显示法。其操作步骤如下：

① 将探头菜单衰减系数设定为10×，并将探头上的开关设定为10×。

② 将通道1的探头连接到电路被测点。

③ 按下AUTO按钮。

示波器将自动设置使波形显示达到最佳。在此基础上，根据前面介绍的设置方法调节，直至波形的显示符合要求。

（2）自动测量。示波器可对大多数显示信号进行自动测量。欲测量信号的频率和峰-峰值可按如下步骤操作。

测量峰-峰值：

① 按下MEASURE按钮以显示自动测量菜单。

② 按下1号菜单操作键以选择信源CH1。

③ 按下2号菜单操作键选择测量类型——电压测量。

④ 按下2号菜单操作键选择测量参数——峰-峰值。此时，便可在屏幕左下角发现峰-峰值的显示。

测量频率：

① 按下3号菜单操作键选择测量类型——时间测量。

② 按下2号菜单操作键选择测量参数——频率。此时，便可在屏幕下发现频率的显示。

注意，测量结果在屏幕上的显示会因为被测信号的变化而改变。

实训5　公共通道与伴音通道的测试

【实训目的】

（1）了解公共通道与伴音电路的基本组成。

（2）掌握电视/调频广播场强仪的使用方法并能测量有线电视信号。

（3）学会使用万用表测量集成电路中的各种参数。

【实训仪器和器材】

（1）彩色电视机。

（2）电视/调频广播场强仪。

（3）万用表。

【实训内容】

（1）仔细观察彩色电视机的公共通道和伴音通道，根据信号流程方向，找到这两部分电路的组成框图、整机电路图和PCB实物之间的对应关系，熟悉主要元器件的作用与工作过程。

（2）用电视/调频广播场强仪测量有线电视信号的10个标准与增补频道图像载波和伴音载波的电平值。

（3）取单个图像中放和伴音功放集成块，用万用电表电阻挡 $R\times1k$ 或 $R\times100$ 测量开路电阻（分黑表笔接地和红表笔接地两种情况）。

（4）未开机的情况下，测量图像中放和伴音功放集成块的在路电阻。

（5）开机后，测量高频头各引脚和伴音功放集成电路各引脚的在线电压。

【实训报告要求】

（1）简述实训步骤。

（2）记录公共通道与伴音通道主要元器件的名称、型号并列表。

（3）记录电视/调频广播场强仪测量有线电视信号的步骤与测量结果。

（4）分析公共通道与伴音通道的工作原理。

4.3 彩色解调解码电路

PAL制彩色解调解码电路的作用是将彩色全电视信号（CVBS）还原成三基色电信号（*R*、*G*、*B*），然后送到图像重现（末级视放与CRT）电路处理，以达到重显彩色图像的目的。

彩色解调解码电路由亮度通道、色度通道、副载波恢复电路和解码矩阵电路等组成，如图4-22所示。

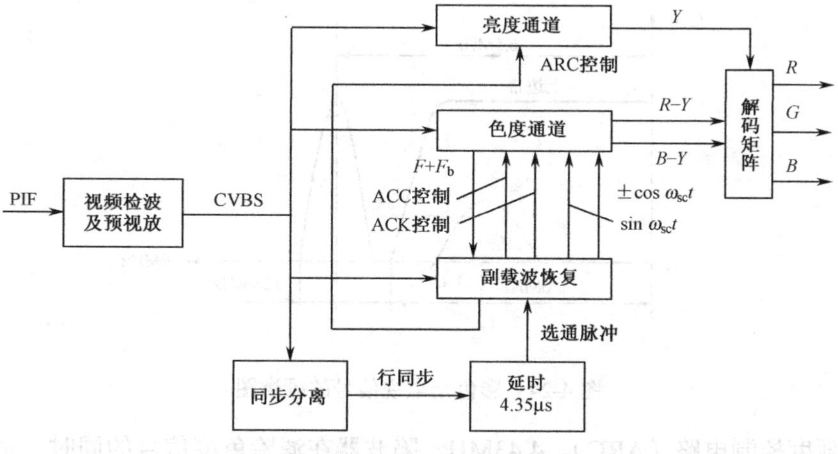

图4-22 彩色解调解码电路的组成框图

4.3.1 亮度通道

1. 亮度通道的组成和作用

亮度通道主要由4.43MHz陷波器、0.6μs延时电路、对比度放大电路、黑电平钳位电路、自动亮度限制电路和视频放大电路等组成，如图4-23所示。亮度通道的主要作用是把亮度 *Y*

信号从彩色全电视信号 CVBS 中分离出来，加以放大与延时处理，然后送到解码矩阵电路中处理。

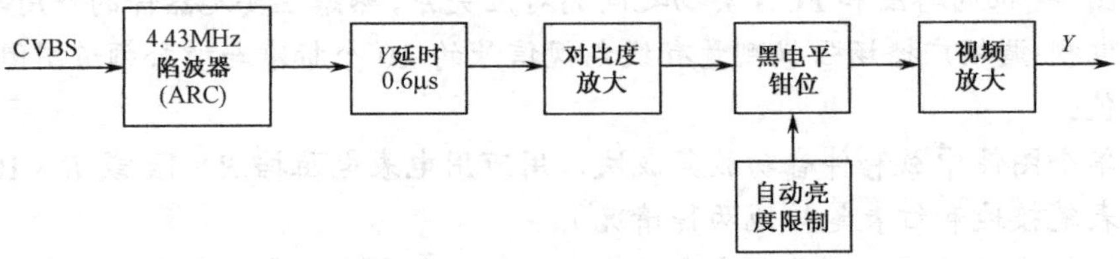

图 4-23　亮度通道的组成框图

2. 亮度通道主要电路功能介绍

（1）副载波衰减电路。根据 PAL 制彩色电视信号编码标准，色度信号 F 和色同步信号 F_b 的表达式如下：

$$F = F_U + F_V = U\sin\omega_{sc}t \pm V\cos\omega_{sc}t$$
$$= 0.493(B-Y)\sin\omega_{sc}t \pm 0.877(R-Y)\cos\omega_{sc}t$$
$$F_b = \frac{B}{2}\sin(\omega_{sc}t \pm 135^\circ)$$

这两个表达式的含义就是频谱间置，即在 0～6MHz 的频带内，除了有亮度信号频谱外，还在高端位于 4.43±1.3MHz 的范围内插有色度信号和色同步信号的频谱，如图 4-24 所示。如果不将色度信号抑制掉而让其进入亮度通道，则在屏幕上显示亮度信号的同时，将会出现许多干扰亮点，这些干扰亮点是由色度信号形成的。因此，必须在亮度通道中加入副载波衰减电路（4.43MHz 陷波器），将色度信号进行衰减，以消除光点干扰。

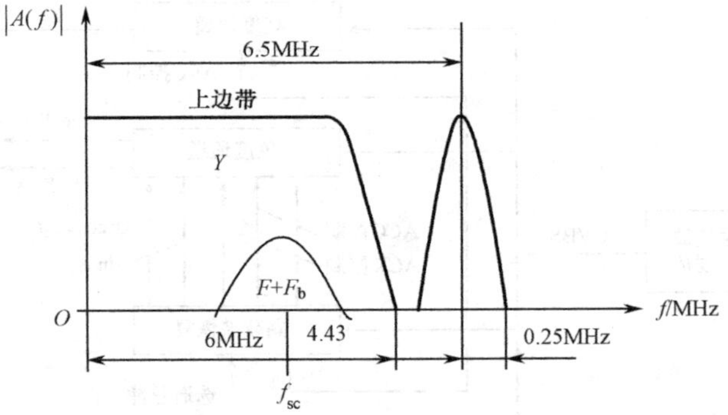

图 4-24　彩色全电视信号的频谱图

（2）清晰度控制电路（ARC）。4.43MHz 陷波器在滤除色度信号的同时，也将位于该范围内的亮度信号滤除了，使亮度信号的高频分量有所损失，使图像在黑白交界处会出现从白到黑过渡区，降低图像清晰度。为此，清晰度控制电路就在图像黑白交界处，各加上一个上冲脉冲和下冲脉冲，从而提高了图像清晰度，如图 4-25 所示。

（3）延时电路。由于色差信号要比亮度信号晚到解码矩阵约 0.6μs。为此，在亮度通道中插入 0.6μs 的延时电路（称为亮度延时线），以保证亮度信号和色差信号同时到达解码矩阵，正确恢复三基色信号。

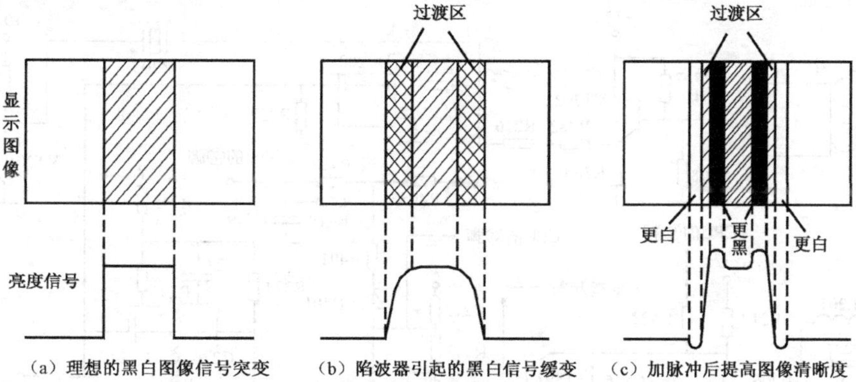

图 4-25　图像轮廓校正原理

（4）对比度放大电路。在黑白电视机中，通过调节视放电路的增益，从而使视频信号峰-峰值改变，以达到图像对比度调节的目的。在彩色电视机中，采用了单钮统调方案，即在改变对比度（调节亮度通道增益）的同时，也改变色饱和度（调节色度通道增益），有效地避免了对比度调节对色饱和度的影响。

（5）黑电平钳位电路与亮度调节。在亮度通道中设置了黑电平钳位电路，使亮度信号在电容耦合中所丢失的直流电平（钳位电平）补充回去，因为图像信号是单极性的正信号（含有直流成分）。由于黑电平钳位电路之后的电路均采用直接耦合，所以通过调节亮度电位器改变钳位电平，就改变了亮度信号的直流电平，也就使显像管阴极直流偏置电位改变，从而达到改变图像亮度的目的。

（6）自动亮度限制（ABL）电路。在彩色电视机中一般都设计有自动亮度控制电路即 ABL 电路，用来限制显像管束电流，使之不超过某一预定值，以保持显像管的长寿命。

（7）视频放大电路。视频放大电路除对亮度信号进行放大处理外，还把行、场扫描逆程脉冲叠加到亮度信号上，使行、场扫描逆程期间屏幕上不出现回扫线（水平细亮线）。

3．西湖彩色电视机的亮度通道

西湖彩色电视机的亮度通道主要由色度信号滤除电路、亮度信号延时电路、清晰度控制电路、对比度控制电路、亮度控制电路、ABL 电路、亮度信号输出电路等组成，如图 4-26 所示。

（1）色度信号滤除和亮度信号延时电路。由 TA8690AN 的第㊸脚输出彩色全电视信号和第二伴音中频信号，经 R206 耦合、Z201（6.5MHz 陷波器）和 L201 滤除第二伴音中频信号后，得到彩色全电视信号 CVBS，经 VT206 射极跟随器放大处理、模拟开关 N701（TC4066）切换，由第②脚输出，再经 VT702 射极跟随器放大处理后，通过 R982、R216、R217、0.6μs 延时线 DL202、C227 送入 TA8690AN 的第㉛脚。由 Z203、R221 和 VT201 组成多制式色度滤波器，滤除包含在亮度信号中的色度信号，使通过 R217 的信号为纯净的亮度信号。当 CPU 的第③脚输出高电平时，经 VT916 倒相后变为低电平，使 VT201 截止，Z203 通过 R221 接+9V 电源，使多制式滤波器工作在 4.43MHz 的频带上，因而 PAL 制中 4.43MHz 色度信号被旁通滤除。当 CPU 的第③脚输出低电平时，经 VT916 倒相后变为高电平，使 VT201 导通，Z203 通过 VT201 接地，使带通滤波器工作在 3.58MHz 的频带上，因而 NTSC 制中 3.58MHz 色度信号被旁通滤除。

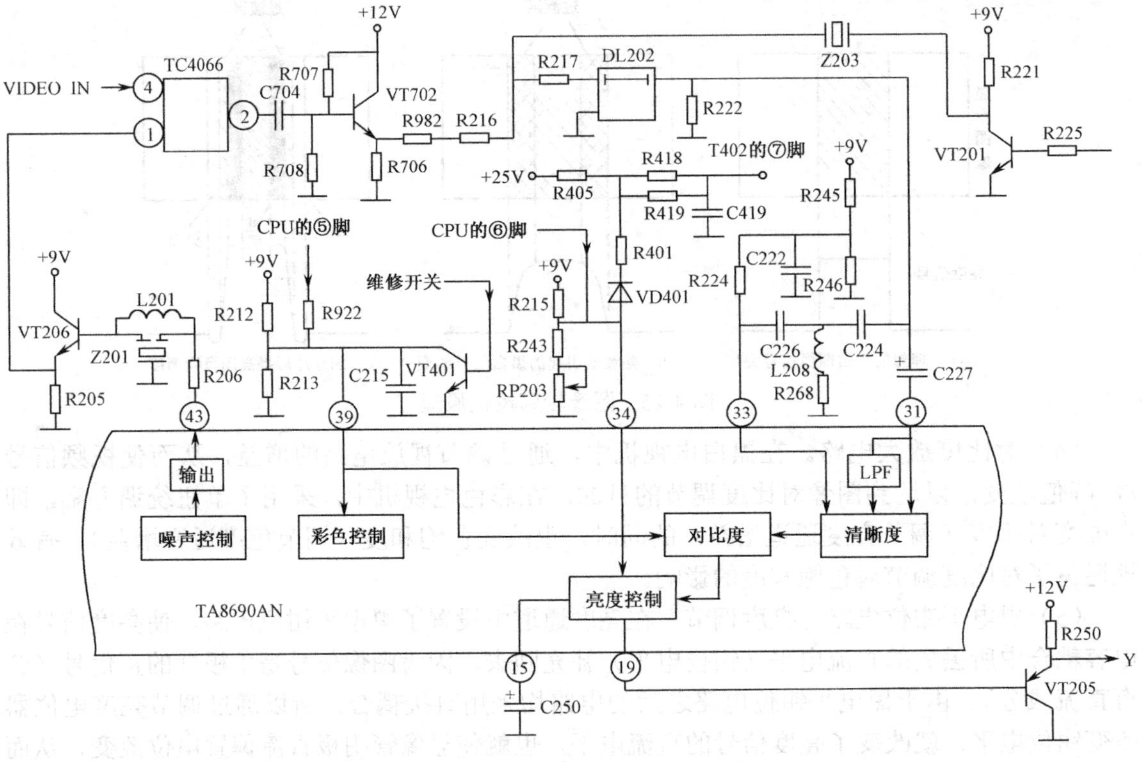

图 4-26　西湖彩色电视机的亮度通道

（2）清晰度控制电路。清晰度控制电路主要包含在 TA8690AN 的内部，第㉝脚外接 C224、C226、L208、R268 组成微分电路，它将微分后的高频成分送入清晰度控制电路，作为一种高频补偿，以提高图像的清晰度。输入到第㉛脚的亮度信号分成两路，一路送入清晰度控制电路，另一路经芯片内部低通滤波器（LPF）也送入清晰度控制电路，这两路信号在清晰度处理电路混合后，形成图像轮廓校正。

（3）对比度控制电路。对比度控制电路也在 TA8690AN 的内部，它是一个增益可控的视频放大电路，其增益是通过第㊴脚受 CPU 控制的。由 CPU 的第⑤脚输出 0～5V 对比度控制电压，经 R212、R213 等组成接口电路转化为 2.5～5.5V 电压，再加到 TA8690AN 的第㊴脚，达到对比度控制的目的。

在 TA8690AN 集成电路的设计中，已经考虑到对比度控制的良好跟踪特性，即改变对比度时色度也会相应变化，因此，由 TA8690AN 的第㊴脚输入的对比度控制电压除了控制对比度外，还控制色度信号。

在整机电路中，在 TA8690AN 的第㊴脚的外部还接有维修开关电路，它是由维修开关 S501 和放大器 VT401 组成的。当 S501 处于 SERVICE（维修）状态时，VT401 导通，使第㊴脚电压为 0，此时对比度信号、色度信号以及场振荡信号均无输出，光栅呈现一条较暗的水平亮线，供调整电视机使用。

（4）亮度控制电路。亮度信号经过清晰度控制电路和对比度控制电路后，进入亮度控制电路。通过调整 TA8690AN 的第㉞脚直流电位，从而改变亮度放大器的直流电平来实现亮度控制。亮度控制电压的变化范围一般是 2.0～5.0V。TA8690AN 的第㉞脚亮度控制电压是由

CPU 的第⑥脚实现控制的。RP203 为副亮度调整电位器，调整它可以限定最大亮度控制范围。

在亮度信号的传输过程中，由于电容耦合，造成了图像信号的直流成分丢失，使图像亮暗背景不能正确重现，同时会使彩色图像畸变。为此，必须在亮度通道中加入钳位电路，以恢复丢失的直流成分。一般钳位电路设在亮度控制电路之前，在亮度信号进入亮度放大器之前首先进行钳位。在该机中，钳位电路包含在 TA8690AN 内部的亮度控制电路中，它是一个直流恢复电路。TA8690AN 的第⑮脚外接电容 C250 为黑电平钳位滤波电容，还可以控制开关机时光栅的过亮闪烁。

（5）ABL 电路。ABL 电路由 R418、R419、R401、VD401、R405 和 TA8690AN 组成。其中 R418、R419 为取样电阻，它们与行输出变压器 T402 的高压绕组构成回路，VD401 为隔离二极管。在正常情况下，VD401 的负极电位高于正极电位，因此 VD401 截止，TA8690AN 的第㉞脚电位不受电子束流大小的影响。当电子束流增大并超过额定值时，通过 R418、R419 的电流也增大，因此 R418、R419 两端的电压降也增大，使 VD401 的负极电位下降，VD401 导通，使 TA8690AN 的第㉞脚电位也跟着下降，从而使亮度下降，束电流下降，起到自动亮度限制的作用。

（6）亮度信号输出电路。在 TA8690AN 内部经过亮度控制并在内部叠加行场消隐脉冲后的亮度信号由第⑲脚输出。

4．亮度通道故障分析

如果亮度通道不通、完全不工作或者亮度信号对地短路，则会产生无图像或图像极暗的故障现象。如果 TA8690AN 的第㉞脚外接的亮度控制电路或 ABL 电路发生故障，则会发生亮度不可调节、亮度极暗或无图像的故障现象。如果 TA8690AN 的第㊴脚外接的对比度控制电路发生故障，则会产生图像对比度下降的故障。如果 TA8690AN 的第㉝脚外接的图像清晰度控制电路发生故障，则会产生图像清晰度下降的故障。

4.3.2 色度通道

1．色度通道的组成与作用

色度通道主要由色度带通放大器、自动色饱和度控制电路（ACC）、自动消色电路（ACK）、梳状滤波器、同步解调器、色差放大器等组成，如图 4-27 所示。色度通道的主要作用是先将色度信号 F 从 CVBS 中分离出来，然后将 F 的两个分量 F_U、F_V 分开，再分别经 U、V 同步解调恢复 $B-Y$ 和 $R-Y$ 两个色差信号，送到解码矩阵电路处理。

2．色度通道主要电路功能介绍

（1）色度带通放大器。色度带通放大器的作用是从 CVBS 信号中分离出 $F+F_b$ 信号，然后将色度信号放大到梳状滤波器所需要的电平。

（2）自动色饱和度控制电路（ACC）。ACC 电路的作用是自动控制色度放大器的增益。由于色度信号和色同步信号都位于 4.43±1.3MHz 的相同频段内，故色同步信号的幅度与色度信号的幅度成正比，所以通过对色同步信号大小的检测，就可以得到 ACC 控制电压，以此来调节色度放大器的增益，从而达到稳定色度输出信号的目的。

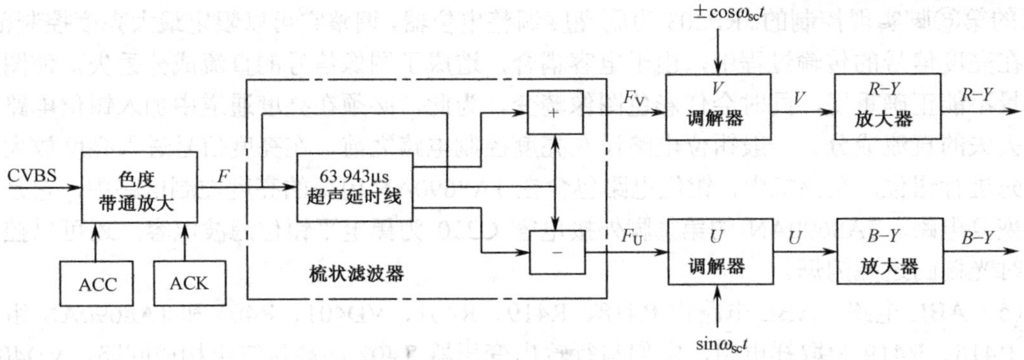

图 4-27　色度通道组成框图

（3）自动消色电路（ACK）。在电视台播送黑白电视节目时，没有传送色度信号。但是彩色电视机的色度放大器仍可能有干扰信号输出，这是因为亮度信号的频谱为 0～6MHz，在 4.43MHz 及其附近仍然有亮度信号的分量。这些分量被当做色度信号进行放大、解调后会在屏幕上产生彩色杂波干扰。为此，在彩色电视机的色度通道中设置了 ACK 电路，它可以在接收黑白电视节目时自动切断色度放大器，以保证重现良好的黑白图像。在色度信号很弱的情况下，ACK 也将切断色度放大器，只显示黑白图像。

（4）梳状滤波器。梳状滤波器的作用是完成相邻两行色度信号的合成，抵消色调失真，并将色度信号中的 F_U、F_V 分量分离开来，然后将它们分别加至 U、V 同步解调器。

梳状滤波器由 63.943μs 超声波延时线、加法器、减法器等组成，如图 4-28 所示。延时线的精确延时时间为 63.943μs，等效附加相位差为 180°，延时后的信号与下一行直通信号在加法器和减法器中分别进行相加、相减运算，完成色度分量的分离任务。

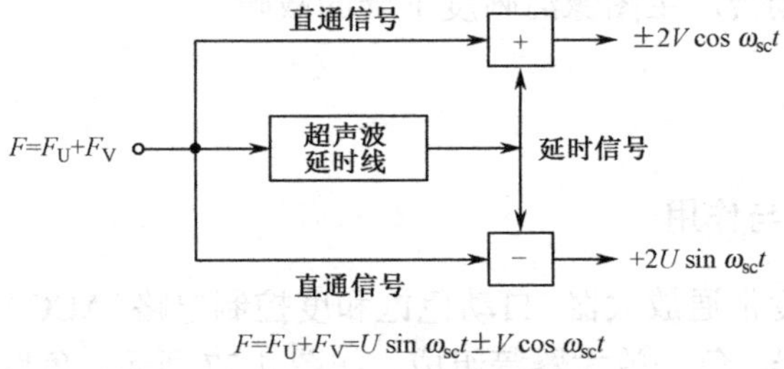

图 4-28　梳状滤波器工作原理示意图

（5）同步解调器。同步解调器的作用是从色度信号分量 F_U、F_V 中解调出 U、V 色差信号。要完成同步解调任务，必须提供与发送端同频同相的副载波（由副载波恢复电路来产生）。在 U 同步解调器中要解调 $2F_U=2U\sin\omega_{sc}t$ 信号，必须同时加入副载波 $\sin\omega_{sc}t$；在 V 同步解调器中要解调 $2F_V=\pm2V\cos\omega_{sc}t$ 信号，必须同时加入副载波$\pm\cos\omega_{sc}t$（NTSC 行取正号，PAL 行取负号）。

同步解调器实质上是一个乘法器加一个低通滤波器，如图 4-29 所示。在 U 同步解调器中，乘法器输出电压为

$$U_o=2U\sin\omega_{sc}t\cdot\sin\omega_{sc}t=(1-\cos2\omega_{sc}t)\,U$$

此电压再经低通滤波器滤除高频分量后，得到蓝色差信号 U。同样，在 V 同步解调器中，

乘法器的输出电压为

$$U_o = \pm 2V\cos\omega_{sc}t \cdot (\pm\cos\omega_{sc}t) = (1+\cos 2\omega_{sc}t)V$$

此电压再经低通滤波器滤除高频分量后，得到红色差信号 V。

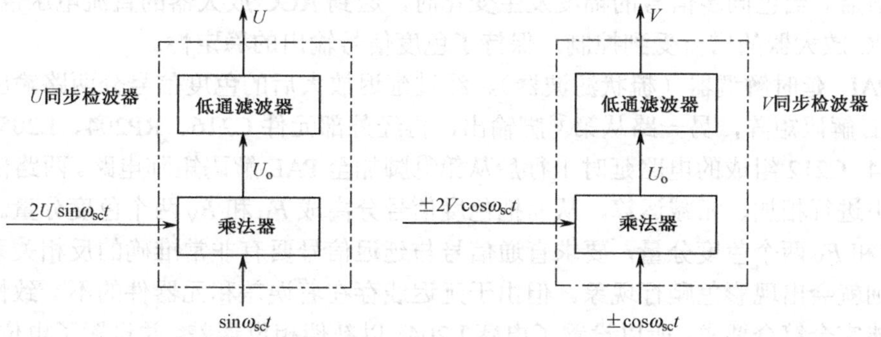

图 4-29 同步检波器工作原理示意图

3. 西湖彩色电视机的色度通道

西湖彩色电视机的色度通道由 ACC 自动色饱和度控制放大电路、PAL 延时解调器、色饱和度控制电路和色差解调矩阵等组成，如图 4-30 所示。

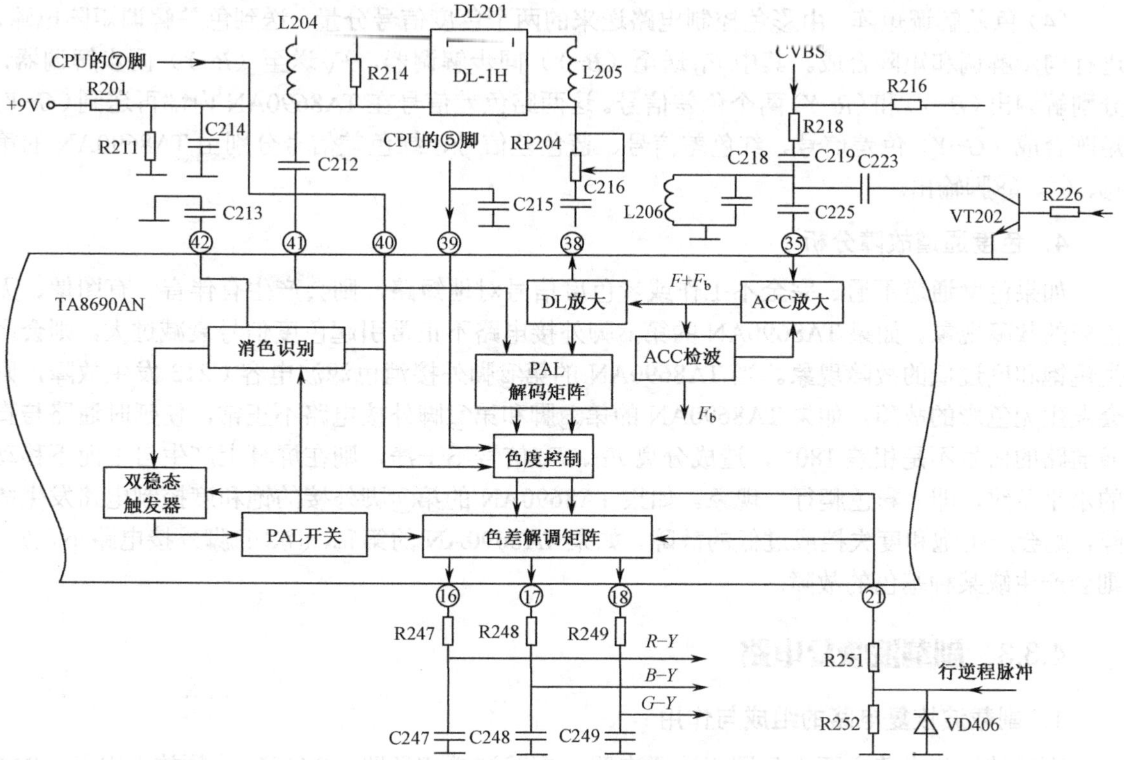

图 4-30 西湖彩色电视机的色度通道

（1）ACC 自动色饱和度控制放大电路。彩色全电视信号 CVBS 由 R218、C219、L206、C218、C225、C223、VT202 组成了多制式带通滤波器滤除亮度信号，取出色度信号和色同步信号并加到 TA8690AN 的第㉟脚。色度信号经过内部 ACC 放大器放大后分两路输出，一路送至延迟（DL）放大器，另一路送到 ACC 色同步检波电路。经过 ACC 检波取出色同步信号，送给副载波恢复电路，并根据色同步信号的幅度大小产生相应的直流电压，去控制 ACC 放大器的增益。当色同步信号的幅度发生变化时，送到 ACC 放大器的直流电压也随之改变，从而使 ACC 放大器的增益受到控制，保持了色度信号输出的稳定性。

（2）PAL 延时解调器（梳状滤波器）。经过延迟放大后的色度信号分两路输出，一路直接送入 PAL 解码矩阵，另一路从第㊳脚输出，再经外部元件 C216、RP204、L205、DL201、L204、R214、C212 组成的电路延时 1 行后从第㊶脚加至 PAL 解码矩阵电路。两路信号在 PAL 解码矩阵中进行相加、相减运算，从而把色度信号分离成 F_U 和 F_V 两个色度分量。由于要正确分离 F_U 和 F_V 两个色度分量，要求直通信号与延迟信号要有非常准确的反相关系和相等的幅度，否则就会出现彩色爬行现象。但由于延迟线存在着误差和元器件的不一致性，使两路信号不可能完全符合要求，所以设置了电感 L204，以补偿相位误差，并设置了电位器 RP204，用来调节延迟信号的幅度，以保证延迟信号与直通信号的幅度相等。

（3）色饱和度控制电路。从 PAL 解码矩阵送来的 2 个色度信号分量，送到色饱和度控制电路进行放大与幅度控制，以调节色饱和度。从 CPU 的第⑦脚输出的饱和度控制电压经 R928、R923、R201、R211 等组成接口电路进行电平转化后加到 TA8690AN 的第㊵脚，以实现色饱和度的控制。

（4）色差解调矩阵。由彩色控制电路送来的两个色度信号分量，送到色差解调矩阵电路，进行同步解调和矩阵合成。其中 F_U 送至（$B-Y$）同步解调器，F_V 送至（$R-Y$）同步解调器，分别解调出（$B-Y$）和（$R-Y$）两个色差信号。这两路色差信号在 TA8690AN 内部再送到（$G-Y$）矩阵合成（$G-Y$）色差信号。红色差信号、蓝色差信号、绿色差信号分别由 TA8690AN 的第⑯、⑰、⑱脚输出。

4．色度通道故障分析

如果色度通道不通、完全不工作或者色度信号对地短路，则会产生有伴音、有图像、无色彩的故障现象。如果 TA8690AN 的第㉟脚外接电路不正常引起色度信号衰减过大，则会产生色饱和度过低的故障现象。当 TA8690AN 的第㊷脚外接消色滤波电容 C213 发生故障，则会发生无色彩的故障。如果 TA8690AN 的第㊳脚和第㊶脚外接电路不正常，使延时通路与直通通路的信号不是相差 180°，造成分离 F_U、F_V 信号不干净，则在屏幕上产生自上而下移动的水平条纹，即“彩色爬行”现象。如果 TA8690AN 的第㊵脚外接的饱和度控制电路发生故障，则会产生饱和度失控或过低的故障。如果 TA8690AN 的第⑯、⑰、⑱脚外接电路不正常，则会产生缺某种基色的故障。

4.3.3 副载波恢复电路

1．副载波恢复电路的组成与作用

副载波恢复电路主要由色同步选通电路、副载波锁相环路、7.8kHz 选频放大电路、PAL 识别电路、PAL 开关电路和 90° 移相电路等组成，如图 4-31 所示。副载波恢复电路的主要作用是给同步解调器提供所需的副载波，给 ARC、ACC、ACK 电路提供能反映色度信号强弱的 7.8kHz 半行频识别信号，即当色度信号较弱时，半行频识别信号的幅度也较小。

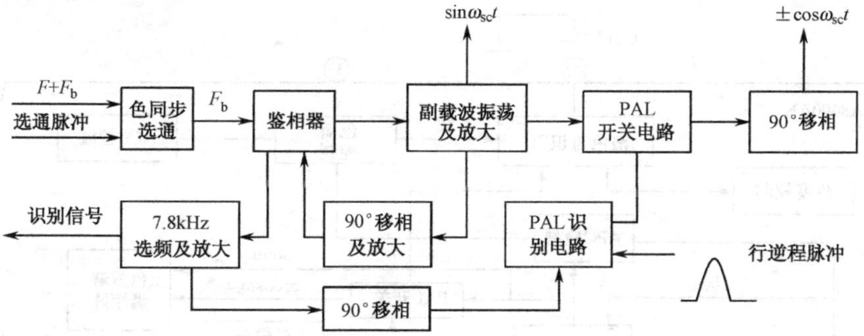

图 4-31　副载波恢复电路组成框图

2．副载波恢复主要电路功能介绍

（1）色同步选通电路。色同步选通电路的作用是将色同步信号从色度信号和色同步信号的混合信号中取出来，送往鉴相器处理。

（2）副载波锁相环路。它是由鉴相器（APC）、低通滤波器（LPF）和压控振荡器（VCO）3 部分组成的，其主要作用有 3 项。

① 产生与发送端同频同相的副载波。

② 产生 7.8kHz 的识别信号，送给 ACC、ACK 和 ARC 电路控制使用。

③ 利用 7.8kHz 识别信号去控制 PAL 识别电路，以识别 NTSC 行和 PAL 行的色度信号。

副载波锁相环路的工作过程是，由色同步选通电路送来的色同步信号和压控振荡器产生的副载波振荡信号经 90° 移相后送入 APC 电路进行相位比较，输出的误差电压经低通滤波器（LPF）得到直流控制电压 U_{APC}，再由 U_{APC} 去控制 VCO 的振荡频率，直至 VCO 的输出信号与发送端副载波同频同相为止，并把副载波信号 $\sin\omega_{sc}t$ 送给 U 同步解调器使用。

（3）7.8kHz 选频放大电路。当鉴相器接收到色同步信号时，APC 会输出具有识别 NTSC 行和 PAL 行的半行频（7.8kHz）方波信号，经过 7.8kHz 选频放大电路进行选频与放大后，即可获得 ARC、ACC、ACK 及 PAL 识别电路所需的半行频正弦波控制信号。由于鉴相器实质上是一个模拟乘法器，故当接收黑白电视信号或较弱的彩色电视信号时，因为没有色同步信号或色同步信号较弱，使选频放大电路输出的半行频正弦波电压为零或较小，使 ACK 电路工作，切断色度通道，实现消色功能。

（4）PAL 识别电路。PAL 识别电路的作用是给 PAL 开关电路提供半行频方波识别信号。在行逆程脉冲的帮助下，PAL 识别电路将选频放大电路送来的半行频正弦信号转化为半行频方波信号，去控制 PAL 开关电路。

（5）PAL 开关电路。在 PAL 识别电路送来的半行频方波信号控制下，PAL 开关电路将 VCO 送来的副载波信号 $\sin\omega_{sc}t$ 转化为$\pm\sin\omega_{sc}t$，再经 90° 移相电路变为$\pm\cos\omega_{sc}t$，送给 V 同步解调器使用。

3．西湖彩色电视机的副载波恢复电路

西湖彩色电视机的副载波恢复电路由 APC 相位检测电路、压控振荡器、PAL 开关电路、双稳态触发器、消色与识别电路等组成，如图 4-32 所示。

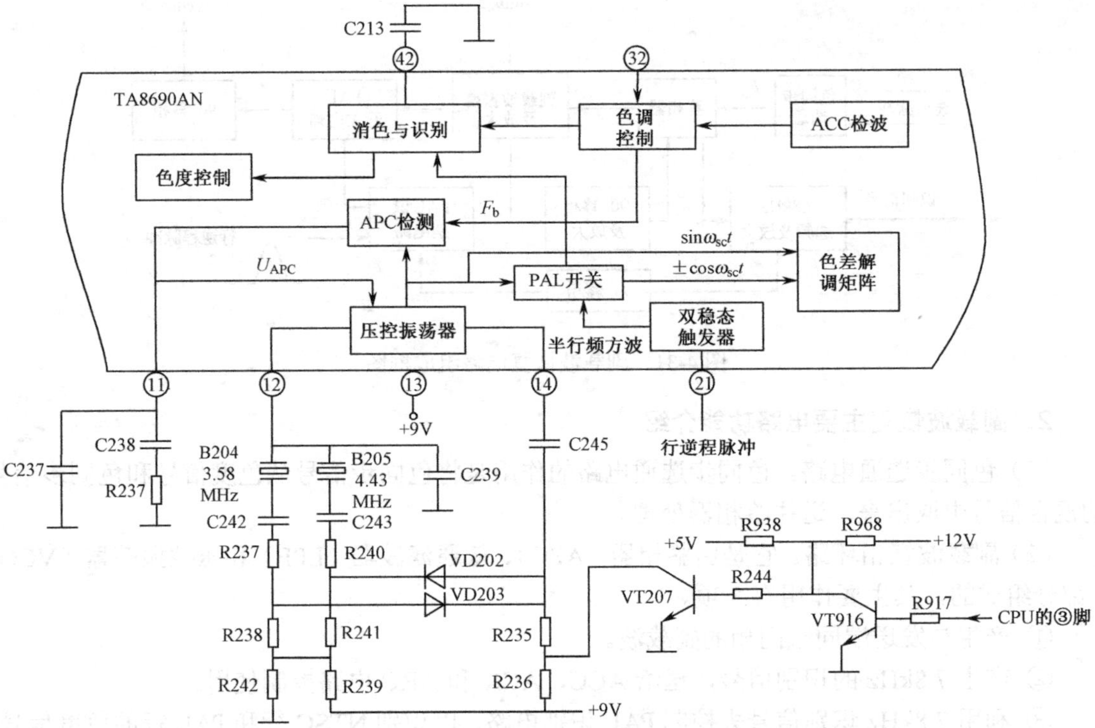

图 4-32　西湖彩色电视机的副载波恢复电路

（1）压控振荡器。本机的压控振荡器是由 TA8690AN 的⑫脚、⑭脚外接的晶振 B204 和 B205，C242、C243、C239、C245、VD202、VD203、R235～R242、VT207 与内部电路组成的。当工作在 PAL 制时，CPU 的第③脚输出高电平，经 VT916 倒相变为低电平，使 VT207 截止，VD202 导通，B205 工作，得到 4.43MHz 的基准副载波。当工作在 NTSC 制时，CPU 的第③脚输出低电平，经 VT916 倒相变为高电平，使 VT207 导通，VD203 导通，B204 工作，得到 3.58MHz 的基准副载波。压控振荡器产生的 $\sin\omega_{sc}t$ 送给色差解调矩阵、APC 检测电路和 PAL 开关电路使用。

（2）APC 相位检测电路。从 ACC 检波电路选出的色同步信号经过色调控制电路送到 APC 相位检测电路作为相位的基准，将压控振荡器输出的本机副载波信号也送到 APC 相位检测电路，两路信号在 APC 相位检测电路中进行鉴相，如果两路信号频率相位均相同，则 APC 检测电路输出误差电压为零。当本机副载波与色同步信号不同步时，APC 检测电路输出误差电压，再用此误差电压去控制压控振荡器使之与色同步信号的频率和相位完全相同，保证解调出的彩色信号的色彩准确。

（3）PAL 开关电路与双稳态触发器。由于 PAL 制色度信号是逐行倒相的正交平衡调幅信号，虽然本机产生的副载波已经和色同步信号同频同相，但在 PAL 制的色度信号中，色度分量 F_V 是逐行倒相的，所以要求加至（$R-Y$）同步解调器的基准副载波也要逐行倒相。这个任务是由 PAL 开关电路来完成的，它只对解调 F_V 所需的副载波倒相。PAL 开关是一个电子开关，这个开关的状态是由半行频方波信号控制的，其电平极性每行变化一次，所以 PAL 开关的重复频率为行频的一半。在 TA8690AN 的内部，PAL 开关电路由差分放大器组成。它有两路输入信号：一路是由压控振荡器 VCO 送来的 0° 副载波，另一路是由双稳态触发器送来的半行频方波控制信号。PAL 开关电路也输出两路信号，一路输出 90°/270° 副载波信号 $\pm\cos\omega_{sc}t$，送到（$R-Y$）同步解调器，另一路输出 270°/90° 副载波信号送到消色与识别电路。

（4）消色与识别电路。当接收正常的彩色电视信号时，消色电路不工作，而识别电路工作，它输出一个识别电压去校正双稳态触发器的状态，以便得到一个具有正确极性的基准副载波。当接收黑白电视信号或彩色电视信号较弱时，色同步信号为零或很小，识别电路不工作，而消色电路工作，它输出的消色电压去控制色饱和度放大器，使之处于关闭状态，屏幕显示黑白图像。TA8690AN 的第㊷脚外接电容 C213 为消色滤波电容。

4．副载波恢复电路故障分析

如果 TA8690AN 的⑫脚外接的副载波振荡电路不工作，则会出现无彩色故障。如果副载波振荡频率偏离 4.43MHz，则会产生彩色不同步，屏幕上出现彩色滚动的干扰条的故障。如果 TA8690AN 的⑪脚外接电路不正常，则会产生彩色不同步故障。如果 TA8690AN 的第㉑脚外接电路不正常，行逆程脉冲无法加到双稳态触发器和色差解调矩阵，则会产生彩色不同步、彩色脱离图像，或红、绿、蓝色带沿垂直或水平方向交替移动的故障现象。

4.3.4　解码矩阵电路

1．解码矩阵电路的组成与作用

解码矩阵电路主要由（$G-Y$）矩阵和基色矩阵电路组成，其作用是将色差信号（$R-Y$）、（$B-Y$）和亮度信号 Y 转换成三基色电信号 R、G、B，其工作信号波形如图 4-33 所示。

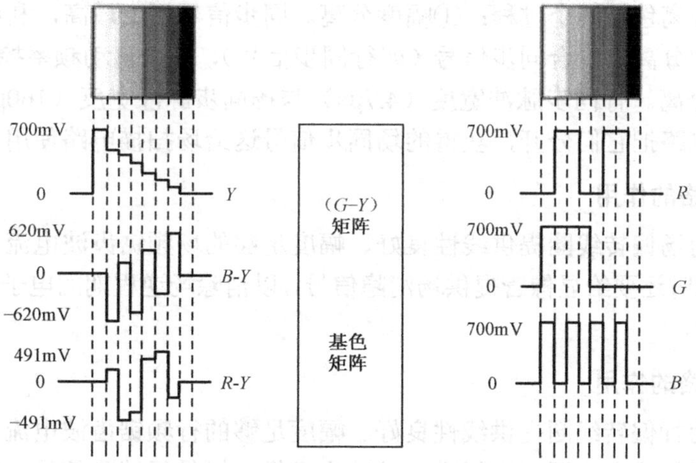

图 4-33　基色矩阵工作信号波形

2．解码矩阵主要电路功能介绍

（1）（$G-Y$）矩阵。（$G-Y$）矩阵的作用是由色差信号（$R-Y$）和（$B-Y$），按公式

$$(G-Y)=-0.51(R-Y)-0.19(B-Y)$$

进行混合与倒相，就可得到绿色差信号（$G-Y$）。

（2）基色矩阵。基色矩阵的作用是由色差信号（$R-Y$）、（$G-Y$）、（$B-Y$）分别与亮度信号

Y相加，来获得三基色电信号R、G、B。

3. 西湖彩色电视机的解码矩阵

西湖彩色电视机的（$G-Y$）矩阵在TA8690AN内部，见图4-30。它将（$B-Y$）和（$R-Y$）两个色差信号合成（$G-Y$）色差信号。红色差信号（$R-Y$）、蓝色差信号（$B-Y$）、绿色差信号（$G-Y$）分别由TA8690AN的第⑯、⑰、⑱脚输出。

西湖彩色电视机的基色矩阵在末级视放电路板上，它将3个色差信号分别与亮度信号相加，产生三基色电信号，通过末级视放电路放大后，再分别加到CRT的3个阴极，达到图像重现的目的。

4.4 扫描电路及图像重显电路

4.4.1 同步分离与行场扫描电路

在电视机的屏幕上要正确显示电视台发射的图像信号，显像管中的电子扫描必须与摄像管中的电子束扫描保持严格同步。如果两者之间的扫描不同步，将导致图像不稳定或者画面发生位移，甚至不能形成图像。为实现收发两端扫描同步，电视台传送包括复合同步信号在内的彩色全电视信号。而在电视机中，取出复合同步信号并加给相应的扫描电路，对电视机的扫描进行同步控制，以实现收发两端的电子束扫描的同步。

1. 同步分离电路的作用

从彩色全电视信号中分离出行、场同步信号，分别送入行、场扫描电路，使电视机实现同步扫描。同步分离包括两个过程：①幅度分离。同步信号幅度最高，利用幅度分离电路从彩色全电视信号中分离出复合同步信号（即行同步信号），送给自动频率控制电路（AFC）使用。②脉冲宽度分离。行同步脉冲宽度（4.7μs）与场同步脉冲宽度（160μs）相差很大，因此可以利用积分电路把它们分开，获得的场同步信号送给场扫描电路使用。

2. 场扫描电路的作用

场扫描电路为场偏转线圈提供线性良好、幅度足够的场频锯齿波电流，控制电子束做垂直方向的扫描；同时还要给显像管提供场消隐信号，以消除场逆程期间电子束回扫时产生的回扫线。

3. 行扫描电路的作用

行扫描电路为行偏转线圈提供线性良好、幅度足够的行频锯齿波电流，控制电子束做水平方向的扫描。行扫描电路还利用行逆程脉冲为显像管提供行消隐信号，以消除行逆程期间电子束回扫时产生的回扫线，以及把行逆程脉冲进行变换后，产生显像管的阳极高压、聚焦极电压、加速极电压、灯丝电压、末级视放电路的工作电压等。

4. 同步分离与行场扫描电路的组成

以前生产的电视机行场扫描电路曾经采用行、场独立的振荡电路，不同步时进行分开调节。而近几年生产的电视机中，行场扫描电路均采用统一的压控振荡（VCO）电路，再通过不同的分频电路来产生行、场激励脉冲输出，不会出现行场不同步的故障，省去了行场同步调节电路。

同步分离与行场扫描电路的组成框图如图4-34所示。同步分离电路输出行同步信号和场同步信号。同步分离电路输出的复合同步信号（行同步）加到AFC电路，与行输出级送来的行逆程脉冲进行相位比较，误差电压送去控制压控振荡器（VCO）的频率与相位，直至收发两端的行扫描完全同步为止。

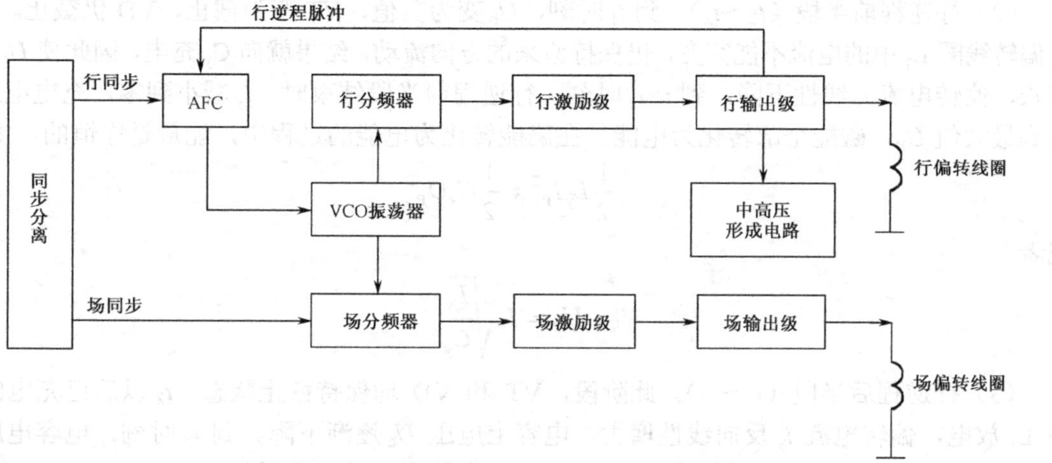

图4-34　同步分离与行场扫描电路的组成框图

由于行激励、行输出级和中高压形成电路的工作电压较高，输出功率较大，而且行输出管又工作在开关状态，逆程期间将承受很高的反峰电压，所以各类电视机的行输出电路都采用分立元件电路。

行输出级的等效电路与工作波形如图4-35所示。其中，T_S为行扫描正程时间，T_R为行扫描逆程时间。行输出级的工作过程可以分成4个阶段。

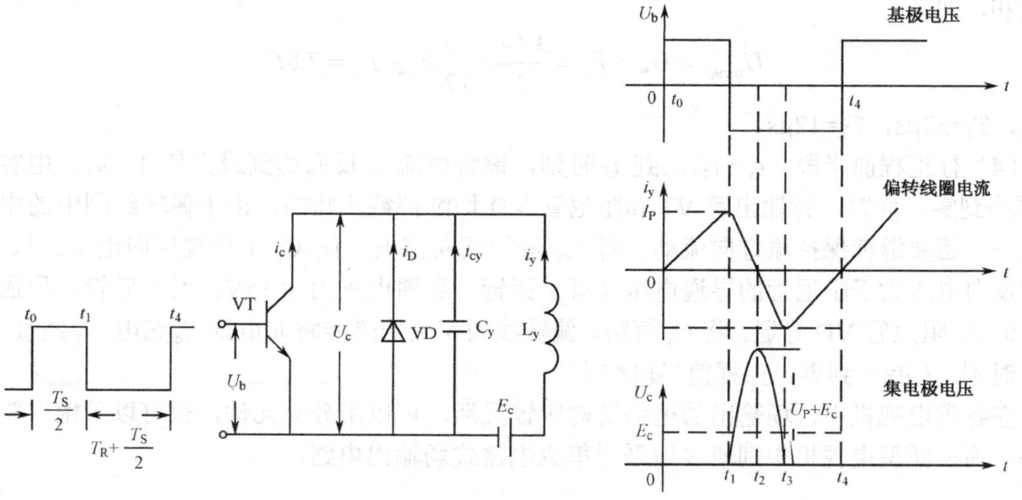

图4-35　行输出级的等效电路与工作波形

（1）行正程后半段（$t_0 \sim t_1$）。在此期间，基极输入正脉冲，行输出管VT饱和导通，阻尼管VD截止，逆程电容C_y被短路而不带电。如果忽略VT的饱和压降和行偏转线圈的直流

电阻，这时行输出管集电极电压 $U_c=0$，偏转电流 i_y 从零开始线性增长，即

$$i_y=(E_c/L_y)\ t$$

电子束由屏幕中心向右扫描，到 $t=t_1$ 时刻，正程结束时，i_y 达到最大值 I_P，即

$$I_P=(E_cT_S)\ /\ (2L_y)$$

式中，$T_S=52\mu s$，为行扫描正程时间。

（2）行逆程前半段（$t_1\sim t_2$）。到 t_1 时刻，U_b 变为负值，VT 变为截止，VD 仍截止。由于行偏转线圈 L_y 中的电流不能突变，仍保持原来的方向流动，结果就向 C_y 充电，因此使 U_c 逐渐增长，偏转电流 i_y 线性下降。到 $t=t_2$ 时刻，行逆程前半段结束时，i_y 减小到零，充电电压 U_c 达到最大值 U_P，磁能全部转化为电能。在磁能转化为电能的过程中，能量是守恒的，即

$$\frac{1}{2}L_yI_P{}^2=\frac{1}{2}C_yU_P{}^2$$

或者

$$U_P=I_P\sqrt{\frac{L_y}{C_y}}$$

（3）行逆程后半段（$t_2\sim t_3$）。此阶段，VT 和 VD 均保持截止状态。t_2 以后已充电的 C_y 向 L_y 放电，偏转电流 i_y 反向线性增大，电容上电压 U_c 逐渐下降。到 t_3 时刻，电容电压 U_c 减小到零，偏转电流 i_y 反向达到最大值（$-I_P$），电能全部转化为磁能。

从上面分析可知，行逆程是由 C_y 和 L_y 自由振荡的半个周期组成的。而 C_y 和 L_y 组成谐振电路的自由振荡周期为 $2\pi\sqrt{L_yC_y}$，所以，行逆程时间 T_R 为该自由振荡周期的一半，即

$$T_R=\pi\sqrt{L_yC_y}=12\mu s\text{，}\quad U_P=\frac{E_cT_S}{2L_y}\sqrt{\frac{L_y}{C_y}}=\frac{E_c}{2}\cdot\frac{T_S}{\sqrt{L_yC_y}}=\frac{\pi}{2}\cdot\frac{T_S}{T_R}E_c$$

逆程电容 C_y 上的最大电压，也就是行输出管 VT 截止时承受的最高电压，它等于 U_P 和 E_c 之和，即

$$U_{c\max}=U_P+E_c=\frac{3.14}{2}\times\frac{52}{12}E_c+E_c=7.8E_c$$

其中，$T_S=52\mu s$，$T_R=12\mu s$。

（4）行正程前半段（$t_3\sim t_4$）。到 t_3 时刻，偏转电流 i_y 反向达到最大值（$-I_P$），电容电压 U_c 减小到零，此时，行输出管 VT 和阻尼管 VD 均维持截止状态。由于偏转线圈中的电流不能突变，还要继续保持原方向流动，对 C_y 进行反向充电，使 C_y 上出现反向电压。只要 C_y 上的反向电压大于阻尼管的导通电压（对于锗管，导通电压为 0.15V；对于硅管，导通电压为 0.6V），阻尼管 VD 导通，将 C_y 短路，偏转线圈积聚的磁能将向电源 E_c 充电，i_y 线性下降。到 t_4 时刻，i_y 减小到零，正程前半段结束。

在各类电视机中，场输出的电路结构比较灵活，可以用分立元件，也可以采用厚膜集成电路，而在新型电视机中则较多地采用集成电路式场输出电路。

4.4.2 西湖彩色电视机的同步分离与行场振荡电路

西湖彩色电视机的同步分离与行场振荡电路如图 4-36 所示。CVBS 信号经 C217 加到 TA8690AN 的第㊱脚，经内部同步分离电路取出复合同步信号，然后又分两路输出：一路送

到 AFC 检测电路并与从第㉑脚输入的行逆程脉冲进行相位比较，产生的误差电压经第㉓脚外接低通滤波器 C252、C251、R253 滤波后，得到平滑的直流电压 U_{AFC} 去控制 32 倍行频振荡器，以校正行振荡频率与相位。第㉔脚外接 B206 为 500kHz 的石英晶体振荡器，并与集成块内部的振荡器一起构成 32 倍行频压控振荡器（VCO）。由 VCO 产生的振荡脉冲加到行分频电路（H.CD），经过 32 分频后得到的行激励脉冲由第㉒脚输出。另一路复合同步信号通过低通滤波器得到场同步信号，送到场分频电路（V.CD）作为场分频计数器的清零脉冲。32 倍行频振荡信号经过 8 分频得到 4 倍行频振荡脉冲，加到场分频电路进行 1250 分频，场同步脉冲作为场分频计数器的清零脉冲，计数分频后得到的场激励脉冲由第㉚脚输出。

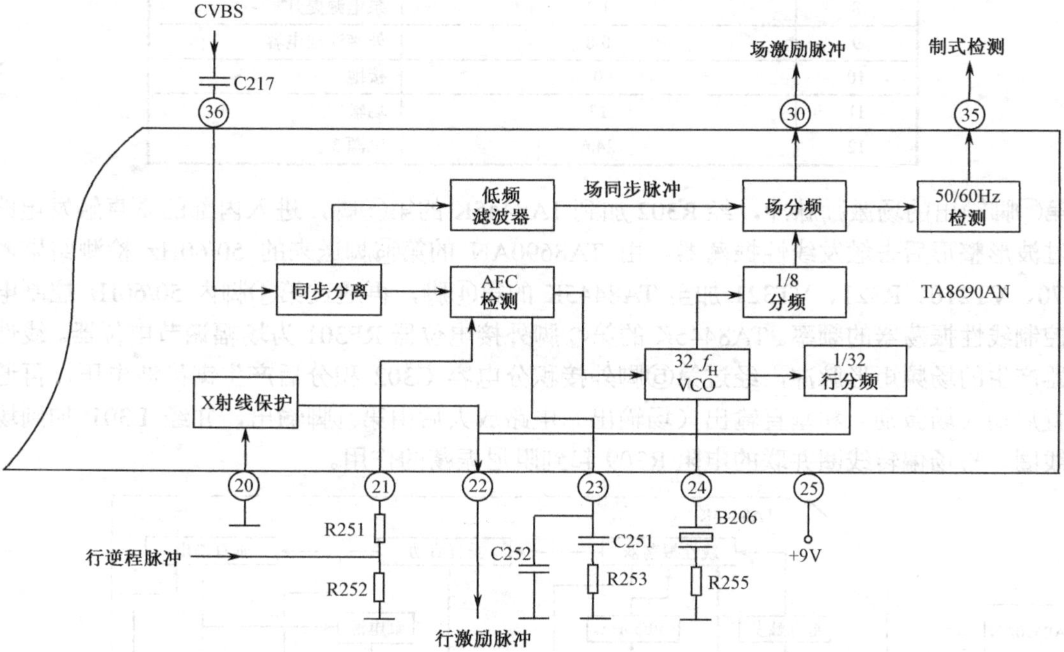

图 4-36　西湖彩色电视机的同步分离与行场振荡电路

TA8690AN 内部提供了 50/60Hz 检测电路，它对场频振荡脉冲信号进行自动检测，检测结果由第㉟脚输出。当场频为 50Hz（PAL 制）时，第㉟脚输出高电平（≥3.5V）；当场频为 60Hz（NTSC 制）时，第㉟脚输出低电平（≤1.2V）。第㉟脚既是色度信号的输入端（经 C225 耦合的交流信号），也是 50/60Hz 检测结果的输出端（直流电平），检测结果一方面通过 R219、C220、VT204 加到 CPU 的第㊱脚；另一方面还通过 R270、VT210、R321、VT321 加到场扫描输出电路 TA8445K 的第④脚。

TA8690AN 的第⑳脚为 X 射线保护电路的控制输入端。当该脚电压≥1.3V 时，通过内部电路切断行振荡输出电路，使第㉒脚无行激励脉冲输出，起到保护作用。在本机电路中，第⑳脚接地，没有使用 X 射线保护功能。

4.4.3　西湖彩色电视机的场输出电路

场激励与场输出集成电路 TA8445K 引脚功能与参考电压如表 4-16 所示。西湖彩色电视机的场激励与场输出电路主要由 TA8445K 及外围元件组成，如图 4-37 所示。由 TA8690AN

表 4-16 TA8445K 引脚功能及参考电压

引脚	静态工作电压/V	引脚功能
1	9	电源 1
2	0.2	场触发脉冲输入
3	1.3	场幅控制（调节）
4	低电平（50Hz），高电平（60Hz）	50/60Hz 转换
5	3	外接锯齿波形成电容
6	3.2	负反馈
7	25	电源 2
8	1.2	泵电源提升
9	0.8	外接滤波电容
10	0	接地
11	13	场输出
12	24.6	电源 3

的第㉚脚输出的场激励脉冲，经 R302 加到 TA8445K 的第②脚，进入内部的垂直触发电路，经过波形整形后去触发线性振荡器。由 TA8690AN 的第㉟脚送来的 50/60Hz 检测结果，经 R270、VT210、R321、VT321 加至 TA8445K 的第④脚，再通过第④脚内 50/60Hz 控制电路去控制线性振荡器的频率。TA8445K 的第③脚外接电位器 RP301 为场幅调节电位器。线性振荡器产生的场频矩形脉冲，经过第⑤脚外接积分电容 C302 积分后产生锯齿波电压，再通过垂直启动（场激励）和垂直输出（场输出）电路放大后由第⑪脚输出，并经 L301 加到场偏转线圈。与场偏转线圈并联的电阻 R309 起到阻尼振荡的作用。

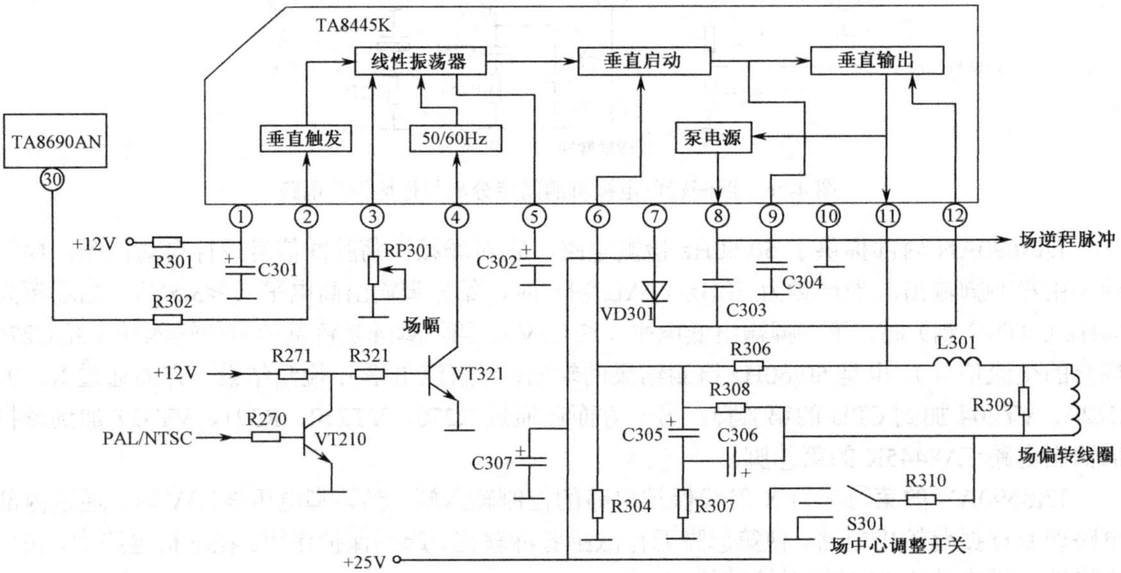

图 4-37 西湖彩色电视机的场激励与场输出电路

VD301、C303 和内部电路组成泵电源，其目的是提高场输出级的效率。在正程期间，+25V 电源通过 VD301 给 C303 充电，使 C303 两端电压大约充至 25V。在逆程期间，供电电压为正程的两倍即 50V，以降低损耗，提高工作效率。逆程供电电压由 25V 提高到 50V，使场输出管从放大状态进入饱和状态，从而使场输出管的功耗下降。当 C306 充电时，向场偏转线圈提供正向偏转电流；当 C306 放电时，向场偏转线圈提供反向偏转电流。第⑨脚外接的 C304 是内部垂直启动电路的补偿电容。R308、C306、R307、C305、R304 等组成反馈网络，用于改善场线性。S301 为场中心调整开关，改变开关接点位置可改变场偏转线圈的直流分量，从而改变场中心的位置，因此，S301 也属于反馈网络的组成部分。

如图 4-38 所示为场输出电路的印制电路板图，其中，N301 为场输出集成电路 TA8445K（单列直插封装）。

图 4-38　西湖彩色电视机场输出电路的印制电路板

4.4.4　西湖彩色电视机的行输出及中高压形成电路

西湖彩色电视机的行输出与中高压形成电路如图 4-39 所示。由 TA8690AN 的第㉒脚输出的行频振荡脉冲信号加到行激励管 VT402 的基极，经过 VT402 放大和 T401 耦合后加至行输出管 VT403 的基极。其中，R414 为 VT402 的限流电阻，起到保护 VT402 及调节行激励大小的作用；C412、R417、C417 起到抑制高频振荡的作用；C414、L401 起到减少行辐射的作用。经过行输出管 VT403 放大的行频矩形脉冲，通过 L402 加至行偏转线圈和行输出变压器 T402。L401 还起到负反馈稳定行输出电路的作用。C415 为行逆程电容，R413 为 VT403 的保护电阻，L403 为行线性补偿电感，R407 为阻尼电阻。

由行输出变压器 T402 的②脚输出的行逆程脉冲，经 R408、VD405、C406 整流与滤波后得到+180V 电压，供给末级视放电路使用。由 T402 的⑤脚输出的行逆程脉冲，经 R410、VD404、C408 整流与滤波后得到+25V 电压，供给场输出电路及 ABL 电路使用。由 T402 的⑥脚输出的行逆程脉冲，经 R412、VD407、C410 整流与滤波后得到+15.6V 电压，再经 N401（LM7812）稳压得到+12V 电压，供给公共通道和其他电路使用。由 T402 的⑧脚输出的行逆程脉冲，经 R409 供给显像管灯丝加热使用。由 T402 的⑨脚输出的行逆程脉冲，经 R411、C409 分两路：一路经 R251、R252 加至 TA8690AN 的第㉑脚，在与复合同步信号叠加后再经 R954、VT903 加至 CPU 的第㊱脚；另一路经 R962、VT905 加至 CPU 的第㉖脚。经过 T402 升压和高压整流获得 25kV 高压、聚焦电压（7880～8870V）和加速电压（460～820V）分别加至显像管的高压阳极、聚焦极和加速极。

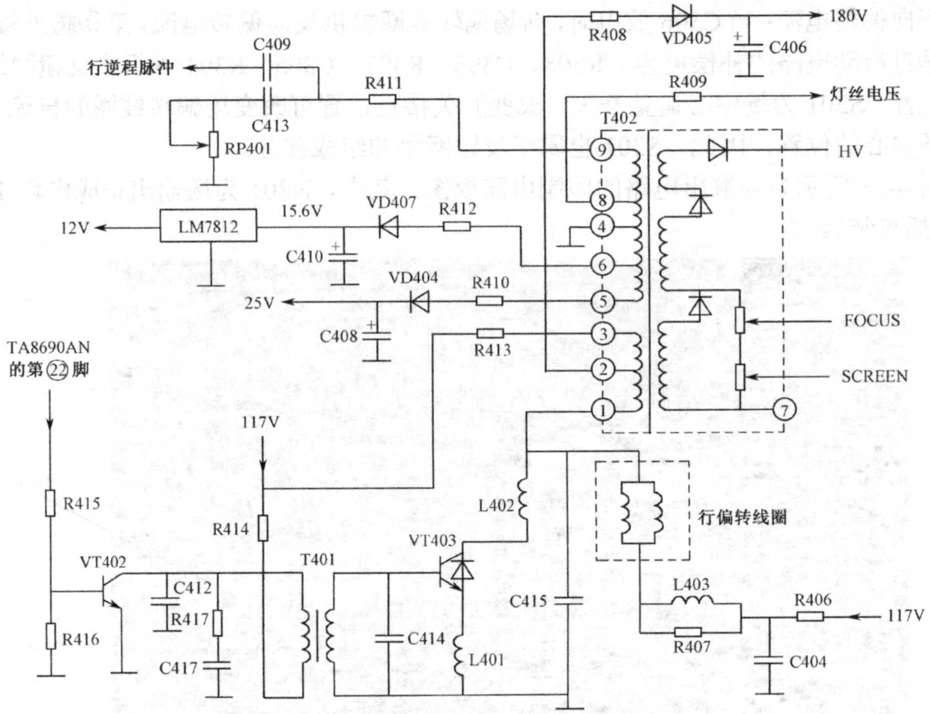

图 4-39　西湖彩色电视机的行输出及中高压形成电路

西湖彩色电视机行扫描电路实物如图 4-40 所示，对应的印制电路板如图 4-41 所示。

图 4-40　行扫描电路实物

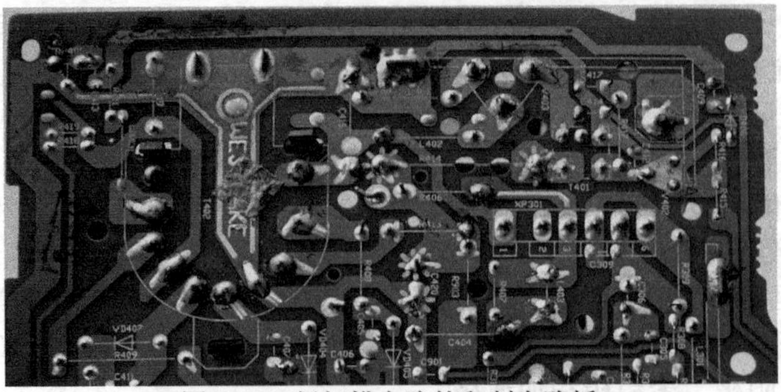

图 4-41　行扫描电路的印制电路板

4.4.5 同步分离与扫描电路故障分析

如果 C217 开路，CVBS 信号无法加至同步分离电路，则会造成行场均不同步的故障现象。如果行振荡电路、行激励级或行输出级不工作，则会造成无光栅、无伴音（因公共通道的+12V 供电也消失）的故障现象。如果行输出管 VT403 的集电极与发射极击穿短路，会使主电压+117V 负载过重，下降至 0V，产生无光栅、无伴音的故障现象。如果行扫描电路工作正常，但行偏转线圈开路，则会产生垂直一条亮线的故障现象。如果行逆程电容 C415 开路，会引起阳极高压的电压上升，造成光栅变亮、幅度变小的故障现象。如果场激励级或者场输出级不工作，则会产生水平一条亮线的故障现象。如果 VD301 或 C303 损坏，泵电源工作不正常，则会在屏幕上部产生多条回扫线和上卷边的故障现象。如果 R308、C306、R307、C305、R304 组成的反馈网络不正常，则会产生图像垂直方向线性变差的故障现象。

4.4.6 西湖彩色电视机的末级视放电路

1. 西湖彩色电视机的末级视放电路

西湖彩色电视机的末级视放电路由 VT551、VT552、VT553 及周围元件组成，它既承担了视频信号的放大任务，又承担了将 3 个色差信号与亮度信号合成三基色信号的任务。末级视放电路构成如图 4-42 所示，相应实物如图 4-43 所示。

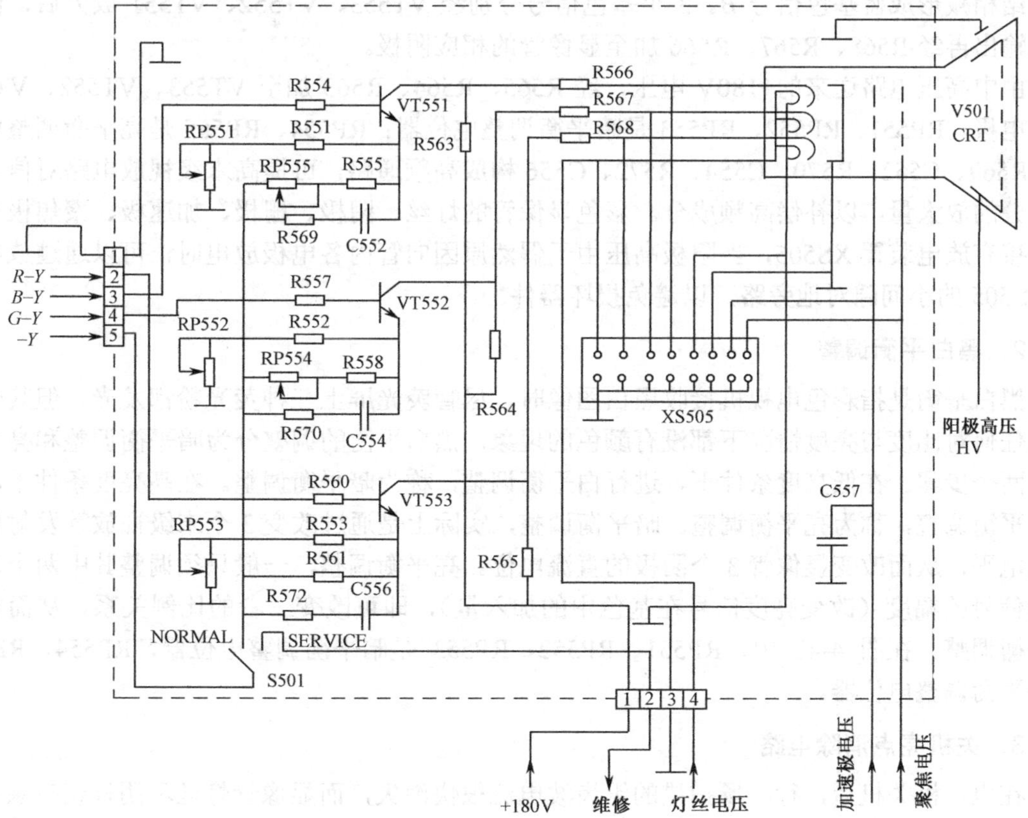

图 4-42 西湖彩色电视机的末级视放电路

图 4-43　末级视放电路实物图

由 TA8690AN 的第⑯、⑱、⑰脚输出的（*R*−*Y*）、（*G*−*Y*）、（*B*−*Y*）色差信号，分别经限流电阻 R560、R557、R554，加至末级视放管 VT553、VT552、VT551 的基极。由 VT205 发射极输出的亮度信号（−*Y*）经维修开关 S501，再分别经 R561、RP554 与 R558、RP555 与 R555 加至 VT553、VT552、VT551 的发射极。（*R*−*Y*）与（−*Y*）在 VT553 发射结相减形成红基色信号 *R*，（*G*−*Y*）与（−*Y*）在 VT552 发射结相减形成绿基色信号 *G*，（*B*−*Y*）与（−*Y*）在 VT551 发射结相减形成蓝基色信号 *B*。3 个基色信号分别经 VT553、VT552、VT551 放大后，由集电极输出再经 R568、R567、R566 加至显像管的相应阴极。

由中高压电路送来的+180V 电压，经 R565、R564、R563 加至 VT553、VT552、VT551 的集电极。RP551、RP552、RP553 是暗平衡调整电位器；RP554、RP555 是亮平衡调整电位器；R569、C552，R570、C554，R572、C556 构成高频通路，可提高末级视放电路对信号高频成分的放大量，以补偿高频成分。彩色显像管的灯丝、阴极、栅极、加速极、聚焦极与地之间接有放电装置 XS505，当阳极高压由于偶然原因向管内各电极放电时，可以通过放电装置 XS505 的小间隙对地旁路，以避免损坏器件。

2．黑白平衡调整

黑白平衡是指彩色电视机接收黑白图像时，尽管荧光屏上三种荧光粉都发光，但其合成光在任何对比度与亮度情况下都没有颜色的现象。黑白平衡的调整分为暗平衡调整和亮平衡调整两个步骤。在低亮度条件下，进行白平衡调整，称为暗平衡调整。在高亮度条件下，进行白平衡调整，称为亮平衡调整。暗平衡调整，实际上是通过改变 3 个末级视放管发射极的直流电平，从而改变显像管 3 个阴极的直流电位。亮平衡调整，一般只须调整其中两个基色激励信号的幅度（改变亮度信号在基色中的加入量），即可改变三者的比例关系，从而实现亮平衡调整。在图 4-42 中，RP551、RP552、RP553 是暗平衡调整电位器，RP554、RP555 是亮平衡调整电位器。

3．关机亮点消除电路

在电视机关机后，行、场扫描的锯齿波电流很快消失，而显像管灯丝和阴极仍有余热，还将继续发射电子，同时显像管各阳极上电压由于电容储能也不能立即消失，仍然起着聚焦和加速电子的作用，于是电子束将固定轰击荧光屏的中心，形成很亮的光点，直至阴极变冷或高压电泄放完毕为止，亮点才消失。如果长期这样使用电视机，那么这个亮点会烧坏荧光屏中心部位的荧光粉，造成一个不能再发光的斑点。为此，需要设法消除关机后出现的亮点。消除关机亮点的办法，不外乎是关机后马上把电子束切断或者使高压滤波电容迅速放电。常用的关机亮点消除电路有两类：①束流截止型亮点消除电路。它在关机后使显像管的栅阴极间保持一段时间较高的负电压（超过显像管的截止电压）而使显像管截止，直到阴极冷却为止。②高压泄放式亮点消除电路。它在关机瞬间使栅阴极间有一正电压，从而产生较大电子束流，迅速泄放高压电容上的电荷。在图4-42中，采用了束流截止型亮点消除电路。关机后，VT551、VT552、VT553立刻截止，但是加到CRT阴极180V供电电压由于存在滤波电容C406仍将保持一段时间，使显像管的栅阴极间保持较高的负电压，进而使电子束截止，消除关机亮点。

4．彩色显像管插座

彩色显像管插座的作用是将彩色电视机线路提供的各种电压及信号转接到彩色显像管（除阳极高压外）各相应电极上。彩色显像管插座易发生的常见故障是受环境潮湿及尘垢影响，造成插座上聚焦极对地的绝缘电阻下降，导致聚焦电压偏低。这种故障的现象是图像暗、模糊、有回扫线，且图像上混杂着色块，伴音正常。或者彩色电视机刚开机时，图像模糊，工作一段时间后（如几十分钟以上），图像才逐渐清晰，也是显像管插座的绝缘电阻下降所引起的，只能通过更换显像管插座解决。如果聚焦电压未加到显像管的聚焦极，则会产生光栅消失、伴音正常的故障现象。显像管插座如图4-44所示。

图4-44 显像管插座

5．末级视放电路常见故障分析

（1）水平一条亮线。当维修开关S501处于维修状态（SERVICE）时，将造成亮度信号的丢失，并通过R403、VT401使TA8690AN的第㊴脚电位为零，从而使色度信号、亮度信号、场振荡信号均无输出，所以屏幕显示一条水平亮线，供整机维修与调整时使用；当场偏转线圈没有扫描电流时也会出现水平一条亮线。

（2）缺色故障。在三基色正常的情况下，标准彩条图像中红条、绿条、蓝条均出现。

① 缺红色。当缺红色时，标准彩条图像的红条变为黑条。缺红色故障的检查过程是，采用“从后向前”的故障检测方法，先用示波器测量R568右侧信号，若信号正常，则故障在管座或者CRT的R阴极开路；若信号不正常，则测量R568的左侧信号，若信号正常，则R568开路，否则测量VT553的基极信号；若信号正常，则VT553损坏，否则测量R560左侧信号；若信号正常，则R560开路，否则彩色解码电路有故障或者连线开路。

② 缺绿色。当缺绿色时，标准彩条图像的绿条变为黑条。缺绿色故障的检查过程是，先用示波器测量R567右侧信号，若信号正常，则故障在管座或CRT的G阴极开路；若信号

不正常，则测量R567的左侧信号，若信号正常，则R567开路，否则测量VT552的基极信号；若信号正常，则VT552损坏，否则测量R557左侧信号；若信号正常，则R557开路，否则彩色解码电路有故障或者连线开路。

③ 缺蓝色。当缺蓝色时，标准彩条图像的蓝条变为黑条。缺蓝色故障的检查过程是，先用示波器测量R566右侧信号，若信号正常，则故障在管座或CRT的B阴极开路；若信号不正常，则测量R566的左侧信号，若信号正常，则R566开路，否则测量VT551的基极信号；若信号正常，则VT551损坏，否则测量R554左侧信号；若信号正常，则R554开路，否则彩色解码电路有故障或者连线开路。

实训6　行场扫描与显像管电路的测试

【实训目的】

（1）掌握行、场扫描电路的工作原理。

（2）会使用示波器观察行、场扫描电路各测试点的波形。

（3）掌握末级视放电路和彩色显像管的工作原理。

（4）能测量显像管附属电路的工作电压。

【实训仪器和器材】

（1）彩色电视机。

（2）万用表。

（3）彩条信号发生器。

（4）示波器。

【实训内容】

（1）在断电条件下，用万用表测量TA8445K各引脚的电阻值。

（2）打开电源，接收到稳定的图像后，用万用表测量TA8445K各引脚的电压和中高压电路产生的+180V、+12V、+25V与灯丝电压。

（3）用示波器测量TA8690AN的第㉚脚、㉑脚、㉒脚的信号波形；用示波器测量TA8445K各引脚的信号波形。

（4）接收到稳定的电视彩条信号，用万用表测量电视机在有信号输入时末级视放管的各级直流电压，填于自制表中。

（5）打开电源，接收到稳定的图像后，对行振荡脉冲、行推动、行输出等电路中各点波形（频率、幅度）进行测绘。

（6）用示波器测量末级视放管的电压波形，并记录。

【实训报告要求】

（1）简述实训步骤。

（2）记录扫描电路与显像管电路主要元器件的名称、型号并列表。

（3）记录测量结果。

（4）分析行场扫描电路的工作原理。

4.5 彩色电视机整机电源电路

为了保证彩色电视机各组成部分的正常工作，需要为其提供多种不同值的电压，主要有彩色显像管的阳极高压、聚焦极电压、加速极电压、灯丝电压、信号处理系统（包括图像、伴音和解码部分）所需电压、扫描系统所需电压和视放级所需电压等。这些电压在不同的电视机中，可分别由电源部分和行输出部分来提供。黑白电视机由于消耗功率较小，一般采用串联调整式稳压电源。而彩色电视机的消耗功率较大，对电源的技术指标要求也较高，所以一般使用开关稳压电源。

4.5.1 西湖彩色电视机整机供电电路

西湖彩色电视机整机供电电路由开关电源电路和行输出的中高压形成电路两部分构成，其框图如图4-45所示。开关稳压电源提供+117V、+18V和+5V电压，其余工作电压均由行输出电路来提供。

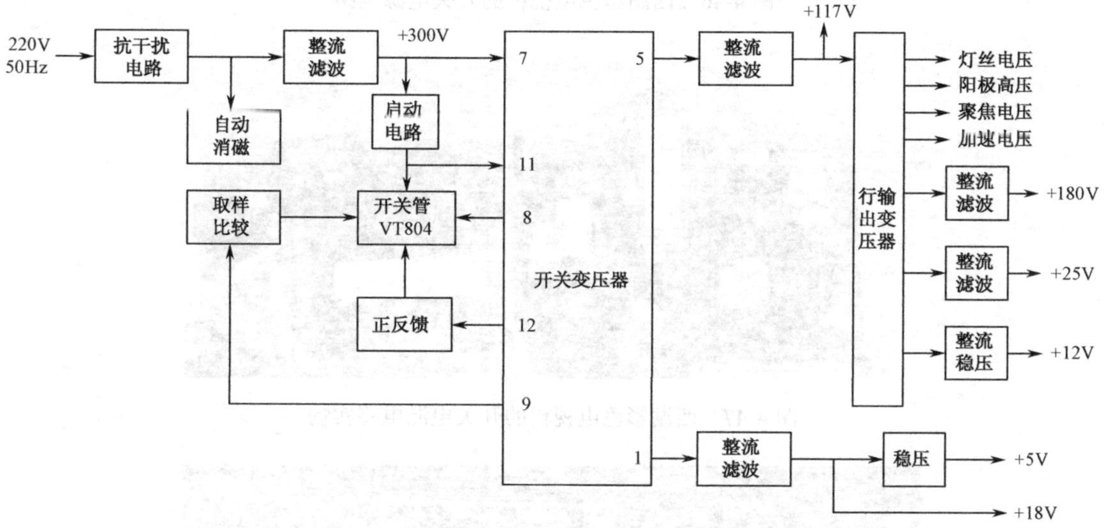

图4-45 西湖彩色电视机整机供电电路框图

4.5.2 西湖彩色电视机开关电源电路

西湖彩色电视机的开关电源采用全分立元件电路，属于自激式并联型开关电源，能适应AC 90~270V宽范围内电网电压的波动，如图4-46所示。开关电源电路实物如图4-47所示，开关电源印制电路板如图4-48所示。该机在待机状态下的遥控电源也是由开关电源提供的，它通过切断行振荡级的+9V供电电压来达到待机目的。

1．整流滤波与自动消磁电路

AC 220V电压经熔断器FU801，C801～C803、T801、T802等抗干扰电路，VD801～VD804桥式整流及C808滤波后，得到300V左右的直流电压。

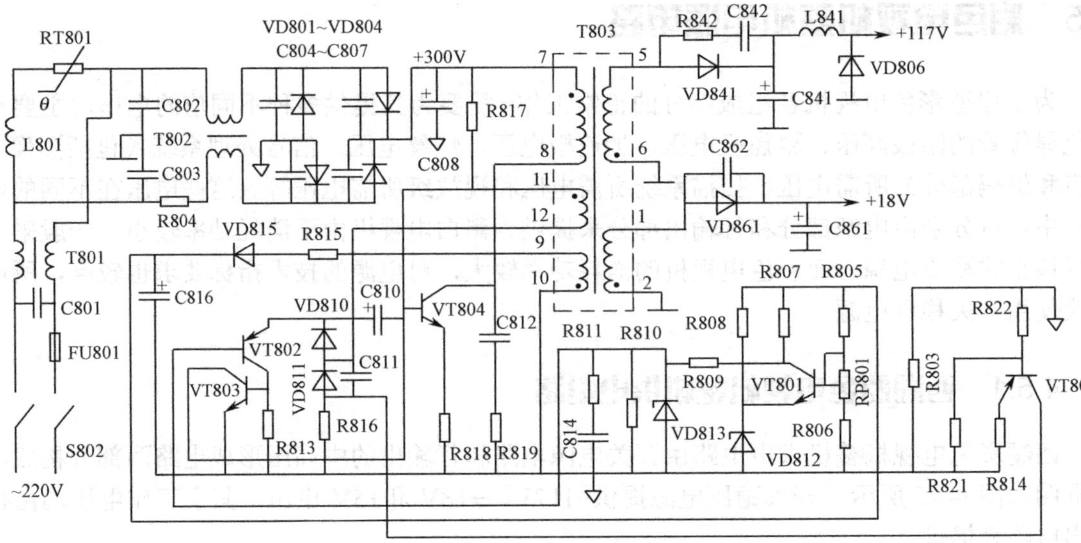

图 4-46　西湖彩色电视机的开关电源电路

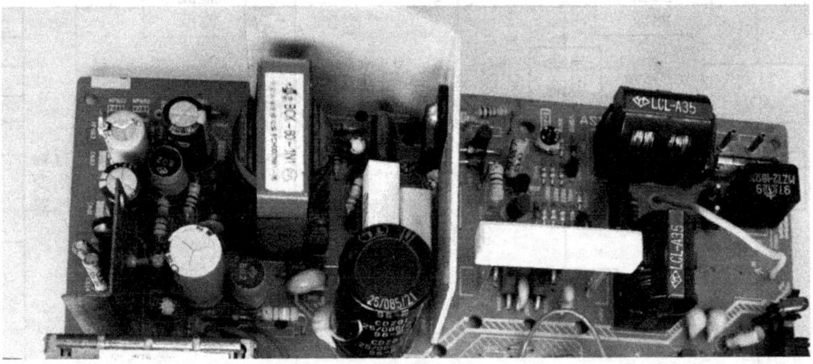

图 4-47　西湖彩色电视机的开关电源电路实物

图 4-48　西湖彩色电视机的开关电源印制电路板

为什么要消磁呢？为了防止地磁和电视机周围杂散磁场对电子束扫描产生影响而造成色纯与会聚不良，在彩色显像管锥体内加有一个铁制屏蔽罩。但是，这个屏蔽罩和彩色显像管内外的铁制部件（如荫罩板、防爆卡、支架等）在使用中会因周围磁场的作用而被磁化，同样会影响色纯与会聚效果。因此，需要经常对彩色显像管内的铁制部件进行消磁。常用的消磁方法是在显像管锥体外面套一个消磁线圈，每次开机时，将一个由大逐渐变小的交流电流加到消磁线圈上，从而在消磁线圈内产生一个由大逐渐变小的交变磁场，进而达到带动彩色显像管内铁制部件消磁的目的。因此CRT彩色电视机都设置了自动消磁电路，在每次开机时进行自动消磁。

西湖彩色电视机的自动消磁电路由消磁线圈L801和正温度系数热敏电阻RT801组成。每次接通电源时，由于环境温度低，正温度系数（PTC）热敏电阻RT801（型号为M272，标称电阻为18Ω）阻值很小，流过消磁线圈L801的电流很大，该电流流过RT801产生的功耗使其自身温度急剧上升，阻值迅速增大，使流过消磁线圈的交流电流迅速下降，在2～4s之内电流迅速被限制到最低值。这个很小的电流用来维持RT801的高温和高阻，但它会残留一个较小的交变磁场，这是这种自动消磁电路的缺点。为了克服这种消磁电路的缺点，在新型CRT彩色电视机中，由CPU控制消磁过程，消磁过程结束后彻底断开消磁电路的供电。

2. 自激振荡电路

自激振荡电路主要由开关变压器T803、开关管VT804、启动电阻R817和R816、VD811等组成。

（1）启动工作（VT804由截止变为微弱导通）。300V直流电压分两路输出：一路通过开关变压器T803的第⑦、⑧端（初级绕组）加到开关管VT804的集电极；另一路通过启动电阻R817加到VT804的基极，使VT804开启导通。

（2）正反馈使VT804由截止→导通→饱和导通。首次上电，由启动电阻R817给VT804提供微小偏流，在T803初级绕组中产生第⑦脚为正、第⑧脚为负的电动势，在它的正反馈绕组中产生第⑪脚为正、第⑫脚为负的感应电动势，此电动势经过T803的第⑪脚→VT804的b、e极→R818→R816→VD811→C811→T803的第⑫脚构成正反馈通道的作用下，使VT804迅速进入饱和状态。在VT804饱和期间，T803初级绕组中的电流线性增大，电流通路为300V电压→T803的第⑦、⑧脚绕组→VT804的c、e极→R818→R803→C808负端。

首次上电启动完成后，由T803的初级绕组和C812产生LC振荡过程，能使VT804由截止状态进入导通状态。在LC振荡过程中，当电容放电完毕，转为对C812充电时，会产生T803的第⑦脚为正、第⑧脚为负的感应电压，在正反馈绕组作用下，使VT804由截止→导通→饱和导通，说明这是一种自激式开关电源。

（3）正反馈的结果使VT804由饱和变为截止。线性电流增大到一定数值以上时，在R803上产生锯齿形电压，该电压经R816、VD811、VD810加到VT802的e、b极，再经R811、C814至交流地，从而使VT802导通，并使VT803导通，VT803的导通使C810原有的充电电压反向加到VT804的基极，对开关管VT804基极正反馈电流进行分流，正反馈的结果导致了VT804从饱和状态向截止状态翻转。

（4）输出电压。在VT804截止期间，T803各绕组电动势的极性均变反，此时，负载绕组电动势使VD841、VD861分别导通，于是在C841、C861上分别建立117V、18V的直流电压。117V送往行输出级电路和电平转换接口电路。18V电压送往伴音功放电路、待机控制电路、行振荡级供电、微处理器及相关电路。在开关管VT804截止期间，由T803第⑪、⑫脚绕组中产生的感应电动势，经过VD810整流后对C810充电，以便在VT804饱和导通期间由C810给VT802发射极供电。

（5）输出电流限制。由VT805、VT802、VT803等元件组成了输出电流限制电路。VT805的发射极电压主要是由开关管VT804的输出电流在电阻R803上的电压降决定的，它的基极电压是由阻值相同的R821和R822分压来获得的。当开关管VT804的输出电流在正常范围时，在R803上的电压降不能使VT805导通，此时输出电流限制电路不起作用。当开关管VT804的发射极电流超出正常范围时，该电流在R803上的电压降使VT805导通。VT805的导通电流经过VD811、VD810使VT802的基极电流增大，VT802的集电极电流也跟着增大，结果使VT803的集电极电流增大，从而分走更多的开关管VT804的基极驱动电流，使其导通时间下降，使输出电流减小。

3．稳压调节电路

稳压调节电路由T803的第⑨、⑩脚取样绕组和VD815、VT801、VT802、VT803等元件组成。由于某种原因使输出电压偏高时，T803第⑨、⑩脚取样绕组产生的感应电动势也跟着升高，该电动势经VD815整流和C816滤波后的直流电压也升高，经R805、RP801、R806取样后使VT801的电流增大，VT801集电极电位降低。VT801集电极电压经R809、R810分压输出，又使VT802的基极电位下降，使VT802的集电极电流增大，从而使VT803的集电极电流增大，分走了VT804的部分基极电流，使VT804提前进入截止状态，从而使输出电压下降，返回原来的设定值。

同理，当某种原因使输出直流电压偏低时，经过与上述相反的稳压过程，同样可使输出直流电压回到原来的设定值。

4．过压保护电路

VD813是一只击穿电压为13V的过压保护管。若没有VD813，则易出现下列过压现象：假如误差放大管VT801发生开路性损坏，则C816上近30V的电压经R807、R809、R810分压加到VT802基极，使VT802基极电压升高许多。因此VT802不容易导通进而使开关管VT804饱和期延长，则输出主电压高于117V，当然C816上电压也升高。C816上电压再一次经R807、R809、R810分压后加到VT802基极，于是产生相当于正反馈的连锁反应，使VT802更加难于导通，因此开关管几乎处于失控状态，输出电压将从117V升高到200V以上。

接入VD813后，当VT801出现开路性损坏且当C816上的电压超过36V时，经R807、R809、R810分压后就能使VD813击穿导通。所以，VT802的基极电压不会超过VD813的13V击穿电压值，开关电源于是获得了过压限制保护。

接在117V输出端子的VD806也是过压保护管，如果没有VD806，一旦开关管VT804完全失控，使输出电压从117V升高到200V以上时，使行输出管VT403击穿。接入VD806后，当输出电压从117V升高到140V左右时，VD806击穿短路，引起开关管VT804发射极电流快速上升，经过VT805、VT802、VT803的控制，使VT804停止工作。

5．电源指示与待机控制电路

西湖电视机的电源指示与待机控制电路如图4-49所示。

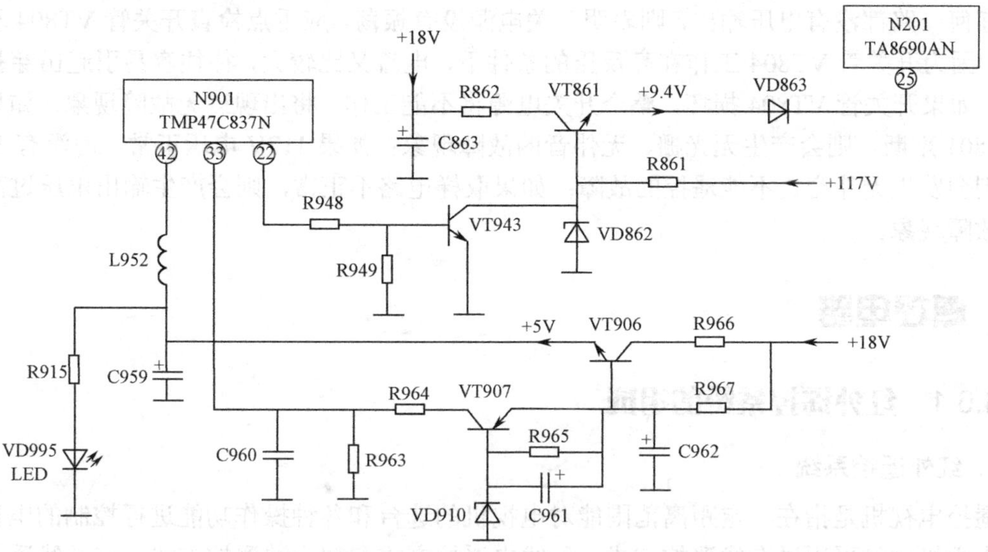

图 4-49 西湖电视机的电源指示与待机控制电路

（1）电源指示电路。电源指示电路由 R915、VD995、VT906、R966、R967、R965、VD910 等组成。VD995 为 LED 电源指示灯，当 5V 电压正常时，VD995 点亮，同时表明开关电源输出 18V 电压正常。其中，稳压管 VD910 的型号为日立 05Z5.1Y，其标称稳定电压为 5.1V。此 18V 电压还要经 VT907、VD910、R965、C961、R964 组成的稳压电路为微处理器 TMP47C837N 第㉝脚提供开机延时型 5V 复位电压。

（2）正常开机状态。开关电源输出 117V 送往行输出级电路和电平转换接口电路。开关电源产生 18V 电压被送往伴音功放电路，此 18V 电压又经待机控制管 VT861 稳压得到 9.4V 电压，经 VD863 给 TA8690AN 的第㉕脚的行振荡级供电；此 18V 电压还经 VT906 调整为 5V 稳定电压给微处理器 TMP47C837N 的第㊷脚及相关电路供电。

（3）待机状态。当微处理器第㉒脚输出 5V 高电平时，VT943 饱和导通，于是导致 VT861 截止，送往 TA8690AN 第㉕脚内部行振荡电路的供电电压被切断，使行扫描电路停止工作，故整机处于无光、无声的待机状态。在正常收看状态，微处理器 N901 的第㉒脚输出 0V 低电平，此时 VT943 截止，使 VT861 恢复导通，行振荡电路供电又恢复正常。

6．开关电源电路故障分析

开关电源有故障，往往会引起彩色电视机无伴音、无图像，或者不能进入正常的收视状态。检测时要注意，开关电源有一个“热地”区和“冷地”区。在电路板上，白色宽斜线包围的区域为“热地”区，这个区域内的电源线、地线都有可能和交流 220V 的火线相连，用手触摸带电区或地线均有触电的危险，应引起注意。在开关电源的输入端加接 220V/220V 的隔离变压器，可以提高测量的安全性。如果使用了隔离变压器，在开关电源的两个输入引脚之间仍然有 220V 电压，同时触摸这两点仍然有触电危险。如果开关电源不工作，应该重点检查几个位置。首先应检查桥式整流与滤波电路的输出电压，正常直流电压应该在 300V 左右。第二步应检查开关变压器次级绕组经二极管整流滤波后输出的 117V 和 18V 直流电压是否正常，如果任何一路输出电压正常，则说明开关电源工作正常，故障在开关变压器的后部；

如果任何一路都没有电压输出，则表明开关电源没有振荡，应重点检查开关管 VT804 和外围电路。因为开关管 VT804 工作在高反压的条件下，电流又比较大，往往容易引起击穿损坏的故障。如果开关管 VT804 损坏，整个开关电源将不能工作，将出现三无故障现象。如果熔断器 FU801 熔断，则会产生无光栅、无伴音的故障现象；如果 117V 电压正常，而没有 18V 电压，则会发生无伴音、不能遥控的故障；如果取样电路不正常，则会产生输出电压过高或过低的故障现象。

4.6 遥控电路

4.6.1 红外遥控系统的组成

1. 红外遥控系统

遥控电视机是指在一定距离范围能对电视机的选台和各种操作功能进行控制的电视机。遥控电视机曾经采用过有线遥控方式、无线电遥控方式和超声波遥控方式。红外线遥控方式由于具有遥控发射器造价低、体积小、功耗低，遥控功能多、反应速度快、抗光线干扰好、工作稳定可靠，红外线指向性好，空中穿透性好；且不会穿透墙壁形成干扰，对人畜无损害等优点，所以成为遥控电视机的主流遥控方式。

红外遥控系统主要由遥控发射器、遥控接收电路、微处理器、接口电路、存储器等组成，如图 4-50 所示。

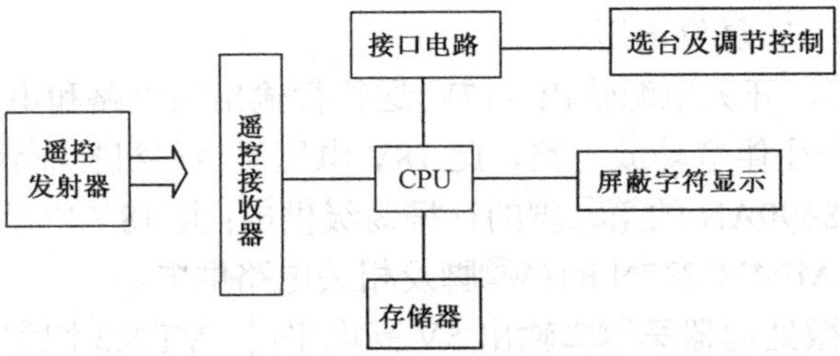

图 4-50　红外遥控系统

当按压遥控发射器上某一按键（对应某一种控制功能）时，则在遥控器的微处理器中会产生一组有规律编码的数字脉冲指令信号。它们由两种周期不同的脉冲组合而成（周期小的为 0，周期大的为 1），控制功能不同，组合也不同。由遥控器的微处理器输出数字脉冲串指令，先调制在 38kHz（或 40kHz）载波上，再经激励放大管放大后加至红外发光二极管，使其发出调制的红外线脉冲信号，通过空间传送到电视机的遥控接收器。在遥控接收器中，红外光电二极管将红外光信号转换为原调制电信号，再对该信号进行放大、解调、整形等处理后，得到原二进制代码的脉冲串信号，加至接收机的微处理器。微处理器对输入信号进行解码，识别出控制的种类，并发出相应的控制信号，经接口电路进行电平转换后输出，去控制电视机的相应电路，实现各种功能操作，达到遥控目的。存储器用于保存遥控所需的数据。屏幕字符显示电路用于提供屏幕字符显示所需的信息。

2. 遥控电视机组成框图

遥控电视机的组成框图如图 4-51 所示。虽然各种电视机的遥控功能略有不同，但是一般都具有选台控制、模拟量控制、静音控制、电源开关控制、屏幕显示控制等遥控功能。

（1）选台控制。在节目选择时，控制中心送出频段控制信号和调谐控制信号，分别经过波段译码器和电平转换电路，产生频段切换信号（BU、BH、BL）和调谐电压 BT（0～30V），并加到高频调谐器的相应引脚，实现变换接收电视频道的功能。

（2）自动调谐预置节目。在自动调谐预置节目时，控制中心自动搜索当前所能接收到的所有节目的频道，并依次存储在节目存储器中。

（3）模拟量控制。遥控电视机常设有对比度、亮度、饱和度、音量 4 个模拟量的遥控功能。当操作遥控器上的相应按键时，微处理器就会产生相应的数字控制信号，经过 D/A 变换和电平转移电路转换为相应的直流电压，再去控制相应电路中对应模拟量的大小，实现模拟量控制功能。

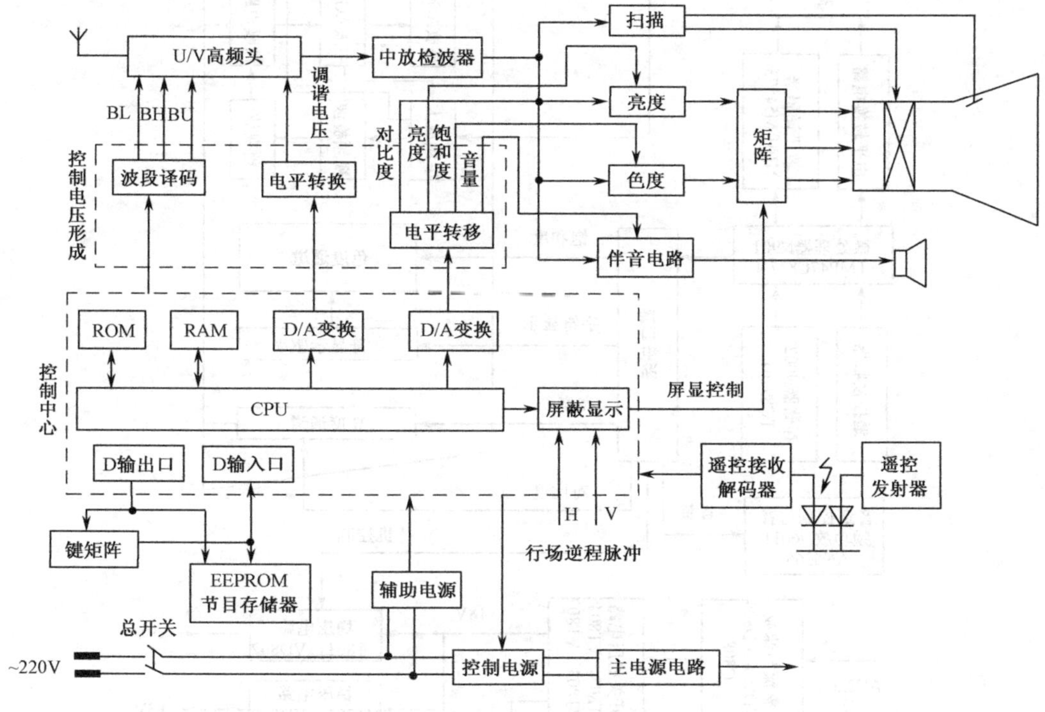

图 4-51　遥控电视机组成框图

（4）静音控制。当操作遥控器上的静音键时，控制中心切断伴音通道，使伴音消失，只有图像；再按此键，伴音恢复。有的遥控系统还设置了无信号静音功能，它是通过确定没有电视同步信号的条件下，切断伴音通道，实现静音控制功能。

（5）工作状态选择。当遥控发射器发出使电视机工作于某一种状态的指令信息时，经控制中心解码识别后，由相应的输出端输出开关控制电平，使电视机工作于相应的状态，如电源开/关控制、待机/开机控制、电视/视频（TV/AV）切换等。

（6）屏幕显示功能。当操作遥控器上的“屏显”键时，控制中心便输出反映当前工作状态的字符信息，显示在屏幕上的有关位置。例如，显示当前电视节目号、制式、音量等信息，以及在自动搜索选台、节目选择、模拟量控制时自动输出相应条状字符和字母数字等信息。

4.6.2 西湖彩色电视机的遥控接收电路

1. 西湖彩色电视机遥控部分构成框图

西湖彩色电视机的遥控部分主要由红外遥控信号接收器、微处理器、节目存储器、电平转换电路、频段译码器以及接口电路等组成，其主要遥控功能是待机控制，调谐选台，音量、亮度、对比度、色度控制等，遥控部分与控制对象的连接如图 4-52 所示。

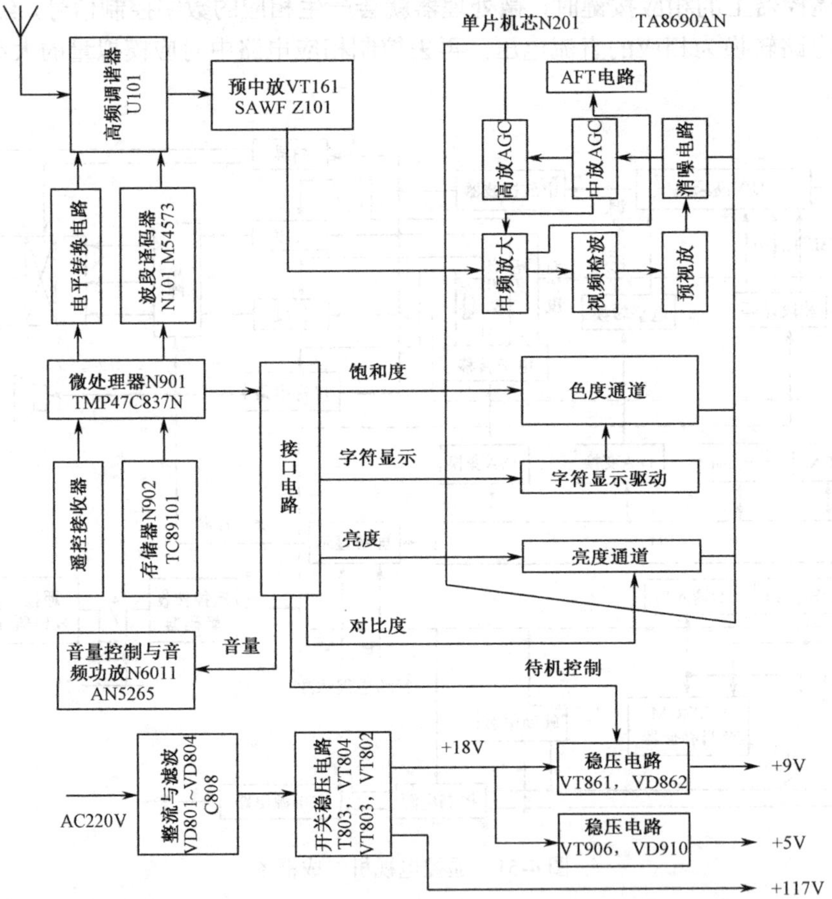

图 4-52 西湖彩色电视机遥控部分与控制对象的连接

2. 西湖彩色电视机遥控电路的基本组成

西湖彩色电视机遥控电路的基本组成如图 4-53 所示。由红外遥控发射器产生的红外遥控信号，通过电视机内的红外遥控信号接收器 N993（HS-0038）接收，并送至微处理器的第㉟脚内部电路进行识别处理，然后输出相应的控制信号电压，实现遥控操作。

微处理器相关引脚功能介绍如下：第①脚输出选台调谐脉宽电压；第④、⑤、⑥、⑦、⑧脚分别输出音量、对比度、亮度、饱和度及色调（仅对 NTSC 制）的脉宽调制信号；第⑨、⑩脚输出波段切换控制信号；第⑫脚输出 AFT 是否起控信号（ON/OFF）；第⑬脚输入 AFT 电压；第⑭、⑮、⑯脚输入键盘指令；第⑰、⑱、⑲脚分别是串行数据线、串行工作时钟和

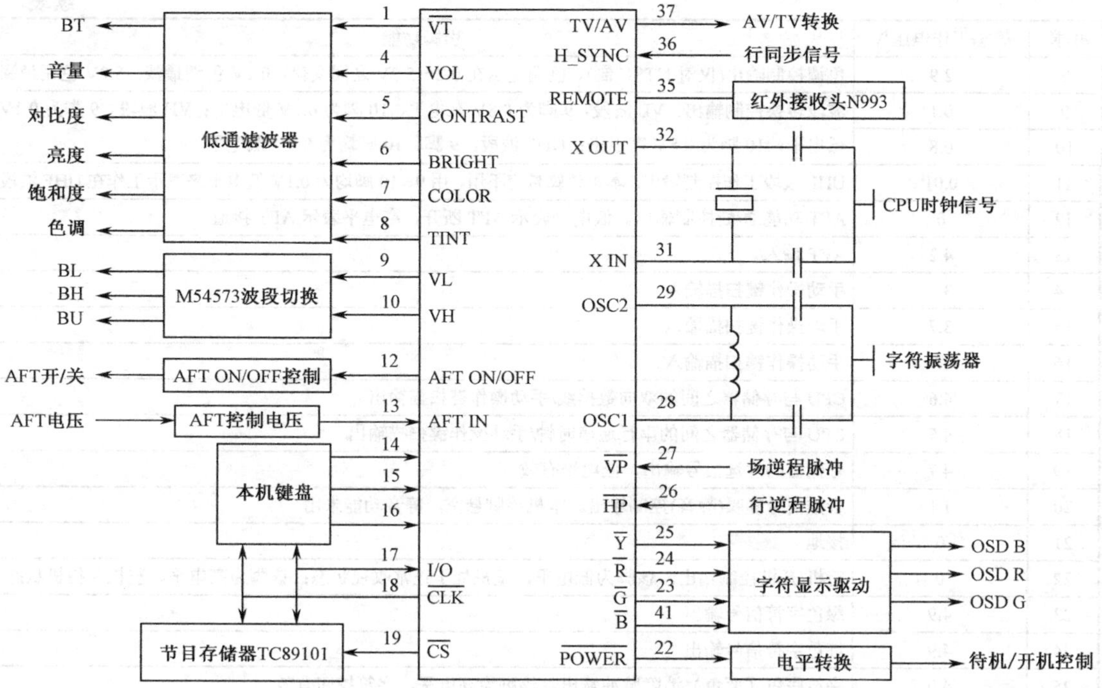

图 4-53 西湖彩色电视机遥控电路的基本组成

节目存储器的片选线；第㉒脚输出待机/开机控制信号；第㉓、㉔脚分别输出绿色字符信号和红色字符信号，第㉕脚输出字符底色消隐信号，第㊶脚输出蓝背景（蓝字符）控制信号；第㉖、㉗脚分别为行、场逆程脉冲的输入端；第㉘、㉙脚为字符振荡器的连接端；第㉛、㉜脚为 CPU 时钟振荡器的连接端；第㉟脚为遥控信号接收端；第㊱脚为复合同步（行同步）信号的输入端；第㊲脚为 AV/TV 选择控制信号输出端。

3．微处理器 TMP47C837N

微处理器 TMP47C837N 是东芝公司生产的电视机专用集成电路芯片，采用双列直插式 42 个引脚排列结构，其主要功能有选台调谐、音量控制、对比度控制、亮度控制、饱和度控制、波段切换、AFT 功能控制（打开或关闭）、待机与开关控制、显示字符输出、TV/AV 切换等。如表 4-17 所示，给出了 TMP47C837N 各引脚功能及参考电压。

表 4-17 TMP47C837N 各引脚功能及参考电压

引脚	静态工作电压/V	引脚功能
1	3.3	调谐电压控制输出。搜索节目电压在 0～5V 之间变化
2	0	系统制式控制输入 2
3	0	系统制式控制输出 3
4	0	音量控制输出。音量电压在 0.15～2.7V 之间变化，0.15V 无声，2.7V 音量最大
5	4.7	对比度控制输出。对比度电压在 0.15～5.2V 之间变化，0.15V 对比度最淡，5.2V 对比度最深
6	1.5	亮度控制输出。亮度电压在 0.15～5.2V 之间变化，0.15V 最暗，5.2V 最亮
7	3.9	色饱和度控制输出。色饱和度电压在 0.15～5.2V 之间变化，0.15V 无彩色，5.2V 色度最深

续表

引脚	静态工作电压/V	引脚功能
8	2.9	色调控制输出(仅对 NTSC 制)。色调电压在 0.2～5.2V 之间变化，0.2V 色调最淡，5.2V 色调最深
9	0.1	波段转换控制输出。VL 波段，9 脚为 0.8V 高电平，10 脚为 0.1V 低电平；VH 波段，9 脚为 0.1V 低电平，10 脚为 0.8V 高电平；UHF 波段，9 脚、10 脚均为 0.1V 低电平
10	0.8	
11	0.01	UHF 波段工作控制输出。本机该脚悬空不用，用 9、10 脚均为 0.1V 低电平来表示工作在 UHF 波段
12	0	AFT 功能通/断控制输出。低电平表示 AFT 断开，高电平表示 AFT 接通
13	4.2	AFT 输入
14	3.7	手动操作键扫描输入
15	3.7	手动操作键扫描输入
16	3.7	手动操作键扫描输入
17	4.6	CPU 与存储器之间的双向数据线/手动操作键扫描输出
18	4.5	CPU 与存储器之间的串行通信时钟/手动操作键扫描输出
19	4.7	存储器的片选信号输出，低电平有效
20	1.1	音频信号静噪(静音)控制输出。本机该脚悬空，静音功能未用
21	0	接地
22	0	待机/开机控制输出。该脚为低电平，整机处于正常收视状态；该脚为高电平，整机为待机状态
23	4.9	绿色字符信号输出
24	4.9	红色字符信号输出
25	4.9	字符底色（蓝色）消隐脉冲输出。该脚为高电平，字符挖底有效
26	3.6	行逆程脉冲输入
27	4.3	场逆程脉冲输入
28	4.9	字符振荡器 OSC1。其频率为 5MHz
29	4.9	字符振荡器 OSC2
30	0	测试端。本机该脚接地不用
31	1.1	CPU 的时钟振荡器输入。外接 4.19MHz 晶振
32	2.3	CPU 的时钟振荡器输出。外接 4.19MHz 晶振
33	4.9	CPU 的复位信号输入
34	0.01	PAL/NTSC 制式识别输入 1
35	3.35	遥控接收信号输入
36	4.4	复合同步(行同步)信号输入
37	4.45	TV/AV 切换控制输出。当该脚输出高电平时，整机工作在 TV 状态；当该脚输出低电平时，整机工作在 AV 状态
38	0	视频信号静噪输出。本机该脚接地未用
39	0	系统制式控制输出 1。该脚输出低电平，整机工作在 PAL 制；否则为 NTSC 制
40	0	系统制式控制输出 2，用于卡拉 OK 通/断控制。本机该脚悬空未用
41	0	显示图像或显示字符的选择控制输出
42	5	工作电压输入

4．数字调谐电压的转换电路

西湖彩色电视机的微处理器 TMP47C837N 与高频调谐器之间的接口电路，即高频调谐器的调谐电压 BT 的产生电路，如图 4-54 所示。当微处理器接收到调谐指令时，集成电路内部的 D/A 转换器产生脉冲宽度调制信号输出，由于该脉宽调制信号输出的幅度值较低（一般为 0～5V），而高频调谐器需要的调谐电压的最大值可达 30V，故该输出信号还需外接倒相放大器进行电平变换处理，再经低通滤波器滤波后输出 0～30V 连续可变的平稳直流电压，加至高频调谐器 BT 端实现调谐选台功能。

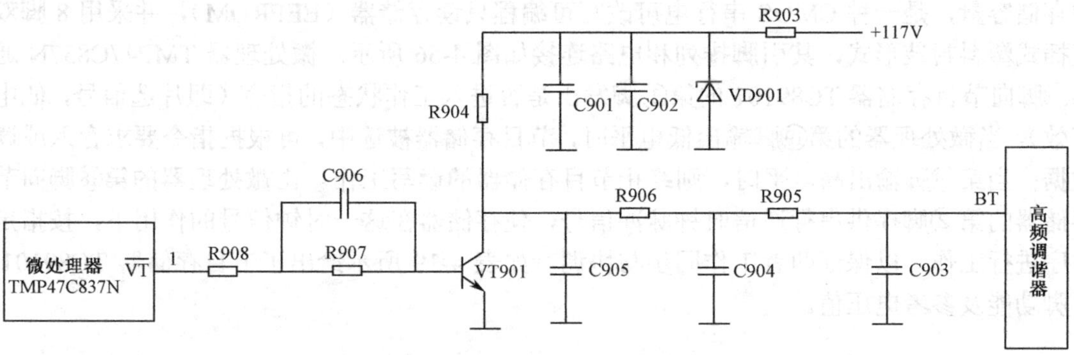

图 4-54 数字调谐电压的转换电路

5．波段译码电路

西湖彩色电视机的波段译码电路用于产生波段控制信号。如图 4-55 所示，M54573 是日本三菱公司生产的单列直插式频段译码器，它将微处理器 TMP47C837N 的第⑨、⑩脚输出的频段切换信号进行译码、驱动，产生高频调谐器所需要的频段转换控制信号（BU、BH、BL）。M54573 输入信号与输出信号的电平关系如表 4-18 所示。

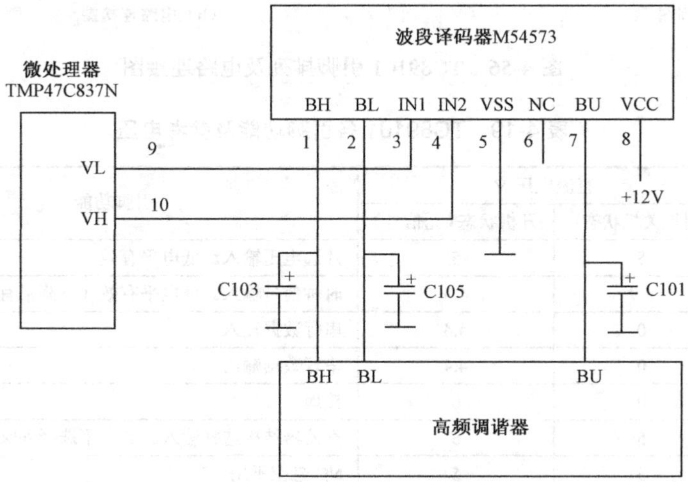

图 4-55 M54573 应用连接图

表 4-18 M54573 输入信号与输出信号的电平关系

输入信号/V		输出信号/V			高频调谐器
IN1（3 脚）	IN2（4 脚）	BH（1 脚）	BL（2 脚）	BU（7 脚）	工作频段
0	0	0	0	12	UHF
0	5	12	0	0	VHF（H）
5	0	0	12	0	VHF（L）
5	5	未 用			——

6．节目存储器的连接电路

节目存储器TC89101是东芝公司开发生产用于遥控彩色电视机的存储器，它具有1024bit的存储容量，是一种CMOS串行电可改写可编程只读存储器（EEPROM），并采用8脚双列直插式塑料封装形式，其引脚排列和电路连接如图4-56所示。微处理器TMP47C837N通过第⑲脚向节目存储器TC89101的第①脚发出是否进入工作状态的指令（即片选信号，低电平有效）。当微处理器的第⑲脚输出低电平时，节目存储器被选中，可根据指令要求存入或读取数据；当第⑲脚输出高电平时，则终止节目存储器的读写工作。由微处理器的第⑱脚向节目存储器的第②脚提供串行通信时钟脉冲信号，使存储器在这一时钟信号的作用下，按指定的时序进行工作，以保证两者工作同步与协调。如表4-19所示给出了节目存储器TC89101各引脚功能及参考电压值。

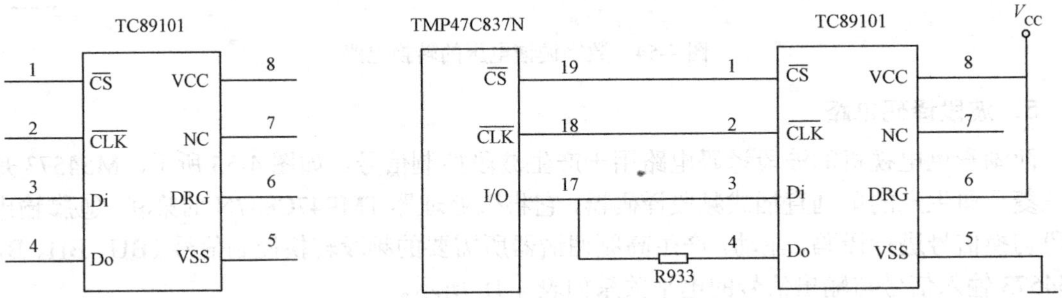

（a）引脚排列图　　（b）电路连接图

图4-56　TC89101引脚排列及电路连接图

表4-19　TC89101各引脚功能及参考电压

引脚	直流电压/V		引脚功能
	遥控关机状态	开机状态（无信号）	
1	5	5	片选电压输入。低电平有效
2	4.9	4.5	时钟信号输入。低电平有效（下降沿有效）
3	0	4.4	串行数据输入
4	0	4.4	串行数据输出
5	0	0	接地
6	5	5	存储器结构选择输入。高电平选择64×16位的结构
7	5	5	NC悬空不用
8	5	5	V_{CC}电源输入

7．模拟量控制接口电路

微处理器TMP47C837N输出的控制信号，还需要通过一系列接口电路来进行电平转换后，才能去控制电视机的相应单元电路，实现功能的调节。模拟量控制接口电路主要包括音量、对比度、亮度、色饱和度、色调（仅NTSC制）控制电路，如图4-57所示。

（1）音量控制电路。从微处理器的第④脚输出正极性音量控制脉宽调制信号，经R992耦合到VT915的基极，由VT915和VT917构成两级缓冲放大电路放大后输出，再经R924、C925、C613低通滤波后，得到平稳的直流控制电压，加到伴音通道的功率放大集成电路

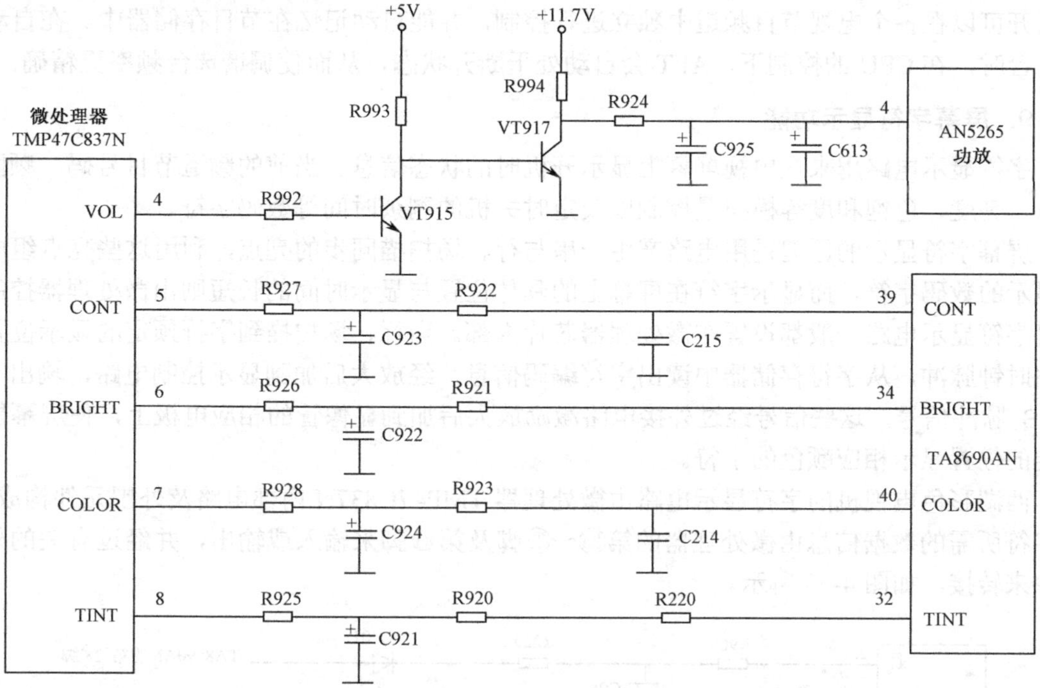

图 4-57 模拟量控制接口电路

AN5265 的第④脚音量调节控制端，从而实现音量调节控制。

（2）对比度和亮度控制电路。由微处理器的第⑤、⑥脚分别输出对比度和亮度控制脉宽调制信号，分别经 R927、C923、R922、C215 和 R926、C922、R921 等组成的Π型滤波器平滑滤波后，变成平稳的直流电压进入单片集成电路 TA8690AN 中的亮度通道的对比度和亮度控制端，从而实现对比度和亮度的控制。

（3）色饱和度和色调控制电路。从微处理器的第⑦、⑧脚输出色饱和度控制信号和色调控制信号，分别经 R928、C924、R923、C214 和 R925、C921、R920、R220 等组成的Π型滤波器平滑滤波后，得到平稳的直流控制电压进入 TA8690AN 中的色饱和度与色调控制端，从而实现色饱和度和色调的控制。

8．自动搜台控制功能

微处理器的第⑬脚是一个集成在芯片内部 A/D 转换器的输入端，来自 TA8690AN 内部中频通道呈现 S 形曲线的 AFT 控制电压加到该输入脚，经微处理器内部的 A/D 转换器转变成数字量，使微处理器能根据 S 形曲线电压的变化情况，确定最佳的调谐点，完成电台节目的自动搜索功能。微处理器的第㊱脚是电视信号的行同步脉冲输入端。若能接收到行同步脉冲，则表示这时电视机调谐接收到的电视节目频率已经接近该电台的实际频率（因为只有接收到电台节目信号时才会有行同步信号出现），它与 S 形曲线 AFT 电压相配合，完成自动搜台功能。

微处理器的第⑫脚输出 AFT 开/关控制信号。当第⑫脚输出高电平表示 AFT 接通，将中频通道输出的 AFT 电压加到高频调谐器的 AFT 端，实现本振频率的自动校准功能；当第⑫脚输出低电平时表示 AFT 断开，即不将 AFT 电压加到高频调谐器的 AFT 端。而 AFT 的接通与断开可以在各个电视节目频道中独立进行控制，并能自动记忆在节目存储器中。在自动搜索选台时，在CPU的控制下，AFT会自动处于断开状态，从而使调谐选台频率更精确。

9. 屏幕字符显示功能

字符显示电路用来在电视屏幕上显示开机时的状态信息、当前的频道节目号码、频段、音量、亮度、色饱和度等模拟量控制以及定时关机的剩余时间等数码字符。

屏幕字符显示的原理是用电路产生一串与行、场扫描同步的亮点，利用这些亮点组成所需显示的数码字符，而显示字符在屏幕上的具体位置与显示时间的长短则由微处理器控制。屏幕字符显示电路一般都设置在微处理器芯片内部。当行、场扫描到字符预定的显示位置时产生时钟脉冲，从字符存储器中读出字符编码信息，经放大后加到显示控制电路，输出R、G、B 脉冲信号，这些信号经过外接电路激励放大后加到显像管的相应电极上，使屏幕能在预定的位置显示相应颜色的字符。

西湖彩色电视机的字符显示电路由微处理器TMP47C837N内部电路及外围元件构成，显示字符所需的数据信息由微处理器的第㉓～㉙脚及第㊶脚来输入或输出，并经过有关的外围元件来转接，如图4-58所示。

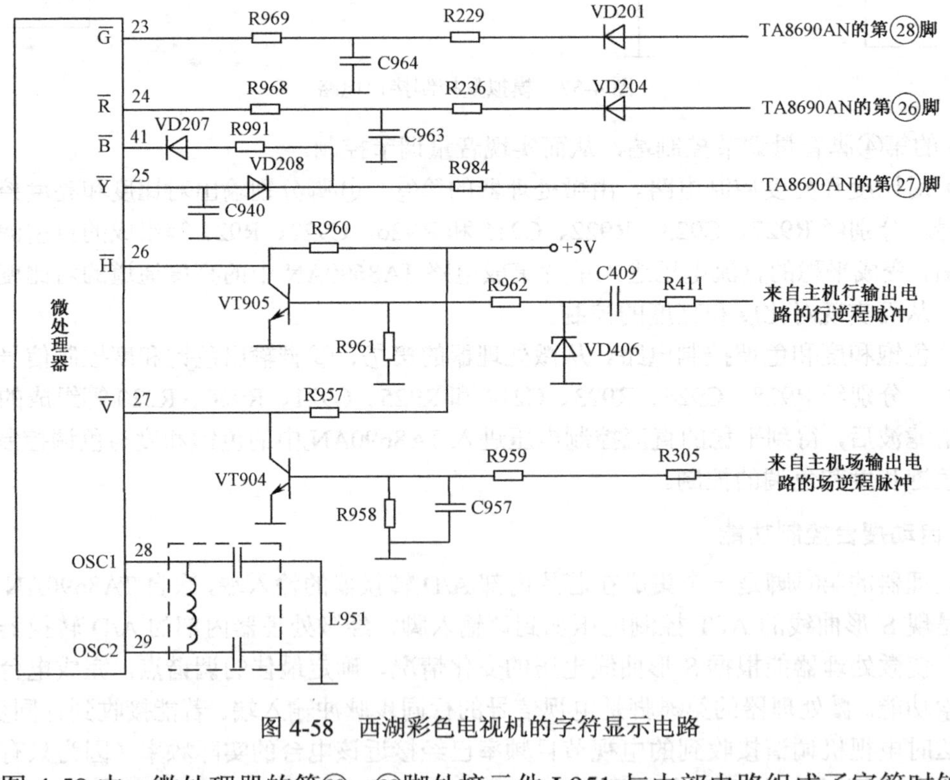

图4-58　西湖彩色电视机的字符显示电路

在图4-58中，微处理器的第㉘、㉙脚外接元件L951与内部电路组成了字符时钟振荡电路，其工作频率范围为2～5MHz。场逆程脉冲经R305、R959、R958、C957等元件耦合，再经VT904倒相后，加到微处理器的第㉗脚。行逆程脉冲经R411、C409、VD406、R962、R961等元件耦合、整形和钳位，再经VT905倒相后，加到微处理器的第㉖脚。行、场逆程脉冲信号与屏幕显示的时钟振荡信号配合使用，决定了字符在屏幕上的显示位置。

微处理器的第㉓、㉔脚分别输出绿色字符信号和红色字符信号，低电平时输出字符显示信号，高电平时不输出字符显示信号；微处理器的第㊶脚为蓝背景控制输出端，高电平时选择显示正常电视图像，低电平时选择显示蓝背景或蓝字符信息。而微处理器的第㉕脚为彩色字符底色消隐信号的控制端，高电平时不输出蓝背景信号（即挖去底色），低电平时输出蓝背景信号（即不挖去底色）。这些信号分别经外围元件耦合和 TA8690AN 的共同作用下实现字符显示或蓝背景显示功能。

当不需要显示字符时，微处理器的第㉓、㉔脚均输出高电平（即无字符信号输出），同时第㊶脚也输出高电平，使整机电路图（附录 A）上 VT921 饱和导通，VT924 和 VT925 均截止，允许 CVBS 信号输入 TA8690AN 以及由 TA8690AN 的第⑰脚输出的（$B-Y$）信号加到末级视放电路。在这种条件下，如果电视机能接收到电视节目信号，则微处理器的第㉕脚输出高电平，即没有蓝背景信号要输入 TA8690AN 的第㉗脚，此时屏幕显示正常电视图像；如果电视机没有接收到电视节目信号，则微处理器的第㉕脚输出低电平，允许第㊶脚输出的低电平蓝背景信号加至 TA8690AN 的第㉗脚，此时屏幕显示蓝背景。

当微处理器有字符显示信号输出时，其第㉓脚输出的绿字符显示信号经 R969、C964、R229、VD201 等整形、耦合后，加到 TA8690AN 的第㉘脚；其第㉔脚输出的红字符显示信号经 R968、C963、R256、VD204 等元件整形、耦合后，加到 TA8690AN 的第㉖脚。这些字符显示信号在 TA8690AN 内部与视频图像信号叠加，再经激励放大后加到末级视放电路。在字符显示信号输出期间，微处理器的第㊶脚输出低电平，使整机电路图（附录 A）上 VT921 截止，VT924 和 VT925 均饱和导通，把输入到 TA8690AN 的 CVBS 信号和从 TA8690AN 的第⑰脚输出的蓝色差信号（$B-Y$）均对地短路，同时微处理器的第㉕脚输出高电平的字符底色消隐信号（挖去蓝色），即没有蓝背景信号要输入 TA8690AN 的第㉗脚，此时在屏幕上清晰显示相应的字符（红色字符或绿色字符）。

10. 待机控制与 TV/AV 切换功能

（1）待机控制。当微处理器 N901 第㉒脚输出 5V 高电平，此时整机电路图（附录 A）上 VT943 饱和导通，于是引起 VT861 截止，送往 TA8690AN 第㉕脚内部行场振荡电路的供电电压被切断，使行场扫描振荡电路停止工作，故整机处于无光、无声的待机状态。在收看状态，微处理器 N901 的第㉒脚输出 0V 低电平，此时 VT943 截止，使 VT861 恢复导通，行振荡电路供电又恢复正常。

（2）TV/AV 切换控制。当微处理器 N901 第㊲脚输出 5V 高电平，此时整机电路图（附录 A）上 VT705 饱和导通，VT704 截止，选中 TV 工作状态；当微处理器 N901 第㊲脚输出 0V 低电平，此时整机电路图（附录 A）上 VT705 截止，VT704 饱和导通，选中 AV 工作状态。

实训 7 开关电源与遥控电路的测试

【实训目的】

（1）熟悉开关电源电路的组成与工作原理。

（2）掌握交直流电压的变换过程。

（3）熟悉遥控电路的构成与工作原理。

【实训仪器和器材】

（1）彩色电视机。

（2）万用表。

（3）示波器。

【实训内容】

（1）在断电条件下，仔细识读彩色电视机的开关电源电路图和印制电路板之间的对应关系，找到交流→直流→交流→直流的变化路径，并做记录。

（2）在断电条件下，仔细识读彩色电视机的遥控电路图和印制电路板之间的对应关系，找到波段切换控制和数字调谐电压的电平转换关系，并做记录。

（3）打开电视机电源开关，用万用表的交、直流电压挡，测量开关电源电路中交、直流变换过程中各个关键点的工作电压，并做记录。

（4）打开电视机电源开关，用万用表测量微处理器在遥控功能相关引脚的工作电压，并做记录。

（5）用示波器观察并记录微处理器的时钟脉冲信号、字符显示振荡信号、行场逆程脉冲信号。

【实训报告要求】

（1）简述实训步骤。

（2）记录开关电源电路与遥控电路主要元器件的名称、型号并列表。

（3）记录测量结果。

（4）分析开关电源电路的工作原理。

（5）分析待机控制原理。

4.7 彩色电视机常见故障检修

通过彩色电视机常见故障检修练习，使读者进一步掌握识读彩色电视机整机电路图和印制电路板图的技巧，能正确分析产生电视机故障现象的原因，能使用常用仪器测量电路主要参数，能根据测量结果、工作原理分析和以往的维修经验，综合判断电视机故障部位并进行相应处理，直至故障排除。

在检修电视机之前，应做好以下准备工作：

（1）询问用户、准备图纸、准备常用工具、仪器仪表和备品备件等。

（2）对于热机芯的开关电源，底板会局部带电，检修之前应在电视机电源输入端与交流市电之间采用 1:1 隔离变压器，以防止造成人身触电或损坏电视机。

（3）当遇到电视机出现熔断器熔断或其他保护电路动作现象时，要注意查清引起故障的原因，不要轻易恢复通电，不能用大容量熔断器或用导线代替熔断器。

（4）在需要更换某些元器件时，必须先切断电源，防止带电作业；另外最好选用同型号、同规格的元器件进行代换。

（5）显像管阳极高压一般在 25～30kV 范围，需要检查此部分故障时，必须先采取正确的方法进行高压放电或者延时自放电后再操作。

（6）在检查出现一个亮点或一条亮线故障时，应先把亮度关到最小或关机，以免损坏荧光屏。

（7）当需要把电视机的底板抽出进行电路检查时，工作台面上应铺上绝缘橡胶，应注意工作台面上底板以下的位置不要有金属物体，以防止短路故障的发生。

（8）在未查清故障部位之前，不要轻易调整电路板上的一些可调整组件。

（9）在维修过程中，要注意元器件的安装和焊接质量，尤其是晶体管和集成块引脚的正确安装。

（10）检修电视机故障时，一般遵循光栅、图像、彩色、声音的顺序进行检修。

4.7.1 无光栅、无声音

1. 故障现象分析

开启电视机，出现屏幕无光栅、喇叭无声音的故障时，经过反复调节音量和亮度，故障仍然存在。产生这种故障的原因一般是电源电路、行扫描电路、控制电路、显像管电路与公共通道或伴音通道同时产生故障。

（1）整流滤波电路发生故障，自激振荡电路发生故障以及比较放大、调频调宽电路和保护电路等发生故障均会引起开关电源无输出电压。

（2）当出现行扫描电路故障时，会使行输出电路不能输出显像管工作所需的各种电压，以及公共通道、伴音电路、场输出电路等所需的工作电压，电视机将呈现无光栅、无伴音的故障现象。当遥控电路发生故障时，也会使行输出电路不工作，而无法提供显像管正常工作所需的电压以及公共通道和伴音通道正常工作所需的12V直流电压，从而产生无光栅、无伴音的故障。

（3）同时出现显像管电路与公共通道或伴音通道故障的概率较小，一般通过观察显像管灯丝是否亮、高压是否加至显像管阳极以及测量公共通道或伴音通道的直流供电电压、信号通路是否正常就能确定故障部位。

要想分清故障具体出现在哪一部分，首先要查是否有117V直流电压。若有117V电压，则故障可能出现在行扫描电路、遥控电路；若无117V直流电压，则故障出现在开关电源电路。若想分清是行扫描电路还是遥控电路故障，则只需焊开VT943的集电极，如果立刻看到光栅或听到声音，则故障出现在遥控电路，否则故障出现在行扫描电路。

2. 故障检修流程

“无光栅、无声音”故障检修流程如图4-59所示。

3. 故障检修方法

西湖彩色电视机出现三无故障（无光栅、无图像、无声音）现象时，应先通电检查其电源插座有没有电，电源插头或电源线是否断线；在确定有电的情况下，再检查是否受遥控控制处于待机状态。在排除此情况后按下面步骤进行检修。

（1）打开电视机外壳，通电后，用万用表直流250V电压挡测量117V直流电压。

（2）若117V直流电压正常，则说明行扫描电路或其行振荡供电电路有故障。先用万用表测量N201（TA8690AN）第㉕脚（行振荡供电脚）电压。

① 若 N201 第㉕脚无电压，则测量 VT861 发射极电压（正常为 9.4V）；若 VT861 发射极电压正常，则为 VD863 不良；若 VT861 发射极电压不正常，则进一步测量 VD861 基极电压（10.1V）和集电极电压（18V），如果这两个电压均正常，则证明 VT861 不良。若 VD861 基极电压不正常，则测量 VT943 基极电压，若为高电平（5V 左右），则要检查微处理器电路；若为低电平（0V），故障可能是 VT943 击穿，或 VD862 击穿，或 R861 开路等原因造成。如果 VT861 集电极电压不正常（0V），则可能是开关变压器 T803 第①脚至 VT861 之间电路出现故障，需重点检查整机电路图上 VD861、L842、R862、C861、C863 等元器件。

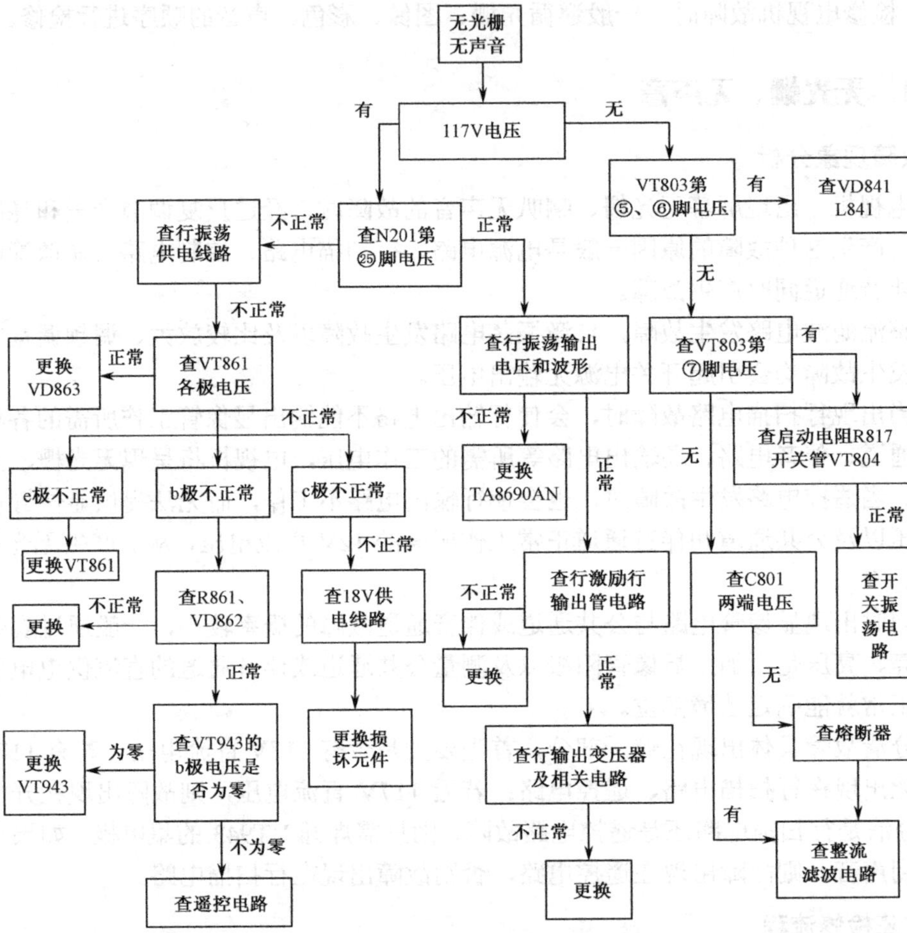

图 4-59 “无光栅、无声音”故障检修流程

② 若 N201 第㉕脚电压正常，则用万用表测量 N201 第㉒脚电压；若第㉒脚电压不正常，说明 N201（TA8690AN）不良。若 N201 第㉒脚电压正常，则进一步测量行输出管的工作电压和波形；如果行输出管的工作电压和波形均正常，则说明故障应在行输出变压器 T402 以及相关电路；若行输出管的工作电压和波形不正常，则故障在行激励、行输出电路部分，应重点检测 R413、R414、R415、VT412、VT403 等元器件。

（3）若无 117V 直流电压，则故障可能是开关电源电路故障造成的，也可能是行扫描电路故障而引起开关电源工作不正常。为了确定行扫描电路是否存在故障，首先需要断开 117V 电压输出线，并在 117V 电压两端接上假负载（一个 60W 灯泡）。打开电源开关，若灯泡正常发光，则说明开关电源部分故障已排除，去掉假负载后，开机若又出现三无故障，则说明行扫描电路存在故障。

当出现无117V电压时，首先应测量T803第⑤、⑥脚之间的交流电压；若有交流电压，则说明T803的第⑤脚与117V电压输出点之间的通路出现故障，可能是L841、VD841开路造成；如果T803第⑤、⑥脚之间无交流电压，则说明故障在开关变压器一次绕组侧。

① 若T803第⑦脚无300V直流电压，则测量C801两端交流电压。若C801两端有交流电压，则整流滤波电路有开路现象；若无电压，则说明熔断器FU801已熔断，检查熔断的熔断器内是否有金属蒸发物或发黑。若熔断器内无金属蒸发物，则可能是开关机时回路冲击电流引起的，可更换熔断器再开机验证。若开机后熔断器继续熔断，且熔体内有金属蒸发物或发黑，则说明电源电路中有严重的短路现象需要排除。

换上熔体，卸下消磁线圈L801，用万用表测量电视机电源插头两端的电阻，正常阻值为几百千欧。若电阻正常，则测量消磁线圈RT801的电阻，正常阻值为20～30Ω；若RT801电阻值为0Ω，则故障为RT801不良。

若电源插头电阻为十几欧姆以下，则故障可能是整流电路中某些元件击穿或开关管VT804损坏。更换损坏的元器件后应再次测量电源插头电阻，以确定故障已排除。

② 若T803第⑦脚有300V电压，故障可能是由于启动电阻R817开路（或阻值变大）、开关管VT804损坏（开路）、自激振荡电路不起振引起的。

（4）若VT943基极电压为高电平（5V），操作遥控器不能正常开机，可能是遥控器、遥控接收回路或微处理器出现故障。

① 遥控器出现故障。可用遥控发射器靠近中波（38kHz附近）调幅收音机，并按下某一按键时，收音机若发出“嘟嘟”的脉冲调制响声，则说明遥控发射器工作正常；若听不见声音，则证明遥控器损坏，应该更换。

② 遥控接收器出现故障。通过测量＋5V电压供电是否正常，或观察当遥控时接收器输出端电压是否变化来判断。若5V供电电压正常，而遥控时输出端电压没有变化，则为遥控接收器损坏。

③ 微处理器发生故障。先测量N901（TMP47C837N）的供电电压是否正常。若供电电压不正常，则检查供电线路；若供电电压正常，则需进一步测量N901各脚的直流电压，特别是第㉒脚电压。当遥控开机、待机时，测量该脚电压是否变化，其值是否正确等。如果该脚电压没有变化或者不正确，则为N901不良，应更换。

4.7.2 无光栅、有声音

1．故障现象分析

西湖彩色电视机的伴音功放集成电路N601（AN5265）所需的18V和12V的供电电压分别由开关电源和行输出变压器来提供；声音正常说明这两路供电均正常，即开关电源及行扫描电路工作均正常。

无光栅现象表明显像管中没有高速电子流生成，要想有高速电子流生成，外围电路须向显像管提供灯丝电压、阳极高压、加速极电压、聚焦电压，缺一不可。故此现象可能的故障部位有：

（1）显像管不良，如显像管灯丝断，显像管漏气、衰老、断极等。

（2）灯丝供电回路出现故障，即无灯丝电压。

（3）阳极高压、加速极电压、聚焦电压偏低或消失。

（4）视放矩阵电路出现故障使阴极电压太高而导致屏幕黑暗。

上述电压均取自行输出变压器，而行输出变压器工作正常，故障范围在视放矩阵电路和显像管本身以及各供电电路。

2．故障检修流程

“无光栅、有声音”故障检修流程如图 4-60 所示。

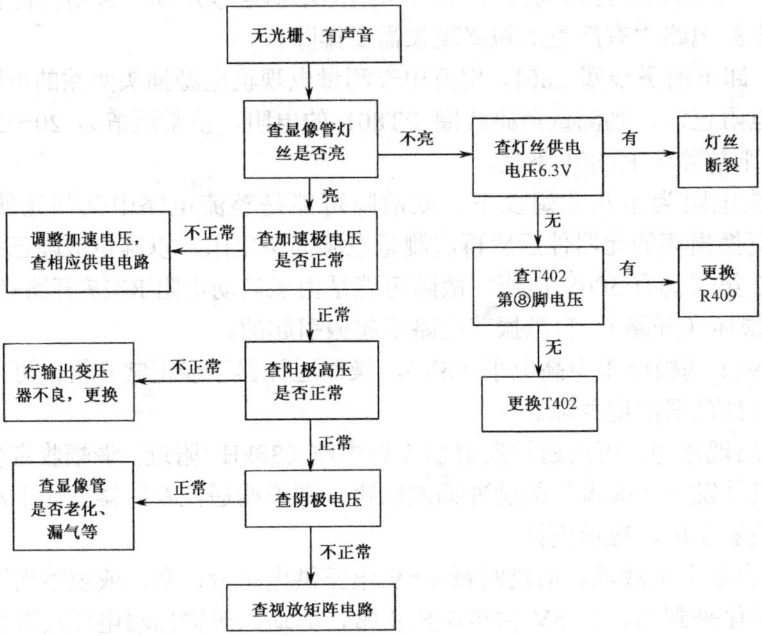

图 4-60　“无光栅、有声音”故障检修流程

3. 故障检修方法

（1）接通电视机电源，用直观法观察显像管颈末端灯丝是否发光。若不发光，则用万用表交流电压 10V 挡测量灯丝电压，正常值为 3.5～6.5V。若灯丝电压不正常，则检查灯丝电压供电回路；若灯丝电压正常，则说明灯丝损坏，需要更换显像管。

（2）灯丝正常发光，可调节加速极调压电位器，使其加速极电压（正常值为 450～800V）发生变化。若出现光栅，则为加速极电压调节不当；若不出现光栅，可测量其电压值，若电压可调则故障不在加速极；若加速级电压不可调或调节范围太小，则故障就在加速极供电电路，一般需要更换行输出变压器。

（3）若加速极电压正常，可检查阳极高压。方法是测电笔靠近阳极高压引线。若测电笔发红光，则说明有高压；否则无高压，需检查或更换行输出变压器。

（4）如果聚焦电压消失或者未加到显像管的聚焦极，也会产生无光栅故障，则应仔细检查聚焦电压的连接线路。

（5）若阳极高压正常，用万用表测量显像管阴极对栅极的电压，正常电压值要小于 160V。

若3个阴极电压均大于160V，则造成屏幕无光栅。造成3个阴极电压大于160V的原因是3个视放管同时截止，而截止原因是基极直流电位太低或发射极电压过高。视放管基极直流电位太低是由于色解码电路损坏引起的，而发射极电压过高可能是亮度通道出现故障引起的。

（6）若阴极电压正常，则要检查显像管是否老化、漏气。

4.7.3 有光栅、无图像

1．故障现象分析

有光栅说明开关电源的行、场扫描电路工作均正常，而无图像则说明公共通道（高频调谐器、中放电路）或解码电路工作不正常。若故障出现在高频调频器（包括预中放）电路，则故障现象应为有雪花点、无图像、无伴音；若故障出现在中放电路，则故障现象应为无雪花点、无图像、无伴音；若故障出现在解码电路，则故障现象应为无雪花点、无图像、有伴音。

在分析有光栅、无图像故障时，需要根据其光栅是否有雪花点和伴音来确定故障出现的部位。

2．故障检修流程

“有光栅、无图像”故障检修流程如图4-61所示。

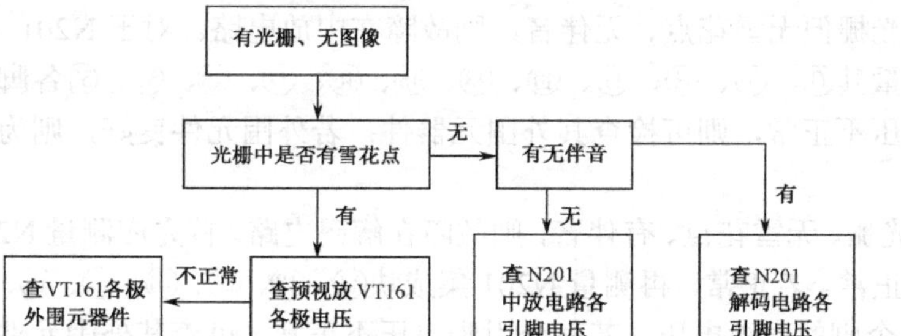

图4-61 “有光栅、无图像”故障检修流程

3．故障检修方法

（1）接通电视机电源，如果观察到屏幕有光栅且有雪花点时，则应检查下列项目：

① 检查预中放晶体管 VT161 的各级静态工作点是否正常，交流通路是否顺畅。

② 若预中放晶体管 VT161 工作正常，则可用一个 0.01μF 的瓷介电容跨接在声表面波滤波器的输入、输出端来检查声表面波滤波器的好坏。若屏幕无变化，则说明声表面波滤波器良好，故障在高频调谐器电路；若屏幕有变化，且能收到电视节目，则说明声表面波滤波器损坏，应更换。

③ 若声表面波滤波器是好的，则需检查高频调谐器 BM 端的 12V 供电电压、BT 端的调谐电压和波段控制端 BU、BH、BL 端的控制电压是否正常。若这些电压均正常，则故障为高频调谐器不良，应更换。

④ 若高频调谐器的 BT 电压不正常，则需检查 BT 端至 N901（TMP47C837N）第①脚之间元件是否良好。在确定元件良好的条件下，通过操作遥控器更换电视频道，并观察 BT 电压的变化情况。如果 BT 电压不在 0～30V 范围变化或者不变化，则故障在 N901，应更换。

⑤ 若 BU、BH、BL 电压不正常，则需检查 N101（M54573）第③、④、⑧各脚电压。若电压正常，则为 N101 不良，应更换；若 N101 第③、④脚电压不正常，则需检查 N901 供电电压；若供电正常，则为 N901 不良，应更换。

（2）如果有光栅但无雪花点、无伴音，则故障在中放电路。对于 N201（TA8690AN）集成块而言，需测量其⑥、⑦、⑧、⑨、⑩、㊸、㊺、㊻、㊼、㊽、(51)、(52)各脚电压，如果其中某一个引脚的电压不正常，则可检查其外围元器件；若外围元件良好，则为 N201 不良，应更换。

（3）如果有光栅、无雪花点、有伴音，则故障在解码电路。首先应测量 N201（TA8690AN）第⑬脚电压是否正常。若正常，再测量 N201 集成块⑪、⑫、⑭、⑯、⑰、⑱、㉑、㉜、㉟、㊳、㊵、㊶、㊷这 13 个脚的直流电压。若某个引脚电压不正常，可查其外围元件；若外围元件良好，则为 N201 不良，应更换。

4.7.4 有图像、声音异常

1．故障现象分析

声音异常分为无声音、声音失真或者声音轻。图像正常，伴音不正常，说明故障通常在伴音通道或系统控制电路部分。但是，高频调谐器、声表面波滤波器的频率特性不良，中频 38MHz 谐振电路失谐时，也会出现此类故障。在排除伴音通道和系统控制电路出现故障的前提下，可以检查高频调谐器、声表面波滤波器、中频 38MHz 谐振电路。

若音量调至最大还没有伴音，其故障部位通常在音频中放与功率放大电路、扬声器或系统控制电路（静噪或音量控制电路故障）；若此时有噪声，说明音频功率放大电路正常，故障出现在伴音中放电路。

若音量调至最大还存在声音轻或伴音失真，则故障通常在低频功率放大电路；若伴音失真同时还伴随着较大的噪声或蜂鸣声，则故障出现在伴音中放电路，通常是由伴音鉴频电路、6.5MHz 谐振电路故障引起的。

2. 故障检修流程

“有图像、声音异常”故障检修流程如图4-62所示。

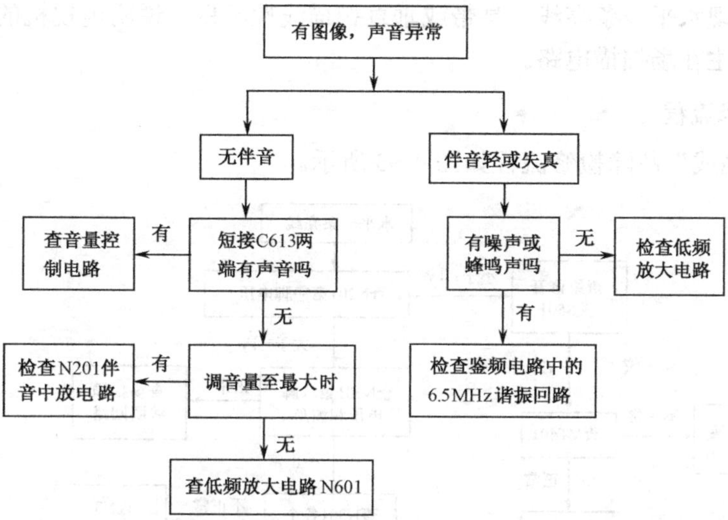

图4-62 “有图像，声音异常”故障检修流程

3. 故障检修方法

（1）打开电视机电源，接收某个电视频道信号。若此时图像正常，而无伴音，用镊子短接C613两端，做如下处理：

① 若出现声音，说明是遥控电路出现故障，需测量N901（TMP47C837N）第④脚电压是否正常（当遥控音量时，此脚电压应发生变化）。若不正常，则证明N901不良；若正常，则说明N901第④脚与N601（AN5265）之间线路发生故障，需检测VT915、VT917和外围元件是否良好，以及其5V、12V供电电压是否正常。

② 若无声音，则故障可能是N601（AN5265）不良，或N201（TA8690AN）的伴音处理电路发生故障，以及中频伴音通道出现开路现象。若N601第②脚波形正常，有伴音信号输入，证明N601和外围元件不良，可以测量各脚电压和波形，找出故障点。若N601各脚电压和波形均正常，即说明是输出回路不良（如C603开路、R616短路）或扬声器不良。对于C603不良，可用镊子短接C603两端，有声音为C603开路；无声音，需进一步检查R616是否短路，若无短路则为扬声器不良。

③ 若N601第①脚无信号输入，则测量N201第③脚电压和波形是否正常。若正常，则是它们之间元件不良；若不正常，则测量N201第④、⑤、㊾各脚电压以及外围元件，若外围元件良好，则为N201不良。

（2）若声音轻或失真，则故障在低放电路和鉴频电路。若无噪声和蜂音，则为N601（AN5265）不良或扬声器不良；若有噪声和蜂音，则为6.5MHz带通滤波器不良、90°移相电路不良或鉴频电路不良。西湖彩色电视机的扬声器由2只4Ω喇叭串联而成，用万用表测量其电阻值即可判断喇叭的好坏。

4.7.5 水平一条亮线

1．故障现象分析

荧光屏上出现水平一条亮线、亮带或垂直扫描线性不良，说明电视机的行扫描电路工作正常，其故障发生在场扫描电路。

2．故障检修流程

“水平一条亮线”故障检修流程如图4-63所示。

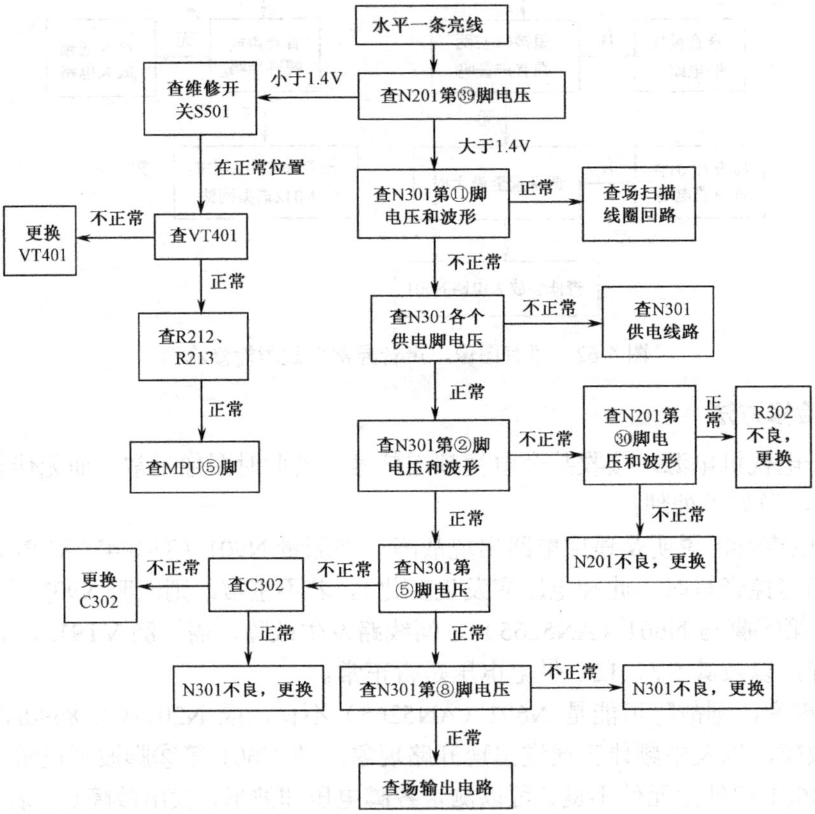

图4-63 “水平一条亮线”故障检修流程

3．故障检修方法

(1) 用万用表测量N201（TA8690AN）第㊴脚电压。正常值应大于1.4V；若低于1.4V，则首先应检查维修开关S501是否处于维修位置以及维修开关是否损坏。在排除上述两种情况后，应检查整机电路图上R212、R213两分压电阻以及VT401是否良好。若R212、R213、VT401均正常，则需检查N901（TMP47C837N）第⑤脚电压，正常值为3.7V左右；若N901第⑤脚电压不正常，但其供电电压正常，则为N901不良。

(2) 若N201第㊴脚电压正常，则应检查N301（TA8445K）和N201中的场扫描电路部分。

① 如果N301的第⑪脚电压与波形均正常，应检查场偏转线圈与场输出的连接电路。

② 若N301第⑪脚电压不正常，则应检查N301第①、⑦、⑫供电脚电压。如果N301

各供电脚的电压不正常，应检查相关供电电路；如果 N301 各供电脚的电压均正常，应检查 N301 第②脚输入的电压与波形。

③ 若 N301 第②脚输入的电压与波形不正常，应检查 N201 第㉚脚输出电压与波形；若 N201 第㉚脚输出电压与波形正常，则为 R302 不良；若 N201 第㉚脚输出电压与波形不正常，则为 N201 不良。

④ 若 N301 第②脚输入的电压与波形正常，应检查 N301 第⑤脚电压。若 N301 第⑤脚电压不正常，应检查 C302 是否良好；若 C302 良好，则为 N301 不良，应更换。若 N301 第⑤脚电压正常，应检查 N301 第⑧脚电压。若 N301 第⑧脚电压不正常，则为 N301 不良，应更换；若 N301 第⑧脚电压正常，应检查场（垂直）输出电路的引脚及外围元件。

4.7.6 偏色、缺色、单色

1. 故障现象分析

缺色是由于送到基色矩阵电路的 3 个色差信号中的某个信号消失或偏弱所引起的，主要是由某一个末级视放管或其外围电路发生故障，或者显像管某一阴极引脚与管座接触不良，或者显像管内部断极等原因引起的。

单色是由于某一个色差信号过强或另外两个色差信号过弱所引起的，一般是某 2 个末级视放管或周围元件损坏而引起的。

偏色是由于电视机的白平衡不良造成的。

2. 故障检修流程

“偏色、缺色、单色”故障检修流程如图 4-64 所示。

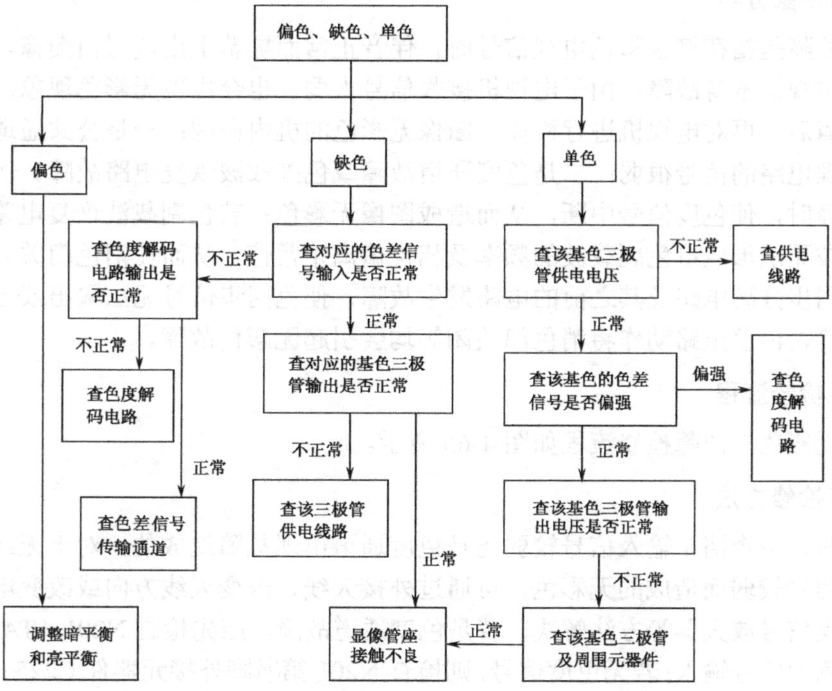

图 4-64 “偏色、缺色、单色”故障检修流程

3．故障检修方法

（1）偏色。偏色是由于三只电子枪的调制特性和三种荧光粉特性发生差异，使黑白图像出现彩色。检修方法是进行白平衡（暗平衡和亮平衡）的调整。通过RP551、RP552、RP553实现暗平衡的调整，通过RP554、RP555实现亮平衡的调整。

（2）缺色。从图像的颜色上分析出所缺基色，测量色度通道输出到末级视放电路对应的色差信号是否正常。若正常，则应测试对应的基色晶体管静态工作点以及输出的基色信号是否正常。若正常，则为显像管座接触不良，或者对应的显像管阴极故障；若该晶体管的输出信号不正常，则为晶体管和偏置电路不良以及电路存在虚焊。

若对应的色差信号没有输入到末级视放电路，则应查色度解码电路N201第⑯、⑰、⑱脚输出的色差信号（*R*−*Y*、*B*−*Y*、*G*−*Y*）波形，重点查所缺基色对应的色差信号波形。若该色差信号无，则应检查相应的外围元器件是否有开路和短路现象；如果外围元器件均正常，则说明N201不良；若该色差信号有，则应检查该色差信号的传输通道，找出开路或短路故障部位。

（3）单色。屏幕上出现单色图像，首先应检查该基色晶体管的供电电压是否正常，再查该基色的色差信号是否偏强。若信号偏强，则应检查色度解码电路N201对应的色差信号输出脚电压及外围元器件是否损坏，否则为N201不良；若色差信号正常，则应进一步检查该基色晶体管的各极电压和波形，以及外围元器件是否损坏；若末级视放电路正常，则故障应为显像管不良。

4.7.7 图像无彩色

1．故障现象分析

无彩色故障是指在接收彩色电视信号时，伴音正常而屏幕上出现黑白图像，这种现象不一定是彩色电视机本身故障。由于电视机接收信号太弱，也会出现无彩色现象。因此，必须排除机外故障后，再对电视机进行检修。图像无彩色的机内原因：一是公共通道故障，使输入至色度处理电路的信号很弱；二是色度通道故障或色副载波恢复电路故障。例如，当色度通道发生故障时，使色度信号中断，从而造成图像无彩色；若色副载波恢复电路发生故障，将使色副载波无法形成或色副载波的频率及相位偏离正常值，从而使消色门关闭，使图像无彩色；若色同步分离电路及其之前的电路发生故障，使色同步信号无法取出或自动消色电路本身出现故障，消色电路动作将消色门关闭等均会引起无彩色故障。

2．故障检修流程

图像“无彩色”故障检修流程如图4-65所示。

3．故障检修方法

在检修时，应查清是输入信号较弱还是色度通道出现故障造成的。对于无线接收的彩色电视机，因信号较弱而造成的无彩色，可通过外接天线、改变天线方向或改变电视机放置地点、增加电视信号放大器等方法解决。若是色度通道故障，应先检查N201（TA8690AN）第㉟脚是否有色度信号输入；若无色度信号，则检查N201第㉟脚外接元器件C225、C218、C206、C219、R210；若N201第㉟脚有信号输入，则需检查N201第⑫、⑭脚的电压和波形。若N201

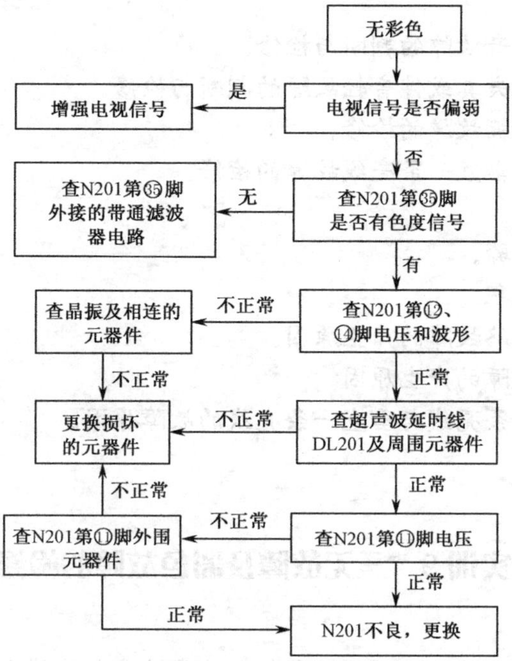

图 4-65　图像“无彩色”故障检修流程

第⑫、⑭脚的电压和波形不正常，则证明晶振或外围其他元器件不良，可用替换法去检查，找出损坏的元器件；若 N201 第⑫、⑭脚电压和波形均正常，则应进一步检查超声波延时线 DL201 及周围元器件，可用替换法找出损坏的器件。

若 DL201 及周围的元器件均正常，此时应检查 N201 第⑪脚电压及外围元器件是否正常，在排除外围元器件损坏的前提下，故障应为 N201 内部不良。

实训 8　伴音电路及扫描电路故障的检修

【实训目的】

（1）熟悉电视机常见故障的原因分析、检修流程与检修方法。

（2）掌握检修仪器设备的使用安全与维修人员的人身安全注意事项。

（3）掌握彩色电视机伴音通道电路故障的检修方法。

（4）掌握彩色电视机扫描电路故障的检修方法。

【实训仪器和材料】

（1）彩色电视机。

（2）万用表。

（3）示波器。

（4）焊接工具与材料。

（5）备用元器件。

【实训内容】

（1）图像正常，无伴音故障的判断与检修。

（2）图像正常，伴音失真或伴音轻故障的判断与检修。

（3）伴音正常，无光栅故障的检修。

（4）水平一条亮线与垂直一条亮线故障的检修。

【实训报告要求】

（1）简述故障检修步骤。

（2）记录故障检修过程。

（3）分析伴音通道电路故障的产生原因。

（4）分析扫描电路故障的产生原因。

（5）分析产生水平一条亮线与垂直一条亮线的故障原因。

实训9　三无故障及彩色故障的检修

【实训目的】

（1）熟悉电视机供电电路故障的原因分析、检修流程与检修方法。

（2）掌握电视机故障的处理方法与检修技巧。

（3）掌握彩色电视机三无故障的原因分析与检修方法。

（4）掌握图像彩色故障的检修方法。

【实训仪器和材料】

（1）彩色电视机。

（2）万用表。

（3）示波器。

（4）焊接工具与材料。

（5）备用元器件。

【实训内容】

（1）无光栅、无图像、无声音故障的判断与检修。

（2）开关电源故障的判断与检修。

（3）开关电源正常、行输出的中高压形成电路故障的判断与检修。

（4）图像缺一种基色故障的判断与检修。

（5）图像无彩色故障的判断与检修。

【实训报告要求】

（1）简述故障检修步骤。

（2）记录故障检修过程。

（3）分析三无故障的产生原因。

（4）分析缺红色故障的产生原因。

（5）分析无彩色故障的产生原因。

复习思考题4

1．介绍电子调谐器的分类并说出电压合成式电子调谐器的特点。

2．说出电子调谐器的组成与68个标准电视频道以及42个有线电视增补频道的频率划分方法。

3．说出EC312A型高频调谐器的BU、V_{AGC}、BS、BV、BT、AFC、BM、IF端的功能以及正常工作时BT端和AFC端的工作电压范围。

4．说出TDQ－3B型高频调谐器高放电路的特点以及正常工作时，BU、AGC、BH、BL、BT、AFT、BM端的工作电压范围。

5．单片机芯集成电路TA8690AN在西湖彩色电视机的公共通道中有哪些主要的功能电路？正常工作时，其㊸脚输出信号有哪些？信号的频率范围各为多少？

6．西湖彩色电视机的伴音通道是由哪些单元电路组成的？

7．音量控制与音频功放集成电路AN5265的第②、④、⑤、⑥、⑧脚的功能是什么？

8．说出下列英文缩写的含义：CVBS、ARC、ABL、ACC、ACK、LPF、VCO、APC。说出副载波锁相环电路的组成与工作过程。

9．说出西湖彩色电视机亮度通道中对比度控制电路与自动亮度限制电路的工作过程。

10．说出西湖彩色电视机正常工作时的色度信号处理流程。

11．为什么在CRT彩色电视机中要设置自动消磁电路？简述其工作过程。

12．西湖彩色电视机显像管正常工作所需的电压有哪些？具体数值是多少？各种电压的作用是什么？如果聚焦电压不正常，会发生什么现象？

13．如果彩色显像管的加速极电压偏高或偏低，则会发生什么现象？

14．用示波器检查图像缺绿色故障的步骤是什么？

15．西湖彩色电视机的行振荡脉冲和场振荡脉冲是如何产生的？它们的工作频率各为多少？

16．在电视机的红外遥控处理过程中，接口电路有何作用？在西湖遥控彩色电视机中，微处理器输出的0～5V调谐电压是怎样转化为高频调谐器所需要的0～30V调谐电压的？

17．节目存储器在遥控电视机中有何作用？画出西湖彩色电视机的节目存储器TC89101与微处理器TMP47C837N之间的连接图。

18．在西湖遥控彩色电视机中，频段译码器M54573有何作用？给出M54573输入信号与输出信号的电平关系。

19．西湖彩色电视机的开关电源是如何实现输出稳压调节功能与过流保护功能的？

20．西湖彩色电视机是如何实现待机控制功能的？

项目5 数字高清电视机

教学导航

学习目标：了解数字高清电视机的内部结构、新增功能与主要技术指标；掌握数字高清电视机的工作原理与常见电路故障的检修。

学习重点：数字高清电视机的主要技术指标；数字高清电视机的工作原理与常见故障检修。

问题思考：（1）与普通模拟电视机相比，数字高清电视机有何优点？

（2）数字高清电视机的电路组成有何特点？

（3）数字高清电视机常见故障处理方法有哪些？

5.1 数字电视的认知

1. 模拟电视广播存在的问题

模拟电视广播主要用于地面电视广播的 NTSC、PAL、SECAM 和用于卫星电视广播的 MAC 等 4 种制式，4 种制式的主要区别只是彩色信号的处理方式不同。从扫描格式上分，只有 525 行 60 场隔行扫描和 625 行 50 场隔行扫描两种扫描方式，图像清晰度只有 300～500 线，其画面清晰度远远比不上 35mm 电影胶片。由于模拟电视信号的频带较窄，亮度和色度分离（Y/C 分离）不彻底，隔行扫描以及场扫描频率较低，必然存在奇偶场信息并行和爬行的百叶窗现象以及图像清晰度过低的问题。另外，模拟电视信号经过长距离传输后，图像的信噪比下降会使图像清晰度降低，累积的相位失真也会使图像产生彩色失真、镶边、重影等问题。总之，模拟电视技术已经不能满足人们对电视图像的要求，所以要彻底改善电视图像的清晰度，唯有走高清晰度数字电视的道路。

2. 数字电视与高清晰度数字电视

数字电视是指包括节目摄制、编辑、发送、传输、存储、接收和显示等环节全部采用数字处理的电视系统。按图像清晰度划分，数字电视可以分为低清晰度数字电视（图像水平清晰度 200～300 线）、标准清晰度数字电视（图像水平清晰度 350～600 线）、高清晰度数字电视（图像水平清晰度大于 800 线）。

VCD 的图像格式（360×288）属于低清晰度数字电视（LDTV）水平，普通 DVD 的图像格式（720×576，称为 576i、576p）属于标准清晰度数字电视（SDTV）水平，高清 DVD（支持 720p——1280×720 逐行，1080i——1920×1080 隔行）属于高清晰度数字电视（HDTV）水平。

根据原信息产业部电子行业标准《数字电视接收设备术语》（SJ/T11324—2006），高清晰度电视定义为“图像清晰度在水平和垂直两个方向近似为模拟电视系统图像清晰度的 2 倍，图像格式为 1920×1080，图像宽高比为 16:9，并能传送数字声音的电视系统”。当观众在 3 倍图像高度的距离上观看数字高清电视节目时，所获得的感觉近似于观看原始景物细节，其效果与 35mm 宽银幕电影的水平相当。

3. 数字电视标准

目前，世界上主要的数字电视标准包括欧洲的 DVB、美国的 ATSC、日本的 ISDB。根据电视传输信道有地面（无线）、有线和卫星之分，分别又有具体的数字电视标准。例如，目前全球共有 4 个主要地面数字电视标准，包括欧洲 DVB-T、美国 ATSC、日本 ISDB-T 以及中国的 DTMB。我国数字电视标准在这 3 个传输标准中，卫星标准确定为欧洲标准 DVB-S，有线电视标准采用欧洲标准 DVB-C，地面数字电视标准确定为国标 DTMB。

2006 年 8 月 18 日，我国发布了数字电视地面传输国家标准，标准号为 GB 20600—2006。这项国家强制标准命名为《数字电视地面广播传输系统帧结构、信道编码和调制》，简称 DTMB 标准。DTMB 技术的核心采用了 mQAM/QPSK 的时域同步正交频分复用调制技术，使用了最新的 LDPC 前向纠错编码技术，因而可以更加可靠地支持更多的无线多媒体业务。

中国国家广播电视总局在 2006 年 10 月份正式颁布了中国移动多媒体广播标准（CMMB），并从 2006 年 11 月 1 日起正式实施，主要面向 7 英寸以下小屏幕、小尺寸、移动便携的多种手持终端，如 MP4、手机、掌上电脑等。由于政策限制，DTMB 技术仅能用在电视上，不允许涉及移动终端，而广电总局在移动层面使用了自己开发的 CMMB 标准。

4．数字高清晰度电视系统

数字电视的传输信道有地面传输（无线发射）、有线传输和卫星传输 3 类。地面传输的数字高清晰度电视系统由两大部分组成：一是发射系统，二是接收系统，如图 5-1 所示。发射系统由输入信号编码器、复用器、信道编码电路、载波调制电路、功率放大电路和发射天线等组成，如图 5-1（a）所示。发射系统的任务是将信号源的模拟 AV 信号经编码器（A/D 转换和 MPEG-2 压缩）处理，以去掉信号中的冗余信息，降低传输码率，减小传输频带宽度。在复用器中，将输入的视频、音频、数据等各种媒体流按照一定的方法复接成一个单一的数据流，送到信道编码器处理。信道编码包括纠错编码和数字调制，主要解决数字信号传输的可靠性问题。经过数字调制后的信号，再经过高线性的载波调制和高频功率放大器放大后，由天线发射出去。接收系统由接收天线、调谐器、信道解码与解调电路、解复用器、视频解码器、视频处理电路、音频解码器、音频处理电路等组成，如图 5-1（b）所示。接收系统的任务是由天线接收高频信号，经过调谐器选台、信道解码与解调、解复用、视频解码和音频解码（MPEG-2 解码）、D/A 转换后，输出高质量的 AV 信号和数据信号，再由显示器和扬声器还原出图像和伴音。

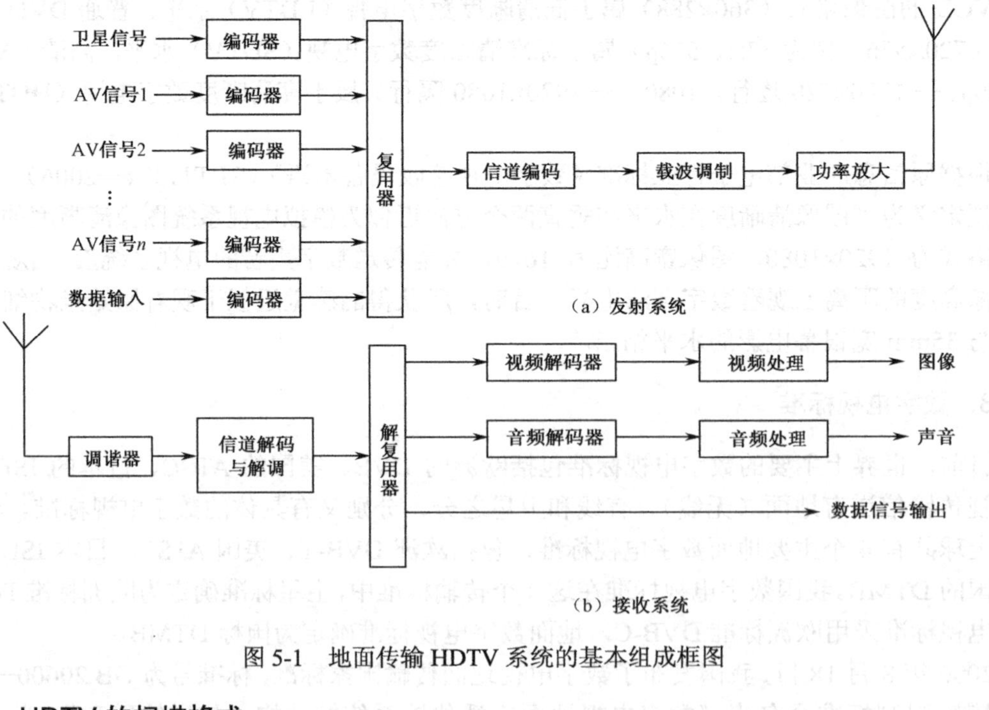

图 5-1　地面传输 HDTV 系统的基本组成框图

5．HDTV 的扫描格式

HDTV 的扫描格式共有 3 种，即 1280×720p、1920×1080i 和 1920×1080p，我国采用的是 1920×1080i/50Hz。在高清信号的 3 种格式中，1080i/50Hz 及 1080i/60Hz 虽然在扫描线数上

突破了1000线，但它们采用的都是隔行扫描模式，1080线是通过两场扫描来完成的，每场实际扫描线数只有一半，即1080/2=540线。由于一幅完整的画面需要用两次扫描来显示，这种隔行扫描技术原理上的限制，在显示精细画面尤其是静止画面时仍然存在轻微的闪烁和爬行现象。但720p/60Hz不同，它采用的是逐行扫描模式，一幅完整画面一次显示完成，单次扫描线数可达720线，水平扫描达到1280点；同时由于场频为60Hz，画面既稳定清晰又不闪烁。

6. 数字高清电视机的主要技术指标

按照国家标准，一台合格的数字高清电视接收机必须同时满足以下6个条件：

（1）能接收、解调由高清晰度信号调制的射频信号。

（2）图像清晰度必须在水平和垂直方向上均大于或等于720电视线。

（3）能显示1920×1080i/50Hz或更高图像格式的视频信号。

（4）图像显示的宽高比为16:9。

（5）能输入、处理和显示其他的图像格式，如720×576等。

（6）能解码、输出数字电视音频信号。

5.2 海信HDP2907M数字高清电视机的识读

海信HDP2907M数字高清电视机采用MST 5C16方案，可以实现模拟信号的100Hz、60Hz逐行，1250逐行，833像素增强（每帧画面833行、场频75Hz、隔行扫描）4种扫描模式，高清信号可以显示1080p/60Hz、1080i/60Hz、1080i/50Hz、720p/60Hz、720p/50Hz和逐行DVD信号。VGA方式支持640×480/60Hz、800×600/60Hz、1024×768/60Hz（也支持75Hz）3种扫描模式。

5.2.1 整机结构与主要部件的识读

海信HDP2907M数字高清电视机整机结构由主板、视放板、前控板、数据板、显像管、扬声器等组成，如图5-2所示。主板主要由开关电源，高频调谐接收电路，数字板连接端子，

图5-2 海信HDP2907M数字高清电视机整机结构

场输出电路，行驱动、行输出及中高压形成电路，地磁校正电路，S视频信号输入接口电路，视频色差分量输入接口电路，标准音视频输入与输出接口电路，伴音处理与功放电路等组成。视放板主要由末级视放电路、关机亮点消除电路、速度调制电路等组成。前控板主要由AC 220V整流滤波电路、开机消磁电路、红外遥控接收电路、LED指示电路、本机键盘接收电路等组成。数据板主要由视频输入选择电路、视频中放与解码电路、高清格式转换电路、显示信号处理电路、控制系统电路等组成。

5.2.2 电路组成框图与功能模块的识读

海信HDP2907M数字高清电视机由高频头、中放解码电路、伴音信号处理电路、视频信号处理电路、扫描速度调制电路、行场扫描电路、遥控系统电路、整机供电系统等组成，如图5-3所示。

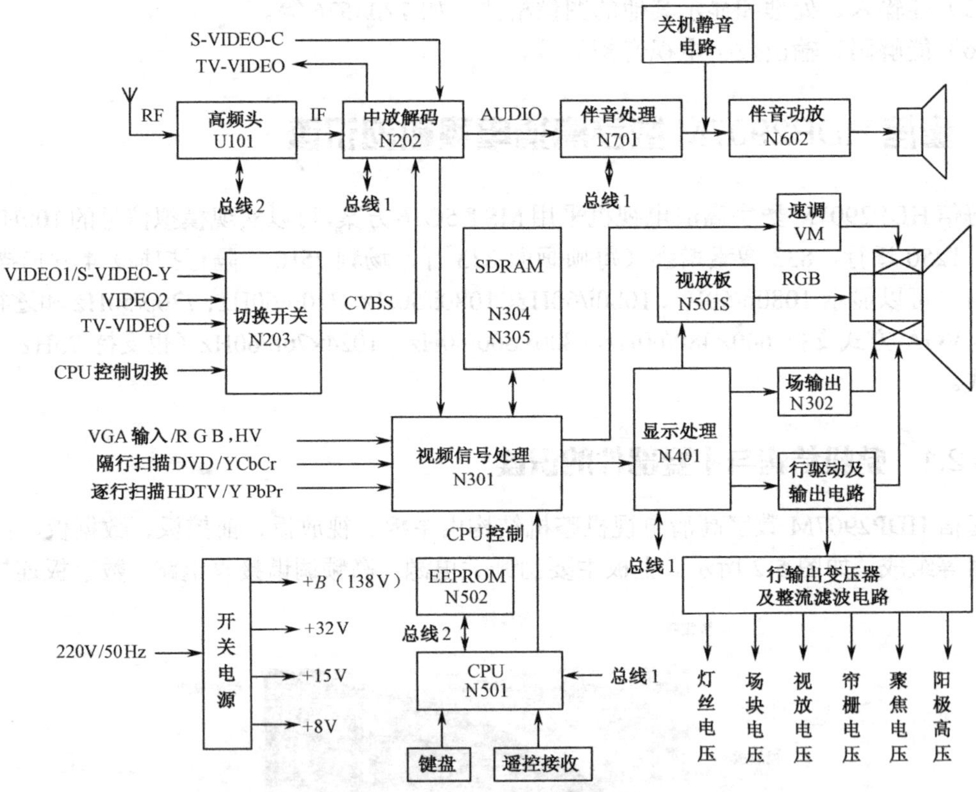

图5-3 海信HDP2907M数字高清电视机组成框图

1. 射频信号接收与中放解码电路

电视射频信号经过高频头U101（FSTDC-3H3-HS-1）接收、混频后送到解码板处理。解码板由带中放与解码功能的N202（三菱M61266）和外围器件组成，负责中频放大和解调处理，然后输出TV视频信号（CVBS）和音频信号（AUDIO）。N202输出的TV视频信号通过切换开关N203（多路选择开关ST4053）选择再次进入N202进行解码处理，解码处理后输出RGB信号，再送给N301（高清格式处理MST5C16）处理。另外，由N202输出的音频信号则进入 N701（数控音频信号处理 TDA7439）处理。

2. 音频信号处理电路

电视音频信号在数控音频处理 N701（TDA7439）中与从 AV 接口进入的音频信号进行切换，并经 N701 处理后分两路（R 路和 L 路）进入功率放大电路 N602（TDA7497）。所有的伴音信号经 TDA7439 切换后分为两路，一路伴音输出，另一路回到 TDA7439 中完成音量、高低音、平衡等控制，然后输出给功放 N602。重低音信号是由运放 N601（双运放 BA4558）组成的低通滤波器电路产生的，再送到 N602 进行功率放大后输出重低音信号，推动重低音扬声器。

3. 视频信号处理电路

输入到 N203（ST4053）的视频信号有 3 种：AV1 端子输入的视频信号（VIDEO1）/S 端输入的亮度信号（S-VIDEO-Y），AV2 端子输入的视频信号（VIDEO2），N202 第㊳脚输出电视节目的视频信号（TV-VIDEO）。在 CPU 的控制下，经 N203 选择其中的一种视频信号进入 N202 中进行模拟解码处理。解码后输出 RGB 信号给 N301（MST5C16），主要进行 A/D 转换以及倍场或倍频（行频）处理。倍场/倍频处理有 4 种模式：100Hz 隔行、50Hz 逐行（1250 行）、60Hz 逐行、75Hz 隔行（833 加行模式）。处理后的数字 RGB 信号经 D/A 转换为模拟 RGB 信号，进入显示信号处理芯片 N401（TDA9333）进行处理。TDA9333 可以完成亮度、对比度、色度的控制，并实现预视放功能，最后将 RGB 信号送往 CRT 驱动板（视放板）。

4. DVD 分量输入处理电路

这部分电路主要对隔行 DVD 分量/高清（逐行）DVD 分量的输入信号进行处理。对于所有格式的高清/标清信号（1080p/60Hz、1080i/60Hz、1080i/50Hz、720p/60Hz、720p/50Hz、480p/60Hz、576p/50Hz），先通过 N301（MST5C16）进行 A/D 转换，再完成行频变换，然后通过抽行、增加场等处理，将上述高清信号的行频归一化为 33.75kHz。变换完成后的数字 RGB 信号，在 N301 内部经 D/A 变换成模拟 RGB 信号，再经过交流耦合进入 N401（TDA9333）处理。

5. VGA 输入信号处理电路

通过 VGA 端子输入的信号直接进入 N301（MST5C16）处理，首先进行 A/D 转换，将模拟信号转换成数字信号，经行频归一化处理为 33.755kHz，然后经 D/A 变换成模拟 RGB 信号，送给 N401（TDA9333）处理。

在视频信号处理过程中，需要采用 2 片静态存储器 N304 和 N305，具体型号为 HY57V161610（1M×16bit），用来存储主程序和视频解码产生的临时数据，为 MST5C16 提供运算 RAM 空间。

6. 本机输出信号

当本机接收电视节目时，可以通过 AV 输出端子输出模拟视频（CVBS）信号和左右声道音频信号；对于 S 端子/AV 端子输入的信号，AV 输出端子中的视频端子只能输出亮度信号/视频信号；对于 VGA/色差分量输入端子的输入信号，本机无法输出对应信号。

7．行场扫描电路

行场同步信号的产生和处理过程，根据输入信号的不同分别进行处理。模拟的 TV 视频信号/AV 端子输入的视频信号/S 端子输入的 YC 信号经解码后，在 N202（M61266）中变换后产生行场同步信号送给 N301（MST5C16）处理；VGA 端子输入的行场同步信号不需要分离，直接在 N301 中进行行频变换，再输出变换后的行场同步信号；分量端子输入的高清/标清信号的 Y 信号通过 N301 直接分离出行场同步信号，再经行频变换后输出。所有的行频信号在 N301 中都归一化为 33.75 kHz，再送给 N401（TDA9333）处理；由 N301 处理后得到的场频信号送给 N401 处理。N401 完成 ABL 控制，行驱动信号产生，场锯齿波产生，东西校正抛物波产生，预视放，白平衡调整等功能。

8．控制系统电路

控制系统电路主要由 N501（CPU）、串行存储器 N502（EEPROM）、I^2C 控制总线（总线 1 和总线 2）、红外线遥控接收电路、键盘电路等组成。CPU 是东芝 MST 公司的 MM502，是整个机器的控制中心，具有遥控、按键、指示灯、静音、伴音制式开关、待机、地磁控制，I^2C 总线，OSD 输出为半透控制（将需要显示菜单区域的信号亮度、对比度降低，同时与菜单字符合成，这样就与周围信号的亮度、对比度不同，利用人眼的视觉特性形成半透明菜单）等功能。

9．整机电源电路

整机电源电路由开关电源和行输出电路两部分构成。开关电源电路提供 4 组直流电压。交流 220V 电压经过整流、滤波后提供给开关变压器 T801，开关变压器共有 4 路输出：$+B$（+138V）、+15V、+32V 和+8V。行输出电路提供灯丝电压、场块电压、视放电压、帘栅电压、聚焦电压、阳极高压等。

5.2.3 各种端口信号的接入与功能使用

随着电信网、广播电视网和计算机通信网的相互渗透、互相兼容、并逐步整合成为统一的信息通信网络，电视机将成为一个拥有强大处理能力的富媒体终端，可以通过相关接口与计算机、外围设备相连。“三网融合”是为了实现网络资源的共享，避免低水平的重复建设，形成适应性广、容易维护、费用低的高速带宽的多媒体基础平台。

1．RF 射频输入接口

射频输入接口，也叫 RF 接口、同轴电缆接口、闭路电视接口，它将彩色全电视信号和音频信号分别调制在 2 个高频载波上，共同构成一个 8MHz 带宽的标准电视频道，属于高频模拟信号接口，所有的电视机都支持这个接口，闭路电视信号就是通过这个接口传送进电视机的。所以，射频输入接口是应用最广的、支持最好的接口，不过它的视频效果也是最差的。

2．标准音视频 AV 接口

标准音视频（RCA）接口，也称 AV 接口，通常由白红色的左右声道音频接口线和黄色的视频接口线组成，用于机顶盒、DVD、视频播放设备的连接，还可以通过音视频输出接口连接功放、视频播放设备。它具有连接简单、成本较低的优点。

AV 接口实现了音频和视频的分离传输，这就避免了音频、视频混合干扰而导致的图像质量下降，但由于 AV 接口传输的仍然是一种亮度/色度（Y/C）混合的视频（CVBS）信号，仍然需要显示设备对其进行亮/色分离和色度解码才能成像，这种先混合再分离的过程必然会造成色彩信号的损失，色度信号和亮度信号也会有很大的机会相互干扰，从而影响最终输出的图像质量。所以，AV 接口的视频效果要比 RF 接口好，但比 S 视频接口差。

3．S 视频输入接口

S 视频输入（S-VIDEO）接口，英文全称为 Separate Video，就是将 VIDEO 信号的色度信号 C 和亮度信号 Y 进行分开传送，用于视频设备的连接，通常采用标准的 4 芯（不含音效）或者扩展的 7 芯（含音效）电缆。与 AV 接口相比，图像清晰度有了较大提高，但 S-VIDEO 仍要将两路色差信号（Cr、Cb）混合为一路色度信号 C 进行传输，然后再在显示设备内解码为 Cb 和 Cr 信号，这样多少仍会带来一定信号损失而产生失真，而且由于 Cr、Cb 的混合导致色度信号的带宽也有一定的限制。所以，S 视频接口的视频效果要比 AV 接口好，但比视频色差接口差。

4．视频色差输入接口

视频色差输入（DVD 分量信号输入）接口是一种色差分量信号输入接口，也称分量视频接口，主要用于机顶盒、视频播放设备的连接。它通常采用 YPbPr 和 YCbCr 两种标识，前者表示逐行扫描的模拟色差信号输入，后者表示隔行扫描的模拟色差信号输入。由于采用了两种色差信号分离的传送方式，所以，它的视频效果要比 S 视频接口好，但比数字视频接口差。

5．VGA 输入接口

VGA 输入接口（15 针 D-SUB 视频接口）用于接收计算机输出的 RGB 三基色信号及行、场同步信号，将电视机作为计算机显示器使用。从 VGA 输入接口输入的是模拟三基色信号，在模拟系统中可以达到最佳视频重显效果，但比 DVI 接口差。

6．DVI 输入接口

目前主流计算机显卡产生的是模拟视频信号输出，LCD、PDP 等数字电视机为了与之配合均采用 VGA 接口，这样信号必须经过多次转换，不可避免地造成了一些图像细节的损失。1994 年 4 月正式推出的数字显示接口（Digital Visual Interface，DVI）标准，用于接收未压缩的高清晰度数字视频信号。DVI 接口可以支持 1600×1200/85Hz 的 UXGA、2048×1536/75Hz 的 QXGA 以及 720p、1080i、1080p 等高清晰度数字电视信号。DVI 的线缆长度不能够超过 8m，否则将会影响到画面质量。在 DVI 接口标准中还增加了一个热插拔监测信号，从而真正实现了即插即用。所以，DVI 数字端子比标准 VGA 端子信号要好，但没有 HDMI 接口完善。

7．HDMI 接口

高清晰度多媒体接口（High Definition Multimedia Interface，HDMI）是 2002 年 4 月由日立、松下、飞利浦、Silicon Image、索尼、汤姆逊、东芝共 7 家公司成立的 HDMI 组织制定的，用于机顶盒、DVD 播放器、个人计算机、电视游乐器、综合扩大机、数字音响与数字电视机的连接。HDMI 接口是专门用于数字视频/数字音频信号传输的接口标准，它最高可支持 5Gbps 的传输带宽，而 HDTV 仅需 2.2Gbps 的传输速率。HDMI 等于 DVI 的数字视频信号再加上数字音频信号，它不仅兼容DVI，还支持标准、增强、高清晰数字电视视频，以及标准立体声、多声道环绕立体声数字音频格式。

与现有同属数字接口的DVI相比，HDMI最大的改变在于集成了视频和音频传输，并且接口体积小，其灵活性和方便性较有优势，HDMI接口只用一条电缆就解决了两种输出，传输距离可达15m，将大大简化设备的连线。另外，HDMI可搭配宽带数字内容保护（High-bandwidth Digital Content Protection，HDCP），用来防止具有著作权的影音内容遭到未经授权的复制。

8. USB接口

USB（Universal Serial Bus）是一种通用串行总线接口，用于数字电视机与计算机、外部存储设备的连接，具有即插即用功能，使用时也不需要打开机箱或关掉系统，从而节省了设置时间和成本。按照USB的标准规定，USB设备的最长传输距离是5m；USB 2.0传输速率高达480Mbps。

9. RS-232接口

RS-232接口标准规定采用25个引脚的DB25连接器或者9个引脚的DB9连接器，用于数字电视机和计算机设备的连接。RS-232采用负逻辑电平，即逻辑1的电平规定为−15～−3V；逻辑0的电平规定为+15～+3V。数据传输速率最大为19 200bps，最大通信距离为15m。

海信HDP2907M数字高清电视机具有RF射频输入接口、S视频输入接口、逐行扫描视频色差输入接口（YPbPr接口）、隔行扫描视频色差输入接口（YCbCr接口）、AV1音视频输入接口、AV2音视频输入接口、AV音视频输出接口和VGA输入接口。

实训10 HDTV整机结构的认识

【实训目的】

（1）熟悉数字高清电视机图像处理电路的基本组成。

（2）掌握数字高清电视机图像处理电路主要参数的测量方法。

【实训仪器和器材】

（1）数字高清电视机。

（2）万用表。

【实训内容】

（1）观察数字高清电视机的整机结构与电路组成。

（2）分析CRT数字高清电视机和普通模拟CRT电视机之间的电路区别，观察并记录主要电路接口、电路模块的型号。

【实训记录要求】

（1）记录RF射频端子、S端子、隔行扫描的视频色差输入端子、逐行扫描的视频色差输入端子、AV标准音视频输入端子、VGA输入端子的作用及相关端子插座上的标注符号。

（2）记录数字高清电视机整机主要部件与集成电路的型号规格。

（3）分析数字高清电视机和普通模拟电视机的主要区别。

（4）说出我国数字电视标准和数字高清电视的图像显示格式。

5.3　整机电源电路与遥控电路

5.3.1　开关电源电路分析

海信 HDP2907M 电视机的开关电源电路由进线滤波电路、整流滤波电路、电源厚膜电路、开关变压器、开关电源输出整流滤波电路和二次稳压电路等组成，如图 5-4 所示。本开关电源能工作于不定频率、准谐振、电流控制模式，采取了次级校正和一系列的保护措施，包括过电流脉冲保护和关断、自动重启过电压保护、自动重启过载保护和过热关断等。

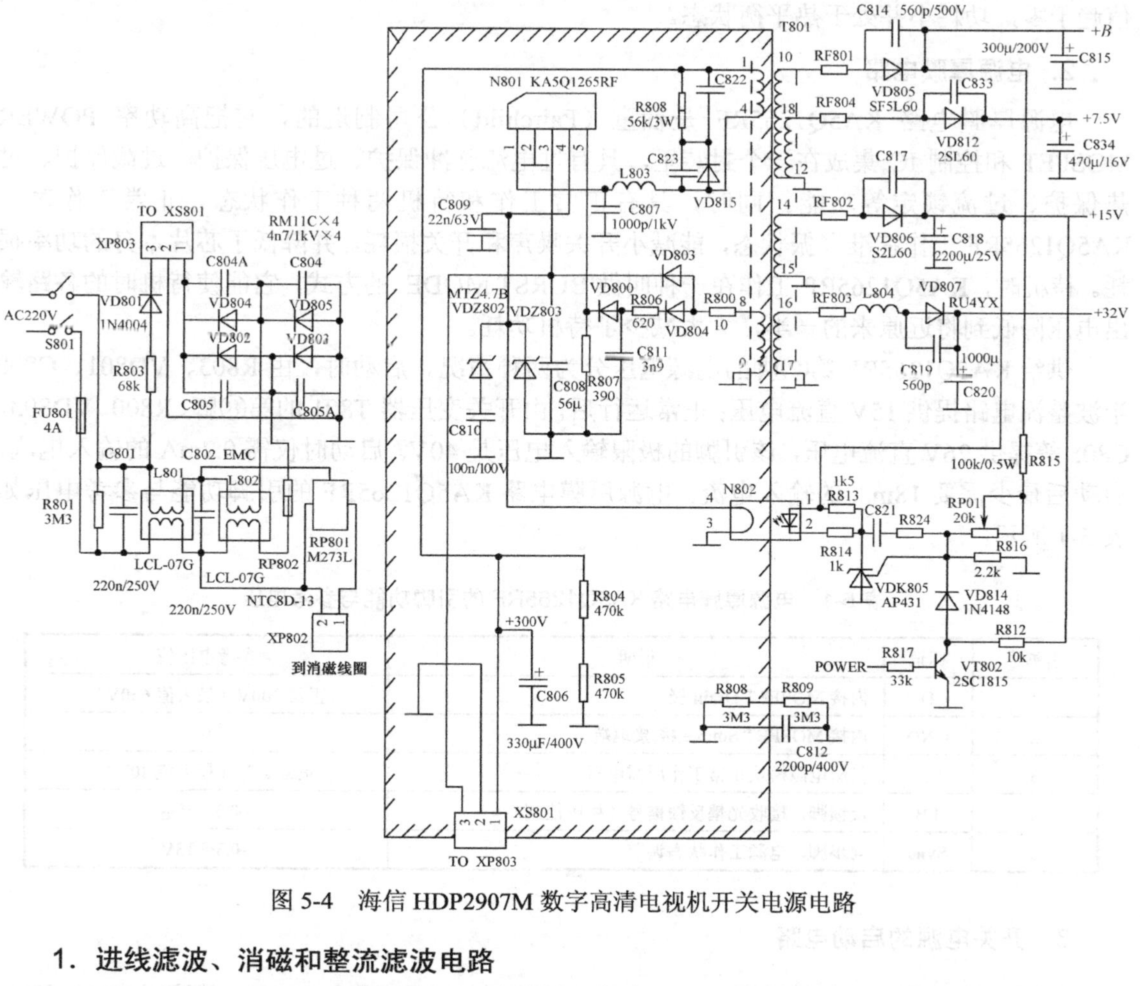

图 5-4　海信 HDP2907M 数字高清电视机开关电源电路

1．进线滤波、消磁和整流滤波电路

（1）进线滤波电路。进线滤波电路又称抗干扰电路，其作用有两个：一是对电网进入的干扰信号进行抑制；二是防止开关电源振荡电路的高频脉冲信号串入电网产生电磁干扰。交流 220V 电压经电源开关 S801、熔断器 FU801 以及由 L801、L802、R801、C801、C802 组成的进线滤波电路滤波后，滤除电网串入的对称性干扰和非对称性干扰，再送到整流滤波电路。

（2）消磁电路。消磁电路由热敏电阻 RP801 和消磁线圈组成。每次接通电源时，由于环境温度低，正温度系数热敏电阻 RP801（型号为 M273L18，标称电阻为 130Ω）的阻值较小，流过消磁线圈的电流接近 2A；该电流流过热敏电阻产生的功耗使其自身温度急剧上升，热敏电阻阻值迅速增大，使流过消磁线圈的交流电流迅速下降，并在 2～4s 之内电流迅速被限制到最低值 2mA。利用交变磁场由强至弱的变化，消除阴罩中的剩磁。

（3）整流滤波电路。整流滤波电路由 VD801～VD805、C806、C808 等组成。220V 交流电压经 VD802～VD805 整流和 C806 滤波后得到 300V 左右的直流电压，经 XP803 第①脚加到开关变压器 T801 的第①脚。220V 交流电压经 VD801 半波整流和 C808 滤波及 3s 左右延时后得到+15V 电压，加到厚膜集成电路 N801 的第③脚，作为 N801 的启动电压，并提供 0.2mA 启动输入电流。RP802 为负温度系数热敏电阻（型号为 NTC8D-13），开机时，冷态电阻大，防止过渡过程桥式整流堆的击穿。数秒之后，电路处于稳定状态，RP802 由于温度升高而阻值趋于零，功耗小并处于热平衡状态。

2．电源厚膜电路

电源厚膜电路 KA5Q1265RF 是仙童（Fairchild）公司制造的，它把高功率 POWER MOSFET 和控制 IC 集成在一个封装里，具有过电流脉冲保护、过电压保护、过载保护、过热保护、过流锁定等功能。同时，具有正常工作和待机两种工作状态。正常工作时，KA5Q1265RF 工作在准谐振状态，能减小开关噪声和开关损耗，并降低了芯片本身的功率损耗。待机时，KA5Q1265RF 工作在一种叫做 BURST MODE 的方式，它能使待机时的各路输出电压降低到将近原来的一半，大大减少了待机功耗。

供给 KA5Q1265RF 第③脚的电源电压分为两种情况。启动时，由 R803、VD801、C808 半波整流电路提供 15V 直流电压；正常运行后，由开关变压器 T801 的第⑧脚、R800、VD803、C808 等提供 26V 直流电压，该引脚的极限输入电压是 40V。启动时仅需 0.2mA 的输入电流，启动后最少需要 18mA 的输入电流。电源厚膜电路 KA5Q1265RF 的引脚功能与参考电压如表 5-1 所示。

表 5-1　电源厚膜电路 KA5Q1265RF 的引脚功能与参考电压

引脚号	标记	说明	参考电压值
1	D	内接 MOSFET Drain 极	正常 300V（最大值 650V）
2	GND	内接 MOSFET Source 极，接地端	0
3	V_{CC}	供给电源模块正常工作所需电压	正常 26V（最大值 40V）
4	FB	反馈脚，接收光耦反馈信号（稳压控制）	−0.3～V_{CC}
5	Sync	同步脚，电源工作状态调节	−0.3～13V

3．开关电源的启动电路

电源开关在接通电源的瞬间，220V 交流电压经过 R803 降压与 VD801 整流对 C808 充电，C808 上的电压 U_{C808} 逐渐上升，当上升到+15V 时，该电压加到 N801（KA5Q1265RF）的第③脚，该引脚为 N801 的工作供电脚。此时 N801 内部振荡器开始工作，该振荡信号驱动 MOSFET 开关管工作，开关变压器 T801 也开始工作，T801 的第⑧、⑨绕组产生的电压经过 R800 及 VD803 整流后向 N801 的第③脚提供稳定的 26V 直流电压以保证电路启动成功，该电压维持 N801 正常工作。

4．稳压电路

开关电源启动后，通过开关变压器向整机提供多种供电电压。稳压控制是由 N802（光耦）、VDK805 及 R815、RP01、R816 组成的取样电路来控制，其控制误差信号加到 N801 的受控第④脚而达到稳压控制的目的。

VDK805（AP431）是一个精密电压基准稳压源，也是一个电压比较器，其等效电路及图形符号如图 5-5 所示。AP431 的开环增益很高，当输出电压升高时，接在取样端 R 脚的电压成比例升高，由于放大作用，使得内部三极管的导通程度加大，C 脚电压降低。只要 R 端有一个微小的变化，C 脚电压就会有一个很大变化。在实际应用中，A 脚接地，R 脚接取样，C 脚接光耦（供电），R 脚电压始终保持在 2.5V 电压上。

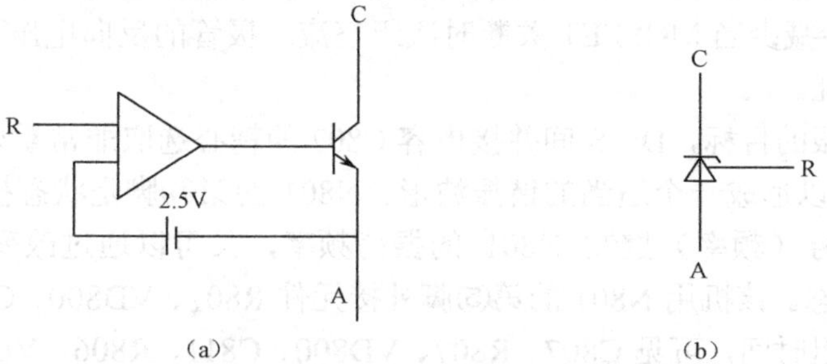

图 5-5　AP431 等效电路及图形符号

开关电源的稳压控制过程是，当某种原因引起开关电源输出电压上升时，经 VD805 整流和 C815 滤波后得到的+*B* 电压也上升，经 R815、RP01、R816 取样电路取样后也相应上升，并加到 VDK805 的 R 脚上，该电压的上升导致了 VDK805 导通程度加大（其 C 脚电压下降），从而导致光耦 N802 内部发光二极管电流加大→N802 的第③、④脚内阻下降→N801 的第④脚电压下降，控制 N801 内部 PWM 调制器，使 MOSFET 导通脉冲宽度变窄，输出电压下降并回到原来的稳定值。同理，当稳压输出电压下降时，其控制过程相反。

5．待机控制电路

待机控制电路由 N501（CPU）、VT802、N801、N802 等组成。它是由 CPU 发出开机/待机指令信号，控制开关晶体管 VT802 实现的。开机（POWER 供电状态）时，CPU（MM502）的第③脚（STANDBY）为高电平，此时 VT802 饱和导通，VD814 截止，不影响负反馈支路工作（稳压状态），开关电源处于正常工作状态，开机指示灯（绿色）亮。待机时，CPU 的第③脚（STANDBY）为低电平，此时 VT802 截止，+15V 电压经 R812、VD814 加到 VDK805 的 R 脚，导致光耦 N802 内部发光二极管电流加大，N801 的第④脚电压下降，控制 N801 内部 PWM 调制器，使 MOSFET 导通脉冲宽度变窄，各路输出电压降低到正常工作电压的一半，此时，多路稳压器 KA7630 的第④脚为低电平，仅有+5V−1 电压输出，为 CPU 供电，电源指示灯（红色）亮，但开机指示灯（绿色）熄灭。

6．开关电源输出端电压产生电路

由厚膜电路 N801（KA5Q1265RF）、开关变压器 T801 和外围元件组成的振荡电路，在启动电路作用下进入开关振荡工作状态，所产生的变化电流在开关变压器 T801 的次级产生感应电动势，经过接在开关变压器次级的整流滤波电路处理后，形成整机所需的+*B*、+7.5V、+15V、+32V 电压。其中，+15V 电压经过多路稳压器 N804（KA7630）稳压后，分别得到+5V、+8V、+12V 共 3 组电压。

开关变压器第⑩脚输出的电压经 VD805 整流和 C815 滤波后得到+*B* 电压；开关变压器第⑭脚输出的电压经过 VD806 整流和 C818 滤波后得到+15V 电压；开关变压器第⑯脚输出的电压经 VD807 整流和 C820 滤波后得到+32V 电压；开关变压器第⑱脚输出的电压经过 VD812 整流和 C834 滤波后得到+7.5V 电压。

7. 准谐振控制电路

正常工作时，KA5Q1265RF 工作在准谐振状态，不仅能减少 MOSFET 管的 D、S 间的电压上升斜率，而且能减少当 MOSFET 关断时次级整流二极管的反向电压下降斜率，同时降低芯片本身的功率损耗。

为了实现准谐振的目标，D、S 间并接电容 C807 的精心选取非常重要，该机 C807 选用 1000pF/1kV 电容，以形成一个适当的谐振波形。N801 的第⑤脚是状态控制输入脚，它既可以通过输入外来信号（频率）控制 N801 的振荡频率，又可以通过改变不同的输入，控制 MOSFET 的工作状态。该机用 N801 的第⑤脚外接元件 R807、VD800、C811、R806、VD804 来控制准谐振的延迟时间，可见 C807、R807、VD800、C811、R806、VD804 元件的重要性。在维修过程中若发现该部分元件损坏，必须用相同型号、规格来代换，否则会引起 N801 功耗增加，升温烧毁。

8. 过压保护电路

+*B* 正常工作电压范围在 130~146V 之间，如果+*B* 电压峰值达 146V，说明发生过压现象，会引起开关电源进入过压保护状态，此时机子发生无光、无声、指示灯闪的现象。具体过压保护动作是，当 KA5Q1265RF 的第⑤脚电压超过+12V 时，内部过压保护电路启动，自动锁住输出电压；当输出电压恢复正常后，又会自动重新解锁。

5.3.2 整机供电系统分析

海信 HDP2907M 电视机整机供电系统主要由整流滤波电路、电源厚膜电路 N801、开关变压器 T801、多路稳压器 N804、行输出变压器 T444 等组成，如图 5-6 所示。电源厚膜电路 N801（KA5Q1265RF）的输入电压有第①脚为 300V 直流电压和第③脚为 15V 启动电压或者 26V 稳定工作电压。

1. +*B* 电压

本机为单一行频 33.75kHz，+*B* 为+138V 固定电压。开关变压器第⑩脚输出的电压经 VD805 整流和 C815 滤波后得到+*B* 电压，然后分 4 路输出。第 1 路通过 R810 给行输出变压器 T444 的第②脚提供+*B* 电压；第 2 路通过 R815、RP01、R816 为精密电压基准源 VDK805 提供取样电压；第 3 路为 VM 板提供工作电压；第 4 路通过 R811、VDZ101、C103 为高频头提供+33V 调谐电路的工作电压。

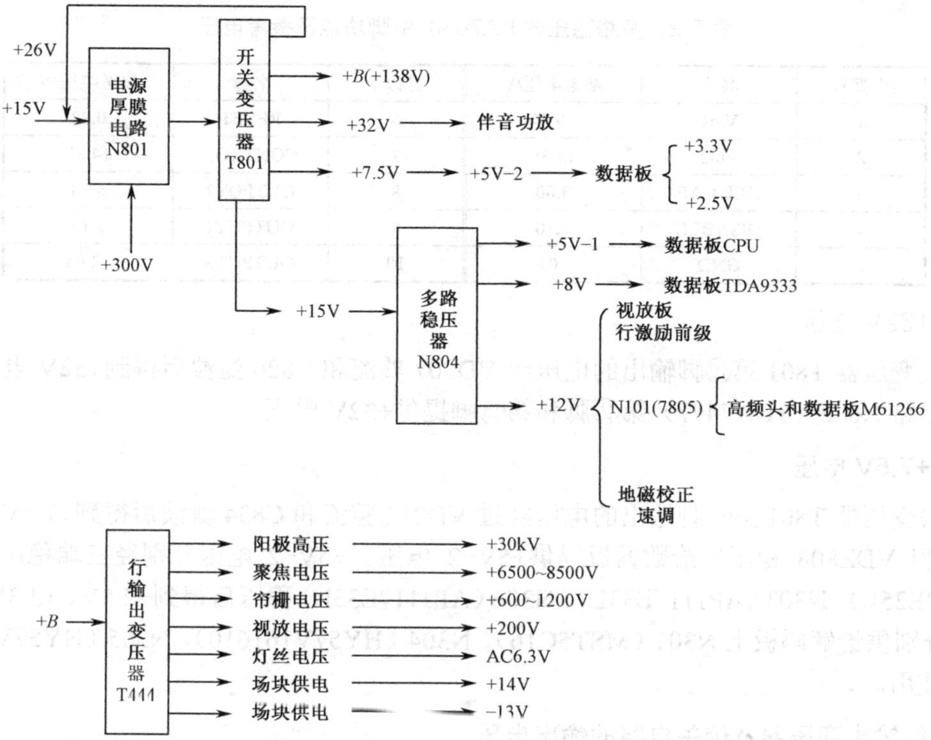

图 5-6 海信 HDP2907M 电视机整机供电系统框图

2. +15V 电压

开关变压器第⑭脚输出的交变电压经过 VD806 整流和 C818 滤波后得到+15V 电压，然后分为 3 路输出。第 1 路为光电耦合器 N802 提供+15V 工作电压；第 2 路为多路稳压器 N804（KA7630）的第①、②脚提供+15V 工作电压；第 3 路为行激励电路提供+15V 工作电压。+15V 电压经过多路稳压器 N804 稳压后，分别得到+5V、+8V、+12V 共 3 组电压。

多路稳压器 KA7630 引脚功能及参考电压如表 5-2 所示。正常工作时，CPU 控制 KA7630 的第④脚为高电平，12V、8V、5V 电压均输出正常；待机时，CPU 控制 KA7630 的第④脚为低电平，仅有 5V 电压输出，只为 CPU 供电。

N804 第⑧脚稳压输出+8V 电压共分 2 路输出。第 1 路给数据板的显示处理电路 N401（TDA9333）供电，第 2 路给伴音处理电路 N701（TDA7439）供电。

N804 第⑨脚稳压输出+5V−1 电压，为数据板上的 N501（CPU）、N502（EEPROM）供电，同时为电源指示灯（红色）和开机指示灯（绿色）提供电源。如果+5V−1 电压正常，则电源指示灯（红色）点亮；如果电视机处于正常开机状态，则开机指示灯（绿色）点亮。

N804 和 VT804 组成 12V 稳压电路，得到+12V 电压分成 4 路输出。第 1 路经三端稳压器 N101（7805）稳压得到+5V 给调谐器 U101 和 N202（M61266）供电；第 2 路给行激励前级 VT404、VT405 提供+12V 电压；第 3 路给地磁校正电路和速调（VM）电路提供+12V 电压；第 4 路给 CRT 驱动板（末级视放）提供+12V 电压。

表 5-2　多路稳压器 KA7630 引脚功能及参考电压

引脚号	名称	参考电压/V	引脚号	名称	参考电压/V
1	Vin1	15.47	6	RESET	0.22
2	Vin2	15.38	7	CONTROL	14.81
3	DEL CAP	3.00	8	OUTPUT2	8.08
4	DISABLE	5.10	9	OUTPUT1	5.15
5	GND	0	10	OUTPUT3	12.04

3．+32V 电压

开关变压器 T801 第⑯脚输出的电压经 VD807 整流和 C820 滤波后得到+32V 电压，给音频功放电路 N602（TDA7497）第②脚和第⑬脚提供+32V 电压。

4．+7.5V 电压

开关变压器 T801 第⑱脚输出的电压经过 VD812 整流和 C834 滤波后得到+7.5V 电压，经 VT801 和 VDZ808 稳压后给数据板提供+5V−2 电压。+5V−2 电压分别经三端稳压器 N307（AP1117E25L）、N303（AP1117E33L）、N306（AP1117E33L）稳压后得到+2.5V、+3.3V、+3.3V 电压，分别供给解码板上 N301（MST5C16）、N304（HY57V161610）、N305（HY57V161610）等芯片使用。

5．行输出变压器及相关电路的输出电压

行输出变压器为 CRT 正常工作提供灯丝所需的 6.3V 交流电压，聚焦极所需的 6.5～8.5kV 直流电压，加速极所需的 600～1200V 直流电压和 29～31kV 阳极高压。同时，行输出变压器第③脚输出电压经 VD408 整流和 C418 滤波后，为视放板提供视放级所需的 200V 直流电压。行输出变压器第⑥、⑦脚输出电压，分别经 VD402 和 VD406A 整流后为场输出电路 N302（TDA8177）提供−13V 和+14V 正负电压。

5.3.3　遥控电路分析

I^2C 总线是 Inter Integrated Circuit Bus 的缩写，一般称为集成电路之间的通信总线。它是由一条双向的串行时钟线 SCL 和一条双向的串行数据线 SDA 配对构成的，其中数据线 SDA 用来传输数据及这些数据占有的地址等内容，时钟线 SCL 用来统一控制器件与被控器件的工作节拍。彩色电视机采用 I^2C 总线控制技术，可以很方便地进行各种模拟量/数字量的调整和控制，包括白平衡、行场幅度及同步、声音和画面参数、各种功能切换等，不仅大大减少了整机电路元件的数量，简化了电路，提高了产品可靠性，而且通过程序设定，可以很方便地增加电视机的各种功能。

1．I^2C 总线结构

如图 5-7 所示为典型的 I^2C 总线结构，数据线 SDA 和时钟线 SCL 都是双向的，微控制器通过这两条总线和其他器件相连。这两条总线均通过上拉电阻与电源（+5V）相连，当总线空闲时，这两根线处于高电平状态，连到总线的器件的输出级必须是开漏极或集电极开路，以便具有线“与”功能，如图 5-8 所示。

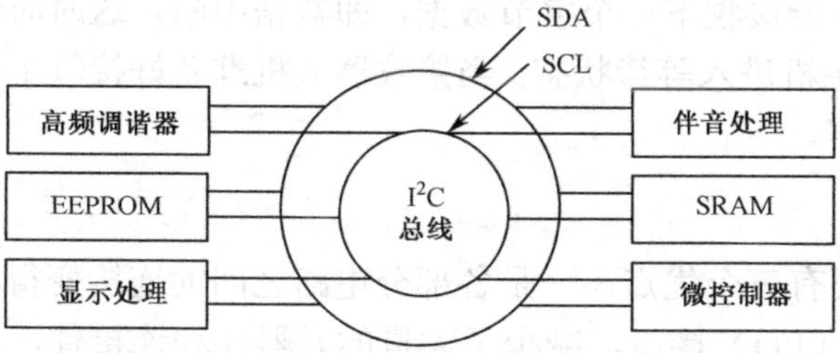

图 5-7 I²C 总线典型结构

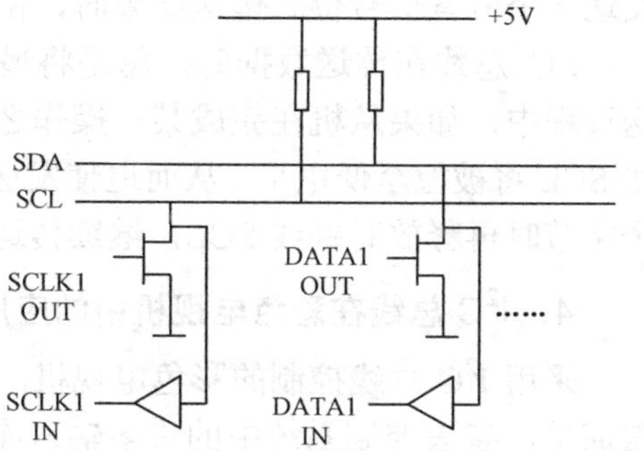

图 5-8 I²C 总线接口电路

2．I²C 总线的工作时序图

I²C 总线在空闲状态时，数据线 SDA 和时钟线 SCL 总是处于高电平输出状态。在 I²C 总线的数据传输过程中，定义了开始信号和停止信号。如图 5-9（a）所示，SCL 保持“高”，SDA 由“高”变为“低”为开始信号；SCL 保持“高”，SDA 由“低”变为“高”为停止信号。开始（S）和停止（P）信号由主控器件产生。在时钟高电平期间，SDA 线上的数据必须保持稳定，如图 5-9（b）所示；只有在时钟线 SCL 的时钟低电平期间，SDA 线上高电平或低电平才能变化。

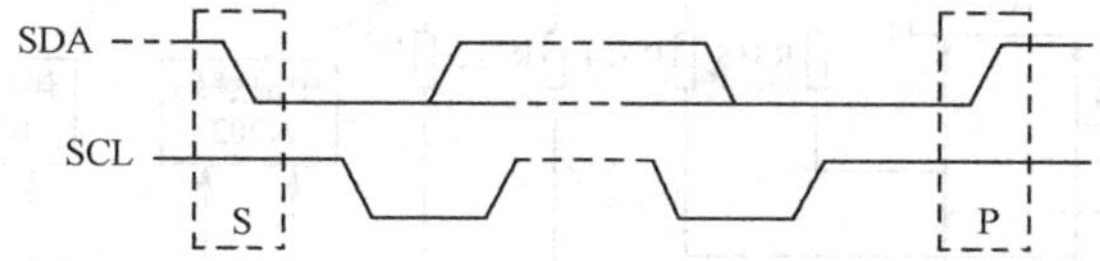

（a）开始信号和停止信号的定义

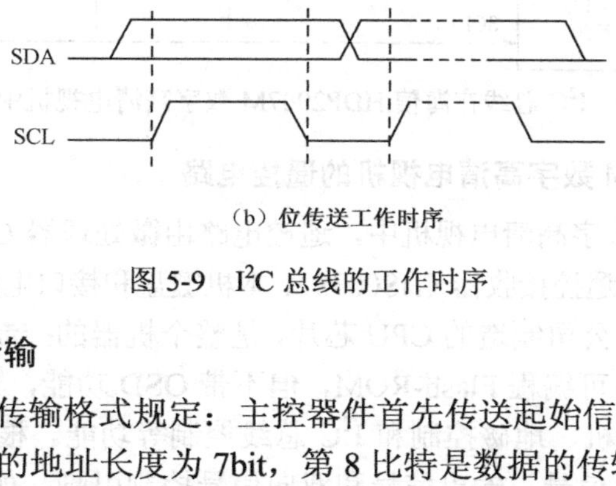

（b）位传送工作时序

图 5-9 I²C 总线的工作时序

3．I²C 总线的数据传输

在 I²C 总线上，数据传输格式规定：主控器件首先传送起始信号（1bit），然后传送第一个字节。其中，被控器件的地址长度为 7bit，第 8 比特是数据的传输方向位，即读/写位。在读/写位中，如果是“0”，则表示主控器件发送数据，也就是执行“写”的功能；如果是“1”，则表示主控器件接收数据，也就是执行“读”的功能。当地址被传送后，总线上每个被控器件都会将自己的地址和传送地址比较，如果地址相匹配，该设备就会认为与自己通信，然后等待第 8 位（读写位）以决定接收数据还是发送数据。其后，由接收装置发出应答信号位（1bit）。值得注意的是，每个字节（由地址和读写位组成）传送后必须跟随一个应答信号位。当时钟线 SCL 为高电平且稳定，同时接收装置将数据线 SDA 置为低电平时，接收装置发出的应答信号位为有效。接下来是按字节来传送数据，每传送完 8 位数据（1 个字节），接收装置都要发送一个应答信号位。传送结束时，由主控器件产生停止信号。

I^2C 总线在传送数据时，总是将最高位数码放在前面作为其特有的传送顺序。在数据传送过程中，如果从机在完成某一操作之前不能接收下一个字节数据，即数据中断，这时时钟线 SCL 将被拉至低电平，从而迫使发送器主机进入等待状态，当接收器从机准备好接收下一个字节时再释放时钟线 SCL，继续传送数据。

4．I^2C 总线在彩色电视机中的应用

采用 I^2C 总线控制的彩色电视机，主要有三个优点：一是各部分电路之间的连接变得非常简单，省去控制系统中的许多输入/输出（I/O）接口，减少了大量的元器件和连接件，既降低成本，又提高整机的可靠性；二是由于 I^2C 总线具有多重功能，在生产线上利用计算机进行调整和测试十分方便，有利于产品质量的提高；三是应用 I^2C 总线的电视机都具有自诊功能，便于维修。所以，新型彩色电视机采用 I^2C 总线控制已成为新的潮流。

在海信 HDP2907M 数字高清电视机中，I^2C 总线应用情况如图 5-10 所示。CPU 通过总线 1（SDA1、SCL1），对中放解码电路 N202（M61266）、伴音处理电路 N701（TDA7439）、显示处理电路 N401（TDA9333）进行控制。CPU 通过总线 2（SDA2、SCL2），从节目存储器 N502（AT24C16）中获取数据，再送到高频头 U101，实现选台控制；同时，CPU 要把修改后的节目数据写入存储器 N502 中。

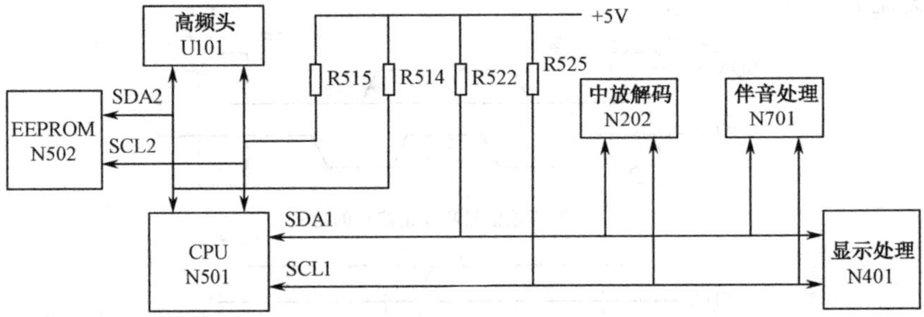

图 5-10　I^2C 总线在海信 HDP2907M 数字高清电视机中的应用

5．海信 HDP2907M 数字高清电视机的遥控电路

在海信 HDP2907M 数字高清电视机中，遥控电路由微处理器 CPU（MM502）、节目存储器 EEPROM（AT24C16）、遥控接收器（HS0038）、本机键盘和接口电路等组成，如图 5-11 所示。

MM502 是东芝 MST 公司制造的 CPU 芯片，是整个机器的控制中心。它内置 8051 内核，1024 字节 SRAM，128kB 可编程 Flash-ROM，但不带 OSD 功能，具有遥控、按键、指示灯、静音、伴音制式开关、待机、地磁控制和 I^2C 总线控制等功能。根据控制信号流向的不同，CPU 的引脚可以分为输入信号、输出信号和双向信号控制引脚，如表 5-3 所示。

表 5-3　微处理器 MM502 引脚名称及功能

引脚号	名称	功能	引脚号	名称	功能
1	DA2/P5.2	重低音开关（高电平关）	6	HSCL2	SCL2（I^2C 时钟线 2）
2	DA1/P5.1	TEST	7	RST	复位脚
3	DA0/P5.0	待机（STANDBY）	8	VDD	VDD 电源+5V
4	VDD3	电源滤波	9	P6.3/AD3	AFT 输入
5	HSDA2	SDA2（I^2C 数据线 2）	10	VSS	接地

续表

引脚号	名称	功能	引脚号	名称	功能
11	X2	晶振脚 X2	28	HSDA/TXD	NC（不用）
12	X1	晶振脚 X1	29	HSCL/RXD	NC（不用）
13	ISDA	SDA1（I^2C 数据线 1）	30	P6.4/DA10	SW2（4053-控制 2）
14	ISCL	SCL1（I^2C 时钟线 1）	31	P6.5/DA11	SW1（4053-控制 1）
15	P4.2	HWRST（与 5C16 通信）	32	P6.6/DA12	N/P（NTSC/ PAL 切换）
16	P6.2/AD2	智能监控管理脚	33	P6.7/DA13	NC（不用）
17	P1.0	DBUS3（与 5C16 通信）	34	DA6/P5.6	NC（不用）
18	P1.1	DBUS2（与 5C16 通信）	35	DA7/P7.0	电源
19	INT0	IR（遥控输入）	36	VBLANK	NC（不用）
20	P1.2	DBUS1（与 5C16 通信）	37	HBLANK	NC（不用）
21	P1.3	DBUS0（与 5C16 通信）	38	DA9/P7.2	S-DET（S 端子检测）
22	P1.4	WRZ （与 5C16 通信）	39	DA8/P7.1	LED
23	P1.5	RDZ （与 5C16 通信）	40	DA5/P5.5	MUTE（高电平静音）
24	P1.6	ALE（与 5C16 通信）	41	DA4/P5.4	SAFE（EEPROM 保护）
25	P1.7	INT1（与 5C16 通信）	42	DA3/P5.3	ROTATION（地磁校正）
26	P6.1/AD1	KEY1（键盘 1）	43	HSYNC	NC（不用）
27	P6.0/AD0	KEY2（键盘 2）	44	VSYNC	NC（不用）

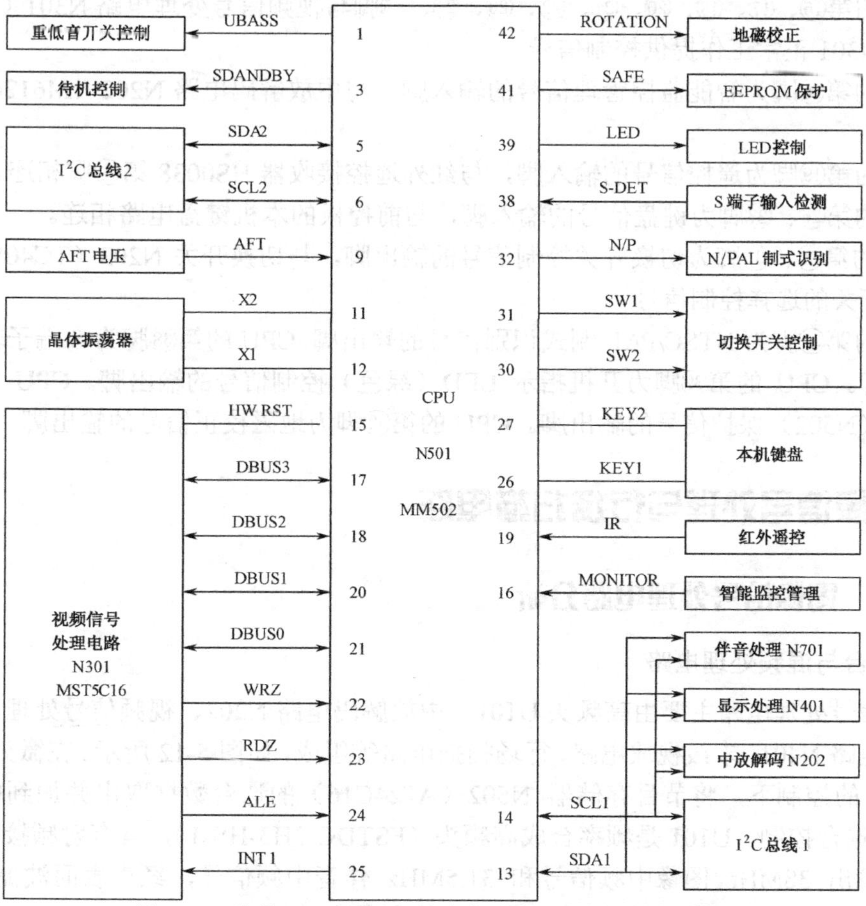

图 5-11　海信 HDP2907M 数字高清电视机中的遥控电路

CPU 的第①脚为重低音开关控制输出脚，与 N602（TDA7479）的第⑨脚相连。当该脚为高电平时，关闭重低音输出；当该脚为低电平时，允许重低音输出。CPU 的第㊵脚为静音控制输出脚，与 N602（TDA7479）的第⑩脚相连。当该脚为高电平时，关闭声音输出；当该脚为低电平时，允许声音输出。

CPU 的第③脚为待机控制输出脚，与开关电源电路中的 VT802 的基极相连。当该脚为高电平时，VT802 饱和导通，VD814 截止，开关电源处于正常工作状态。当该脚为低电平时，VT802 截止，开关电源处于待机状态，开关电源各路输出电压降低到正常工作电压的一半。

CPU 的第⑤、⑥脚为 I^2C 总线 2，与高频头 U101 和存储器 N502（AT24C16）相连，负责节目数据的读写工作。CPU 的第⑬、⑭脚为 I^2C 总线 1，与中放解码电路 N202（M61266）、显示处理电路 N401（TDA9333）、伴音处理电路 N701（TDA7439）相连。

CPU 的第⑨脚为 AFT 电压输入脚，与中放解码电路 N202（M61266）第②脚相连。中放电路呈 S 形曲线的 AFT 电压，加到 CPU 的第⑨脚后，经 CPU 内部 A/D 转换器变成数字量，使 CPU 能根据 S 形曲线电压的变化情况，确定最佳调谐点，完成电台节目的自动搜索与调谐校准功能。

CPU 的第⑪、⑫脚为晶体振荡器 Z501（11MHz）的连接脚，为 CPU 正常运行提供工作时钟。

CPU 的第⑮、⑰、⑱、⑳、㉑、㉒、㉓、㉔、㉕脚与视频信号处理电路 N301（MST5C16）相连，为 N301 正常工作提供控制信号。

CPU 的第⑯脚为智能监控管理信号的输入脚，与中放解码电路 N202（M61266）第⑱脚相连。

CPU 的第⑲脚为遥控信号的输入脚，与红外遥控接收器 HS0038 第②脚相连。

CPU 的第㉖、㉗脚为键盘信号的输入脚，与前控板的本机键盘电路相连。

CPU 的第㉚、㉛脚为切换开关控制信号的输出脚，与切换开关 N203（TC4053）相连，提供切换开关的选择控制信号。

CPU 的第㉜脚为 NTSC/PAL 制式识别信号的输出脚。CPU 的第㊳脚为 S 端子输入信号检测的输入脚。CPU 的第㊴脚为开机指示 LED（绿色）控制信号的输出脚。CPU 的第㊶脚为 EEPROM（N502）保护信号的输出脚。CPU 的第㊷脚为地磁校正信号的输出脚。

5.4 图像信号处理与行场扫描电路

5.4.1 图像信号处理电路分析

1. 选台与混频处理电路

图像信号处理电路主要由高频头 U101、中放解码电路 N202、视频信号处理电路 N301、显示处理电路 N401、末级视放电路、行场扫描电路等组成，如图 5-12 所示。在微处理器 N501（MM502）的控制下，将节目存储器 N502（AT24C16）的选台数据取出并加到电视高频头 U101 进行选台控制。U101 是频率合成高频头（FSTDC-3H3-HS-1），具有射频接收、混频处理功能，输出 38MHz 图像中频信号和 31.5MHz 伴音中频信号，经声表面波滤波器 Z201（K2595）滤除图像信号中过强的低频分量后，再送给 N202 处理。

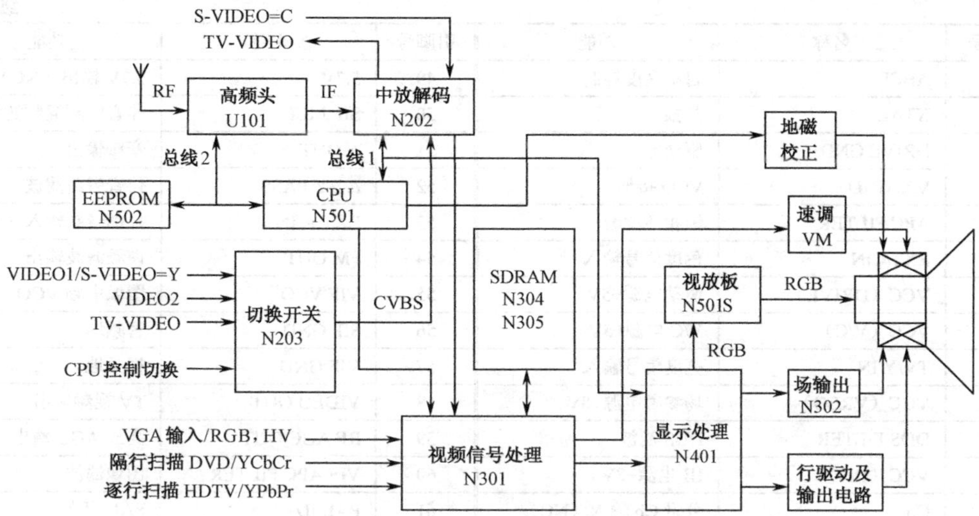

图 5-12 图像信号处理电路

2．中放、检波与解码电路

N202（M61266FP）是日本三菱公司生产的中放解码电路，其引脚功能如表 5-4 所示。N202 内部完成中频放大、锁相环检波、AGC 控制、VCO 调整、AFT 电压检测等处理后，检波输出 TV 视频信号（CVBS）和音频信号。经 N202 检波输出的音频信号直接进入 N701（TDA7439）处理。经 N202 检波输出的 TV 视频信号、从 AV1 端子输入的视频信号/从 S 端子输入的亮度信号、从 AV2 端子输入的视频，通过切换开关 N203（ST4053）三选一进入 N202 解码电路处理，解码输出 RGB 信号送给 N301（MST5C16）处理。

表 5-4 中放解码电路 M61266FP 引脚名称及功能

引脚号	名称	功能	引脚号	名称	功能
1	V RAMP	场锯齿波调整（NC）	17	H VCO	行 VCO
2	AFT OUT	自动频率控制输出	18	MONITOR OUT	智能监控输出
3	VCC（VIF）	图像中频电源+ 5V	19	INV FBP OUT	行同步输出
4	VCC（SIF）	声音中频电源+ 5V	20	V PULSE OUT	场同步输出
5	VRAMP OUT	场锯齿波 OUT（NC）	21	B IN	字符蓝色输入（NC）
6	VRAMP AGC	场锯齿波反馈（NC）	22	G IN	字符绿色输入（NC）
7	AFC FILTER	AFC 滤波	23	R IN	字符红色输入（NC）
8	DEF GND	偏向地	24	FAST BLK	字符挖框信号输入
9	LOGIC GND	逻辑地	25	CLK CONT	时钟控制
10	FBP IN	行逆程脉冲输入	26	SDA	数据线 1（SDA1）
11	H-OUT	行振荡输出（NC）	27	SCL	时钟线 1（SCL1）
12	VCC（DEF）	偏向电源+ 8V	28	P-ON CONT	待机控制（NC）
13	VDD（DEC）	VDD 供电滤波	29	FSC OUT	4.43MHz 输出（NC）
14	R OUT	R OUT（红色输出）	30	MCU RESET	软件复位（NC）
15	G OUT	G OUT（绿色输出）	31	Y SW OUT	复合视频信号输出
16	B OUT	B OUT（蓝色输出）	32	MCU 5.7V OUT	MCU5.7V 供电输出

续表

引脚号	名称	功能	引脚号	名称	功能
33	ABCL	自动亮度控制	49	5.7V	5.7V 输出（NC）
34	XTAL	晶振	50	SIF MIX	伴音中频混频滤波
35	DRIVE GND	驱动地	51	A OUT	音频输出
36	V/C GND	VCO 接地	52	A BY PASS	伴音旁路滤波
37	APC FILTER	锁相环滤波	53	EXT A IN	外部音频输入（NC）
38	EXT/CIN	色度信号输入	54	FM OUT	调频滤波输出
39	VCC（DRIVE）	驱动电源+5V	55	VIF VCO	图像中频 VCO
40	VCC（V/C）	V/C 电源+5V	56	SIF GND	音频地
41	TV/Y IN	亮度信号输入	57	VIF GND	视频地
42	VCC（VREG）	场参考电源+8V	58	VIDEO OUT	TV 视频输出
43	DDS FILTER	DDS 滤波	59	RF AGC OUT	高放 AGC 输出
44	VCC（HI）	HI 电源+8V	60	VIF APC FILTER	图像滤波
45	Cb	分量 Cb 输入（NC）	61	PAL ID	PAL 识别
46	Cr	分量 Cr 输入（NC）	62	IF AGC FILTER	AGC 滤波
47	8.7V REG OUT	SW8.7V 输出（NC）	63	VIF1	图像中频输入 1
48	INTER CARR OUT	伴音中频输出（NC）	64	VIF2	图像中频输入 2

3．高清格式处理电路

MST5C16 是晨星半导体（Mstar Semiconductor）公司生产的行频归一化处理和带 OSD（On-Screen Display）模块的 TV 芯片，具有高画面显示频率、完整的字符图表、高品质缩放功能和多种格式视频处理功能，最终实现 1080i/1080p 高清格式的信号输出。本机因 CPU（MM502）芯片不带 OSD 功能，而由 MST5C16 产生 OSD 字符显示信号，实现屏幕菜单调节功能。

从 N202 送来的 RGB 信号在 N301（MST5C16）中进行 A/D 转换，再进行倍场、倍频（行频加倍）处理，处理后的信号经 D/A 转换后输出 RGB 模拟信号，进入 N401（TDA9333）处理。倍场/倍频处理有 4 种模式：100Hz 隔行、50Hz 逐行（1250 行）、60Hz 逐行、75Hz 隔行（833 加行模式）。N304 和 N305 均为 16Mbit 的 SDRAM，为 N301 提供运算 RAM 空间。

从视频色差端子输入的高清信号（Y Pb Pr）和标清信号（Y Cb Cr），通过 N301 进行 A/D 转换，完成行频变换，再通过抽行、增加场等处理，将上述高清/标清信号的行频归一化为 33.75kHz。变换完成后的数字信号在 N301 内部进行 D/A 变换成 RGB 模拟信号，交流耦合进入 N401（TDA9333）处理。

从 VGA 端子输入的 VGA 信号直接进入 N301，进行 A/D 转换成数字信号，进行行频归一处理成 33.75 kHz，再经 D/A 变换成 RGB 模拟信号，送给 N401 处理。

4．图像信号显示处理电路

N401 完成亮度、对比度、色度控制和实现 ABL 控制、行驱动信号产生、场锯齿波产生、东西校正抛物波产生、预视放、白平衡调整等功能，最后将 RGB 信号送往 CRT 驱动板进行放大后，加到 CRT 阴极重显彩色图像。

TDA9333 是 PHILIPS 公司的电视显示处理模块，其引脚功能说明如表 5-5 所示。

表 5-5 显示处理模块 TDA9333 引脚名称及功能

引脚号	名称	功能	引脚号	名称	功能
1	VDOA	场驱动输出（VD−）	23	Vd	场同步输入
2	VDOB	场驱动输出（VD+）	24	Hd	行同步输入
3	EWO	东西校正输出	25	DAC OUT	NC
4	EHT-IN	高压补偿输入	26	RIN	R 输入（NC）
5	FLASH	接地	27	BIN	B 输入（NC）
6	GND1	接地	28	GIN	G 输入（NC）
7	DECvd	外接滤波电容	29	FBCSO	接地
8	H-OUT	行驱动输出	30	RI1	R 信号输入 1
9	SCO	NC	31	GI1	G 信号输入 1
10	SCL	时钟线 SCL1	32	BI1	B 信号输入 1
11	SDA	数据线 SDA1	33	BL1	NC
12	HSEL	NC	34	PWL	外接滤波电容
13	HFB	行逆程脉冲输入	35	RI2	NC
14	DPC	外接滤波电容	36	GI2	NC
15	VSC	外接滤波电容	37	BI2	NC
16	Iref	外接基准电阻	38	BL2	NC
17	Vpl	电源＋8V	39	Vp2	电源＋8V
18	DECbg	外接滤波电容	40	RO	R 基色信号输出
19	GND2	接地	41	GO	G 基色信号输出
20	XTAL1	晶体振荡器 1	42	BO	B 基色信号输出
21	XTAL0	晶体振荡器 0	43	BCL	ABL 输入
22	LPSU	外接滤波电容	44	BLK IN	BLK（挖框）输入

5．末级视放电路

海信 HDP2907M 数字高清电视机的末级视放电路主要由三基色放大电路、关机亮点消除电路等组成，如图 5-13 所示。它将 N401（TDA9333）送来的 RGB 三基色信号，经过 VT501、VT511、VT521 和 N501S（LM2425）两级放大后，加到 CRT 阴极重显彩色图像。

美国 NS 公司的集成视放块 LM2425 引脚排列及内部等效电路如图 5-14 所示。LM2425 的第①、③、⑤脚为三基色 RGB 信号的输入端，输入电压范围为 0～5V；第⑩、⑧、⑥脚为放大后的 RGB 信号的输出端，输出电压范围为 40～215V；第⑦脚接地；第⑨脚可以接地，也可以悬空（NC）；第②脚为电源输入脚，输入范围为 100～230V；第⑪脚为偏置电源输入脚，输入范围为 7～13V。

6．关机消亮点电路

利用电容的充放电及二极管的反向导通的特性，关机时在显像管的栅极 G1 产生一个瞬时反向电压，抑制电子束的发射，从而达到消除关机亮点的作用。图 5-13 中，在显像管正常显示图像时，由于 VD523 正向导通作用，显像管栅极 G1 的电压为 0V，+200V 电源给 C533 充电至 200V 电压。电视机关机时，灯丝电压很快消失（灯丝电压消失的速度远快于视放电压），由于视放电压下降的速度快于 C533 放电的速度（C533 需要 25s 电压由 200V 下降为 0V，视放电压由 200V 下降到 0V 只需 10s），视放电压降为 0V 后，C533 正极变为 0V，负极变为−200V，并通过 R537 加到显像管的栅极 G1，抑制电子束的发射，起到关机消亮点的作用。

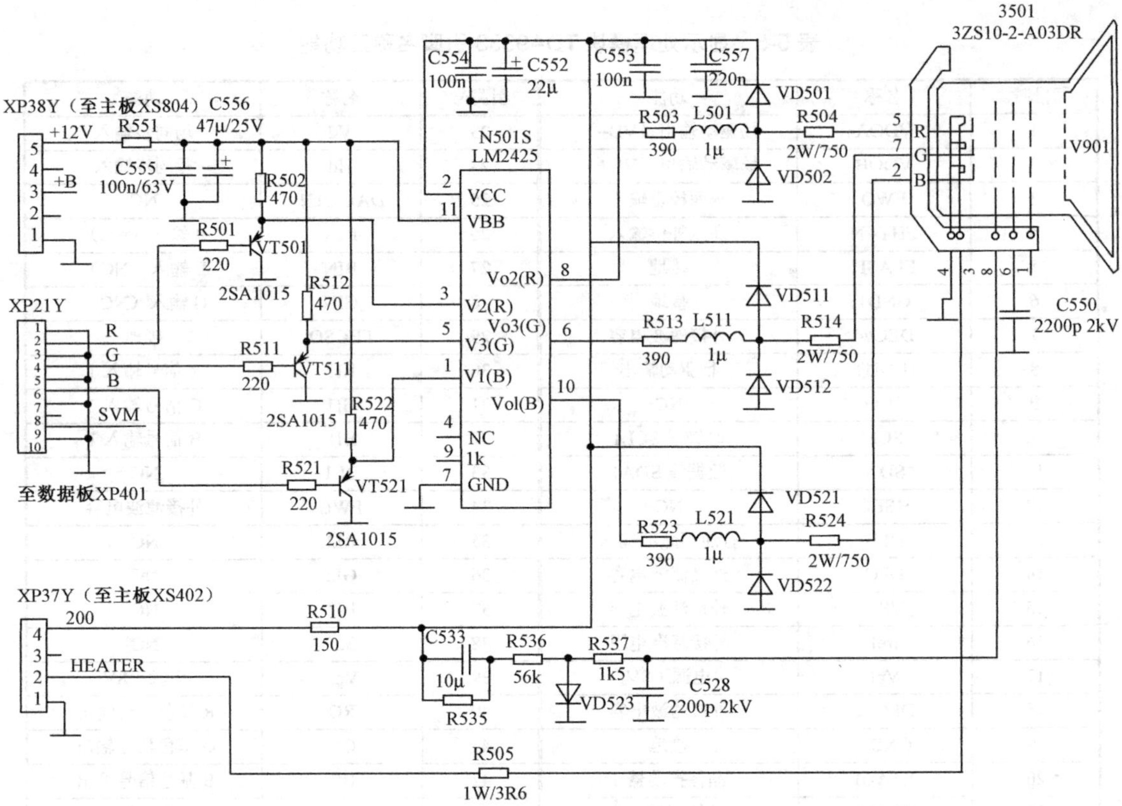

图 5-13　海信 HDP2907M 数字高清电视机的末级视放电路

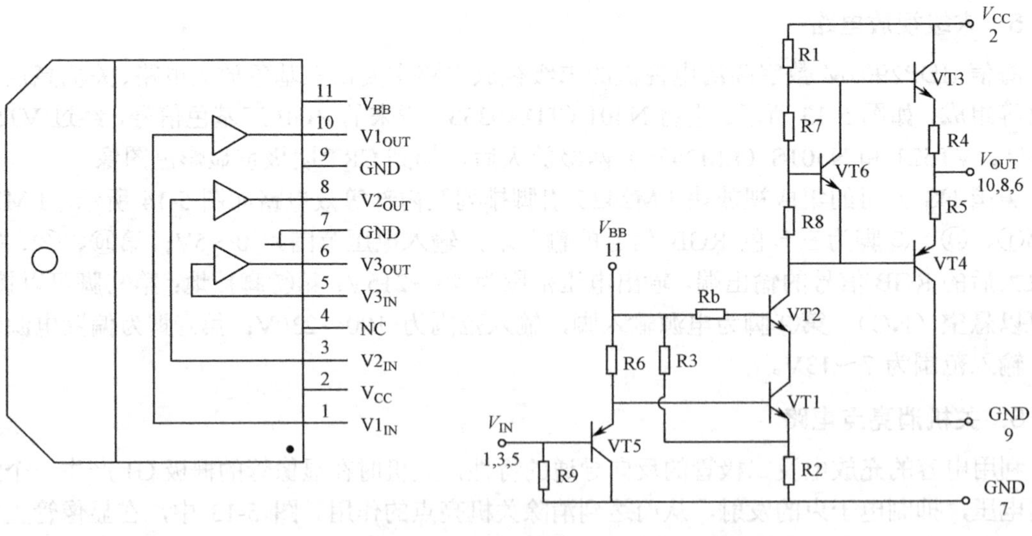

图 5-14 集成视放块 LM2425 引脚排列及内部等效电路

7. 音视频信号输出处理

本机从 RF 端口接收电视信号或者从 AV1、AV2 输入端口输入音视频信号时，经过 N202（M61266）和 N701（TDA7439）处理后，通过 AV 输出端子直接输出视频信号（CVBS）和左右声道音频信号；对于 S 端子输入的 YC 信号，AV 输出端子中的视频输出端只能输出亮度信号；对于 VGA 端子/色差分量端子输入的信号，本机无法输出对应信号。

5.4.2 行场扫描电路分析

1．场输出电路

海信 HDP2907M 数字高清电视机的场输出电路如图 5-15 所示。场输出电路 TDA8177 是法国汤姆逊公司生产的场扫描输出集成电路，内有输出短路、电源短路、过压、过热等保护电路，工作频率范围为 50～120Hz，其引脚功能及参考电压如表 5-6 所示。

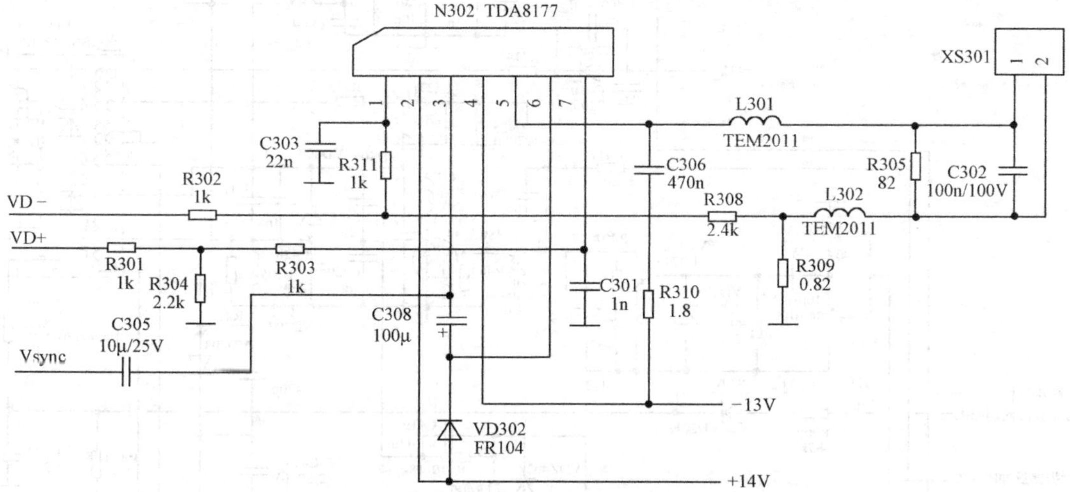

图 5-15 海信 HDP2907 数字高清电视机的场输出电路

表 5-6 场输出电路 TDA8177 引脚功能及参考电压

引脚号	功能	参考电压/V	引脚号	功能	参考电压/V
1	场锯齿波反相输入	0.94	5	场输出	−10.38
2	工作电源 VCC	14	6	输出级供电电源	13.76
3	场逆程脉冲输出	−0.4	7	场锯齿波同相输入	0.9
4	VSS（负电源）	−13			

由显示处理电路 N401（TDA9333）产生的场锯齿波激励信号，由 TDA9333 的第①、②脚分别输出场激励信号 VD−、VD+，加到场输出电路 TDA8177 的第①、⑦脚，经过 TDA8177 放大后由第⑤脚输出锯齿波电压，经接线端子 XS301 加至场偏转线圈。TDA8177 的第③脚输出场回扫同步脉冲，经 VT203[①]放大后加到数据板。

2．行驱动与行输出电路

海信 HDP2907M 数字高清电视机的行驱动与行输出电路如图 5-16 所示。由 TDA9333 的第⑧脚输出的行振荡脉冲，经 R419 加到 VT404 和 VT405 的基极，经过 VT404、VT405、VT402 激励放大和 T401 耦合后加至行输出管 VT403 的基极。其中，R417 为 VT402 的限流电阻，起到保护 VT402 及调节行激励大小的作用；R407、C412、C402 起到抑制高频振荡的

① 本章中提到的元器件在方框图中无显示的可参见附录 B 的整机电路图，其中三极管在附录 B 中用“V”表示。

作用。经过行输出管 VT403 放大的行频矩形脉冲，通过 L401 和接线端子 XS401 加到行偏转线圈和行输出变压器 T444。

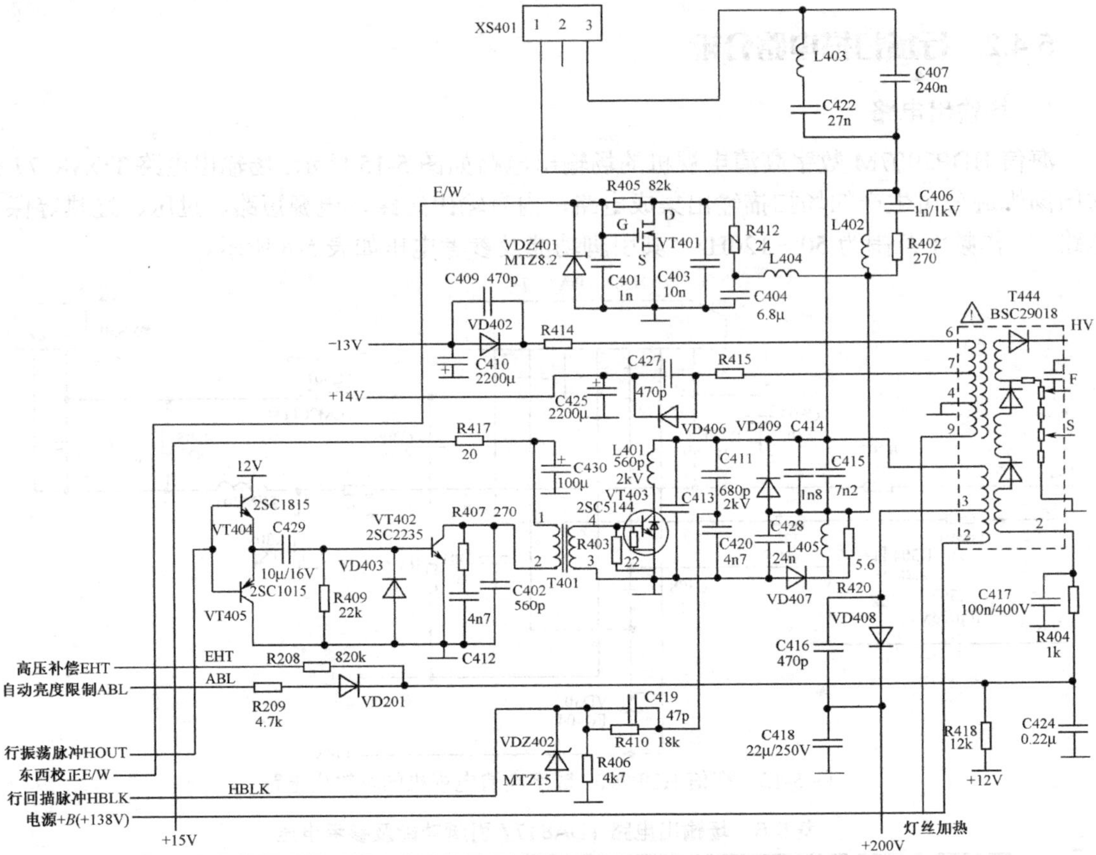

图 5-16　海信 HDP2907 数字高清电视机的行驱动与行输出电路

3．东西校正电路

由于电子束会聚面的曲率半径小于荫罩板和荧光屏的曲率半径，所以施加相同的行、场偏转电流会使光栅产生延伸性失真，结果会出现光栅上下两边向内弯曲的垂直枕形失真和光栅左右两侧向里弯曲的水平枕形失真。对于自会聚彩色显像管来说，因为它的偏转磁场是特殊的非线性磁场，使垂直枕形失真自动得到校正，而使水平枕形失真更为严重。因此，对于目前普遍采用的自会聚彩管，一般不进行垂直（南北）枕形失真的校正，而必须进行水平（东西）枕形失真的校正。东西枕形校正电路的作用是将场频锯齿波变成场频抛物波，再加到行扫描电路中去调制行扫描电流，从而达到屏幕左右光栅几何失真校正的目的。本机的东西校正过程是，由 TDA9333 第③脚输出的东西校正（E/W）信号，加到 R405、C401、VT401、C403、R412、C404 等组成的东西校正电路，产生东西校正偏转电流，经 L404、L402 等加到行偏转线圈，实现东西校正功能。

4. 自动亮度限制电路

由行输出电路产生的行回扫（逆程）脉冲（HBLK），经 C411 和 C420 分压、C419、R410、R406 耦合和 VDZ402 限幅后，直接加到 TDA9333 的第⑬脚供内部使用。由行输出电路产生的高压补偿信号（EHT），经 R208 加到 TDA9333 的第④脚，进行高压（过低）补偿。由行输出电路产生的自动亮度限制信号（ABL），经 VD201、R209 加到 TDA9333 的第㊸脚，实现自动亮度限制功能。

5. 中高压形成电路

由行输出变压器 T444 第⑥脚输出的脉动电压，经 R414 限流、VD402 整流和 C410 滤波后，得到−13V 电压，供给场输出电路 TDA8177 的第④脚使用。由行输出变压器 T444 第⑦脚输出的脉动电压，经 R415 限流、VD406 整流和 C425 滤波后，得到+14V 电压，供给场输出电路 TDA8177 的第②脚及第⑥脚使用。由行输出变压器 T444 第⑨脚输出的脉动电压（AC 6.3V），为 CRT 灯丝提供加热电压。由行输出变压器 T444 第③脚输出的脉动电压，经 VD408 整流和 C418 滤波后，得到+200V 电压，供给末级视放电路和速调电路使用。另外，由行输出变压器提供的帘栅电压（600～1200V）、聚焦电压（6500～8500V）、阳极高压（29～31kV），分别加到显像管 CRT 的相应电极上。

6. 速度调制（VM）电路

速调电路的基本工作原理是，利用 VM 调制线圈产生的磁场，在电路中出现亮、暗变化时，改变扫描速度。当出现亮信号时降低扫描速度，使亮信号更亮；当出现暗信号时加快扫描速度，使暗信号更暗，从而使图像亮度变化区域轮廓更明晰。

海信 HDP2907 数字高清电视机的速度调制电路是由 MST5C16 的第160脚输出 SVM 信号，经过 R419、VT404 射极跟随放大后，加到视放板上的速调放大电路。速调放大电路由 C1104、V1106～V1112 等组成，对 SVM 信号进行放大后，经接线端子 XP1104 加到 CRT 的 VM 线圈，使图像亮度变化区域轮廓更加清晰。

7. 地磁校正电路

地磁校正电路的工作原理是：利用加在地磁校正线圈上的直流电流产生的稳定磁场，调节由于各地地磁不同产生的图像倾斜问题。本机校正电路是利用 CPU（MM502）的第㊷脚输出 PWM（ROTATION）信号，加到主板上的地磁校正电路，在地磁线圈中产生一个校正电流，完成地磁校正功能。

主板上的地磁校正电路由 R905、VT950、VT951、VT952、VT953、VT954、VT955 等组成。当 VT950 基极为高电平时，VT950 导通，VT951 截止，VT953 截止，VT955 截止，VT952 导通，VT954 导通，+12V 电源通过 R907、VT952，VT954 对地磁线圈提供正向电流。当 VT950 基极为低电平时，VT950 截止，VT951 导通，VT953 导通，VT955 导通，VT952 截止，VT954 截止，+12V 电源通过 R907、VT955、VT953 为地磁线圈提供反向电流。在 CPU 输出的 PWM 脉冲控制下，在地磁线圈中产生一个固定电流，该电流产生一个附加磁场叠加在偏转磁场上，从而达到校正地磁的作用。调节 PWM 信号的占空比，可以使地磁线圈中的电流大小和方向发生改变，从而产生不同的地磁校正作用。

5.5 伴音信号处理与关机静音电路

5.5.1 伴音信号处理电路分析

海信 HDP2907M 数字高清伴音信号处理电路主要由伴音处理电路 N701（TDA7439）、伴音功率放大电路N602（TDA7497）、双运放N601（BA4558）等组成，如图5-17所示。

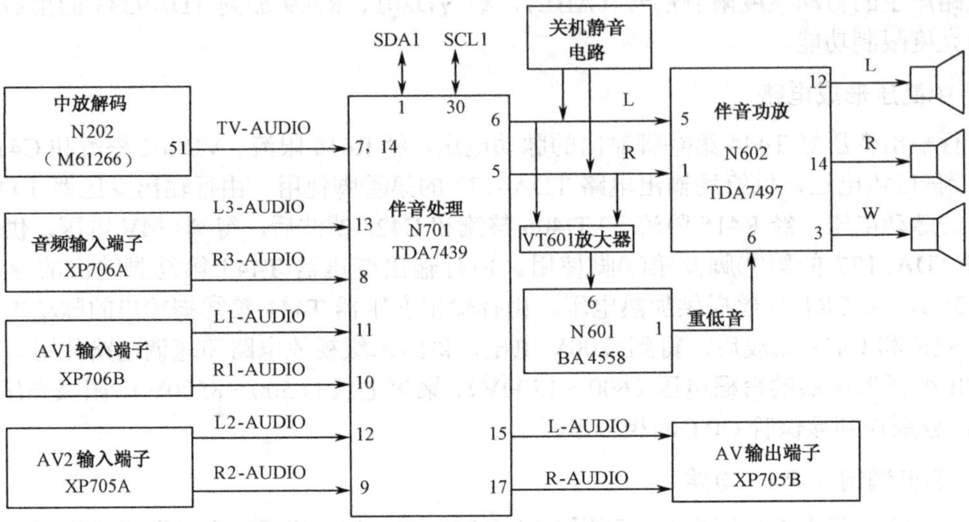

图5-17　海信HDP2907M数字高清电视机的伴音信号处理电路

TDA7439是ST公司的伴音处理集成电路，具有低音、中音、高音三端调谐，音量控制、平衡，4路伴音输入选择等功能。TDA7439引脚名称及功能如表5-7所示。

表5-7　伴音处理电路TDA7439引脚名称及功能

引脚号	名称	功能	引脚号	名称	功能
1	SDA	数据线	16	INL	左声道音量控制
2	CREF	外接电容	17	MUXOUTR	混合音频输出（右）
3	Vs	电源+8V	18	INR	右声道音量控制
4	AGND	模拟地	19	MIN（R）	右声道中音输入电容
5	ROUT	右声道输出	20	MOUT（R）	右声道中音输出电容
6	LOUT	左声道输出	21	BIN（R）	右声道低音输入电容
7	R-IN4	电视音频输入	22	BOUT（R）	右声道低音输出电容
8	R-IN3	YUV端子的右声道	23	BIN（L）	左声道低音输入电容
9	R-IN2	AV2端子的右声道	24	BOUT（L）	左声道低音输出电容
10	R-IN1	AV1端子的右声道	25	MOUT（L）	左声道中音输出电容
11	L-IN1	AV1端子的左声道	26	MIN（L）	左声道中音输入电容
12	L-IN2	AV2端子的左声道	27	TREBLE（L）	左声道高音提升电容
13	L-IN3	YUV端子的左声道	28	TREBLE（R）	右声道高音提升电容
14	L-IN4	电视音频输入	29	DIG_GND	数字地
15	MUXOUTL	混合音频输出（左）	30	SCL	时钟线

由图5-17可知，由中放解码电路M61266的第51脚输出的电视节目音频信号，同时加到伴音处理电路TDA7439的第⑦脚和第⑭脚；由主板上XP706A端子（音频输入端子）输入的左右声道音频信号，分别加到TDA7439的第⑬脚和第⑧脚；由XP706B端子（AV1端子）输入的左右声道音频信号，分别加到TDA7439的第⑪脚和第⑩脚；由XP705A端子（AV2端子）输入的左右声道音频信号，分别加到TDA7439的第⑫脚和第⑨脚。在CPU的I^2C总

线（SDA1、SCL1）控制下，将所有输入的伴音信号在TDA7439内部进行切换后分为两路处理。一路伴音信号由其第⑮、⑰脚输出并经XP705B端子直接输出左右声道音频信号，另一路伴音信号回到TDA7439中完成音量、高低音、平衡等控制，然后由其第⑥脚和第⑤脚输出，加到功放电路TDA7497的第⑤、①脚进行功率放大后，推动左右声道扬声器。另外，由TDA7439输出的伴音信号，还要经过VT601放大和左右伴音叠加，再由双运放N601（BA4558）组成的低通滤波电路产生重低音信号，加至TDA7497的第⑥脚进行低音信号功率放大后，再推动低音扬声器W。

功放电路TDA7497是10W+10W（负载8Ω）+15W（负载6Ω）3通道AB级功率放大器，采用Multiwatt15脚形式封装，专为高质量音频系统、电视机应用而设计，具有主通道及重低音通道各自独立的静音控制器，其引脚功能如表5-8所示。

表5-8 功放电路TDA7497引脚名称及功能

引脚号	名称	功能	引脚号	名称	功能
1	INR	右声道声音输入	9	STBY	重低音静音控制
2	Vs	音量控制电压（本机接电源+32V）	10	MUTE	静音控制
3	Wo	重低音输出	11	PW_GND	功率接地
4	GND	接地	12	OUTL	左声道声音输出
5	INL	左声道声音输入	13	Vd	电源+32V（11～35V）
6	Wi	重低音输入	14	OUTR	右声道声音输出
7	SVR	电源抑制（正常工作外接470μF）	15	PW_GND	功率接地
8	S_GND	信号接地			

5.5.2 关机静音电路分析

本机音量、音调等调节，是CPU通过I^2C总线（SDA1、SCL1）控制TDA7439实现的。

静音电路是利用静音时N501（CPU）第㊵脚发出高电平（MUTE）信号，使VD602导通，从而将功放N602（TDA7497）的第⑩脚（静音脚）电平拉高，同时CPU在静音过程中通过总线控制抑制N601（TDA7439）伴音输出，达到静音效果（当N602的第⑩脚为高电平时，其音频信号输出为0）。当换台时，CPU的第㊵脚发出一个高电平（高电平时间稍长于换台时间），使TDA7497在换台期间静音，从而消除换台噪声。

关机消音电路是利用整机正常工作时+12V给C641充电，但VT602因基极电压高而截止，TDA7497的第⑨、⑩脚电平受CPU控制；关机时+12V变为0，C641放电使VT602导通，从而使N602的第⑩脚电压维持一段时间的高电平，达到静音效果。关机的同时，VT603导通，将C633放电。

开机时是利用C633上的电压缓慢上升的特点，使N602的第⑦脚电压不能很快建立，起到开机静音的效果。

5.6 常见故障的检修

5.6.1 无光栅故障的检修

当海信HDP2907数字高清电视机发生无光栅（黑屏）故障时，按照图5-18所示的检修流程进行故障的排除。

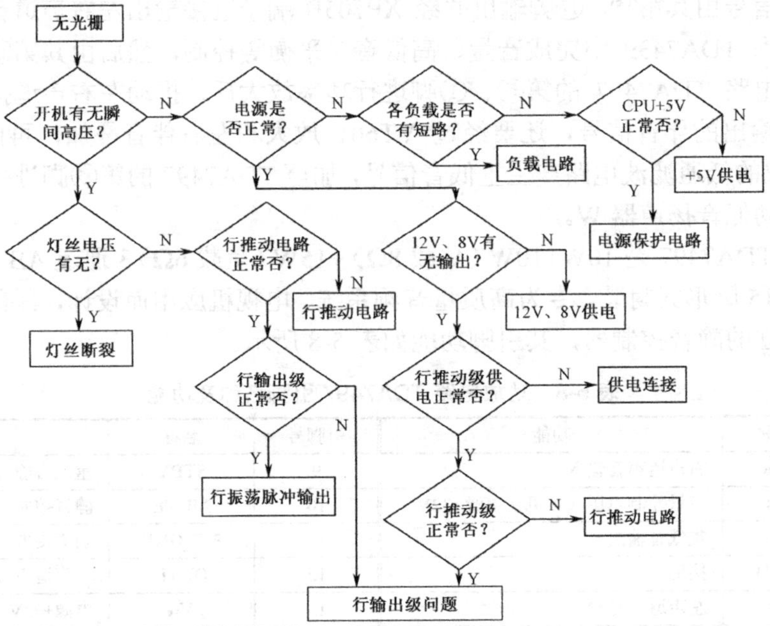

图 5-18　无光栅故障检修流程

5.6.2　无图像故障的检修

当海信 HDP2907M 数字高清电视机光栅正常，但出现无图像故障时，请按照图 5-19 所示的检修流程进行故障的检修。

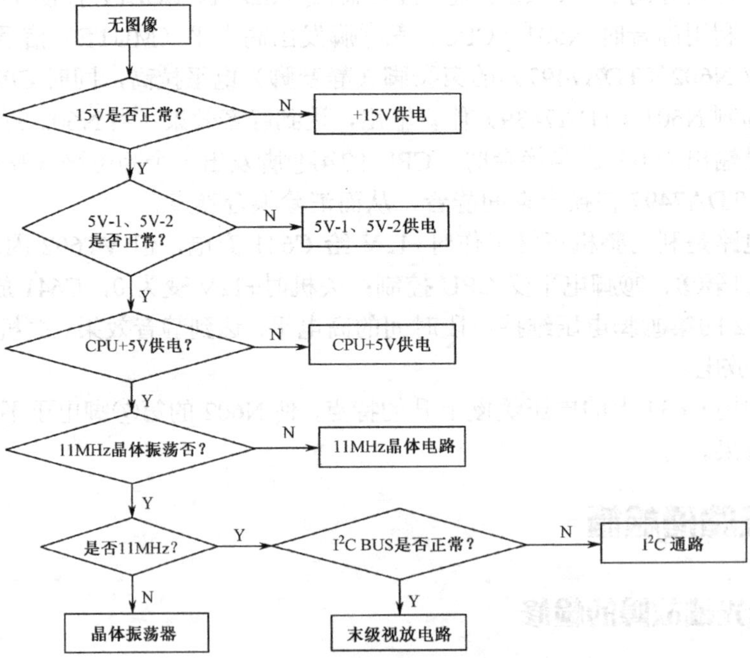

图 5-19　无图像故障的检修流程

5.6.3 无伴音故障的检修

当海信 HDP2907M 数字高清电视机图像正常，但发生无伴音故障时，主要从以下三个方面进行检修：

（1）检查功放的供电（+32V）是否正常，功放输出端是否短路。如果功放输出短路，则功放 IC 将被烧坏；为此，应检查功放输出端是否有连焊、短路。

（2）检查功放有无音频信号输入，如果有输入，则应检查功放输出电路及音箱。

（3）如果功放电路无音频信号输入，则检查 TDA7439 有无音频信号输出。如果 TDA7439 无音频信号输出，则应检查 TDA7439 各引脚电压和外围元件。

5.6.4 电源故障的检修

对于海信 HDP2907M 数字高清电视机，如果已经判断电源输出不正常，可按图 5-20 所示的维修流程进行故障维修。

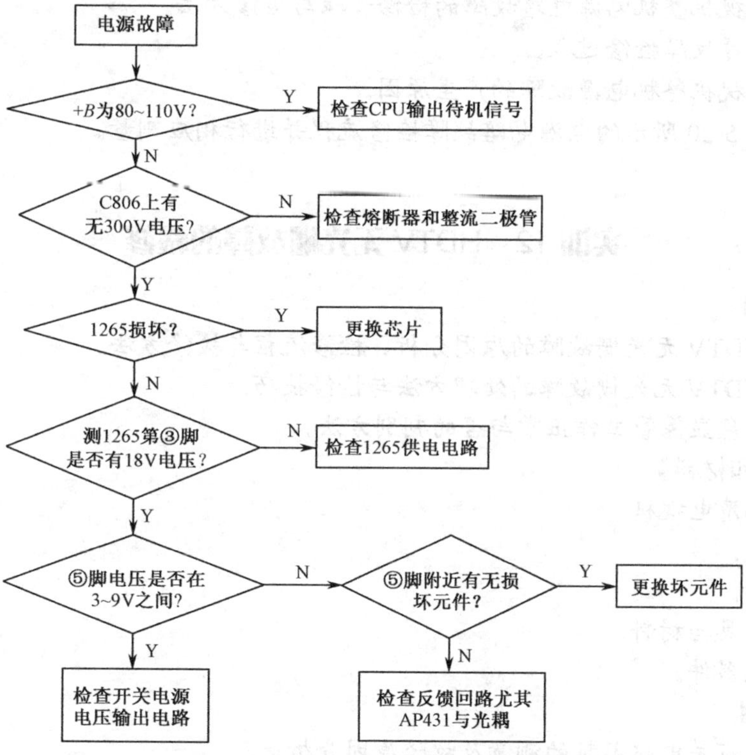

图 5-20 电源电路故障的检修流程

实训 11 HDTV 电源故障的检修

【实训目的】

（1）熟悉 HDTV 整机电源电路的组成及特点。

（2）掌握 HDTV 开关电源的工作原理。

（3）掌握HDTV整机电源电路常见故障的检修方法。

【实训仪器和器材】

（1）数字高清电视机。

（2）万用表。

（3）常用电视机检修工具及备品备件。

【实训内容】

（1）按照图5-6整机供电系统框图，测量除了阳极高压、聚焦电压和帘栅电压之外的所有直流电压。

（2）按照图5-4所示的电路，对EMI、低频整流滤波和消磁电路的主要参数进行测量与故障检修。

（3）对图5-4所示的开关电源部分电路的主要参数进行测量与故障检修。

（4）对行输出的中高压形成电路的主要参数进行测量与故障检修。

【实训记录要求】

（1）简述电视机整机电源电路故障的检修步骤与检修方法。

（2）记录电源故障检修过程。

（3）分析电视机整机电源故障的产生原因。

（4）分析图5-20所示的电源电路故障检修流程并进行相应测量。

实训12 HDTV无光栅故障的检修

【实训目的】

（1）熟悉HDTV无光栅故障的原因分析、检修流程与检修方法。

（2）掌握HDTV无光栅故障的处理方法与检修技巧。

（3）掌握彩色显像管工作正常与否的判别方法。

【实训仪器和材料】

（1）数字高清电视机。

（2）万用表。

（3）示波器。

（4）焊接工具与材料。

（5）备用元器件。

【实训内容】

（1）与光栅有关电路参数的测量及故障原因分析。

（2）有声音、无光栅故障的判断与检修。

（3）无声音、无光栅故障的判断与检修。

【实训报告要求】

（1）简述故障检修步骤。

（2）记录故障检修过程。

（3）分析无光栅故障的产生原因。

（4）分析图5-18所示无光栅故障检修流程并进行相关测量。

实训 13 HDTV 无图像、无伴音故障的检修

【实训目的】

（1）熟悉 HDTV 无图像故障的原因分析、检修流程与检修方法。

（2）熟悉 HDTV 无伴音故障的原因分析、检修流程与检修方法。

（3）掌握 HDTV 无图像故障的判断与检修。

（4）掌握 HDTV 无伴音故障的判断与检修。

【实训仪器和材料】

（1）数字高清电视机。

（2）万用表。

（3）示波器。

（4）焊接工具与材料。

（5）备用元器件。

【实训内容】

（1）与图像处理相关电路参数的测量及故障原因分析。

（2）与伴音处理相关电路参数的测量及故障原因分析。

（3）有声音、无图像故障的判断与检修。

（4）有图像、无伴音故障的判断与检修。

【实训报告要求】

（1）简述故障检修步骤。

（2）记录故障检修过程。

（3）分析图 5-19 所示无图像故障的检修流程。

（4）分析无伴音故障的现象及检修流程。

复习思考题 5

1．什么是数字电视？它有哪三种传输方式？

2．我国数字电视的三个传输标准是什么？

3．与模拟电视系统相比，数字电视有何优势？

4．什么是高清晰度电视？HDTV 的扫描格式有哪些？

5．海信 HDP2907M 数字高清电视机有哪些输入/输出端口？各有何用途？

6．说出海信 HDP2907M 数字高清电视机开关电源所提供的电压情况。

7．分析多路稳压电路 KA7630 在海信 HDP2907M 数字高清电视机中的工作过程。

8．分析海信 HDP2907M 数字高清电视机行输出电路产生中高压的过程。

9．简述 I^2C 总线的概念以及在海信 HDP2907M 数字高清电视机中的应用情况。

10．分析海信 HDP2907M 数字高清电视机的末级视放电路的工作过程。

11．分析海信 HDP2907M 数字高清电视机对各种视频信号输入的切换过程。

12．简述海信 HDP2907M 数字高清电视机开关电源的启动及稳压工作过程。

13．分析海信 HDP2907M 数字高清电视机行扫描的工作过程。

14．分析海信 HDP2907M 数字高清电视机伴音信号处理过程。

15．分析海信 HDP2907M 数字高清电视机三无故障的检修流程。

项目6

液晶电视机

教学导航

学习目标：熟悉液晶的电光效应与显像原理；掌握液晶电视机的基本组成与工作原理；能对液晶电视的常见故障进行处理与检修。

学习重点：液晶电视机的基本组成与工作原理；液晶电视维修装置的操作与实训；液晶电视机常见故障的处理与维修。

问题思考：（1）液晶显示器件是如何重现彩色图像的？

（2）TFT-LCD 如何进行图像显示控制？

（3）与 CRT 电视机比较，LCD 电视机的组成与工作原理有何不同？

6.1 液晶显示原理

6.1.1 液晶应用知识

1．液晶及种类

液晶显示器（Liquid Crystal Display，LCD）利用液晶的电光效应，通过施加电压改变液晶的光学特性，实现对入射光的调制，使液晶的透射光或反射光受到所加电压控制，从而达到显像的目的。液晶是介于固体和液体之间的一种中间状态，在一定温度范围内既具有各向异性的晶体双折射性，又具有液体的流动性，是一种具有规则分子排列的有机化合物，主要有近晶液晶（层状液晶）、胆甾液晶（螺旋状液晶）和向列液晶（丝状液晶）3 种类型。

在电场、磁场、温度、应力等外部因素的作用下，液晶分子易发生再排列，使液晶的各种光学性质如折射率、透光率等发生变化，液晶的这种柔软的分子排列正是制造显示器的物理基础。目前，用于图像显示器件的多为 TN 扭曲向列型、STN 超扭曲向列型以及有源矩阵液晶显示器件（TFT-LCD）。扭曲向列型液晶显示器（TN-LCD）有两个重大缺点：一是只能显示黑、白两种色调；二是显示器的屏幕越大，对比度越差。因此，TN-LCD 一般只用于文字显示而不用于视频图像的显示。超扭曲向列型显示器（STN-LCD）可以适应几百线以上的多路驱动，但反应速度慢（响应时间为 300ms），不适于高速动态图像、视频播放等，而且显示颜色也只有黑、白、橘、黄等少数几种。因此，它只用于文字、表格和静态图像处理。而采用薄膜晶体管 TFT 作为有源驱动矩阵的液晶显示器（TFT-LCD），以其在亮度、对比度、分辨率等方面的优势，成为液晶视频图像显示器的主流。

2．偏光板

液晶本身不发光，但是在外加电场、磁场、热及光的作用下，可以产生光折射、光密度调制或色彩的变化。当液晶分子的某种排列状态在电场作用下变为另一种排列状态时，液晶的光学性质随之改变而产生光被电场调制的现象，称为液晶的电光效应。为了检测液晶的电光效应或者将液晶用于图像显示，必须使用线偏振光。

把自然光转化为线偏振光的过程称为起偏，用于这种转化的光学器件称为起偏器，用于检验偏振光偏振性的器件称为检偏器。偏光板是由一片偏振光滤光片作为起偏片和另一片偏振光滤光片作为检偏片组成的。当旋转起偏片和检偏片的相对角度时，通过偏光板的光线亮度就会发生变化。当起偏片和检偏片的偏振方向互相平行时，光线全部通过；当起偏片和检偏片的偏振方向互相垂直时，光线全部遮挡；当两者之间的角度小于 90° 时，有部分光线通过，如图 6-1 所示。

3．液晶显像原理

液晶显示板是将液晶材料封装在两片透明电极之间，在电极外面安装两块偏振方向互相垂直的偏振光滤光板，通过控制加到电极间的电压实现对液晶层透光性的控制，如图 6-2 所示。当两电极间无电压时，如图 6-2（a）所示，液晶分子受到透明电极上的定向膜作用，沿着定向膜沟槽方向排列。由于上下沟槽相互垂直，因此，液晶分子呈 90° 扭转。当入射光通过上偏振光滤光板进入液晶层后变成了直线偏振光，图 6-2（a）中 *X* 方向的入射光沿着扭转方向扭转 90° 后就变成了 *Y* 方向，正好能通过下偏振光滤光板，液晶面板就亮。

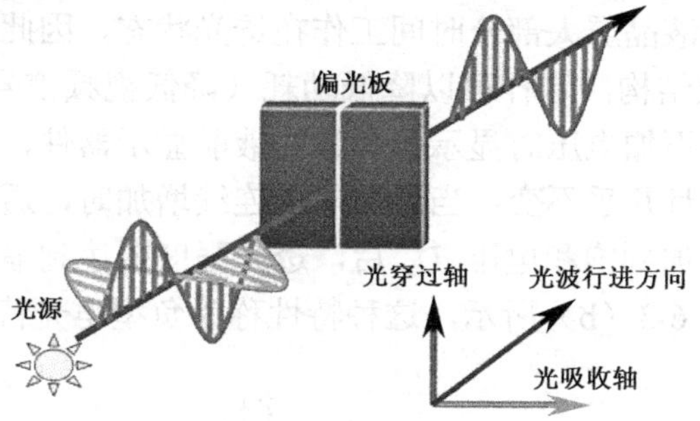

图 6-1 偏光板透光原理图

当上、下电极之间加上足够大（大于饱和电压 U_S）的电压后，如图 6-2（b）所示，液晶层中的分子定向方向发生了变化，成为与电场平行的方向排列，这样入射到液晶层的直线偏振光在偏振方向上不会产生扭转，同时由于上、下偏振板的偏振方向是相互垂直的，所以入射光不能通过下偏振板，此时液晶层是不透光的，液晶面板就黑。可见，当电极之间无电压时，液晶显示板呈透光状态（亮状态）；当电极之间施加足够大的电压时，液晶显示板为不透明状态（暗状态）。这样，液晶显示板在变化电场的作用下，控制光源的透射率，产生明暗变化，将黑白影像显示出来。

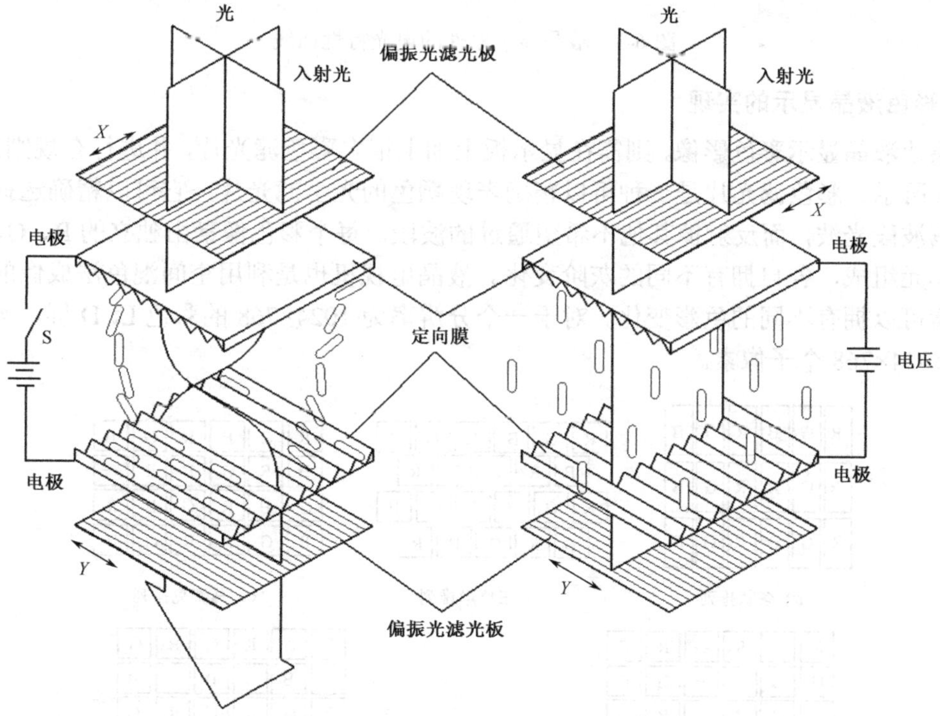

（a）电极之间无电压　　（b）电极上加有电压

图 6-2 液晶显示板的显示原理图

对于上下偏振片互相垂直（常白模式，即不加电压时显示为亮）的液晶显示器件，如图 6-2（a）所示，液晶的透光强度随外加电压的增加而减小，如图 6-3（a）所示，这种特性称为正型电光特性。由于液晶屏大部分时间工作在透光状态，因此，绝大部分液晶显示器件采用正型电光特性的物理结构，这样可以降低功耗（降低视频信号幅度）。对于上下偏振片互相平行（常黑模式，即不加电压时显示为黑）的液晶显示器件，当外加电压低于阈值电压 U_{th} 时，透光强度 T 很小且几乎不变；当外加电压连续增加时，透光强度随着外加电压的增加而增大；当外加电压增加到饱和电压 U_S 后，透光强度就达到最大值，以后透光强度就不随外加电压变化了，如图 6-3（b）所示，这种特性称为负型电光特性曲线。

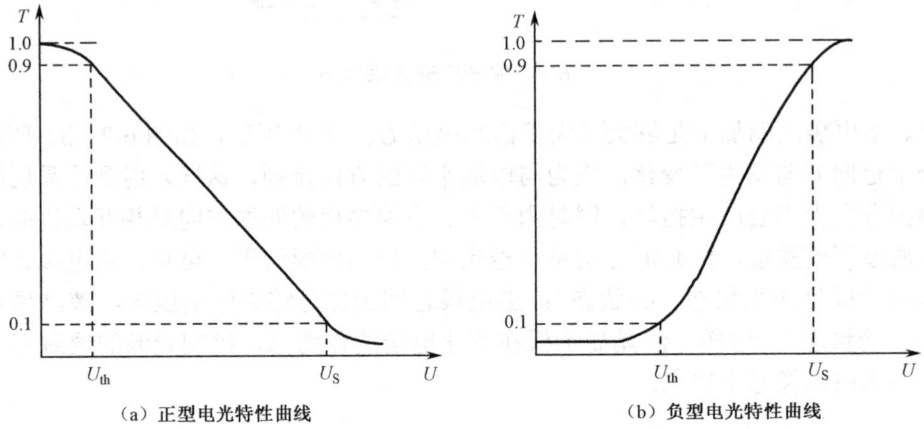

图 6-3　液晶显示器件的电光特性曲线

4．彩色液晶显示的实现

如果让液晶显示彩色影像，则需在显示板上加上很多彩色滤光片，并进行有规则的排列，如图 6-4 所示。彩色滤光片是一种可以精确表现颜色的光学滤光片，它可以精确选择欲通过的小范围波段光波，而反射掉其他不希望通过的波段。每个彩色像素由独立的 R、G、B 3 个子像素单元组成，各自拥有不同的灰阶变化。液晶电视机也是利用空间混色法成像的，每个彩色像素可以拥有不同的色彩变化。对于一个分辨率为 1024×768 的彩色 LCD 屏，实际上可拥有 3×1024×768 个子像素。

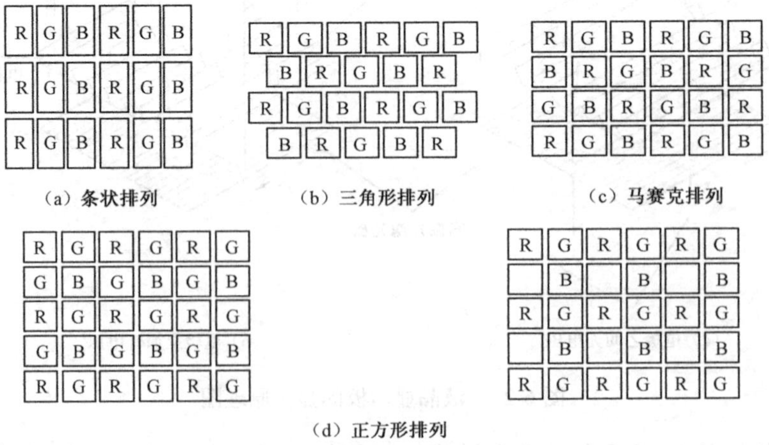

图 6-4　液晶屏上彩色滤光片的排列

对于 TFT-LCD 显示屏来说，为了精确控制每个像素的亮度和颜色，需要在每个三基色子像素之后安装一个类似百叶窗的开关，在“百叶窗”打开时光线可以透进来，而“百叶窗”关闭时光线无法进入。这个开关实际上是由薄膜晶体管组成的电子开关。所以，TFT-LCD 屏的每个像素均由 R、G、B 3 个子像素构成，每个子像素均由彩色滤光片和晶体管组成，如图 6-5 所示。由于液晶屏子像素较多，很难保证所有子像素控制晶体管都完好无损，最有可能的是，其中一部分已经短路（出现“亮点”），或者断路（出现“黑点”）。

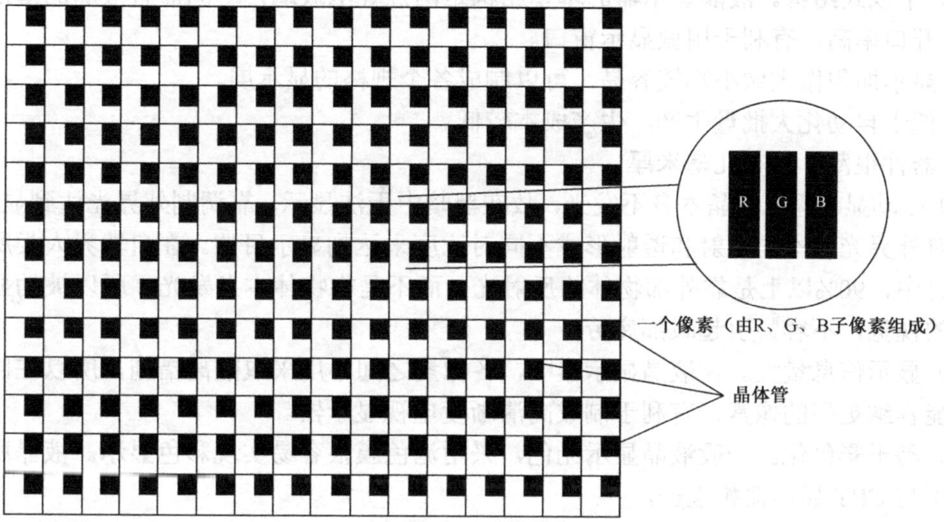

图 6-5 TFT-LCD 屏像素结构排列示意图

5. 液晶面板的瑕疵

（1）坏点。造成这种情况的原因是像素点所对应的 3 个子像素液晶盒驱动管都发生了短路或开路故障，在切换至红、绿、蓝 3 色显示时，导致始终呈现为纯黑色或纯白色的像素点。

（2）亮点/暗点。造成这种情况的原因是像素点所对应的 3 个子像素中的 1～2 个子像素液晶盒驱动管发生了短路或开路故障，导致黑屏情况下呈现出某一种颜色或者白色光点，称为亮点；或者在白屏情况下呈现出某一种颜色光点，称为暗点。

6.1.2 液晶显示器

1. 液晶显示器的分类

根据显示方式的不同，液晶显示器可分为反射式、透射式和投影式，其中反射式一般应用于小型仪表及手机屏幕，透射式主要应用于计算机、电视机、数码相机、摄像机的显示屏幕，投影式一般用于投影机的液晶显示板。

按照控制方式不同，液晶显示器可分为无源矩阵式 LCD 和有源矩阵式 LCD。无源矩阵式 LCD 可分为扭曲向列 TN-LCD（Twisted Nematic LCD）、超扭曲向列 STN-LCD（Super TN-LCD）和双层超扭曲向列 DSTN-LCD（Double layer STN-LCD）等多种类型。无源矩阵式 LCD 在亮度及可视角方面受到较大限制，反应速度较慢，市场上部分低档显示器采用无源矩阵式 LCD。而有源矩阵式 LCD（TFT-LCD）以其在亮度、对比度、分辨率等方面的优势，在液晶电视机中得到了广泛应用。

2．液晶显示器的基本特点

1）液晶显示器的主要优点

（1）低电压、微功耗。极低的工作电压，只要2～3V，工作电流只有几微安，即功耗只有10^{-6}～10^{-5}W/cm^2，这是其他任何显示器件所做不到的。

（2）平板式结构。液晶显示器的基本结构是两片导电玻璃，中间灌有液晶的薄形盒。

① 开口率高，有利于用做显示窗口。

② 显示面积做大做小都较容易，可以制成各个规格的显示屏。

③ 便于自动化大批量生产，生产成本较低。

④ 器件很薄，只有几毫米厚。

（3）被动显示型。液晶本身不发光，故在黑暗中无法显示，靠调制外界光达到显示目的，即依靠对外界光的不同反射和透射形成不同对比度来达到显示目的。在自然界人类所获得的视觉信息中，90%以上是靠外部物体的反射光，而不是靠物体本身发光，所以被动显示更适合人眼的视觉，不容易引起眼部疲劳。

（4）显示信息量大。在液晶显示器中，各像素之间不用采取隔离措施，所以在同样显示面积中能容纳更多的像素，有利于制成高清晰度电视显示器。

（5）易于彩色化。一般液晶显示无色，采用滤色膜很容易实现彩色显示。液晶所能重现的彩色可与CRT显示器相媲美。

（6）寿命长。只要液晶的配套件不损坏，液晶本身由于工作电压低、电流小，所以几乎不会劣化，寿命很长。

（7）无辐射、无污染。CRT显示器中有X射线辐射，PDP显示器有高频电磁辐射，而液晶显示器中不会出现这些问题。

2）液晶显示器的主要缺点

（1）显示视角小。由于大部分液晶显示原理是依靠液晶分子的各向异性，对不同的入射光的透射率不一样，所以视角较小，只有30°～40°。随着视角的变大，对比度迅速变坏。

（2）响应速度慢。液晶显示器大多依靠外加电场作用下，液晶分子的排列发生变化，所以响应速度受材料的黏滞度影响很大。响应速度一般为12～200ms，温度越低响应速度越慢，动态图像质量较差。

（3）怕高温。高温会破坏液晶的定向层，造成不可修复的损坏。局部高温会形成残像。

（4）由于是非主动发光，环境暗时看不清图像。

6.2 TFT-LCD显示原理

1．TFT-LCD屏的结构

液晶屏主要由液晶面板、四层导光板、背光灯管、背光灯箱、金属固定框等组成。TFT-LCD显示屏主要由偏光板、玻璃基板、薄膜晶体管、透明导电膜、液晶层和背部光源等构成，如图6-6所示。液晶层被封入两个透明导电膜板之间，再放置一块彩色网格滤光板，外面用两块玻璃基板来固定。然后，在玻璃基板的两侧分别安装偏振方向互相垂直的偏光板。背部光源产生的自然光，经过垂直偏振的偏光板后，产生垂直偏振的线偏振光，穿过液晶层后变成受外加电压调制偏振方向的光线。该调制光线通过彩色网格滤光板和水平偏振的偏光板后，形成亮度变化的三基色子像素的光。根据空间混色原理，全部三基色子像素光的合成，就在液晶屏上重显彩色图像。

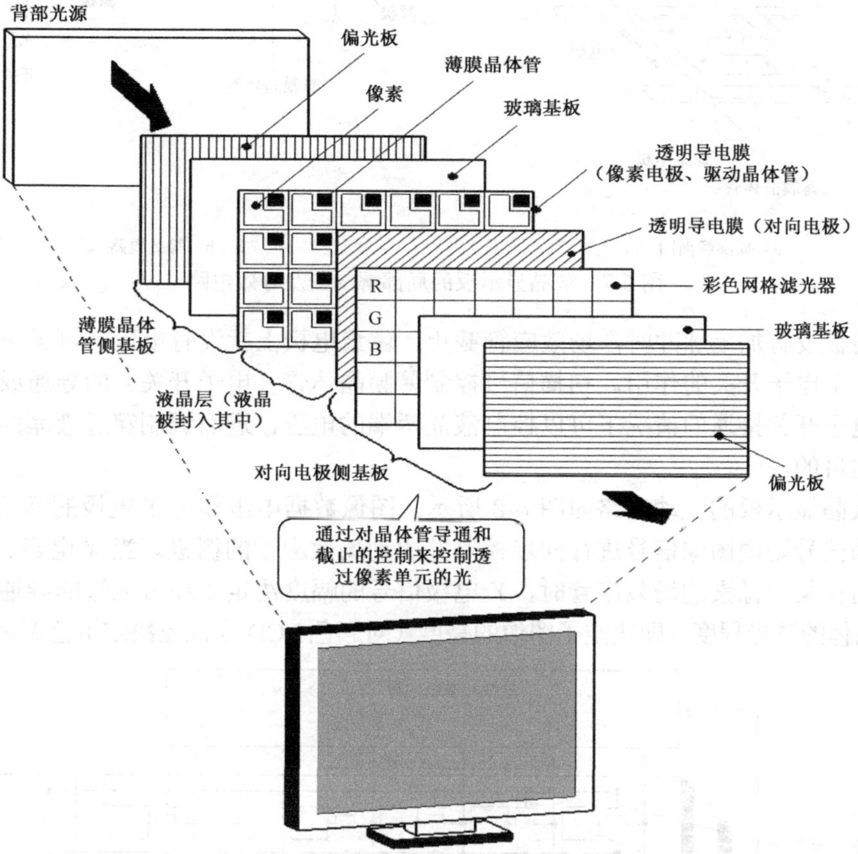

图 6-6　TFT-LCD 显示屏的结构示意图

2. TFT-LCD 显示原理

图 6-7（a）所示是 TFT-LCD 的局部解剖图，图 6-7（b）所示是 TFT-LCD 屏上薄膜晶体管及其等效电路。在封装液晶层的玻璃基板的上部有一个公共电极（对向电极），每个子像素单元均有一个像素电极。当像素电极加有控制电压时，该像素的液晶体便会受到电场的作用。每个子像素单元中设有一个为子像素单元提供控制电压的场效应管，由于它被制成薄膜型紧贴在下面的基板上，因而被称为薄膜晶体管（TFT）。每个薄膜晶体管的栅极信号由横向设置的 *X* 电极提供，该电极又称为扫描电极，相应的控制信号称为扫描信号。*Y* 电极为薄膜晶体管提供数据信号，这个数据信号是视频信号经过处理后形成的。

从场效应管及等效电路来看，扫描信号电压加到 TFT 的栅极，图像数据信号电压加到 TFT 的源极。当栅极为正极性脉冲时，TFT 导通。源极的图像数据信号电压通过 TFT 加到与漏极相连的像素电极上，这样像素电极与公共电极之间的液晶便会受到 *Y* 电极图像电压的

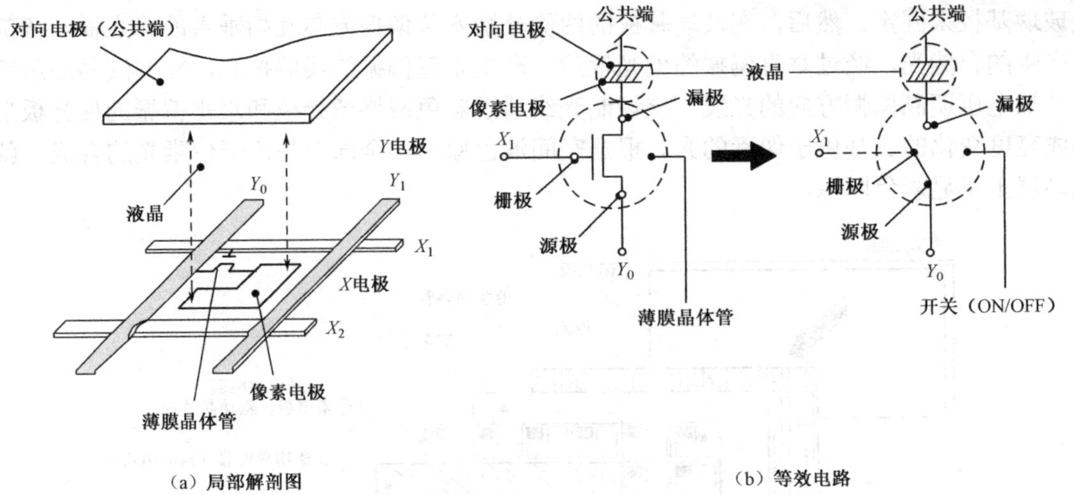

图 6-7　液晶显示板的局部解剖图及等效电路

控制。当栅极没有加上脉冲时，场效应管截止，像素电极上就没有电压。可见场效应管在这里充当了一个电子开关的作用。扫描信号控制薄膜晶体管（电子开关）的导通或关断，而数据信号在电子开关接通的情况下可以控制液晶两端的电压，进而调制穿过液晶的光线，达到改变图像的目的。

整个液晶显示板的驱动电路如图 6-8 所示。图像数据电压作为 Y 电极的驱动信号，而 X 电极的扫描信号则由图像信号进行同步控制并驱动场效应管的栅极。当 X 电极、Y 电极的信号共同作用在某一像素的场效应管时，Y 电极信号的幅度决定了场效应管的导通程度，进而决定了液晶体的透光程度，即决定了图像的亮度（对彩色 LCD 来说还决定了色调和色饱和度）。

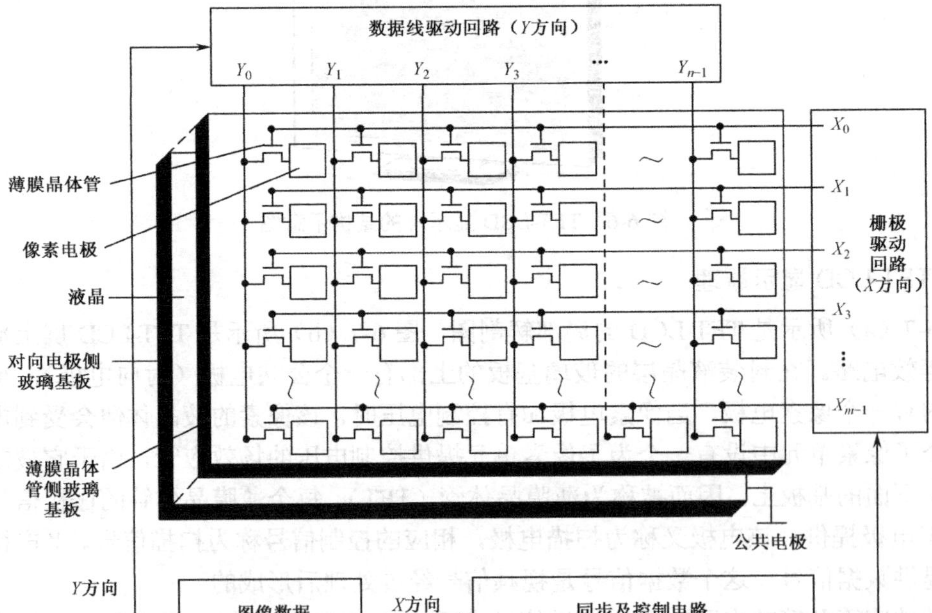

图 6-8　液晶显示板的驱动电路

如图 6-9 所示，给出了 TFT-LCD 屏的驱动电压与像素明暗关系。在图 6-9 中，当扫描信号（高电平）加到 X_1 电极时，该电极上的场效应管便可导通。对于目前普遍采用的正型电光特性的 LCD 显示器，Y_2 电极上的数据电压越小，液晶的透光率越大，图像越亮；Y_2 电极上无电压时，液晶 100%透光，亮度最大，为白光。

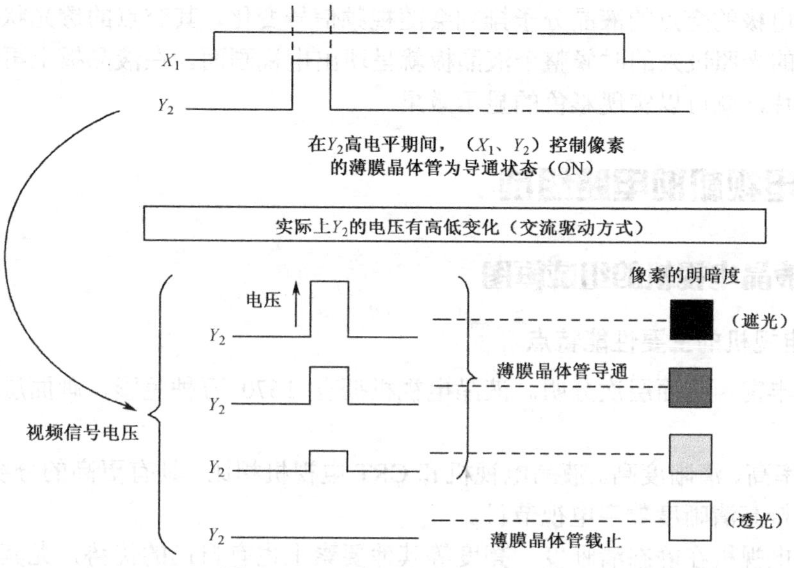

图 6-9　驱动电压与像素明暗关系

3．TFT-LCD 显示电路

TFT-LCD 显示电路由视频信号处理电路（矩阵、轮廓校正、图像调整、色调校正）、时间轴扩展电路、水平分割电路、移相处理电路、极性反转放大电路、电平移位电路、同步分离电路、时序控制电路和 LCD 显示屏等组成，如图 6-10 所示。

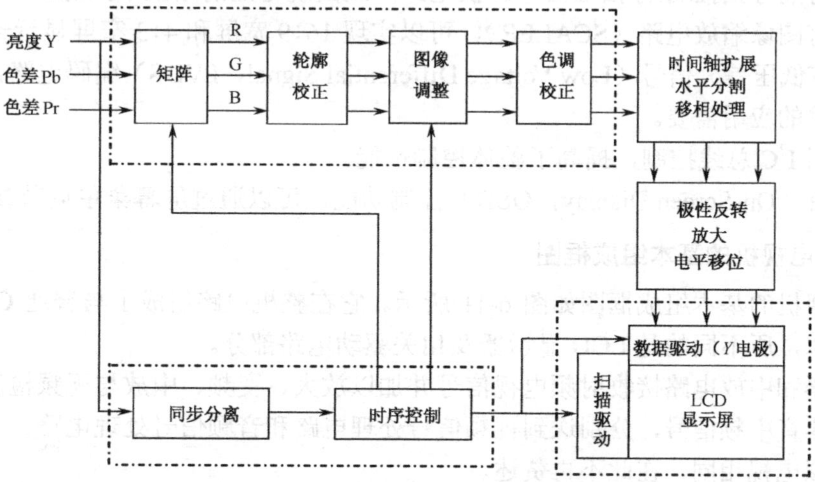

图 6-10　TFT-LCD 显示电路的组成框图

来自解码电路板的亮度信号 Y 和两个色差信号 Pb、Pr，首先在视频信号处理电路中进行处理。矩阵电路将输入的亮度信号和两个色差信号变换成三基色信号（R、G、B），然后经轮廓校正、亮度和对比度调整、色调校正、时间轴扩展、极性反转放大、电平移位等电路处理后，形成液晶显示屏的图像数据驱动信号，送到数据驱动电路。亮度信号经同步分离电路分离出同步信号，时序控制电路以此为基准形成液晶板的扫描驱动脉冲，加到扫描驱动电路。

在 LCD 显示屏的两面分别设有水平方向的 X 电极和垂直方向的 Y 电极，经过数据驱动电路放大后的数据（三基色）信号加到 Y 电极，经过扫描驱动电路放大后的扫描脉冲信号加到 X 电极。两电极的交点的液晶分子排列会随视频信号变化，其交点的透光状态随视频信号变化，当背面的光照过来的时候整个液晶板就呈现出电视画面。在液晶板上再覆盖一层网格状的彩色滤光片，就可以实现彩色的显示效果。

6.3 液晶电视机的电路组成

6.3.1 液晶电视机的组成框图

1. 液晶电视机的主要性能特点

（1）色彩丰富，画面层次分明。液晶电视机拥有 1670 万种色彩，画面层次分明，颜色绚丽真实。

（2）分辨率高、清晰度高。液晶电视机和 CRT 电视机相比，具有更高的分辨率和清晰度，可以更好地支持高清晰度数字电视节目。

（3）液晶电视机在静态清晰度、亮度等其他要素上也有自己的优势，尤其是在产业链资源方面更是等离子所不可比拟的。

当然，现在的液晶电视机在显示快速、连续的动作时会出现延迟现象，产生拖尾的感觉。

2. 液晶电视机的主要电路特点

（1）具有丰富的输入信号接口，可以成为多种媒体的显示终端。

（2）具有隔行扫描/逐行扫描信号转换电路，画面既稳定清晰又不闪烁。

（3）具有图像缩放电路（SCALER），可以实现 16:9 宽屏和 4:3 窄屏显示转换。

（4）具有低压差分信号（Low Voltage Differential Signal，LVDS）编码电路，可以满足高性能数据传输的应用需要。

（5）采用 I^2C 总线控制，提高了整体控制性能。

（6）具有（On-Screen Display，OSD）控制功能，可以通过屏幕菜单调节参数。

3. 液晶电视机的基本组成框图

液晶电视机的基本组成框图如图 6-11 所示。它在整机电路组成上与普通 CRT 型彩色电视机大致相似，所不同的是 LCD 显示器及相关驱动电路部分。

由调谐器和中放电路接收射频电视信号并加以放大、变频、中放与视频检波，得到视频信号和第二伴音中频信号，分别送到视频信号处理电路和音频信号处理电路。音频信号的处理与普通模拟电视相同，在此不再赘述。

视频信号经过视频放大，再经过同步分离后，得到的同步信号分别送到水平同步器和垂直同步器。水平同步器产生行扫描同步脉冲，垂直同步器产生帧扫描脉冲。扫描驱动器在行同步脉冲的控制下，从第一个水平电极（X_1 电极）扫描到最后一个水平电极（X_n 电极），在选取的电极上加扫描电压。

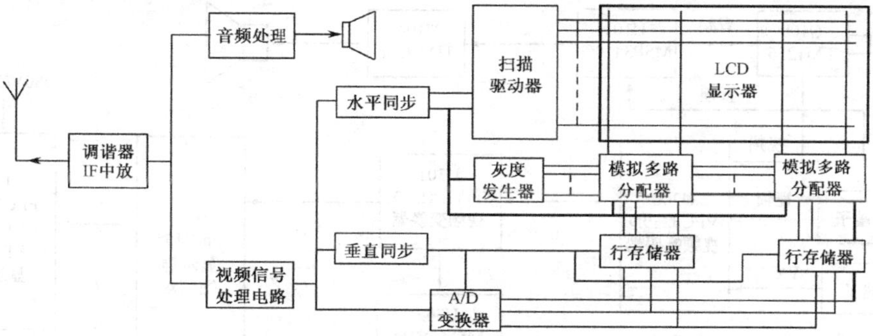

图 6-11　液晶电视机的基本组成框图

视频处理电路送出的模拟视频信号经过 A/D 转换器转化为数字视频信号，此信号在帧同步脉冲的同步控制下，一行接一行地存入行存储器中。在存储某一行数据时，是在行同步脉冲的控制下完成的。左边的行存储器用于锁存左半部分的数字视频信号，右边的行存储器用于锁存右半部分的数字视频信号。锁存的数字视频信号在模拟多路分配器中进行 D/A 变换和极性反转放大后，加到 LCD 显示屏的垂直电极（从 Y_1 至 Y_m）上。

灰度发生器能产生 256 个不同的电压脉冲，分别对应 256 级灰度，灰度脉冲信号与行同步信号同步，用以控制正在扫描的像素的灰度。

6.3.2　康佳 LC-TM15XX 液晶电视机的组成

液晶电视机通常由 LCD 显示器和信号输入/输出及控制电路两部分组成。LCD 显示器主要由 TFT 屏和 B/L 后端板部件组成。后端板部件主要包括背光灯、灯箱及相关的光路导光元器件、背光灯驱动电路等。信号输入/输出及控制电路主要包括电源板、高频头板、系统控制板、键控板、AV/YCbCr/YPbPr/VGA/HDMI 接口板、数字板、伴音处理与功放板、扬声器和控制软件等。

康佳 LC-TM15XX 液晶电视机主要由公共通道、伴音通道、视频信号的 A/D 转换、隔行/逐行扫描变换、LCD 显示屏控制器、微控制器、电源电路等组成，如图 6-12 所示。

1．公共通道

U100 为 FM1256 高频调谐器，是一种包含中放功能的频率合成式高频调谐器。它接收射频电视信号，经过高放、混频、中放、视频检波等处理后，输出彩色全电视信号 CVBS 和音频信号 AUDIO。输出的音频信号有两种：一种是 FM-R、FM-L 或者单声道音频伴音，这主要是针对普通的调频制伴音；另一种是针对数字调制伴音 NICAM 的中频。

2．伴音通道

U101 为 MSP3410G 多制式伴音处理器。该芯片对不同制式的伴音进行转换、加工、解码等，并进行自动音量校正、自动载波静音等。U104 为功放集成电路，将放大后的音频信号分别加到左右扬声器，由 18.432MHz 晶振产生解调各种音频调制信号所需的基准频率。

3．视频信号的 A/D 转换

U200 为 VPC3230D 视频解码器。它把输入的 CVBS、Y/C、RGB/YUV 等模拟视频信号，通过 I^2C 总线的控制，按数字视频信号的格式将模拟视频信号转换成数字视频信号，送到 U301。

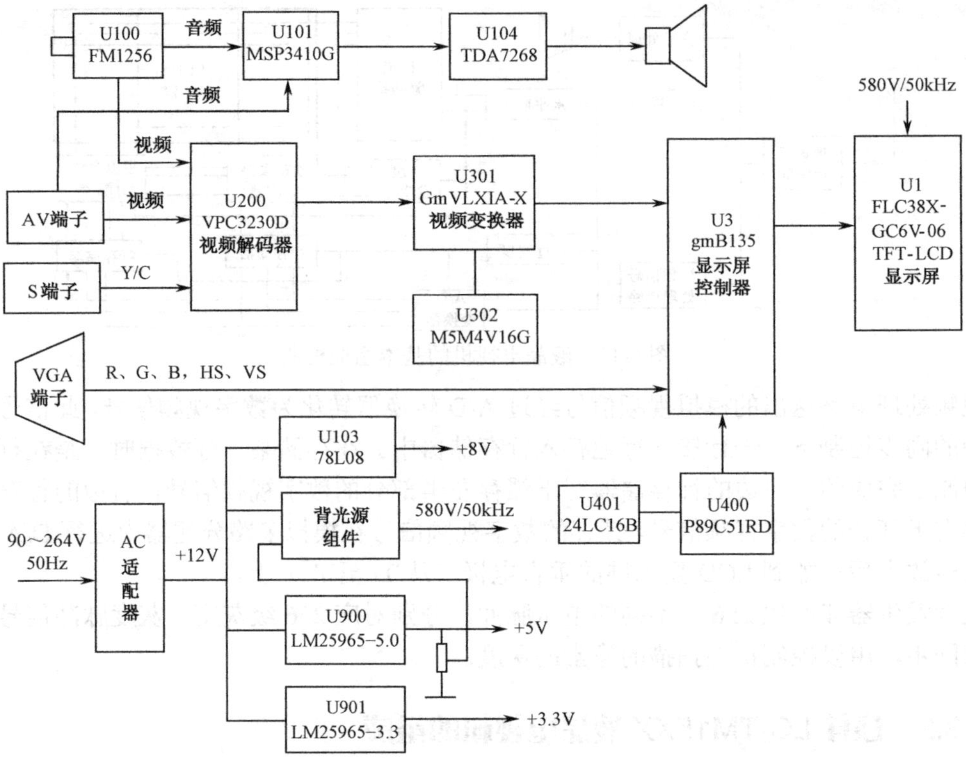

图 6-12　康佳 LC-TM15XX 液晶电视机的电路框图

4．隔行扫描/逐行扫描的变换电路

U301 为 GmVLXIA-X 视频变换器，与同步存储器 U302（又称为 SDRAM）配合完成数字视频变换。本机 SDRAM 为 M5M4V16G，容量为 16MB，可以存储一场数据。经变换后的逐行扫描数字视频信号变成 4∶4∶4 格式，即对 Y/U/V 信号的取样频率均为 13.5MHz，既可输出 3×8 位 R、G、B 信号，也可输出 4∶2∶2 格式，即对 Y/U/V 的取样频率分别为 13.5MHz/6.75MHz/6.75MHz 的 Y、U、V 信号。

5．LCD 显示屏控制器

U3 为 gmB135 的 TFT-LCD 控制器。由视频变换器 U301 输出的 3×8 位 R、G、B 信号送到显示屏控制器 U3 处理。gmB135 共有 292 个引脚，内部有 3 路模/数转换器，取样频率可达 135MHz，它把由 15 芯连接器（VGA 端子）输入的模拟 RGB 信号转换成 4∶4∶4 格式的 R、G、B 数字信号，再由微控制器 U400 控制其运行。也可选择不同的信号源输入，如模拟 RGB 信号或数字 3×8 位 RGB 信号。此外，该芯片内部还设有标尺引擎、串行数字接收器、恢复各种数字时钟信号，用于 OSD（屏显）控制器的 SRAM 以及γ校正电路等，并且实施相应的视频变换来支持 TFT-LCD 显示屏上 29 种显示模式的需要。

6．微控制器及相关电路

U400 为 P89C51RD 微控制器。它是以 8051 微处理器为核心，内设有 64KB 快闪 ROM 和 1024B RAM，有 4 个 8 位 I/O 端口、两个 16 位定时器/计数器以及两个外部中断，一个 RS-232 端口，与它配合的有 E^2PROM 芯片 U401（型号为 24LC16B），用以实现 I^2C 总线控制功能。

7. TFT-LCD 显示屏

U1 为 TFT-LCD 显示屏。该机采用 TFT 作有源驱动矩阵的 TN-LCD（型号为 FLC38X-GC6V-06），具有色彩丰富、响应和亮度特性均较好、寿命长等特点。

8. 电源电路

AC 适配器将输入的交流市电电压（90～264V AC）转换为 DC 12V 电压输出，供给 U103、U104、背光源组件、U900、U901 等使用。DC 12V 电压经背光源组件变换成 580V/50kHz，供给 TFT-LCD 显示器的背光灯使用；12V 电压经 U103 稳压得到稳定的 8V 电压，供给 U101 使用；12V 电压经 U900（型号为 LM25965-5.0）稳压得到稳定的 5V 电压，供给 U100、U400、U401 使用，以及经过可调电阻分压后去控制背光源组件的输出电压，进而调节液晶屏的亮度。12V 电压经 U901（型号为 LM25965-3.3）稳压得到稳定的 3.3V 电压，供给 U200、U300、U301、U302、U3 使用。

6.4　液晶电视机维修技能实训考核装置

6.4.1　整机结构的识读

液晶电视机维修技能实训考核装置由液晶电视机主板、+12V 开关稳压电源、15 英寸液晶屏、智能考核接口单元/彩电信号发生单元、智能答题器、交换机、PC 等组成，如图 6-13 所示。

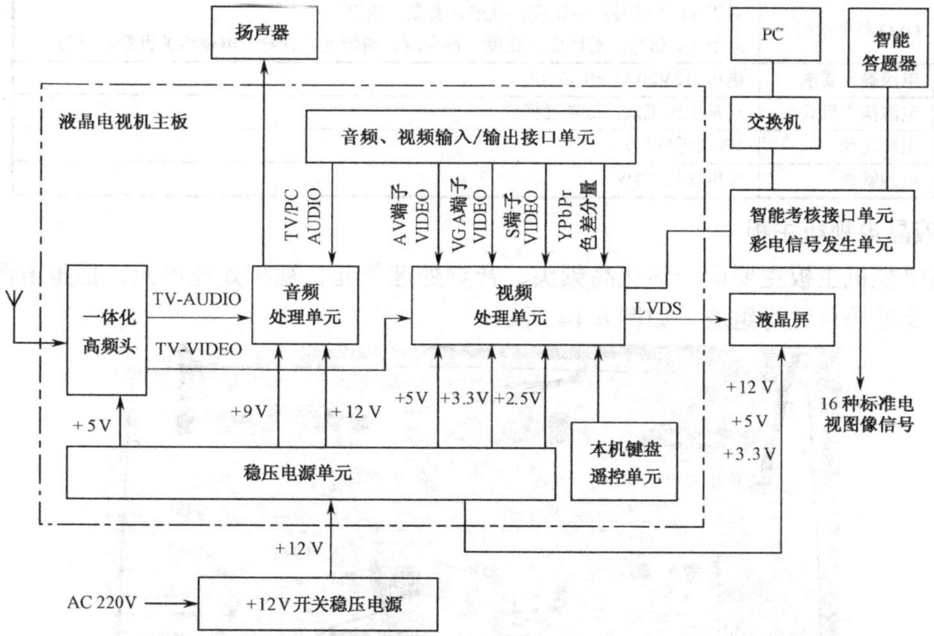

图 6-13　液晶电视机维修技能实训考核装置组成框图

本装置能实现多制式电视输入信号的重现，并以自动搜台的方式存储频道，最多可存储 256 个电视频道；能够重显 S 端子输入的视频信号；对于 VGA 端口输入的模拟 R、G、B 信号，可以实现最高分辨率 UXGA 模式显示，并支持 64bit 色彩再现；对于行场分离的同步信号，且行频在 30～70kHz 范围以及场频在 56～75Hz 范围内，能够实现同步自动检测；内置 2×10W 的 B 类功放，采用编程音量调节，支持两通道外部音频信号输入，具有音频功放输出功能。此外，还能根据输入的视频信号或者 PC 输出的 RGB 信号，自动选择处理通道。其主要性能指标如表 6-1 所示。

表 6-1　液晶电视机维修技能实训考核装置主要性能指标

项目名称	性能说明
输入信号	模拟 RGB 信号（0.7Vp-p），分离的行场同步信号（TTL 电平） 复合视频信号（1.0Vp-p ±5%） S 视频信号（S-Y：0.714Vp-p ±5%；S-C：0.286Vp-p ±5%） 色差分量 YPbPr 信号 两通道外部音频输入（PC 音效卡及 AV 设备声音输入）
视频支持制式	PAL、NTSC、SECAM
TV 接收频段	VHF-L：49.75～160.25MHz VHF-H：168.25～450.25MHz UHF：451.25～863.25MHz
支持模式	DOS、VGA、SVGA、XGA、SXGA、UXGA
色彩	64bit
行同步范围	30～70kHz
场同步范围	56～75Hz
液晶屏输入信号	LVDS 标准
音频输出功率	2×10W，8Ω
控制按键 （遥控操作）	MENU、LIFT、RIGHT、UP、DOWN、SOURCE、POWER （全部功能可由遥控器操作）
OSD 菜单功能	对于 VGA 信号：对比度、亮度、音量、语言 对于 TV 信号：对比度、亮度、饱和度、清晰度、音量、电视相关设置、语言
电源输入要求	电压+12V±0.6V /电流 2A
电源操作模式	正常工作模式，低功耗模式
主板功耗	5W（无负载）
电源管理	待机功耗＜5W

1．液晶电视机主板

液晶电视机主板主要由一体化高频头、音频处理单元、视频处理单元、稳压电源单元、本机键盘及遥控单元等组成，如图 6-14 所示。

图 6-14　液晶电视主板

（1）一体化高频头。从TV接口接收RF射频电视信号，经过混频、放大和视频检波处理后，得到视频信号（CVBS）和音频信号（AUDIO），分别送给视频处理单元和音频处理单元处理。

（2）音频处理单元。从一体化高频头送来的音频信号（AUDIO）或者从音频输入接口单元输入的音频信号（AUDIO），进行音量、音调等处理后分两路输出，一路经音频功率放大后去推动扬声器；另一路从音频输出接口输出音频信号。

（3）视频处理单元。从一体化高频头送来的视频信号（CVBS）或者从AV接口输入的视频信号分两路处理，一路由AV输出接口直接输出视频信号；另一路经过解码电路恢复RGB三基色电信号，再送显示电路处理。从S接口输入的视频信号（Y/C），经过解码电路恢复RGB三基色电信号，再送显示电路处理。从VGA接口输入的模拟RGB信号，直接送显示电路处理。经过显示电路处理后的LVDS信号加到液晶屏的驱动电路，从而在LCD屏上还原出图像。

（4）稳压电源单元。从电源适配器（开关稳压电源）输入12V直流电压，经过直接输出和再次稳压处理后，分别向液晶电视主板提供12V、9V、5V、3.3V、2.5V的直流电压以及向液晶屏与背光源逆变器提供12V直流电压。

（5）本机键盘及遥控单元。本机键盘由MENU、LIFT、RIGHT、UP、DOWN、SOURCE、POWER 7个功能键及电路组成，用户可以输入各功能键来完成对液晶电视的各项功能（输入设置、图像设置、音量设置、频道搜索等）的操作。遥控单元接收遥控信号，并送给微控制器处理。

2．液晶屏

液晶屏主要由背光灯、灯箱及相关的光路导光元器件、背光驱动电路（逆变器）、TFT-LCD屏、LVDS驱动电路等组成，它将输入的LVDS标准信号加以放大后在TFT-LCD屏上重现彩色图像。

3．彩电信号发生单元/智能考核接口单元

彩电信号发生单元/智能考核接口单元由彩电信号发生单元、低压电源输出单元、智能考核接口单元等组成，如图6-15所示。彩电信号发生单元通过AV接口可以输出彩条、电子圈、点格、条格、棋盘、中心十字、−R（缺红色）、−G（缺绿色）、−B（缺蓝色）、白屏、黄屏、青屏、绿屏、紫屏、红屏、蓝屏16种标准图像信号，供液晶电视机调试及故障检修时使用。通过智能考核接口单元，可以将液晶电视机、智能答题器和PC有机相连，实现组网、分发试卷、故障排除、答题记录、提交阅卷的智能化管理。

6.4.2 液晶电视机整机电路的识读

1．射频电视信号输入处理电路

射频电视信号输入处理电路由高频头和高频头输出接口电路组成。高频头（TSN2311-Q）是集高频调谐器和中频解调于一体的频率合成式调谐器，具有灵敏度高、抗干扰能力强等特点。该高频头采用单一+5V电源供电，内含DC/DC转换器将+5V电压转变为+33V的调谐电路所需的工作电压。从75Ω天线接收的射频（RF）电视信号，输入一体化数字高频调谐器，

经过高频放大、混频、滤波、中放、视频检波、预视放、AGC 自动增益控制、AFT 自动频率控制、PPL 锁相环滤波、音频鉴频等处理后，直接输出彩色全电视信号（CVBS）和音频信号（AUDIO）。一体化高频头的引脚排列如图 6-16 所示。TSN2311-Q 型高频头的引脚功能说明如表 6-2 所示。

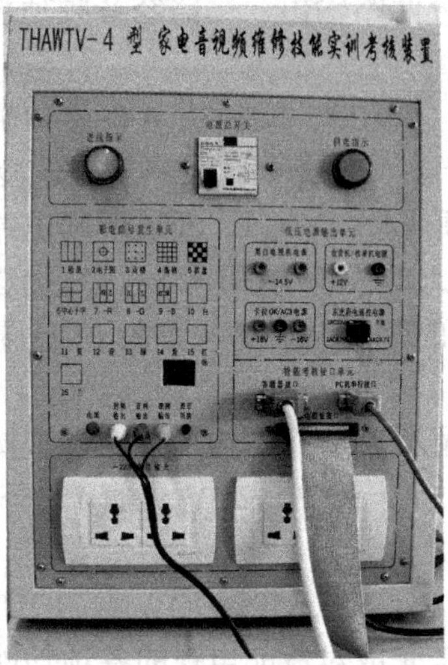

图 6-15　彩电信号发生单元/智能考核接口单元

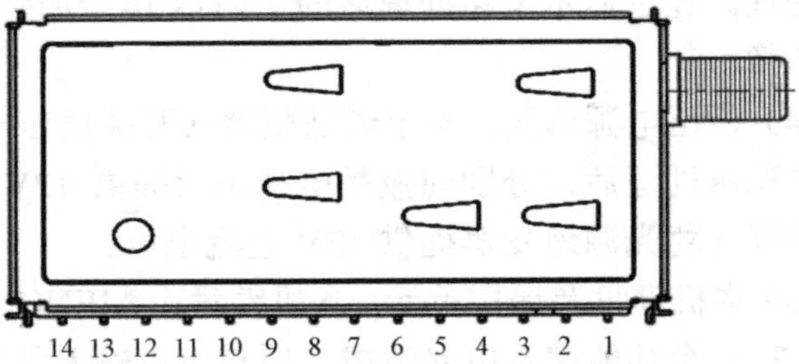

图 6-16　高频头 TSN2311-Q 引脚排列一体化

表 6-2　高频头 TSN2311-Q 引脚名称及功能描述

引脚号	引脚名称	功能描述	参考电压/V
1	AGC 监视	N.C.（空脚）	4
2	调谐电压监视	N.C.（空脚）	0
3	+5V	工作电源+5V	5
4	SCL	I^2C 总线的串行时钟	3.3
5	SDA	I^2C 总线的串行数据	3.3
6	AS	I^2C 总线的地址选择（接地）	0
7	N.C.	N.C.（空脚）	
8	N.C.	N.C.（空脚）	
9	N.C.	N.C.（空脚）	0
10	AS-IF	I^2C 总线地址选择中频器件	2
11	2nd IF Sound	第二伴音中频信号	1.8
12	CVBS	彩色全电视信号	1.1
13	+5V	中频选择，接+5V 电源	5
14	AF	音频信号	2.4

一体化高频头输出的音视频信号接口电路如图 6-17 所示。高频头第⑭脚输出的音频信号（AUDIO），经过 R817、R804 匹配后，再经 C803、C804 耦合输出左右通道的音频信号（TV_Rin、TV_Lin），分别进入音频处理单元 PT2313L 芯片的第⑪脚和第⑮脚。高频头的第⑫脚输出的彩色全电视信号（CVBS），经过 L801、R808、C810 滤波和 C805 耦合，输出视频信号（TV_Vin+、TV_Vin–）进入视频处理单元 MST718 芯片的第㉜脚和第㉝脚的内部处理电路。

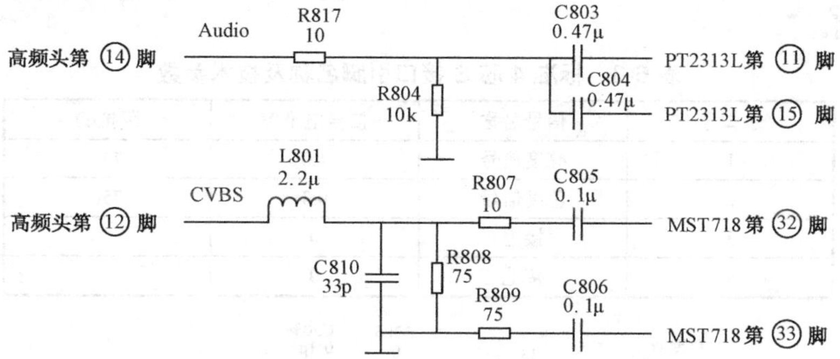

图 6-17 高频头输出音视频信号接口电路图

2．AV 接口输入音/视频信号传输电路

AV 接口输入视频信号传输电路如图 6-18 所示。从 AV 接口输入的视频信号，经过 L301、R303、R302、C301 滤波、耦合后，输出视频信号（AV_Vin+、AV_Vin–）进入 MST718 芯片的第㉚脚和第㉛脚的内部处理电路。

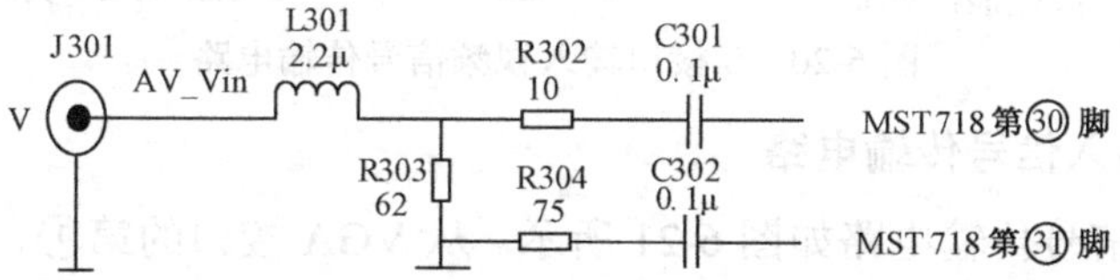

图 6-18 AV 接口输入视频信号传输电路

AV 接口输入音频信号传输电路如图 6-19 所示。从 AV 接口输入的左右声道音频信号（AV_Lin、AV_Rin），分别经过 R203、R202、C201 和 R211、R204、C202 进行阻抗匹配和耦合后，进入音频处理电路 PT2313L 芯片的第⑩脚和第⑭脚的内部处理电路。

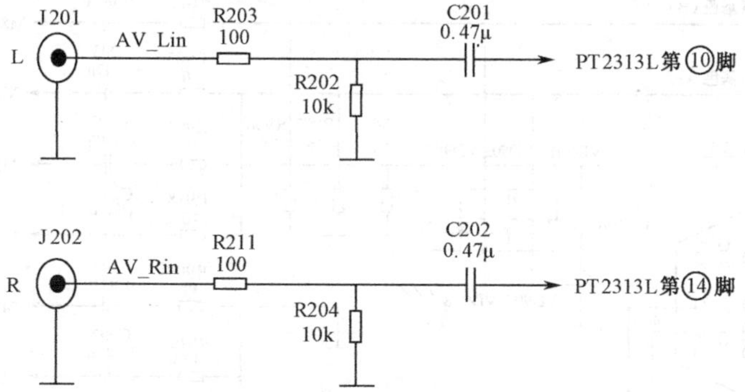

图 6-19 AV 接口输入音频信号传输电路

3．S 接口输入视频信号传输电路

标准 4 芯 S 接口引脚名称及技术参数如表 6-3 所示。从 S 接口输入视频信号的传输电路如图 6-20 所示。从 S 端子第①脚输入的色度信号（C），经过 R305、R306、R307、C303 阻抗匹配及滤波耦合后，进入 MST718 芯片的第㉒脚和第㉓脚；从 S 端子第②脚输入的亮度信号（Y），经过 R309、R310、R311、C305 阻抗匹配及滤波耦合后，进入 MST718 芯片的第㉔脚和第㉕脚。由于标准 4 芯 S 端子（不含音效）只负责视频信号的传送，所以需要使用音频输入接口来接收 S 端子的音频输入信号。而扩展 7 芯 S 端子是含音效的，其音频输入部分与

AV端子的相同。

表 6-3　标准 4 芯 S 接口引脚名称及技术参数

引脚号	信号名称	信号电平/V	阻抗/Ω
1	亮度信号	1.0	750
2	色度信号	0.3	750
3	接地	0	
4	接地	0	

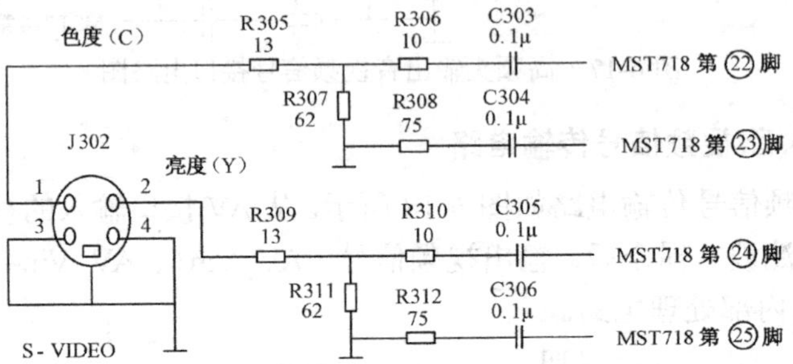

图 6-20　S 接口输入视频信号传输电路

4．VGA 接口输入信号传输电路

VGA接口输入信号传输电路如图6-21所示。从VGA接口的第①、②、③脚输入的三基色电信号（R、G、B），分别经过ESD防静电二极管VD901、VD902、VD903和贴片稳压管VD906、VD907、VD908（型号为MMBZ5232）抗静电处理，再经过R906、R902、C902，R907、R903、C903，R908、R904、C904进行阻抗匹配、滤波与耦合后，分别加到视频处理芯片MST718的第⑭、⑰、⑲脚以及第⑯脚，在芯片内部进行相应处理。

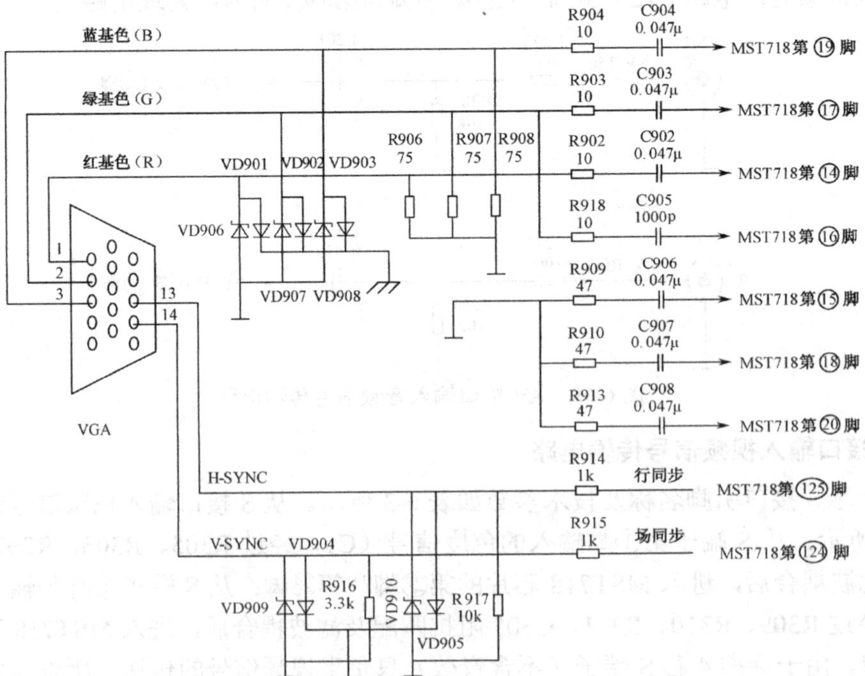

图 6-21　VGA 接口输入信号传输电路

从 VGA 接口的第⑬脚和第⑭脚输入的行同步和场同步信号，分别经过 ESD 防静电二极管 VD904、VD905 和贴片稳压管 VD909、VD910（型号为 MMBZ5232）抗静电处理后，再经过 R916、R914，R917、R915 阻抗匹配后进入视频处理单元 MST718 内部进行处理。PC 插座的第⑪、⑮脚与芯片 U901 存储芯片连接，实现总现控制。

5. YPbPr 输入信号传输处理电路

从 HDTV 端子输入的模拟高清视频 YPbPr 信号，通过限幅、滤波与耦合后，输入到 MST718 进行处理，如图 6-22 所示。从 Y 端输入亮度信号，经 L701 耦合、VD72 和 VD73 双向限幅、阻容滤波与耦合，加到 MST718 的第⑫脚，经 R704 和 C704 耦合将 Y 同步信号加到 MST718 的第⑪脚。从 Pb 端输入蓝色差信号，经 L702 耦合、VD74 限幅、阻容滤波与耦合，加到 MST718 的第⑨脚。从 Pr 端输入红色差信号，经 L703 耦合、VD71 限幅、阻容滤波与耦合，加到 MST718 的第⑦脚。

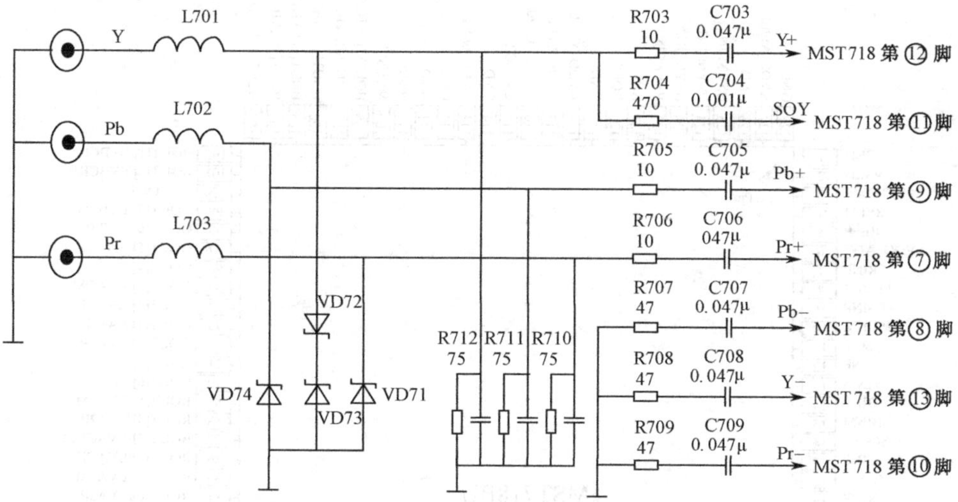

图 6-22　YPbPr 输入信号传输电路

6. 视频信号处理电路

Mstar Semiconductor（晨星半导体）公司推出的 MST718BU 芯片是一款具有微控制器（MCU）、视频信号解码器、隔行/逐行转换模块、模数转换器、图像缩放模块，并兼容 LVDS/TTL 输出功能的视频信号处理 IC。它内置了 8051 微处理器，可提供 OSD（屏幕菜单式调节），并通过 I^2C 总线及 GPIO 与其他器件连接，具有接收高频头输出的彩色全电视信号（CVBS）、S 视频信号（S-VIDEO）、AV 端子输入的视频信号（CVBS）、VGA 端子输入的 RGB 信号、YCbCr 和 HDTV（YPrPb）输入信号，输出格式支持 8 位 TTL 和 LVDS 数字 TFT–LCD 显示模块。

MST718BU 内部结构如图 6-23 所示。MST718BU 共有 128 个引脚，引脚排列如图 6-24 所示。引脚名称和功能说明如表 6-4 所示。

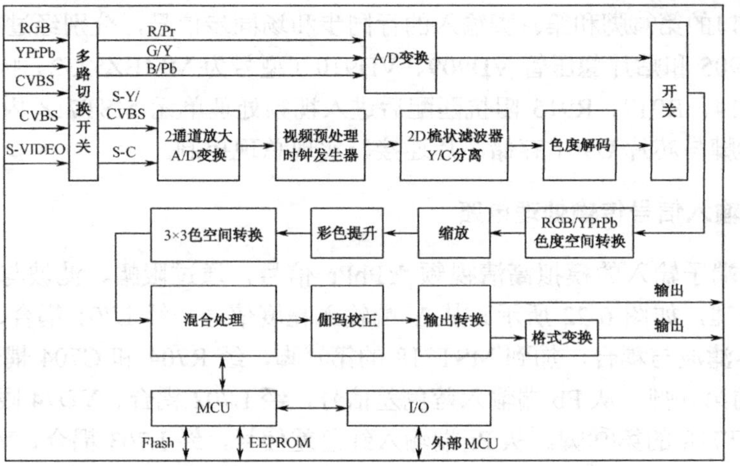

图 6-23　MST718BU 内部结构

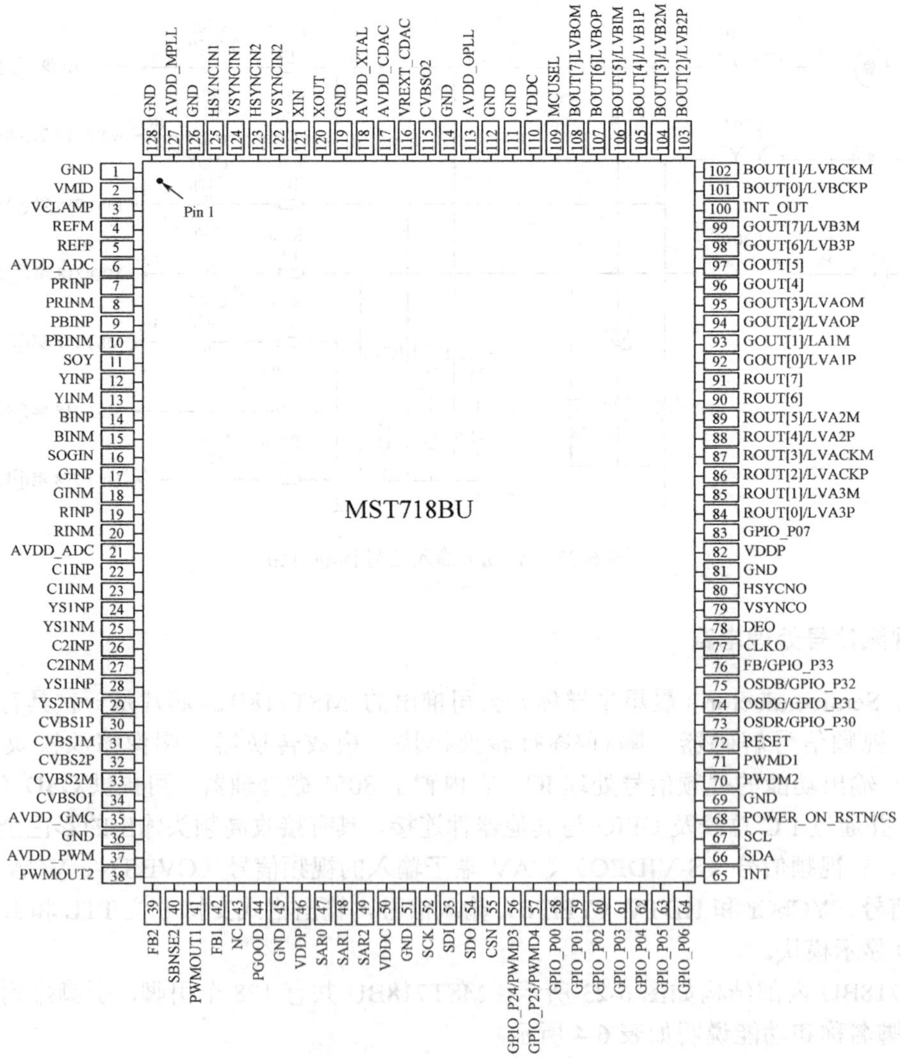

图 6-24　MST718BU 引脚排列

表 6-4 MST718BU 引脚名称和功能说明

引脚号	名 称	功 能
2	VMID	中间缩放电压旁路脚
3	VCLAMP	CVBS/YC 模式的电压旁路脚
4	REFM	内部 ADC 底部退耦脚
5	REFP	内部 ADC 顶部退耦脚
7	PRINP	HDTV 的 Pr 信号输入脚
8	PRINM	HDTV 的 Pr 信号参考低电平脚
9	PBINP	HDTV 的 Pb 信号输入脚
10	PBINM	HDTV 的 Pb 信号参考低电平脚
11	SOY	Y 同步信号输入脚
12	YINP	HDTV 的 Y 信号输入脚
13	YINM	HDTV 的 Y 信号参考低电平脚
14	BINP	VGA 模拟 B 信号输入脚
15	BINM	VGA 模拟 B 信号参考低电平脚
16	SOGIN	VGA 模拟 G 信号同步信号输入脚
17	GINP	VGA 模拟 G 信号输入脚
18	GINM	VGA 模拟 G 信号参考低电平脚
19	RINP	VGA 模拟 R 信号输入脚
20	RINM	VGA 模拟 R 信号参考低电平脚
22	C1INP	S 视频信号 1 的色度信号输入脚
23	C1INM	S 视频信号 1 的色度信号参考低电平脚
24	YS1INP	S 视频信号 1 的亮度信号输入脚
25	YS1INM	S 视频信号 1 的亮度信号参考低电平脚
26	C2INP	S 视频信号 2 的色度信号输入脚
27	C2INM	S 视频信号 2 的色度信号参考低电平脚
28	YS2INP	S 视频信号 2 的亮度信号输入脚
29	YS2INM	S 视频信号 2 的亮度信号参考低电平脚
30	CVBS1P	模拟复合信号 1 输入脚
31	CVBS1M	模拟复合信号 1 低电平参考脚
32	CVBS2P	模拟复合信号 2 输入脚
33	CVBS2M	模拟复合信号 2 低电平参考脚
116	VREXT_CDAC	标准电流发生器输入脚，通过 820Ω电阻接地
125	HSYNCIN1	VGA 行同步信号输入脚 1（最大 5V）
124	VSYNCIN1	VGA 场同步信号输入脚 1（最大 5V）
123	HSYNCIN2	VGA 行同步信号输入脚 2（最大 5V）
122	VSYNCIN2	VGA 场同步信号输入脚 2（最大 5V）
77	CLKO	显示时钟输出脚
78	DEO	显示使能输出脚
79	VSYNCO	场同步信号输出脚
80	HSYNCO	行同步信号输出脚
108～101	BOUT[7]～BOUT[0]	蓝色信号输出脚 7～0
99～92	GOUT7～GOUT0	绿色信号输出脚 7～0
91～84	ROUT7～ROUT0	红色信号输出脚 7～0

续表

引脚号	名　称	功　能
73	OSDR/GPIO_P30	外部 OSD 红信号输入/通用输入输出脚（最大 5V）
74	OSDG/GPIO_P31	外部 OSD 绿信号输入/通用输入输出脚（最大 5V）
75	OSDB/GPIO_P32	外部 OSD 蓝信号输入/通用输入输出脚（最大 5V）
76	FB/GPIO_P33	外部快速空白输入/通用输入输出脚（最大 5V）
38	PWMOUT2	DC 转换选通脉冲输出脚
39	FB2	PWM2 误差电压反馈输入脚（V=1.2V）
40	SENSE2	PWM2 识别信号脚
41	PWMOUT1	DC 转换选通脉冲输出脚
42	FB1	PWM1 误差电压反馈输入脚（V=1.2V）
43	SENSE1	PWM1 识别信号脚
44	PGOOD	电源正常指示脚
49～47	SAR2～SAR0	SAR（寄存器）低速 ADC 输入脚 2～0
52	SCK	串行总线时钟脚
53	SDI	串行总线数据输入脚（最大 5V）
54	SDO	串行总线数据输出脚
55	CSN	串行接口芯片选择脚
58～64，83	GPIO_P00～GPIO_P07	通用输入/输出口 7～0（最大 5V）
65	INT	中断输入脚，用于红外线接收
66	SDA	串行总线的数据线（最大 5V）
67	SCL	串行总线的时钟线（最大 5V）
68	POWER_ON_RSTN/CS	电源上电复位信号/串行总线的片选信号（最大 5V）
72	RESET	硬件复位脚，高电平有效（最大 5V）
121	XIN	晶体振荡输入脚
120	XOUT	晶体振荡输出脚
56	GPIO_P24/PWMD3	通用输入/输出口 24/PWMD3（脉宽调制输出 3）
57	GPIO_P25/PWMD4	通用输入/输出口 25/PWMD4（脉宽调制输出 4）
70	PWMD2	脉宽调制输出 2（4mA 驱动强度）
71	PWMD1	脉宽调制输出 1（4mA 驱动强度）
100	INT_OUT	方式检测中断输出脚
34，115	CVBSO1/CVBSO2	TV 复合信号输出脚 1/输出脚 2
109	MCUSEL	MCU 选择：0: MCU on；　1: MCU off
6，21	AVDD_ADC	ADC 电源+2.5V
35	AVDD_GMC	GMC 电源+5V
37	AVDD_PWM	PWM 电源+5V
113	AVDD_OPLL	OPLL 电源+2.5V
117	AVDD_CDAC	CDAC 电源+2.5V
118	AVDD_XTAL	XTAL 电源+5V
127	AVDD_MPLL	MPLL 电源+2.5V
50，110	VDDC	+2.5V 电源
46，82	VDDP	+3.3V 电源/5V 电源
1，36，45，51，69，81，111，112，114，119，126，128	GND	接地

视频信号处理框图主要由高频头、输入信号接口电路、视频信号处理芯片 MST718BU、程序存储器（串行闪存芯片）、节目存储器（EEPROM）、液晶屏等组成，如图 6-25 所示。来自电视高频头的 CVBS1、AV 信号源的 CVBS2 和 S-VIDEO 视频的 YC 模拟信号、来自 HDTV 的 YPbPr 和来自 VGA 的 RGB 信号，经过选择后送入主芯片 MST718BU，经处理后输出为 8 位 TTL 和单/双通道 8 位 LVDS 信号至 LCD 屏上驱动板。经驱动板处理后形成行、列驱动信号，分别驱动液晶屏的 *X* 电极和 *Y* 电极，从而在液晶屏上显示图像。由 MST718BU 为主构成的 LCD 电视平台所运行的（DSP 代码）程序，要求写到一颗外置串行闪存芯片 PS25LV020 内。程序存储器 PS25LV020 也是由 Mstar 公司生产的具有 256KB 储存空间的串行闪存芯片，MST718BU 通过一个 4 位串行总线与 PS25LV020 进行数据读写操作。节目存储器 AT24C16 是 ATMEL 公司生产的具有 16KB（2048×8bit）容量的 2 线串行 EEPROM 芯片，MST718BU 是通过 I^2C 控制总线访问它的，它主要用于保存节目选台控制数据。

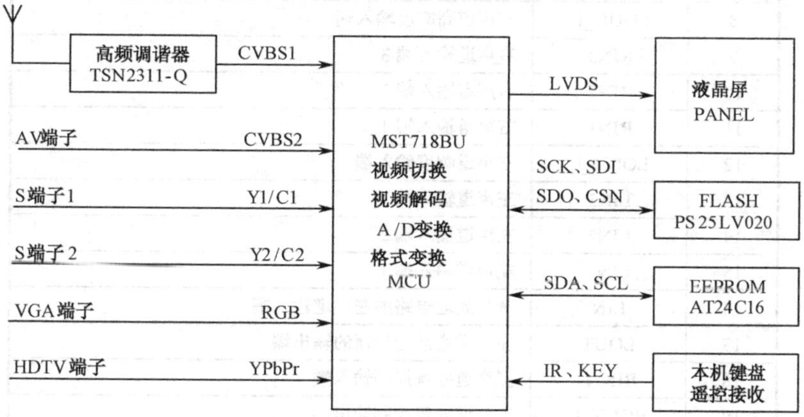

图 6-25　视频信号处理框图

7. 音频信号处理电路

音频信号处理电路框图如图 6-26 所示。由 PC 或播放器输入的左右声道（R、L）音频信号或者由高频调谐器输出并经 C803、C804 分为左右声道的音频信号，进入音频处理电路 PT2313L，进行音量、音调、平衡度、响度等处理后输出至音频功放电路 TDA1517P，经过功率放大后的音频信号去推动左右扬声器发出声音。

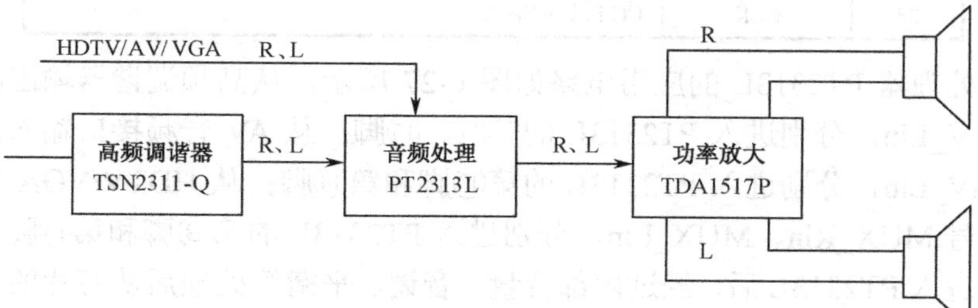

图 6-26　音频信号处理电路框图

PT2313L 是一个采用 CMOS 工艺制造的 4 声道数字音频控制处理器，具有音量、音调（低音、高音）、平衡度（左、右）和响度（前、后）控制等功能。可选择的输入增益使得 PT2313L

用很少的外围元件就可以实现更高的性能和可靠性，并且所有的控制都通过与外部微处理器相连的串行 I^2C 总线来控制，因而在高保真的音响系统中得到了广泛应用。PT2313L 共有 28 个引脚，其引脚名称与功能如表 6-5 所示。

表 6-5　音频控制处理器 PT2313L 引脚名称与功能

引脚号	名称	功　能
1	REF	参考电压，电压等于 VDD 脚的一半（外接电容 22μF）
2	VDD	电源电压，典型值为 9V
3	AGND	模拟地
4	TREB_L	左声道高音控制输入（外接电容 2.7nF）
5	TREB_R	右声道高音控制输入（外接电容 2.7nF）
6	RIN	音频处理电路的右声道输入端
7	ROUT	右声道增益选择器的输出端
8	LOUD_R	右声道高响度输入端
9	RIN3	右声道输入端 3
10	RIN2	右声道输入端 2
11	RIN1	右声道输入端 1
12	LOUD_L	左声道响度输入端
13	LIN3	左声道输入端 3
14	LIN2	左声道输入端 2
15	LIN1	左声道输入端 1
16	LIN	音频处理电路的左声道输入端
17	LOUT	左声道增益选择器的输出端
18	BIN_L	左声道低音控制输入端
19	BOUT_L	左声道低音控制输出端
20	BIN_R	右声道低音控制输入端
21	BOUT_R	右声道低音控制输出端
22	RROUT	与右声道后扬声器功放端口相连
23	LROUT	与左声道后扬声器功放端口相连
24	RFOUT	与右声道前扬声器功放端口相连
25	LFOUT	与左声道前扬声器功放端口相连
26	DGND	数字地
27	DADA	I^2C 数据端输入
28	CLK	I^2C 时钟端输入

音频控制处理器 PT2313L 的应用电路如图 6-27 所示。从高频调谐器输出的左右音频信号 TV_Rin、TV_Lin，分别进入 PT2313L 的第⑪、⑮脚；从 AV 音频接口输入的左右音频信号 AV_Rin、AV_Lin，分别进入 PT2313L 的第⑩脚和第⑭脚；从 HDTV/VGA 音频接口输入的左右音频信号 MUX_Rin、MUX_Lin，分别进入 PT2313L 的第⑨脚和第⑬脚。外界输入的左右音频信号进入 PT2313L 后，经过内部音量、音调、平衡等处理后从芯片的第㉒、㉓、㉔、㉕脚输出左右声道音频信号，送给音频功率放大器 TDA1517P 处理。

音频功率放大器 TDA1517P 是包含 2 个相同放大器并能支持 2×6W 的立体声功率放大器。它具有高输出功率、增益可调、静音/待机切换等特点，是一个完整的 B 级双输出放大器，主要用于多媒体应用场合。TDA1517P 共有 18 个引脚，其引脚名称与功能说明如表 6-6 所示。

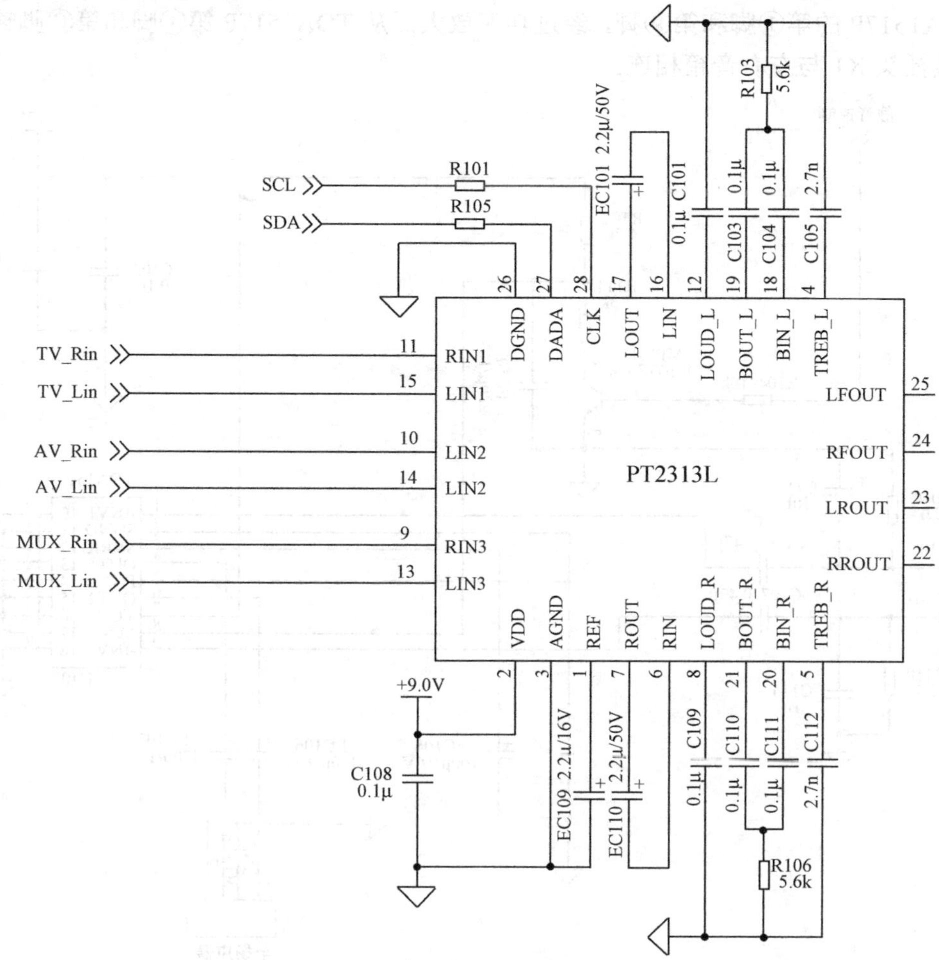

图 6-27 音频控制处理器 PT2313L 的应用电路

表 6-6 音频功率放大器 TDA1517P 引脚名称与功能说明

引脚号	名称	功　能
1	–INV1	通道 1 的音频信号输入端
2	SGND	接地（信号地）
3	SVRR	重音模式使能端
4	OUT1	通道 1 的音频信号输出端
5	PGND	接地（电源地）
6	OUT2	通道 2 的音频信号输出端
7	VCC	电源 12V
8	M/SS	静音和待机模式选择
9	–INV2	通道 2 的音频信号输入端
10～18	GND/HS	接地

音频功率放大器 TDA1517P 的应用电路如图 6-28 所示。它将 PT2313L 第㉔、㉕脚输出的左右声道音频信号分别经过 R108、C113，R110、C114 滤波后，再经过 C106、C107 耦合

进入 TDA1517P 的第①脚和第⑨脚，经过功率放大后从 TDA1517P 第④脚和第⑥脚输出，再经过转接插头 X1 与左右音箱相连。

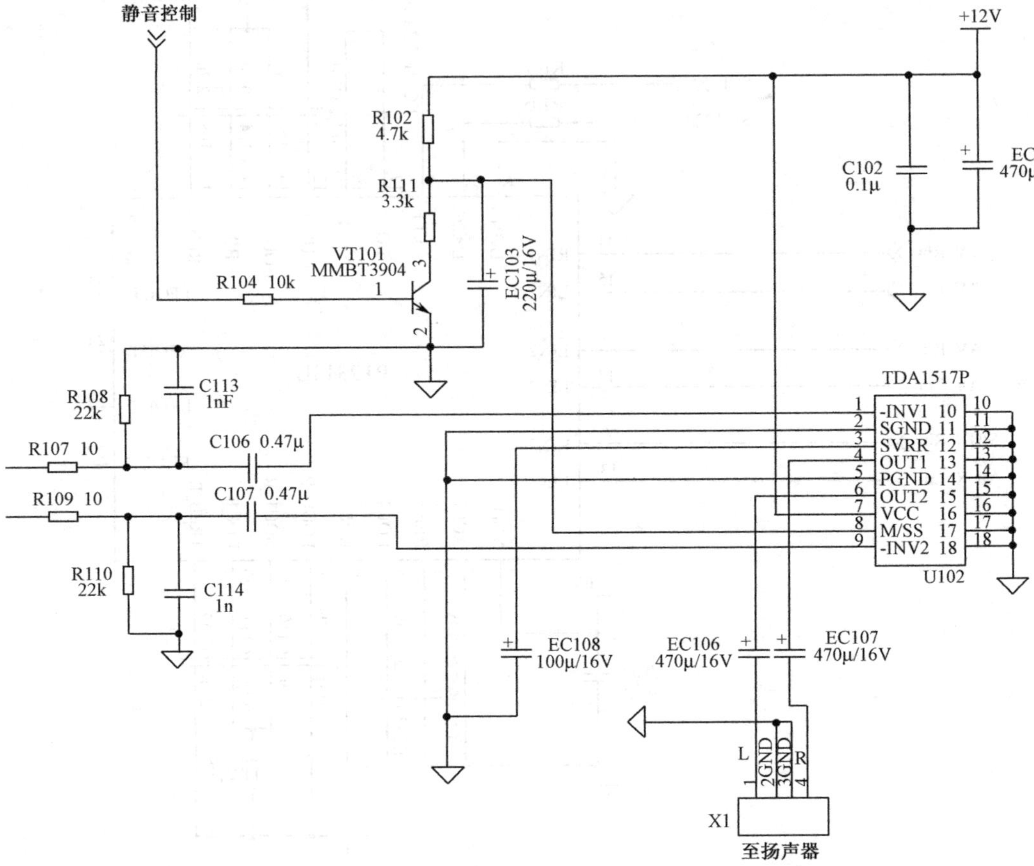

图 6-28 音频功率放大器 TDA1517P 应用电路

8. 液晶屏驱动电路及背光灯控制电路

LCD 显示器正常工作所需的背光源是由背光灯提供的。常用的 LCD 背光灯有冷阴极荧光灯（CCFL）、LED 和电致发光（EL）3 种类型。本实训考核装置的 LCD 显示器采用 CCFL 背光灯。

1）液晶屏驱动电路供电开关控制

液晶屏驱动部分供电开关控制电路如图 6-29 所示。从 MST718BU 芯片的第㊼脚输出 ON-PANEL 信号去控制三极管 VT503、VT501 的导通与截止，从而控制芯片 U505 场效应管的导通与截止，选择+3.3V 电压是否传送给液晶屏驱动电路，从而控制驱动电路的开与关。当电视机处在待机状态时，MST718BU 输出 ON-PANEL 信号为低电平信号，这时 VT503 截止，VT501 饱和导通，场效应管 U505 的 D 极无电压输出，则液晶屏驱动电路因无工作电压而停止工作；当电视机由待机转为开机时，MST718BU 输出 ON-PANEL 信号为高电平信号，这时 VT503 饱和导通，VT501 截止，场效应管 U505 的 D 极输出 3.3V 电压，则液晶屏驱动部分处于正常工作状态。

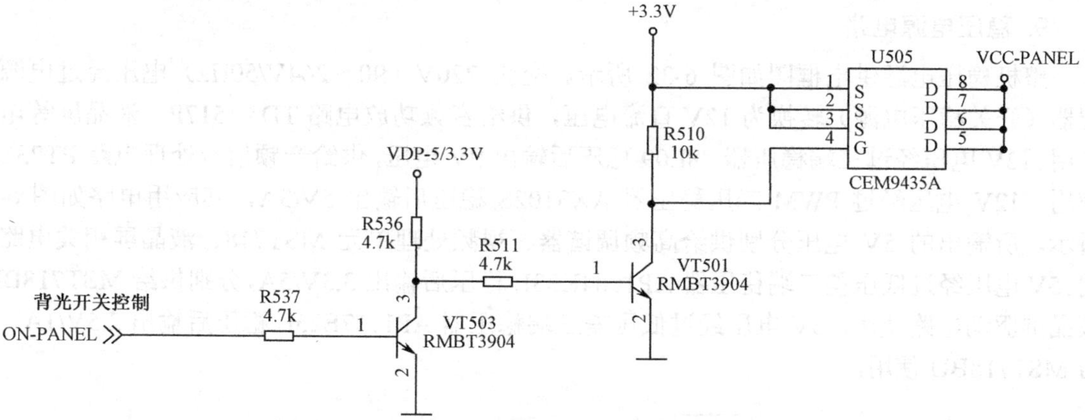

图 6-29　液晶屏驱动部分电源开关控制电路

2）背光灯管启动的开关控制电路

背光灯管启动的开关控制电路如图 6-30 所示。从 MST718BU 的第⑩脚输出 ON-PBACK 控制信号去控制三极管 VT502 的导通与截止，进而控制+5V 电压是否传送到背光灯管的控制板上，来控制灯管的工作与否。如果 ON-PBACK 为低电平信号，则 VT502 截止，背光灯管正常启动，LCD 屏可以显示信息；如果 ON-PBACK 为高电平信号，则 VT502 饱和导通，背光灯管关闭，LCD 黑屏。

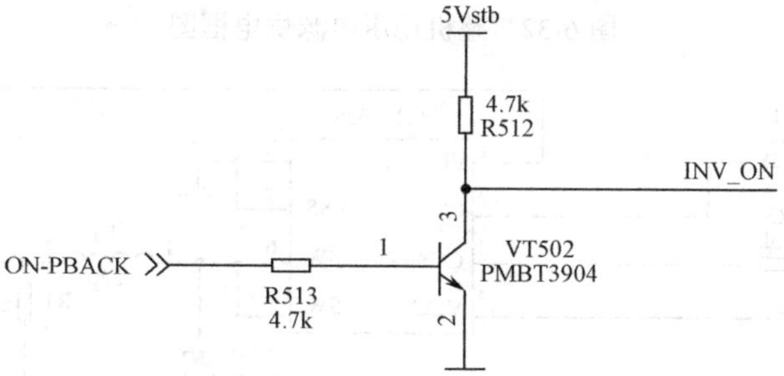

图 6-30　背光灯管启动的开关控制电路

3）背光灯管亮度调节电路

背光灯管亮度调节电路如图 6-31 所示。从 MST718BU 的第⑪脚输出 ADJ-PWMO 信号，控制三极管 VT504 导通电流的大小，进而去控制背光灯驱动板，从而控制灯管的亮度。

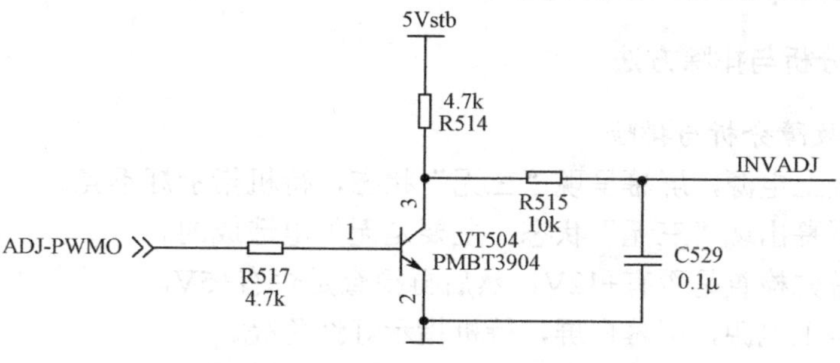

图 6-31　背光灯管亮度调节电路

9. 稳压电源电路

整机稳压电源供电框图如图 6-32 所示。交流 220V（90～264V/50Hz）电压经过电源适配器（开关稳压电源）转换为 12V 直流电压，供给音频功放电路 TDA1517P、液晶屏等电路使用。12V 电压经过三端稳压器 78L09 稳压后输出 9V 电压，供给音频信号处理电路 PT2313L 使用。12V 电压经过 PWM 降压稳压器 AX3102S 稳压后输出 5V/3A，其应用电路如图 6-33 所示。所输出的 5V 电压分别供给高频调谐器、视频处理单元 MST718、液晶屏相关电路使用。5V 电压经过低压差三端稳压器 AP1084K33L 稳压后输出 3.3V/5A，分别供给 MST718BU、液晶屏驱动电路使用。5V 电压经过低压差三端稳压器 AP1117E25L 稳压后输出 2.5V/1A，供给 MST718BU 使用。

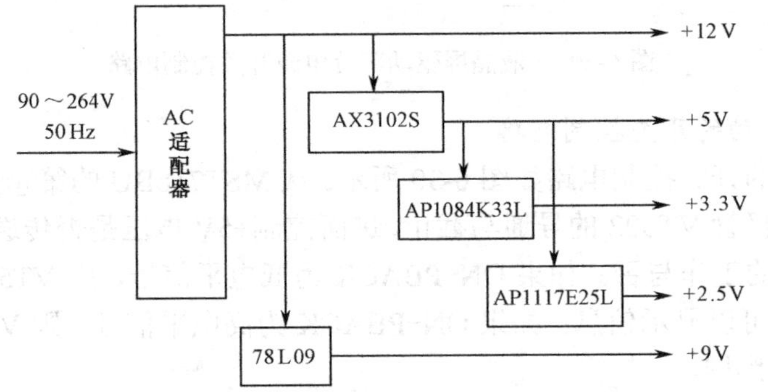

图 6-32　整机稳压电源供电框图

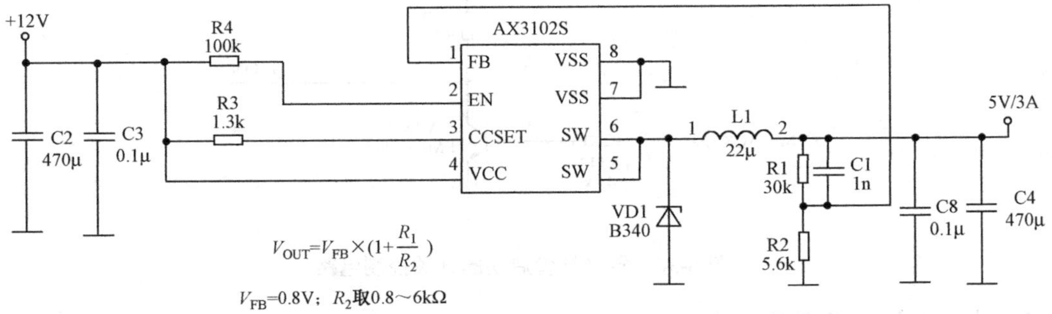

图 6-33　稳压器 AX3102S 应用电路

6.4.3　故障排除方法与操作训练

1. 典型故障分析与排除方法

1）稳压电源故障分析与排除

故障现象：插上电源，屏幕呈现“三无”状态，待机指示灯不亮。

故障分析：屏幕出现“三无”状态，主要是无供电造成的。

故障排除：首先检查是否有+12V，然后再检查是否有+5V。

故障现象：插上电源，屏幕白屏，待机指示灯红色亮。

故障分析：根据现象可以分析出屏幕白屏主要是无屏驱动部分工作电压，这时就要检查屏驱动部分的供给电压电路。

故障排除：先检查+3.3V 是否正常，如果正常再检查 VT503、VT501、U505 及外围电路是否正常。

故障现象：插上电源，待机指示灯绿色亮，操作按键及遥控器均无反应。

故障分析：根据现象可以分析出按键及遥控器都无反应主要是 MST718BU 不工作，在 MST718BU 芯片正常的情况下要先检查 MST718BU 的工作电压，从待机指示灯显示绿色可以知道此时+12V、+5V、+3.3V 供电正常，这时主要检查+2.5V 供电是否正常。

故障排除：检查+2.5V 电压是否正常，再测量加到 MST718BU 芯片各脚的工作电压是否正常。

2）有图像、无音频输出故障分析与排除

故障现象：TV 状态下有图像、无音频输出。

故障分析：TV 状态下无音频信号的主要原因有：①一体化高频头无伴音输出；②音频处理芯片不工作；③音频传输线路有故障。

故障排除：①首先把制式设置为 AV 状态，输入 AV 信号检查是否有音频信号输出，如果有音频信号输出，那么可以判断故障主要出现在高频头到音频处理芯片之间的电路上。②AV 信号输入后，如果还是没有音频信号输出，那么故障分析的三种原因都有可能，这时根据线路检查音频处理单元。

故障现象：AV 状态下，无音频信号输出。

故障分析：AV 状态下无音频信号的主要原因有：①PT2313L 的 AV 音频输入脚无音频信号输入；②音频处理芯片不工作；③音频输出线路有问题。

故障排除：①首先把制式设置为 TV 状态，看是否有音频输出。如果有音频输出说明音频处理芯片一般不会有问题，这时用万用表测量 TP7、TP8 以及对应的 AV 插口连接是否正常。②如果在 TV 制式下也没有音频输出，用万用表测量检查 TP10、TP11 与对应的 AV 插口连接是否正常。如果连接正常，此时要检查音频处理线路。

3）蓝屏故障分析与排除

故障现象：在 TV 状态下显示蓝屏。

故障分析：在 TV 状态下显示蓝屏说明无视频信号。主要原因有：①高频头无工作电压；②高频头无视频信号输出。

故障排除：首先检查高频头的第③、⑬脚的电压是否为+5V，如果有电压，再检查高频头的第⑫脚是否有视频信号输出。

4）白屏故障分析与排除

故障现象：开机声音正常但显示白屏。

故障分析：开机声音正常发生白屏故障，说明液晶屏驱动信号不正常，90%都是由于排线接触不好引起的，这主要是由于排线插在槽内，在长时间高温的工作环境下导致接触不良。

故障排除：拔出排线，重新插好排线。

5）图像太暗故障分析与排除

故障现象：开机有声音，但图像太暗。

故障分析：液晶屏本身是不发光的，是由灯管照射而发光的，所以首先检查一下亮度调节是否妥当，如果亮度调到最大都没有反应说明逆变器背光灯驱动无工作。这时要检查逆变器的工作控制电压是否正常。

故障排除：检查电源的+12V 电压和提供背光灯驱动芯片的+5V 工作电压。

思考题

（1）试分析开机有声音，屏幕为黑屏的故障原因。

（2）试分析开机图像正常，噪声很大的故障原因。

（3）试分析有哪几种故障可以引起开机“三无”状态。

2. 智能答题器排故训练

本系统是由 PC 上位机、智能答题器和考核装置组成的实训智能考核系统，具有故障设置、故障排除演练、远程控制和考核管理等多项功能，同时该系统也可脱离服务器通过智能答题器在单个考核台上使用，并且操作过程中的信息都可以随时查询，掉电数据不丢失。

智能答题器由 240×128 点阵蓝底背光液晶显示屏、PVC 轻触键盘、单片机、存储器和通信模块组成；实训装置带有通信板和继电器控制板。通信板上的单片机接口经光耦与控制设故和排故的继电器相接。PC 上位机通过一个接口，可连接智能答题器。而智能答题器通过通信板有自动检测实训考核装置是否在线的功能。

当 PC 上位机和智能答题器在线连接后，教师可以通过 PC 上位机设置故障并制成试卷，发给每台考核装置，学生就可以通过智能答题器来排除故障。智能答题器操作方法如下：

智能答题器通电后，液晶显示屏显示初始界面。先输入“学号 2008XX”，其中“XX”对应考核装置的编号，再输入“排故密码 321”后，按“确认”键，进入学生联机操作界面。如果登录不成功，则会显示“找不到设备”。如果登录成功，则页面上显示对应的实验台名称，然后进入排故界面。学生可以根据故障现象，初步判断故障部位，按照表 6-7 所示的对应关系，用万用表测量液晶电视机主板上故障测试点的电压，来确认故障部位，再移动光标选择要排除的故障点，按下相应的“设置”键，此故障点由 OFF 变为 ON 或者由 ON 变为 OFF，再按“确认”键，通信处显示“发送成功”。若排故操作正确，“剩余故障”处会相应减少一个故障；若排故错误，“剩余故障”处会相应增加一个故障，误排个数也会相应地增加。若显示“发送失败”，则需再按“确认”键，直至发送成功。在排故过程中，若实验装置掉电了，上电后，可以继续掉电之前的操作。直至剩余故障显示为 00 时，此设备的故障全部排除。排故完成以后，按“返回”键，页面显示“是否返回登录页面？”，再按“确认”键，即可返回到排故设备名称界面。在设备名称界面，按“提交”键进行交卷，屏幕显示“是否提交试卷？”，再按“确认”键显示“正在提交试卷！请稍候”，提交成功以后返回到初始界面。

表 6-7　液晶电视机故障现象及排除方法

故障现象	液晶电视机主板故障测试点	答题器设置键
三无	TP1	K5
三无	TP2	K6
指示灯红色亮，液晶屏白屏（此现象不能长时间观看，一看到有此现象应立即断电检查及排故）	TP3	K7
指示绿灯亮，按遥控及本机按键均无反应	TP4	K8

续表

故障现象	液晶电视机主板故障测试点	答题器设置键
插上电源屏幕显示白屏，按下 POWER 键显示正常，再按 POWER 键，重显白屏	TP5	K9
屏幕变暗	TP6	K10
AV、分量、计算机、S 端子状态下无右音频输出	TP7	K11
AV、分量、计算机、S 端子状态下无左音频输出	TP8	K12
AV 状态下时显示蓝屏	TP9	K13
无左音频输出	TP10	K14
无右音频输出	TP11	K15
TV 状态下显示蓝屏	TP12	K16
按键不正常	TP13	K17
TV 状态下显示蓝屏	TP14	K18
TV 状态下无音频输出	TP15	K19
无音频输出	TP16	K20
遥控器无效	TP17	K21
POWER 键无效	TP18	K22
无音频输出	TP19	K23

6.4.4 软件安装

在故障设置与试卷管理之前，首先要在管理计算机上安装 SQL Server 2000 数据库和“家电技能实训智能考核系统”配套软件。

1. 安装 SQL Server 2000 数据库

准备好 SQL Server 2000 软件，双击 SQL Server 2000 安装图标，系统进入安装界面，单击“安装 SQL Server 2000 简体中文个人版”，选择“安装 SQL Server 2000 组件”，单击“安装数据库服务器”→“下一步”→“本地计算机”→“下一步”→“创建新的 SQL Server 实例，或者安装客户端工具”→“下一步”，弹出“用户信息”对话框，填写完用户信息后，单击“下一步”按钮，进入“安装定义”对话框。

选择“服务器和客户端工具”，再选择“下一步”→“下一步”→“典型”→“下一步”之后进入“服务账户”对话框，选择“对每个服务使用同一账户，自动启动 SQL Server 服务”→“使用本地系统账户”，单击“下一步”按钮进入“身份验证模式”对话框。

选择“混合模式（Windows 身份验证和 SQL Server 身份验证）”，根据提示输入密码或使用空密码，单击“下一步”→“完成”按钮，结束数据库安装。

2. 数据库配置

打开企业管理器，右击数据库文件夹，在弹出的快捷菜单中选择“新建数据库”命令，弹出“数据库属性”对话框。在“名称”一栏上填入数据库名“secexam”，然后单击“确定”按钮新建“secexam”数据库。

在 secexam 数据库上单击，在弹出的快捷菜单中选择“所有任务”→“还原数据库”命令弹出“还原数据库”对话框。在对话框的还原项中选择“从设备”，然后单击“选择设备”按钮弹出“选择还原设备”对话框。单击“添加”按钮弹出“选择还原目的”对话框。选中

“文件名”单选按钮，再把公司随机光盘中附带的 secexam.bak 数据库备份文件导入数据库中，完成数据库配置。

3. 安装“家电技能实训智能考核系统”配套软件

（1）双击安装图标，系统进入安装界面。

（2）单击“下一步”按钮进入“选择安装目录”对话框，可以通过单击“浏览”按钮来选择目标目录。

（3）单击“下一步”按钮，进入“选择图表组名称”对话框，保持此对话框的默认选项，单击“下一步”按钮进入“安装选项”对话框。

（4）选择要执行的操作后，单击“下一步”按钮，进入“开始安装”对话框，单击“下一步”按钮后开始安装。

（5）选择要执行的操作后，单击“下一步”按钮，进入“正在安装”对话框。

（6）安装结束，显示对话框，单击“完成”按钮，完成软件安装。

完成数据库 SQL Server 2000 和“家电技能实训智能考核系统”配套软件安装之后，就形成了数据管理、试卷管理和考核管理 3 个独立的快捷操作图标，可以分别进行系统数据（包括考生信息、教师信息、成绩信息等）修改、试卷创建与编辑、试卷考核管理的操作。

6.4.5 试卷制作与考核管理

应该注意，第一次运行本软件要对系统进行数据库配置。单击“数据库配置”按钮，打开“数据库配置”对话框，输入服务器名：“TH-3827158A7FF5”，用户名：“sa”，密码：“***”，填完配置信息后，单击“确定”按钮完成数据库配置，返回登录界面。选中数据管理、试卷管理、考核管理 3 个快捷图标之一，即可进入每一种操作界面，并且都得进行教师登录。具体操作如下。

1. 教师登录

双击操作软件的快捷图标，运行配套软件，将弹出教师登录界面，根据提示操作（用户：1，↵；密码：1，↵），进入软件主界面，系统登录成功。

2. 试卷管理

试卷管理主要完成试卷的创建工作，此功能可以在脱机环境下进行。单击试卷管理模块的快捷图标，完成教师登录后，进入试卷编辑界面，就可以按照提示进行故障点设置与试卷的组卷工作。

1）试卷的创建

① 单击左边模块列表框的一个模块（设备）型号（THAWTV-4）；

② 在模块故障信息中，单击组合框选择要设故障的故障点；

③ 输入当前故障点的排故分值；

④ 单击“保存试卷”按钮，在弹出的窗口中设置试卷标号与试卷名称以及考试总时间。试卷创建完成。

2）试卷的修改

① 在工具栏的“试卷列表”中选择相应的试卷。

② 单击“修改试卷”按钮，选择、修改故障点，并设置每个项目的分值。

③ 设置完毕后，单击“保存试卷”按钮，弹出考试时间设置对话框，从中可以设置考试总时间。

3．考核管理

考核管理主要对试卷考核的相关工作进行管理，此功能必须在服务器与学生机联网环境下进行。单击考核管理模块的快捷图标，完成教师登录后（用户和密码均为1），进入考核管理界面，就可以进行排故清空、下发试卷、查询考试状态、收卷等工作。

1）排故清空

选择一个实验台，单击“排故清空”按钮，把该实验台的上次考核遗留下来的设故状态、排故状态、误排次数和警告信息等全都清空。

注意：在每次考试前，都应先单击“排故清空”按钮，清空实验台上的残留状态，否则，学生的考试成绩将不正确。

2）下发试卷

① 单击“下发试卷”按钮，弹出“发送试卷”界面；

② 单击“刷新列表”按钮，等待刷新完毕，在列表中将显示所有在线设备台号；

③ 选择要发卷的实验台号，将待发卷选择框打钩；

④ 单击“发卷”按钮，观察台号列表中的进度信息，若进度满则发送成功。

注意事项：

① 发卷前应对所有实验台进行排故清空，否则考试时间及排故将不正确；

② 发卷时如果发现其中一台不能正常发送完成，查看试卷是否正确，然后选择相应的实验台，重新发送试卷；

③ 发卷前应该对所有实验台进行时间同步设置并设定学生用户密码。

3）查询考试状态

选中一个实验台，单击“查询”按钮打开查询对话框，可以查看当前的考试状态。其中“设故状态”为“1”表示试卷中对该故障点设了故障；“排故状态”表示实验台当前的故障状态，为“1”表示学生对该故障点进行了排故，若试卷中未对该故障设故而学生排除了该故障，认为学生误排一次；“误排”记录了学生对该故障点的误排次数。

4）收卷

考核结束后，单击“收卷”按钮，打开“成绩信息”对话框，在该对话框中显示各个故障点的得分情况。

单击“计算成绩”按钮，将“考试总分”显示到“总分”文本框中。

单击“导出”按钮，将试卷信息保存到数据库。

在文件菜单中，单击“新建”按钮，然后单击“打印”按钮，可以打印出学生本次考试结果的信息。

注意：在收卷之前，先“刷新”一次，以保证要收卷的试验台还处于联机状态。

6.5 液晶电视机常见故障的检修

6.5.1 液晶电视机的安装与保养

一台平板电视如果能够合理地安装在墙壁上，不但节省了空间，而且更会成为点缀个性生活空间的装饰品，因此越来越受到人们的欢迎。但是平板电视“壁挂”涉及到安装环境、安装位置、支架承重、承重墙面情况等问题，安装时需要考虑到一些专业要素，并要掌握安装技巧，以保证平板电视的正常使用。

1．承重墙面

平板电视需要壁挂安装，墙面必须是实心砖、混凝土或与其强度等效的安装面。根据国家《平板电视机安装服务标准》安装要点，安装面承载能力应保证不低于电视机实际载重量的 4 倍，安装后前后倾斜 10° 时电视机不应倾倒。

2．安装环境

（1）湿度要求。由于平板电视很多都不带防水保护，散热栅格内部电路板会直接与外界空气接触，平板电视安装位置过于接近湿气会损坏机器。另外，过多植物摆放在电视旁边也是不当的。除此之外，还应该避免阳光直射到平板电视上。

（2）信号干扰。虽然平板电视挂上了墙面，还是需要尽量避免强电以及强电磁场物体的影响，如电磁炉、无线电收音机等可以随意移动的电器就应该尽可能地远离电视，其他大型家电产品也不要安排在电视机附近放置。音响的安装也尽量不要过于贴近壁挂的平板电视，以免信号互相干扰，影响观看效果。

3．安装位置

用户在选择平板电视的安装位置时，观看距离至少为显示屏对角距离的 3～5 倍。安装高度应以用户坐在凳子或沙发上眼睛平视电视中心（或稍下）为宜，一般电视的中心点离地距离为 1.3m 左右。因为一般客厅装修后的空间高度为 2.6m 左右，例如，43 英寸等离子电视机的高度为 66cm，那么等离子电视机的下边离地为 97cm 左右，等离子电视机的上边离地高度则为 163cm，这时用户坐在沙发上看是最佳位置；如果选择在卧室里壁挂，那么就取决于看电视的习惯（坐着看还是躺着看）。

4．平板电视壁挂安装注意事项

（1）在安装面上准确定位平板电视机的安装位置，必须保证定位精度，固定好挂架部分。

（2）一般的平板电视，散热栅格通常设计在背面或者侧背面，因此电视背面和上下左右四侧都需要一个通风散热的空间，壁挂电视与墙面之间至少保持 15cm 左右的距离。

（3）由于电视机的各种接口基本上都安排在背面，各种数据线不能抵住墙面过分弯折，否则很容易折损。

（4）安装过程需小心谨慎，搬动整机时应该轻拿轻放，并应准备铺垫物，防止划伤显示屏。

（5）按照挂架安装说明书的要求，按步骤进行安装。

（6）显示屏如果与音箱、安装支架有连接件，要注意区分左右及正反。

（7）若需连接音箱线时，应注意音箱连接线的正负极性，防止左右声道声音反相。

（8）显示屏挂起后，需用水平尺进行水平度测量，调节挂架螺钉使显示屏完全处于水平位置，平板电视机安装的整机位置平移误差应小于1cm，左右倾斜度误差小于1°。

5．壁挂电视电线的隐藏

将平板电视挂上墙面之后，我们发现平板电视的电线暴露在外面，十分不美观。如何隐藏壁挂电视的电线，既保证安全，收看效果又好，而且插头使用方便呢？首先，确定壁挂位置和高度，做好记号；其次，墙面开槽，深度70mm内，长度根据地台或电视机柜高度设定，一般从壁挂位置至地台插座位置的距离作为电线长度，插座位置设计既方便使用又便于隐藏；然后，埋入50mm的PVC管子；最后，安装好电视时，所有电线穿过50mm管子至插座位置。

6．液晶电视机的保养

（1）避免屏幕内部烧坏。在不用的时候一定要关闭液晶电视机，否则时间长了，就会导致内部烧坏或者老化。另外，如果长时间地连续显示一种固定的内容，就有可能导致某些液晶电视机像素过热，进而造成内部烧坏。

（2）保持正常的环境湿度。不要让任何具有湿气性质的物质进入液晶电视机。发现有雾气，要用软布将其轻轻地擦去，然后才能打开电源。如果湿气已经进入液晶电视机了，就必须将液晶电视机放置到较温暖而干燥的地方，以便让其中的水分和有机物蒸发掉。对含有湿度的液晶电视机加电，能够导致液晶电极腐蚀，进而造成永久性损坏。

（3）正确清洁显示屏表面。如果发现显示屏表面有污迹，可用蘸有少许玻璃清洁剂的软布轻轻地将其擦去，不要将清洁剂直接洒到显示屏表面上。清洁剂进入液晶电视机将导致屏幕短路。

（4）避免振动。液晶电视屏幕十分脆弱，所以要避免强烈的冲击和振动。LCD电视机中含有很多玻璃部件和电气元件，掉落到地板上或者其他类似的强烈打击会导致LCD屏幕以及CCFL单元的损坏。还要注意不要对LCD显示屏表面施加压力。

（5）请勿拆卸。即使关闭了很长时间以后，背光照明组件中的CCFL换流器依旧可能带有大约1000V的高压，这种高压能够导致严重的人身伤害。未经许可的维修和变更会导致显示屏暂时甚至永久不能工作。

6.5.2 液晶电视机维修的必备知识

1．LCD彩电与CRT彩电的区别

如果你只有CRT彩电的维修知识，而希望维修LCD彩电，那是远远不够的，因为LCD彩电的结构与工作原理和CRT彩电均有较大的区别。LCD彩电和CRT彩电的区别主要有以下几个方面。

（1）显示原理不同。首先，CRT处理的是模拟信号。所以CRT彩电（包括数码CRT彩电）送到显像管上的信号只有R、G、B 3种模拟信号。LCD彩电处理的是数字信号，从高

频头输入的射频信号经解调后，或从AV输入端送入的视频信号，立即送往模/数转换电路，变成数字信号，经格式转换电路送到液晶屏。LCD屏只能接收数字信号，因此，送到LCD屏的信号红、绿、蓝各有8根线（以8位数字信号为例）。

其次，CRT彩电是主动式光源，即在CRT显像管内部，只要有电子轰击到荧光屏上，显像管就能发光，当然电子枪射出的电子流必须精确聚焦，否则就得不到清晰的图像；而LCD彩电采用的是被动式光源，即液晶本身是不发光的，它只能使光线通过或不通过，光线的透过率是受液晶像素的两端电压大小控制的，这个控制电压就是三基色信号电压。由于每个液晶单元都是单独开关的，所以LCD不存在聚焦问题，也不必关心刷新频率和闪烁的问题。但是，LCD屏必须有一个背光源，通常在LCD内部装有4根、8根、16根或更多根荧光灯管或者安装数百只LED，作为LCD屏的背光源。

基于上述原理，LCD彩电不需要行场扫描电路、高压电路、聚焦电路，只需要一个点亮CCFL的电子整流器或者驱动LED阵列的控制电路即可。其中，驱动CCFL的电子整流器在LCD彩电中称为逆变器。

（2）工作原理不同。CRT彩电和LCD彩电唯一相同的部分，就是高频头电路（带中放）、信号切换电路和伴音处理电路。由于显示原理不同，CRT彩电中的行场振荡与扫描电路、视放电路等，在LCD彩电中已不再需要，这是因为LCD彩电是通过数字信号对液晶屏驱动板上的扫描电极（*X*电极）和寻址电极（*Y*电极）的交叉处的TFT控制来显示图像的。同样，在LCD彩电中的格式转换电路、图像缩放电路、帧储存电路、LVDS电路、逆变器等，这些都是CRT彩电中没有的。

（3）装配工艺不同。LCD彩电的电路板全部采用双面贴片的孔化板，大量使用贴片元件，有许多LCD印刷板采用多层板，这些在CRT彩电中是很少见的，同时也增加了维修难度，甚至有些故障根本无法维修而只能更换整块电路板。

2. 维修LCD彩电所必备的工具

要维修LCD彩电，除具备常用仪器工具外，还必须准备一些专用工具。

（1）防静电烙铁。因为LCD彩电的电路板一般都采用贴片元件，有许多存储芯片很容易被静电所损坏，另外，维修好的板子也必须放在防静电塑料袋中。

（2）热风枪。热风枪主要用于拆卸贴片集成电路，可根据集成电路的大小配置各种不同的头。

（3）带放大镜的台灯。这是焊接贴片元件时的必备工具。

3. 检修LCD彩电的注意事项

在排除LCD彩电故障时，一定要注意到一个重要现象的存在，那就是静电对维修信号处理板的重要影响。

如何做好防静电措施呢？将静电有效地导入大地，避免静电的聚集。

（1）接地以预防静电击穿。① 工作台接地。在维修和放置数字板等位置铺上一层防静电垫，并接地。② 人体接地。使用防静电手腕带，把人体的静电通过接地释放掉。

（2）使用操作方面的防静电。① 数字板要轻拿轻放，以免造成明显的冲击，两块数字IC如果没有用防静电气泡袋包裹时，不要碰在一起。② 如果用示波器等仪器测量，仪器应可靠接地。③ 只能用尖端接地的抗静电烙铁卸焊主芯片及敏感元件。所以，非一般专业人员请勿擅自拆卸或调换信号处理板上的元器件，维修时应注意防静电。

热风枪使用注意事项，把风枪温度调到 450~480℃之间，风量不要调得太大，避免把小的贴片元件吹掉。

焊取或焊接 IC 时，风枪和烙铁的温度不易过高，更不要局部长时间加热。在焊取 IC 边缘的焊锡没有熔化时不能用 IC 起拔器硬撬，以防把 PCB 板的焊盘损坏。在取下 IC 时，不要把旧的 IC 引脚弄断，以防误判，便于二次使用，在把旧的 IC 放在工作台上时，IC 的引脚最好朝上存放，这样不容易使引脚碰油。

6.5.3 液晶电视机常见故障检修

1. SVA LCD1503 电视机整机电路组成

上海广电信息产业股份有限公司 SVA LCD1503 液晶电视机的组成框图如图 6-34 所示。其主要技术参数：屏幕尺寸为 15 英寸，屏幕分辨率为 1024×768，屏幕响应速度为 25ms，屏幕亮度为 250cd/m^2，屏幕对比度为 400:1，可视角度（水平/垂直）为 160°/160°，输入端口有 S 端子、AV 接口、VGA 接口，输出端口有音频 3.5mm 立体声，质量为 5kg，电源要求为 AC 100～260V，功耗为 50W。

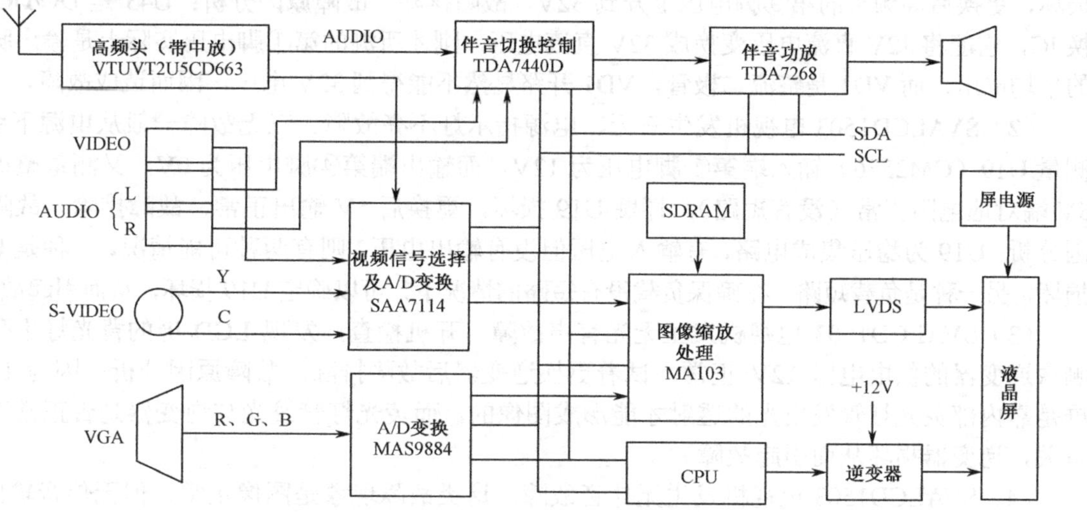

图 6-34 SVA LCD1503 电视机整机方框图

（1）公共通道及伴音通道。公共通道及伴音通道采用带图像中放和伴音中放的一体化高频头 VTUVT2U5CD663，所以高频头输出两路信号：一路是音频信号，经伴音切换电路 TDA7440D 进行伴音选择和处理后送到伴音功放电路 TDA7268 放大，最后送到扬声器；另一路视频信号送到视频信号处理电路 SAA7114。

（2）视频信号切换电路。视频信号切换电路将 AV 输入端送来的 VIDEO 信号、S 端送来的 Y 信号和 C 信号进行切换后送到 SAA7114 处理。SAA7114 能完成视频信号的切换选择，并将模拟视频信号转换成数字信号，再送到 MA103 缩放电路处理。

（3）三基色信号的模/数转换电路。它将 VGA 输入端送来的 R、G、B 信号首先送到 MAS9884，经 MAS9884 将模拟信号转换成数字信号，再送到 MA103 缩放电路处理。

（4）格式转换电路。在该电路中，帧储存器 SDRAM 能动态储存一帧信号。在 SDRAM 配合下，MA103 将隔行输入的数字视频信号转换成逐行输出的数字视频信号，同时根据屏幕图像显示大小的要求进行信号缩放，把数字视频信号转换成 LCD 屏所需格式的视频信号。

（5）电平转换电路。在该电路中，LVDS 芯片将 MA103 输出的视频信号转换成 LCD 屏能接受的低压差分 LVDS 信号电平。

（6）系统控制器。在该电路中，CPU 是系统控制器，与 CRT 彩电中的 CPU 一样，负责开关机、选台、信号切换等功能；和 CRT 彩电不同的是，LCD1503 中的 CPU 内部没有字符电路，LCD1503 屏幕上的字符是由 MA103 产生的。

（7）逆变器。在 LCD1503 彩电中，有一个逆变器，事实上是一个电子镇流器，其作用是点亮 LCD 屏上的背光灯管。

2．几个维修实例

（1）SVALCD1503 电视机只能收到固定一个台。这类故障现象是机器自动搜索时，只能收到一个台，搜索时节目号一直在翻，搜索完毕后存了几十个同一个台的节目。按照维修经验，此故障一般是高频头调谐电压偏低引起的。测量高频头第⑨脚 BT 电压，发现为 0V，再测量 U43 的第①脚外接二极管 VD1 两端电压，发现正端电压为 12V，而负端电压为 0V，怀疑 VD1 损坏，更换后高频头的第⑨脚电压上升到 32V，故障排除。故障原因分析：U43 是 DC/DC 变换 IC，它能将 12V 直流电压变换成 32V 直流电压，刚才所测的第①脚电压实际上是输出脉冲的平均电压，而 VD1 是整流二极管，VD1 开路显然不能得到 32V 电压，因而造成故障。

（2）SVALCD1503 电视机发生三无、电源指示灯不亮故障。三无故障一般从电源下手。测量 U19（CM2576）输入端第①脚电压为 12V，而输出端第④脚电压为 0V，又测量整机的 5V 端对地电阻正常（没有短路），怀疑 U19 损坏，更换后 5V 输出正常，故障排除。故障原因分析：U19 为稳压集成电路，有输入电压但没有输出电压，则有两种可能情况，一种是 U19 损坏，另一种是负载短路。在确保负载没有短路的情况下，可以确定 U19 损坏，从而引起故障。

（3）SVALCD1503 电视机发生无光有声故障。开机检查，发现 LCD 屏的背光灯不亮，测量逆变器的供电电压 12V 正常，试着更换逆变器后故障排除。故障原因分析：因为 LCD 屏是靠内部荧光灯管发出光的透射才能形成图像的，而荧光灯管发光与逆变器是否正常工作有关，逆变器损坏从而引起故障。

（4）SVALCD1503 电视机发生无伴音故障。这类故障现象是图像正常，但无伴音输出。图像正常，但无伴音，故障原因在伴音通道。测量伴音功放集成电路 TDA7628 各引脚电压，发现全为 12V，怀疑伴音部分的地线与电源地线开路，试着从伴音功放接地端至高频头接地端引一根导线，伴音出现，故障排除。

（5）SVALCD1503 电视机发生白屏故障。这类故障现象是整个屏幕呈现出很亮的白光栅，且无字符显示。这类故障现象是开机后屏幕很长一段时间没有反应，像死机一样，按面板键也无作用，也不能关机，随后出一片白光栅，无菜单字符，此时按关机键能关机。

SVALCD1503 电视机的字符是由 MA103 发出的，从现象看，连字符都不显示，说明 LCD 屏未得到显示信号，而 LCD 屏的显示信号来自 MA103。首先检查 MA103 的供电脚电压均正常，查第㊳、㊴脚总线脚电压，发现第㊳脚电压为 0V，进一步测量第㊳脚的外接电阻 R256 开路，更换 R256（100Ω）后故障排除。故障原因分析：引起此故障的原因有多个，一般为总线输入电阻（R256、R266）开路；MA103 的外接晶振 Y1 损坏（接在 MA103 的第⑨、⑩

脚）；MA103 本身损坏等。

（6）SVALCD1503 电视机发生 VGA 无信号输入故障。这类故障现象是接收 TV、AV 和 S-VIDEO 端输入的信号均正常，但接收计算机输出的 VGA 信号时，屏幕显示无信号输入故障。显示器在接收 VGA 信号时，并不以 R、G、B 信号作为判断依据，而是根据行、场同步是否输入以及是否在显示器能够接收的范围内，来判断是否有 VGA 信号输入。经过检查计算机的设置，VGA 输出为 1024×768（60Hz），完全符合 SVALCD1503 的显示要求。经检查，VGA 输入口的第⑬、⑭脚有正常的行、场同步信号输入，该行场同步信号被送到 U12（74F14D）的第③、⑨脚，用示波器测量 U12 的第③、⑨脚有正常的行场同步信号输入，但第⑥、⑩脚却无同步信号输出，检查 U12 的第⑭脚供电电压正常，怀疑 U12 损坏，更换 U12 后故障排除。

实训 14 液晶电视机的识读与测量

【实训目的】

（1）熟悉 LCD 电视机的功能特点与结构特点。

（2）掌握 LCD 电视机的电路组成与工作原理。

【实训仪器和器材】

（1）THAWTV-4 型家电音视频维修技能实训考核装置。

（2）万用表。

【实训内容】

（1）观察 LCD 电视机的整机结构与电路组成。

（2）TV 输入接口单元的识读。

（3）音视频输入/输出接口单元的识读。

（4）音频处理单元的识读。

（5）视频处理单元的识读。

（6）本机键盘与遥控接收单元的识读。

（7）稳压电源单元的识读。

（8）通过 AV 接口分别输入 16 种标准图像信号（彩条、电子圈、点格、条格、棋盘、中心十字、−R、−G、−B、白屏、黄屏、青屏、绿屏、紫屏、红屏、蓝屏），观察与记录液晶屏的显示情况。分析各种标准图像信号的作用。

【实训报告要求】

（1）简述实训步骤。

（2）记录操作过程。

（3）简述 LCD-TV 和 CRT-TV 之间的电路区别。

（4）LCD-TV 的工作原理与 CRT-TV 相比有哪些主要区别？

实训 15 液晶电视机常见故障的排除

【实训目的】

（1）掌握 LCD 电视机的维修注意事项。

（2）掌握 LCD 电视机常见故障的检修方法。

【实训仪器和器材】

（1）THAWTV-4 型家电音视频维修技能实训考核装置。

（2）联网计算机。

（3）万用表。

【实训内容】

（1）智能考核系统的使用训练。通过答题器输入“学号 2008XX，密码 321”后，按“确认”键，进入排故界面。移动光标选择要排除的故障点，按“设置”键，此故障点由 OFF 变为 ON，按“确认”键，通信处显示“发送成功”。若排故正确，“剩余故障”处会相应减少一个故障；若排故错误，“剩余故障”处会相应增加一个故障，误排个数也会相应地增加。若显示“发送失败”，则需再按“确认”键，直至发送成功。在排故过程中，若实验装置掉电了，上电后，可以继续掉电之前的操作。直至剩余故障显示为 00 时，此设备的故障全部排除。排故完成以后，按“返回”键，页面显示“是否返回登录页面？”，再按“确认”键，即可返回到排故设备名称界面。在设备名称界面，按“提交”键进行交卷，屏幕显示“是否提交试卷？”，再按“确认”键显示“正在提交试卷！请稍候”，提交成功以后返回到初始界面。

（2）常见故障分析与排除训练。液晶电视机故障板测试点、答题器排故键和对应故障现象之间的关系如表 6-8 所示。

表 6-8　液晶电视机故障板测试点、答题器排故键和对应故障现象之间的关系

故障板测试点	答题器排故键	故障现象
TP1	K5	三无
TP2	K6	三无
TP3	K7	指示灯红色亮，液晶屏白屏（一看到有此现象应立即断电检查及排故）
TP4	K8	指示绿灯亮，按遥控及本机按键无反应
TP5	K9	插上电源后屏幕显示白屏，按下 POWER 键显示正常，再按 POWER 键
TP6	K10	屏幕变暗
TP9	K13	AV 状态下时蓝屏
TP12	K16	TV 状态下蓝屏
TP13	K17	按键不正常
TP14	K18	TV 状态下蓝屏
TP17	K21	遥控器无效
TP18	K22	POWER 键无效

（3）屏幕三无状态、待机指示灯不亮故障的检修。

（4）屏幕白屏、待机指示灯红色亮故障的检修。

（5）待机指示灯绿色亮、按键和遥控均无效故障的检修。

（6）TV 状态下蓝屏故障的检修。

【实训报告要求】

（1）简述故障检修步骤。

（2）记录故障检修过程。

（3）分析三无故障的检修流程。

（4）简述检修 LCD 电视机的注意事项。

复习思考题 6

1．什么是液晶？液晶显示器有哪三种类型？主要应用领域是什么？

2．如何检测液晶的电光特性？液晶的正型电光特性有何特点？

3．液晶显示器是如何重现彩色图像的？

4．液晶显示器的基本特点是什么？

5．简述 TFT-LCD 的结构特点与工作原理。

6．简述 TFT-LCD 显示板的电路组成与工作过程。

7．简述液晶电视机的基本组成以及接收模拟电视信号的处理过程。

8．简述康佳 LC-TM15XX 液晶电视机的整机组成以及扫描格式转换电路、LCD 显示屏控制器的作用。

9．简述 LCD 彩电和 CRT 彩电的主要异同点。

10．维修 LCD 彩电的专用工具有哪些？

11．简述 SVA LCD1503 电视机对 VGA 端子输入信号的处理过程。

12．简述 LCD 彩电中图像缩放处理电路的作用。

项目 7 等离子体电视机

教学导航

学习目标：了解等离子体电视机的基本特点；熟悉等离子体显示板的工作原理；掌握等离子体电视机的电路组成与工作原理；能对等离子体电视机的常见故障进行处理。

学习重点：等离子体显示板的工作原理；等离子体电视机的电路组成与工作原理；等离子体电视机常见故障的处理方法。

问题思考：（1）等离子体显示器有何优缺点？

（2）AC-PDP 如何进行图像亮度控制？

（3）与 CRT 电视机比较，PDP 电视机的电路组成与工作原理有何不同？

7.1 等离子体电视机的基本特点

等离子体彩色电视机是最早出现的壁挂式平板彩色电视机，它以轻、薄、屏幕大、视角宽、惰性小等特点，深受消费者的欢迎，是近年来市场热销产品之一。等离子体显示器（Plasma Display Panel，PDP）是一种自发光平面显示技术，其核心原理与日光灯的发光原理相似，它是在真空玻璃内（即放电空间）注入惰性气体，然后再利用施加电压的方法，使管内的气体产生辉光放电，辉光放电产生的紫外线激发 RGB 三基色荧光粉，使荧光粉发光，再利用人眼视觉惰性和分辨率有限的特点，便能产生一幅彩色画面。与 CRT 相比，PDP 具有分辨率高、屏幕大、超薄、色彩丰富、鲜艳的特点。与 LCD 相比，PDP 具有亮度高、对比度高、可视角大、颜色鲜艳等特点。由于 PDP 是自发光显示技术，不需要背光源，因此没有 LCD 的视角和亮度均匀性问题，可以实现较高的亮度和对比度，而且 PDP 的屏幕越大，图像的色深和保真度越高，也没有 LCD 显示技术中的时间响应问题，因此，PDP 在动态视频显示领域的优势更加明显，更适合作为大屏幕显示终端使用。

PDP 显示器的主要特点有：

（1）主动发光，属于自发光显示器，有较好的响应特性和较宽的可视角，不需要外光源激励，因此惰性小，不易出现拖尾现象。PDP 可以做到与 CRT 同样宽的视角，上、下、左、右均可大于 160°，而 LCD 在水平方向视角一般为 120° 左右，垂直方向则更少。

（2）工作于全数字化模式。PDP 的显示方式支持数字寻址，数字信号激励，属于固定分辨率显示器，特别适合于数字电视信号的显示。而液晶电视机需要经过 D/A 转换才能显示数字视频信号。

（3）易于实现薄型大屏幕，价格低。PDP 的显示面积可以做得很大，不存在原理上的限制，而目前主要受限于制作设备和工艺技术。目前，PDP 屏的尺寸主要集中在对角线 37～80 英寸，也有 100 英寸以上的。

（4）具有高速响应特性。PDP 显示器以气体放电为基本物理过程，其“开”、“关”速度极高，在微秒量级。因而扫描线数和像素数几乎不受限制，特别适合大屏幕高分辨率显示。

（5）可实现全色彩显示。利用稀有混合气体放电产生的紫外线激励红、绿、蓝三基色荧光粉发光，并采用时间调制（脉冲调制）灰度技术，可以达到 256 级灰度和 1677 万种颜色，能获得与 CRT 同样宽的色域，具有良好的色彩还原性。

（6）伏安特性非线性强，具有很陡的阈值特性。PDP 工作时，非寻址单元几乎不发光，因而对比度可以达到很高。

（7）具有信号存储功能。AC-PDP 屏交流型本身具有存储特性，工作在存储方式，从而使扫描线数达到 1000 线以上时，也不会使显示屏亮度明显下降，容易实现大屏幕和高亮度。

（8）应用环境范围宽。PDP 结构整体性好，抗震能力强，可在很宽的温度和湿度范围内及在有电磁干扰、冲击等恶劣环境条件下工作。

（9）具有长寿命。单色 PDP 的寿命可达 10 万小时，彩色 PDP 也可达 3～4 万小时，而普通 CRT 寿命为 2 万小时，LCD 寿命为 5 万小时。

（10）保护眼睛健康。测试研究表明：“PDP 比 LCD 视频显示器引发的眼部视疲劳轻，观看者视觉感受相对比较舒服，更有利于保护眼部的健康。”

（11）因 PDP 内部气压为 0.5 个大气压，所以海拔 2000m 以上不能使用。

（12）存在残留现象，不适于显示静止图像。

（13）驱动电路复杂，消耗功率较大。PDP 驱动电路是一种高压开关电路，电压幅值为负几十伏到正几百伏左右，工作频率为 100～233kHz，并有严格的工作时序要求，因而驱动电路较复杂。由于 PDP 的发光效率较低，必须加入激励电压和放电电流才能满足全屏亮度的需要，所以功耗较大。

（14）存在空间噪声和数字噪声以及电路变换当中产生的噪声。

7.2 等离子体显示板的工作原理

1. PDP 的发光原理

通过在阴极和阳极之间施加电压，使气体产生辉光放电，辉光放电产生的紫外线激发 RGB 三基色荧光粉，使荧光粉发光，再利用人眼视觉惰性和分辨率有限的特点，便能产生一幅艳丽多彩的彩色画面，如图 7-1 所示。PDP 放电管中的放电气体一般选择含氙的稀有气体，如氖氙混合气体、氦氙混合气体等。

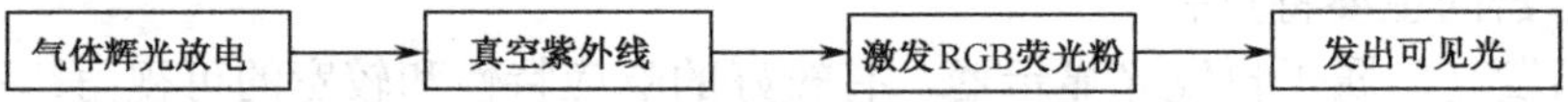

图 7-1 PDP 显示器的发光过程

2. PDP 的分类

PDP 按工作方式的不同可分为两大类：电极与气体直接接触的直流型（DC-PDP）、电极用覆盖介质与气体相隔离的交流型（AC-PDP）。而 AC-PDP 又根据电极结构的不同，可分为对向放电型和表面放电型，目前以 AC-PDP 中的表面放电型应用最广泛。一般 AC-PDP 在亮度和对比度方面优于 DC-PDP，而 DC-PDP 则在寿命和分辨率方面占优势。目前开发的 PDP 产品主要有三种类型：单基板式（又称表面放电式）交流 PDP、双基板式（又称对向放电式）交流 PDP 和脉冲存储直流 PDP。

3. 等离子体的辉光放电特性

等离子体是指正负电荷共存，总体上呈现电中性的放电气体状态。当气体被加热到足够高的温度，中性气体将被电离，空间形成大量的离子和电子，但总体上保持中性，这就是等离子体状态（物质存在的第 4 态）。如果在等离子体中的两个电极之间施加电压，则会得到如图 7-2 所示的伏安特性曲线，称为等离子体的辉光放电特性。

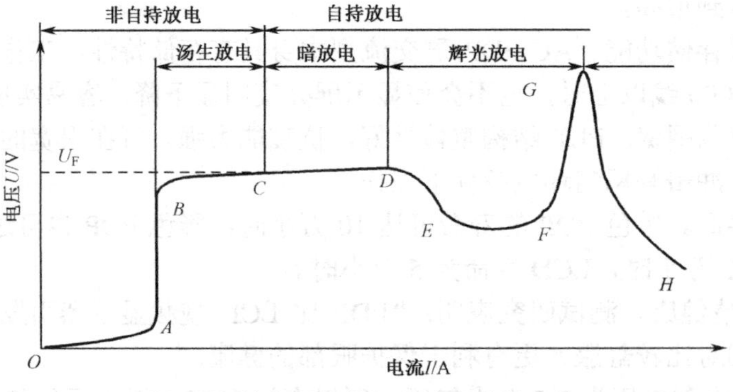

图 7-2 等离子体的辉光放电特性曲线

从图 7-2 所示的放电特性可以看出，当电极两端电压从零开始增大时，通过等离子体的电流可以分为以下七个区域。

OA 段，极间电压很低，放电电流很微弱，其电流是由空间存在的少量带电粒子的漂移运动形成的。由于空间带电粒子浓度保持不变，电流正比于粒子的迁移速度，因此正比于极间电压。

AB 段，随着电压增加，极间产生的所有带电粒子在复合前都能被电极收集。由于产生电子和离子的速率动态平衡，电流保持常数，所以进入了电流饱和区域。

BC 段（汤生放电），当电流增加到 *B* 点时，若极间电压进一步增加，则由于电子从电场中获得了一定的能量，开始出现电子碰撞电离，因此电流随着电压的增加而增大。

CD 段（自持暗放电），当极间电压增大到 *C* 点，放电电流迅速增大，有很微弱的光辐射，放电由非自持转变为自持放电。*C* 点电压 U_F 称为气体的击穿电压或着火电压。

EF 段（正常辉光放电），当电路的限流电阻不大，则电压上升到 *D* 点后，放电迅速过渡到 *EF* 段，放电电流急剧增大，极间电压迅速下降，并伴有较强的辉光辐射。*DE* 段是很不稳定的过渡区域。

FG 段（反常辉光放电），正常辉光放电后，若继续增加极间电压，则电流继续增大，此时观察到辉光布满整个放电极表面，进入反常辉光放电区域。

GH 段（弧光放电），当电流增大到 *G* 点时，如果限流电阻减小，则放电电流急速增大，而极间电压迅速下降，这时可观察到耀眼的弧状白光并产生高温（几千到上万℃），*G* 点称为弧点。

综上所述，等离子体稳定的辉光放电区域有 3 个，即正常辉光放电区、反常辉光放电区和弧光放电区。由于弧光放电产生的大电流容易烧毁显示器，因此 PDP 总是选择正常辉光放电区和反常辉光放电区。为此必须在 PDP 放电回路中串联电阻、电容、电感，来确定放电工作点。例如，DC-PDP 通常在放电回路中串联薄膜电阻来限制电流，而 AC-PDP 在放电单元电极上涂覆介质层也起到限流作用。

4．三电极表面放电型彩色 AC-PDP 的工作原理

等离子显示器采用等离子管作为发光器件，大量很小的等离子管排列在一起构成屏幕，每个等离子管对应的每个小室（显示单元）内都充有氖氙气体。等离子管内壁涂覆着能产生红、绿、蓝三基色的荧光粉。在等离子管电极间加上高压后，封在两层玻璃之间的等离子管小室中的气体会产生紫外线，激发等离子管内壁上的红、绿、蓝三基色荧光粉发出可见光。每个等离子管作为一个像素，由这些像素的明暗和颜色变化组合使之产生各种灰度和彩色的图像，这与 CRT 显像管发光很相似。

下面以 AC-PDP 为例，来介绍 PDP 画面的显示过程。

（1）AC-PDP 的结构特点。从结构上看，表面放电 AC-PDP 是由上下两个基板组成的。上基板主要制作了透明电极对，即维持电极（*X* 电极）和扫描电极（*Y* 电极）；下基板主要制作了寻址电极（*A* 电极）和 RGB 三基色荧光粉层；上、下基板压紧、密封，抽真空，填充惰性气体后，就构成了一个辉光放电器件。假如 PDP 显示屏是由 *n* 行×*m* 列个像素组成，则需要 *n* 对透明电极，它们在水平方向均匀排列，其中 *n* 个透明电极等电位，因此把它们连接在一起，以一个端子引出，称为 *X* 电极，另外 *n* 个透明电极（称为扫描电极）分别引出，称为

Y_i 电极（i=1，2，3，…，n）；垂直方向平行排列的选址电极共有 m 组，每组均含有 R、G、B 三基色，总共有 3m 组，用 A_{jk} 表示（j=1，2，3，…，m；k=R、G、B），正交布置的扫描电极和选址电极形成了 n×3m 个等离子管阵列，每个等离子管分别对应一个基色像元（R、G、B 三者之一），3 个基色像元（包括 R、G、B）构成一个像素，则屏幕上全部像素的亮度等级和色度是由 n+3m+1 个端口信号来控制的，如图 7-3 所示。

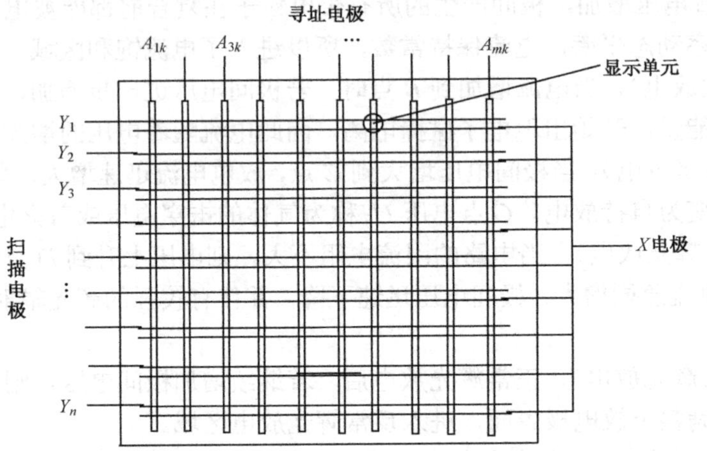

图 7-3　PDP 显示屏 n 行×3m 列像元阵列示意图

（2）PDP 屏矩阵显示原理。可以把 PDP 屏的每一个发光单元（像元）看成一个灯泡，灯泡的选择（即显示像元选择）是由 Y 电极和 A 电极控制的，灯泡的发光（即等离子放电）是由 X 电极和 Y 电极控制的。所以，如果要显示 1024×768 像素的 XVGA 图像，就必须有 1024×768×3 个灯泡才能显示彩色图像，这是因为每个像素均由红、绿、蓝三基色像元组成。要显示一幅活动的数字高清电视图像，由于我国数字高清电视图像格式为 1920×1080 隔行/50Hz，也就是说在 1/25s 时间内，扫描信号必须完成从 Y_1 行扫描到 Y_{1080} 行以及 A_{1k} 列扫描到 A_{1920k} 列才行。

（3）一帧画面的显示控制过程。一帧画面是由 8 个子帧组成的，每个子帧的显示过程都经历复位阶段、寻址阶段和维持阶段。对应 AC-PDP 的显示控制有寻址期、维持期和复位期 3 个阶段。

① 复位阶段。复位阶段的主要任务是清除每个子场在显示完成后仍记忆在单元中的数据，并在整个面板的所有单元建立用于下次寻址的空间和全屏一致的壁电荷。这个过程不仅使所有单元的寻址都处于初始条件下，而且为低电压和高速寻址创造条件。

② 寻址阶段。在寻址期，在行方向（Y 电极）、列方向（A 电极）同时给出有效信号时，位于电极交叉点的单元就被选中，产生气体电离并建立壁电荷，所记忆的数据为“1”；未被选中的单元，所记忆的数据为“0”。

③ 维持阶段。在维持期，通过 X 电极和 Y 电极之间施加驱动脉冲来维持辉光放电，使全屏按照记忆的数据发光显示（数据为 1 的单元发光，数据为 0 的单元不发光）。

由以上分析可知，数字高清电视影像是由每秒 25 帧图像构成的。每 1 帧图像分割成 8 个或更多个子帧，每个子帧分为复位、寻址、维持放电 3 个阶段。复位用来擦除上一帧遗留的维持电荷，并预设壁电荷。而后通过寻址选择要显示的单元，再通过维持放电对选中的显示单元进行放电，使其发光。最后人眼看到的则是由 8 个子帧组成的混合图像。

（4）AC-PDP 的亮度（灰度等级）控制。对于 CRT 型彩色显像管，亮度的调节是通过控制加在阴极上的电压来实现的，电压不同，电子束流不同，全屏亮度不同，调制特性可实现无级调整，适用于模拟电视信号激励。而 PDP 显示器辉光放电电流大小不好控制，它的调制特性只有“亮”与“不亮”两种状态。为了实现亮度调整，通过改变亮、暗时间的长短来实现，即采用子帧驱动方式实现亮度的调整。所谓子帧驱动方式，就是将一帧图像的显示时间不等间隔地划分为 8 个子帧，每个子帧的输出时间又分为复位期、寻址期和维持期。复位时间和寻址时间对所有子帧均相同，寻址期全屏均不发光，主要是确定那些应该发光的像元。而 8 个子帧的维持期长短是不同的，其时间长度的倍数依次为 1、2、8、16、32、64、128，维持时间越长屏幕亮度越高。在维持期，全屏应该激活的像元将同时点亮，而不应激活的像元则不发光，“点亮”用数字基色信号“1”控制，“不点亮”用数字基色信号“0”控制，所以这种方式适合于数字电视信号驱动。

7.3 等离子体电视机的组成

7.3.1 彩色 AC-PDP 显示器的电路组成

彩色等离子显示器（PDP）是由显示屏和电路系统两部分组成的，其中显示屏是显示发光部件，由电路系统驱动才能正常工作发光。彩色 AC-PDP 显示器的整机电路主要由电源电路、接口电路、控制电路及高压驱动电路 4 部分组成，如图 7-4 所示。

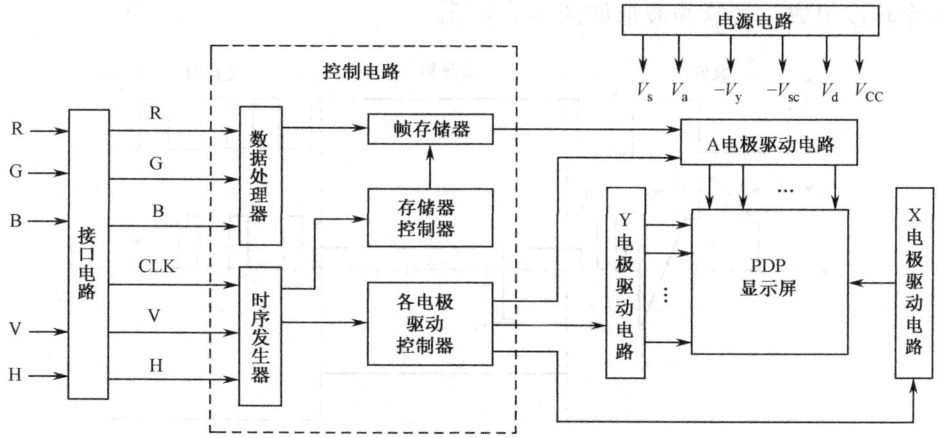

图 7-4　彩色 AC-PDP 的电路组成框图

1. 电源电路

在等离子体电视机的工作过程中，对电源要求是非常严格的。除了多种电压供电要求外，对每组电压的供电时间有不同要求，即对等离子体电视机的供电电源有严格的工作时序要求。电源电路主要向 PDP 电极驱动电路提供所需的维持电压 V_s、寻址电压 V_a、扫描行的接通电压 $-V_y$、未扫描行的接入电压 $-V_{sc}$、写入电压（建立电压）V_d、逻辑电源电压 V_{CC} 等。例如，某型号 42 英寸等离子显示屏，这些电压值分别为维持电压+180V、寻址电压+75V、扫描行的接通电压−180V、未扫描行的接入电压−100V、写入电压+241V、逻辑电源电压+5V。

2. 接口电路

接口电路主要提供 AC-PDP 显示器与视频信号源之间的信号连接，例如，计算机的 VGA 信号、模拟电视信号、数字电视信号等，它可以把各种输入端口的视频信号或已解码的数字电视信号转换成 PDP 驱动电路可以利用的数字信号，如 8bit 的 RGB 三基色数字信号、行同步信号、场同步信号、时钟信号等，供 PDP 显示器完成寻址、调制等功能。

3. 控制电路

一方面，控制电路对接口电路送来的图像信号进行必要处理，例如，进行隔行变逐行处理、去 γ 校正处理、色度/亮度信号轮廓校正处理、把按像素存储的数字信号转换为按子帧存储的数字信号等。另一方面，在接口电路送来的行同步、场同步和时钟信号的基础上，控制电路产生各电极高压驱动部分所需要的控制信号。

4. 高压驱动电路

高压驱动电路将控制电路送来的逻辑信号，转换成用来驱动彩色 AC-PDP 显示屏各个电极的高压驱动脉冲。寻址电极 *A*、扫描电极 *Y* 分别由寻址驱动集成电路和扫描驱动集成电路来驱动，每一个电极分别由集成电路中的一个独立单元驱动，各单元彼此并联，然后连接到公共部分。维持电极 *X* 全部连接在一起，统一由 MOSFET 管放大电路驱动。

5. 子帧的驱动过程

1 帧图像是通过 8 个或 12 个子帧来输出的，每 1 个子帧的驱动过程由复位期、寻址期和维持期 3 个阶段组成，其脉冲波形如图 7-5 所示。

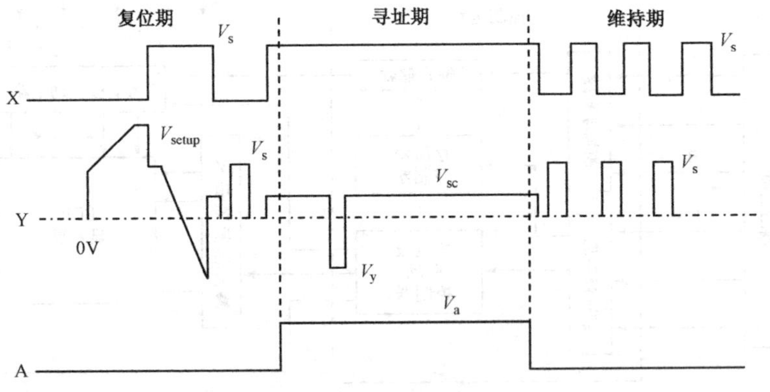

图 7-5　一个子帧的驱动脉冲波形

（1）复位期。它是一个子帧开始的准备期，为寻址操作做好准备工作。从加到 *Y* 电极的信号来看，它主要包括一个斜沿上升期和一个斜沿下降期。在斜沿上升期，*Y* 电极电压以 2.5V/μs 速度从 V_s 增加到 V_{setup}，此期间 *X* 电极电压为 0，所以 *X* 电极与 *Y* 电极之间发生弱放电。在斜沿下降期，*Y* 电极电压以 2V/μs 速度从 V_{setup} 减小到 V_y，此期间 *X* 电极电压维持 V_s 不变。

（2）寻址期。在寻址期就是要确定哪些单元应发光、哪些单元不发光。要显示的列，*A* 电极加高电平 V_a；不显示的列，*A* 电极加低电平 0V。此期间，*X* 电极始终施加 V_s 电压。同时 *Y* 电极选通输出对应的行，只有被扫描的行输出是低电压 V_y，其他所有行都为高电压 V_{sc}。

这样，只有列输出高电位（65V），而行输出低电位（−75V）所对应的单元会产生点火放电，而此时该单元的 X 电极和 Y 电极之间有 270V（195V+75V）电压差，在 X 电极与 Y 电极之间产生强放电，并建立起足够的壁电荷。

（3）维持期。对寻址期写入数据（即建立壁电荷）的单元，按照当前子帧的发光权重，进行相应次数的放电发光，8 个或 12 个子帧以不同权重发光的综合效果是显示一幅完整的图像。由于在寻址期，要显示单元的 Y 电极建立的是正壁电荷，为了使壁电压与外加维持电压相叠加而达到点火电压，所以在维持期，首先在 Y 电极加正电压 V_s，X 电极加零电位；然后 V_s 和零电位按照 4.5μs 的转换周期交替加在 X 电极和 Y 电极上，每转换一次，就放电发光一次。在寻址期没有被写入数据的单元，即没有在 X 电极和 Y 电极上建立足够壁电荷的单元，由于只有维持电压而未达到点火电压，所以不会放电发光。

7.3.2 PDP4226 型等离子体电视机

1. 主要功能特点

（1）超轻、超薄平板显示屏。整机厚度为 8.2cm，屏幕尺寸为 42 英寸，屏幕幅型比为 16:9，物理分辨率为 852×480，物理对比度为 1500，屏幕亮度为 800，水平视角为 160°，垂直视角为 160°，反应时间为 8ms。

（2）丰富的图像、伴音外接输入/输出接口。除能接收模拟电视信号外，具有标准 VGA 接口、DVI 接口；还有一组 Y、Cb、Cr 输入接口，共用一组左右声道输入接口，两路 AV 输入接口，两路 Y/C 分量的 S 输入接口，一路 AV 输出接口。

（3）多种画质改善电路。具有亮度、色度瞬态改善，图像轮廓校正，动态蓝、黑电平扩展，肤色校正、γ 校正等功能电路，能大幅度提高图像质量。

（4）先进的音效处理电路。采用全新的数字伴音信号处理电路，支持多制式 NICAM 制数字多伴音接收、解码功能；具有五段均衡调节、低音增强、环绕音效处理、自动音量控制等功能。

（5）先进的图像显示模式。本机具有明亮、柔和、标准、自定义 4 种图像显示模式。其中，明亮、柔和、标准图像显示模式是厂家生产时已经优化的设置，不可改变。自定义的图像显示模式可由用户自己调节亮度、对比度、饱和度等。

（6）先进的搜索、调谐系统与多制式接收功能。本机采用先进的锁相环频率合成调谐器，搜索、调谐快速准确。AV 输入端可处理 PAL、NTSC、SECMA 制彩色电视信号。

（7）机身质量为 33kg，整机功耗为 350W，工作温度为 0～35℃。

2. 电路构成

通常，等离子体电视机的驱动器按电路功能可分为两个部分，一是逻辑电路，负责控制显示屏信号和处理显示数据；二是驱动电路，负责信号电平转换和对显示屏施加发光所需的脉冲。其中，驱动电路分为列驱动器、行驱动器、同步控制器、数据缓冲器 4 部分。通过在显示板行、列的各个电极上，选择性地施加较高的电压来进行图像显示控制。

PDP4226 型等离子体电视机的整机电路由模拟电视信号处理电路、平板显示器视频信号处理电路、PDP 显示屏及驱动电路、微处理单元与红外遥控电路和电源电路 5 部分组成，如图 7-6 所示。

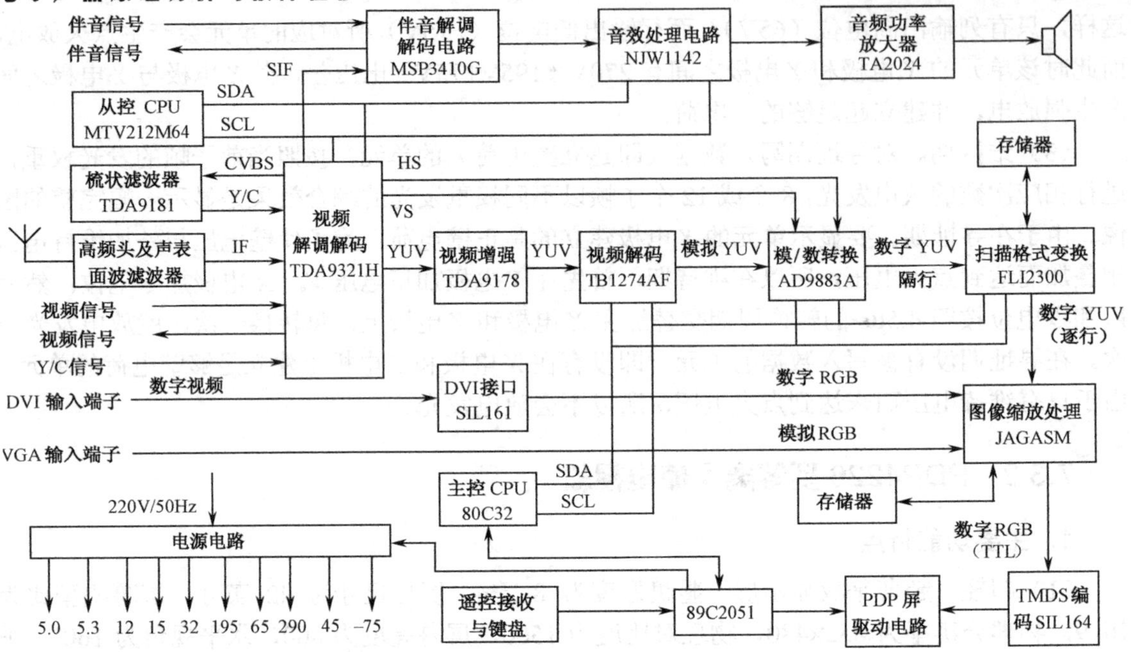

图 7-6　PDP4226 型彩色电视机组成框图

1）模拟电视信号处理电路

模拟电视信号处理电路主要完成模拟电视信号的接收、解调、解码及音频放大功能。它由高频头与声表面波滤波器、视频解调解码电路（TDA9321H）、数字梳状滤波器（TDA9181）、图像质量增强处理电路（TDA9178）、伴音解调解码电路（MSP3410G）、音效处理电路（NJW1142）、音频功率放大器（TA2024）等组成。

（1）输入信号处理电路。射频电视信号经天线输入到高频头与声表面波滤波器处理后，得到 38MHz 图像中频信号 VIF 和 31.5MHz 伴音中频信号 SIF，分别加到视频解调解码电路 TDA9321H 的第②、③脚和第63、64脚。从 AV1、AV2 端子输入的彩色全电视信号 CVBS1、CVBS2 分别加到 TDA9321H 的第⑯、⑱脚；从 S1 端子、S2 端子输入的 Y/C 分离信号分别加到 TDA9321H 的第㉒、㉑脚和第㉓、㉔脚；两路基色信号 R1、G1、B1 和 R2、G2、B2 信号分别加到 TDA9321H 的第㊱～㊳脚和第㊶～㊸脚（输入 TDA9321 的基色信号能变成色差信号输出，但本机没有使用该功能）。

（2）亮度和色差信号处理电路。中频电视信号在 TDA9321H 内部经过视频检波生成的 CVBS 信号由㉕脚输出，加到数字梳状滤波器（TDA9181）的⑫脚进行 Y/C 分离后，分离后的 Y 信号、C 信号分别由 TDA9181 的第⑭、⑯脚输出，加到 TDA9321H 的第㉘、㉙脚，与从 S 端子输入的 Y/C 信号一起进行切换控制；被选中的 Y 信号、C 信号在芯片内部经过解调解码矩阵处理后，由 TDA9321H 的第㊾～51脚分别输出 Y、Cb、Cr 信号。

（3）图像质量增强处理电路。由 TDA9321H 输出的 Y、Cb、Cr 信号加到图像质量增强电路（TDA9178）的第⑥、⑧、⑨脚，进行增强图像质量、提高图像清晰度的处理，包括 γ 校正、自适应黑白电平延伸、亮色信号瞬态改善、降噪处理、肤色校正等。图像增强处理后的 YCbCr 信号由 TDA9178 的第⑲、⑰、⑯脚输出，再经两级射随放大器处理后送到数字处理板。

（4）伴音处理电路。从 TDA9321H 的第⑤脚输出的第二伴音中频信号，加到伴音解调解码电路（MSP3410G）的第㊿脚，从AV1、AV2输入的左右声道音频信号分别加到MSP3410G的第㊶、㊷脚和第㊹、㊺脚。经过MSP3410G解调解码后的伴音信号，由其第⑳、㉑脚输出，送到音效处理电路（NJW1142）和音频功率放大器（TA2024），实现音效控制与功率放大等功能。

2）平板显示器视频信号处理电路

它的作用是把标准视频信号变换成适合 PDP 显示的信号格式。它主要由视频解码电路（TB1274AF）、模/数转换电路（AD9883A）、扫描格式变换电路（FLI2300）、DVI 数字视频接口处理电路（SIL161）、图像缩放处理电路（JAGASM）、TMDS 编码集成电路（SIL164）、MCU 中央控制单元及电源部分电路组成，如图7-7所示。

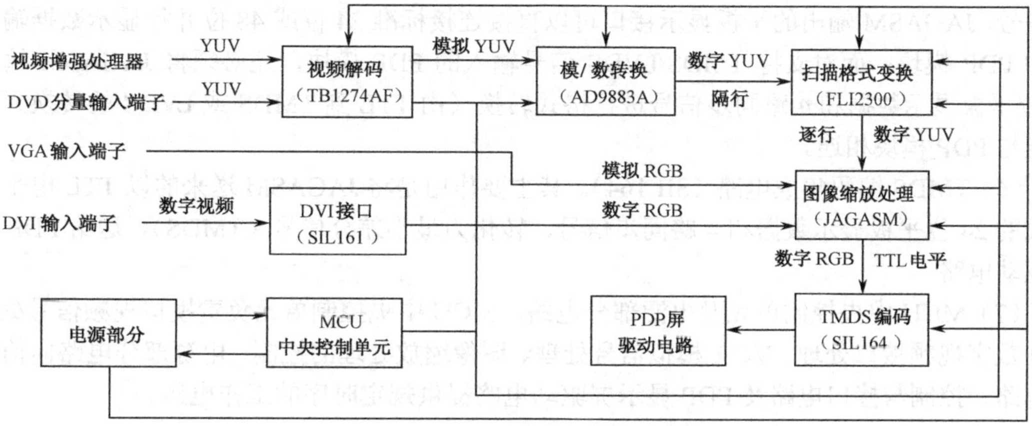

图7-7　平板显示器视频信号处理框图

（1）视频解码电路（TB1274AF）。它的主要作用是，对来自TDA9178的Y、Cb、Cr信号和来自DVD分量信号端子输入的Y、Cb、Cr信号进行选择切换，再进行高性能图像质量补偿、PAL/NTSC/SECMA制式自动识别、50Hz/60Hz场同步信号自动识别处理等，然后输出亮度Y信号、色差U和V信号、行同步HS信号、场同步VS信号，并送给模/数转换电路AD9883A处理。

（2）模/数转换电路（AD9883A）。它的主要作用是对输入的模拟YUV信号分别进行8bit A/D转换与量化处理，输出8位数字格式的YUV数字信号（即DY0～DY7、DU0～DU7、DV0～DV7），送给扫描格式变换电路（隔行/逐行转换电路）。

（3）扫描格式变换电路（FLI2300）。它的主要作用是对输入的8位数字格式YUV信号（即 DY0～DY7、DU0～DU7、DV0～DV7）进行逐行转换、画质改善、运动补偿及边缘平滑等处理后，输出16位数字格式的逐行YUV数字信号（即DY0～DY15、DU0～DU15、DV0～DV15）。

（4）DVI数字视频接口处理电路（SIL161）。它的主要作用是将从DVI端子输入的未压缩高清晰度数字视频（低压差分）信号转换为8bit R、G、B数字信号，以及产生行同步信号HS、场同步信号VS和时钟信号P_{CLK}，送给图像缩放处理电路。

（5）图像缩放处理电路（JAGASM）。它的主要作用是对来自扫描格式变换电路的16位逐行YUV数字信号、来自VGA端子输入的RGB三路模拟信号和来自DVI数字视频接口处理电路的 8bit R、G、B 数字信号，进行选择控制与相应处理。当选择的信号是 16 位逐行 YUV 数字信号时，经过 FLI2300 处理后的 16 位 YUV 信号和各种同步时钟信号，从 JAGASM 的端口 C 输入到内置的图像处理器中进行处理，主要包括画质处理、格式变换、大小缩放、时序变换等，最后以 TTL 电平输出 24 位平板显示数据和 4 路同步控制信号。当选择的信号是从 VGA 端子输入的 RGB 三路模拟信号时，从标准 15 针 VGA 接口进来的 RGB 三路模拟信号，加到 JAGASM 的模拟信号输入接口，再经内部 A/D 转换器转化为 24 位数字 RGB 信号后，送到内部图像处理器进行相应处理，最后以 TTL 电平输出 24 位平板显示数据和 4 路同步控制信号。当选择的信号是来自 DVI 数字视频接口处理电路的 8bit R、G、B 数字信号时，经 SIL161 处理后的 24 位 RGB 数字信号，直接加到 JAGASM 的数字视频输入口（端口 A），经过内部图像处理器进行相应处理，最后以 TTL 电平输出 24 位平板显示数据和 4 路同步控制信号。JAGASM 输出的平板显示接口可以直接连接标准 24 位或 48 位并行显示数据输入模式的 PDP 模块；而对支持 TMDS/LVDS 信号输入的 PDP 模块，还必须将 JAGASM 输出的 24 位平板显示数据和 4 路同步信号进行格式转换（由 TTL 到 TMDS 或 LVDS 的转换）后，才能与 PDP 模块相连。

（6）TMDS 编码集成电路（SIL164）。其主要作用是将 JAGASM 送来的以 TTL 电平输出方式的 24 位平板显示数据和 4 路同步信号，转化为最小差分信号（TMDS），送给 PDP 显示屏驱动电路。

（7）MCU 中央控制单元及电源部分电路。MCU 中央控制单元负责模拟视频信号处理、DVI 数字视频接口处理、VGA 模拟信号处理、图像缩放处理的控制。电源部分电路向信号处理电路、控制与接口电路及 PDP 显示屏驱动电路提供规定时序的工作电压。

3）PDP 显示屏及驱动电路

PDP4226 型等离子体电视机采用 LG 公司生产的 PDP42V61000 型 42 英寸 PDP 面板（PANEL），这是目前通用的 3 电极表面放电型 AC-PDP，其幅型比为 16:9 宽屏幕，物理分辨率为 852×480，每个像素又分为 3 个子像素，分别对应 R、G、B 三基色，每个子像素就是一个放电单元，采用逐行扫描方式显示图像。PDP 面板的驱动电路主要由列驱动电路（A 驱动，用于写入显示数据）、行扫描驱动电路（Y 驱动，有选择地点亮该发光的显示单元）、维持驱动电路（X 驱动）等组成。列驱动电路采用 STV7610A 芯片，每片有 96 路输出，共需 28 片 IC，所以有 $96\times28=2688$，多出 $2688-852\times3=132$ 个输出端未用。行驱动电路采用 AN16001A 芯片，每片有 64 路输出，共需 8 片 IC，多出 32 个输出端未用。维持驱动电路采用 MOSFET 管组成的放大电路。

4）微处理单元与红外遥控电路

微处理单元由 3 片 CPU 芯片组成，其中，80C32 为主控 CPU，89C2051 和 MTV212M64 为从控 CPU。89C2051 主要处理电源时序控制、遥控接收、键盘指令译码等操作，并通过 I/O 口把指令传送给主控 CPU，再由主控 CPU 进行相应处理；MTV212M64 主要控制搜台、视频解码、丽音解调、AV/TV 切换等功能，并通过 I^2C 总线和主控 CPU 进行数据通信；其他控制均由主控 CPU 完成。红外遥控电路用于接收红外遥控指令，并由 89C2051 通过 I/O 口把遥控指令传送给主控 CPU 处理。

5）电源电路

它承担整机电路和显示屏的供电任务，包括给显示屏驱动电路提供维持电压、寻址电压、写入电压、扫描电压，给控制板和接口板提供 5V、12V、15V 直流电压，给音频信号处理电路提供 32V 直流电压等。同时电源电路中还设有显示屏保护、过压、过流、过热保护电路，并且各组电压的输出在开关机时有严格的工作时序。以 PDP4226 型等离子体电视机为例，允许的交流输入电压为 90～265V，电源频率为 50Hz/60Hz，整机电源功率为 400W，各组电源输出电压及负载能力如表 7-1 所示。

表 7-1　各组电源输出电压及负载能力

功　能	符　号	额定电压/V	电源可变范围	额定负载电流/A
待机电源	V_{SB}	5.0	固定	0.5
逻辑电源	V_{SD}	5.3	固定	6.0
驱动电源	V_{12}	12.0	固定	0.3
驱动电源	V_{15}	15.0	固定	0.5
音频电源	V_{32}	32	30～34	1.0
维持电源	V_s	195	180～215	1.6
寻址电源	V_a	65	58～72	0.6
写入电源	V_{setup}	290	260～320	0.05
扫描电源（未扫描到的行）	V_{sc}	45	40～50	0.05
扫描电源（扫描到的行）	V_y	-75	56～84	0.05

当插上整机电源插头并打开主电源开关后，输出待机电源电压。按下遥控器电源开关，电源电路输出电压以及向维持电极 *X*、寻址电极 *A*、扫描电极 *Y* 输出电压，其中先有 V_a、后有 V_s，时间差为 100～200ms，目的是保护显示屏。在开机状态下，按下遥控器电源开关，表示电视机要处于待机状态。此时，电源电路先关掉 V_s、V_a、V_{setup}、V_{sc} 等驱动电路的电源电压，然后再关掉 V_{SD}、V_{12}、V_{15}、V_{32} 电源电压，此时待机电源 V_{SB} 仍有输出，以便 CPU 正常工作。

复习思考题 7

1．PDP 显示器的主要优点和主要缺点有哪些？

2．PDP 有哪些常用类型？其发光原理是怎样的？

3．气体稳定的辉光放电区域有哪些？PDP 是如何选择辉光放电区域的？

4．PDP4226 型等离子体电视机有何主要功能特点？

5．PDP4226 型等离子体电视机的整机电路由哪些电路组成？

6．简述视频解调解码电路 TDA9321 的主要作用。

7．简述图像缩放处理电路 JAGASM 的主要作用。

8．简述 PDP4226 型等离子体电视机微处理单元的组成及控制分工。

9．简述 PDP4226 型等离子体电视机电源电路的输出电压大小及开关机工作时序要求。

10．简述 PDP4226 型等离子体电视机从接收射频模拟电视信号开始到图像重显为止对视频信号的处理流程。

项目 8

有线数字电视机顶盒

教学导航

学习目标：了解机顶盒的分类、功能作用以及使用方法；掌握有线数字电视机顶盒的工作原理与常见故障的处理方法。

学习重点：有线数字电视机顶盒的安装与使用；有线数字电视机顶盒常见故障的处理。

问题思考：（1）有线数字电视机顶盒有哪些安全事项？

（2）有线数字电视机顶盒的安装步骤有哪些？

（3）有线数字电视机顶盒常见故障处理方法有哪些？

8.1 机顶盒的分类与发展

机顶盒，英文名称为 STB（Set-Top Box），是指用来增强或扩展电视机功能的一种信息设备。数字电视机顶盒是可以将数字电视信号转换成模拟信号的变换设备，它对经过数字化压缩的图像和声音信号进行解码还原，供数字电视机使用，也能产生模拟的视频和音频信号，让模拟电视机和音响设备重现高质量的数字电视节目。按照主要功能划分，可以将机顶盒分为数字卫星机顶盒（DVB-S）、数字地面机顶盒（DVB-T）、有线数字电视机顶盒（DVB-C）以及最新出现的 IPTV 机顶盒等。它们分别将卫星直播数字电视信号、地面数字电视信号、有线电视网数字信号甚至互联网的数字信号转换成模拟电视机可以接收的信号，使观众可以在模拟电视机上观看数字电视节目，进行交互式数字化娱乐、教育和商业化活动的消费类电子产品。按照图像清晰度划分，机顶盒又可分为标准清晰度机顶盒（576i）和高清晰度机顶盒（1080i）两种，分别用来接收数字电视的基本（标清）频道和数字电视的高清频道。

1999 年国庆五十周年之际，中央电视台进行了我国第一次高清电视试验转播，当时是两个小时，开创了高清电视实况转播的先例。2006 年 1 月 1 号央视高清电视正式播出，采用加密付费方式传输。2008 年 1 月 1 号，CCTV-高清频道开始试播，是公共的免费频道，在北京率先通过数字地面广播方式进行传输。2006 年，中国数字电视用户市场规模达到 1355.6 万户；2008 年，中国数字电视用户市场规模达到 5317 万户。截止到 2010 年 6 月 30 日，我国有线高清数字电视用户规模已达 129.8 万户，占国内有线数字电视用户总量的 1.8%；预计到 2015 年，中国数字电视用户市场规模达到 3. 66 亿户左右，其中，有线高清数字电视用户市场规模可达 1200 万户。

三网融合是指互联网、电信网、有线电视网三张网的互相渗透融合，能更好满足消费者家庭娱乐的体验必将成为电视机竞争的核心方向。三网融合是一场真正的“宽带革命”，丰富的节目内容或服务应用将推进宽带建设和光通信的飞跃发展。同时，三网融合还会衍生出丰富的增值业务，如多样化的高质量视频、语音、图文等多媒体应用，这些应用将进一步加强人与人之间的沟通能力，提高人们的生活品质。三网融合为高清电视的发展和普及提供了难得的机遇，为高清互动、高清机顶盒、高清一体机市场的繁荣提供了政策支持。

8.2 机顶盒的功能与主要参数

1. 主要功能

数字电视机顶盒既可以为数字电视机提供高清电视信号，又能为模拟电视机提供转换后的视频信号。其主要功能介绍如下。

（1）接收免费/付费的有线数字电视节目（包括基本频道、高清频道、公共信息、数字广播等）。

（2）具有“双向、双模”特性。所谓“双模”，是指在一个机顶盒的嵌入式系统中同时具有有线电视网（Cable）和 IP 所具有的功能。也就是集成了 DVB-C 的音/视频功能、中间件功能和 IP 的浏览器、双向数据传输功能，既能够接收来自 Cable 网络的符合 DVB-C 的高品质的数字视频广播节目，也能通过 Internet 进行网络浏览、视频点播、电子邮件，可以在一个综合的网络服务平台上，让用户享受到真正的互动娱乐和服务。

（3）具有数字高清多媒体接口 HDMI 输出、模拟高清分量 YPbPr 输出、高保真数字音频输出。

（4）支持 TCP/IP、DHCP 协议，可以通过以太网实现双向功能。TCP/IP（Transmission Control Protocol/Internet Protocol）为传输控制协议/因特网互联协议，是 Internet 最基本的协议。TCP/IP 定义了电子设备（如计算机、数字电视机）如何连入因特网，以及数据如何在它们之间传输的标准。DHCP（Dynamic Host Configuration Protocol）为动态主机配置协议，可以为网络中的电视机自动分配 IP 地址、子网掩码默认网关等 TCP/IP 参数。

（5）支持各种主流 CAS，具有解扰和解密功能。CAS（Conditional Access System）为有条件接收系统，它是开展付费电视的核心技术。CAS 的组成包括用户管理系统 SMS、业务信息生成系统 SIG、节目管理 PMS/SI 编辑系统、节目调度处理 EIS、用户授权管理系统 SAS、条件接收 CA 等。

（6）支持 QAM16/32/64/128/256 等不同调制方式的解调。DVB-C 数字电视 QAM 调制器（正交幅度调制）将输入的 DVB 标准数据 TS 流调制为中频信号，以便和其他相应模拟电视或 QAM 信号进行邻频传送。QAM 调制方式显著提高信道容量，一个 8MHz 频道最大容量为 52.2Mbps。

（7）支持电子节目导航（Electronic Program Guide，EPG）。EPG 给用户提供了一个容易使用、界面友好、可以快速访问想看节目的一种方式，用户可以通过该功能看到一个或多个频道甚至所有频道上近期将播放的电视节目。

（8）存储多达 1000 个以上可编辑的电视节目和广播节目。

（9）具有高速 USB 2.0 接口，可与带 USB 接口的设备相连。

（10）支持 MPEG2/4 与 H.264 解码。MPEG（Moving Picture Experts Group）为运动图像专家组，是针对运动图像而设计的，在单位时间内采集并保存第一帧信息，然后就只存储其余帧相对第一帧发生变化的部分，以达到压缩的目的。MPEG-2 标准是针对标准数字电视和高清晰度电视在各种应用下的压缩方案和系统层的详细规定，编码码率从每秒 3～100Mbit，标准的正式规范在 ISO/IEC13818 中制定。MPEG-4 于 2000 年经国际标准组织 ITU 和 ISO 审核后，成为国际视频压缩标准之一。经过 MPEG-4 压缩的文件尺寸可以达到 MPEG-2 的 1/3，而仍然保有极佳的音质和画质。H.264 是由国际电信联盟（ITU-T）所制定的新一代的视频压缩格式，在同等的图像质量条件下，H.264 的数据压缩比能比当前 DVD 系统中使用的 MPEG-2 高 2～3 倍，比 MPEG-4 高 1.5～2 倍。

（11）支持网页浏览、邮件、VOD、IPTV 业务、网络游戏。

（12）支持电视短信、竞猜、互动广告、电视银行、彩票、证券交易。

2．主要技术参数

浙江博尚电子有限公司制造的 BS-C336HDi 型高清双向数字有线电视机顶盒的主要技术参数如表 8-1 所示。

表 8-1　BS-C336HDi 型高清双向数字有线电视机顶盒的主要技术参数

项 目 名 称	技 术 参 数
输入频率	115～862MHz
输入信号电平	35～85dBμV
调谐方式	自动载波检测，载波调谐
调制方式	基于 DVB-C 标准的 16QAM/32QAM/64QAM/128QAM/256QAM
视频解码	MPEG-2 MP@ML（标清），MPEG-4（高清，ASP@L5），H.264［AVC（HP）/L4.0］
图像分辨率	1920×1080i, MPEG-2 PAL 720×576，NTSC 720×480
视频帧速率	PAL 25 帧/秒; NTSC 30 帧/秒
视频输出格式	480i, 480p, 576i, 576p, 720p, 1080i, PAL/NTSC
屏幕显示	4:3 和 16:9 自动格式控制
音频解码	MPEG-1/2 LAYER 1 和 2, MPEG-4, HE-AAC, AC3
音频模式	左声道，右声道，立体声
音频采样频率	32kHz /44.1kHz /48kHz
射频输入接口	英制 F 型
环路输出接口	IEC169-2M 型
模拟视频输出接口	1 个 RCA 接口，1 个 YPbPr 接口
数字高清视频输出接口	HDMI 1.3
模拟音频输出接口	1 组 RCA 左右声道输出接口
数字音频输出接口	光纤输出接口（S/PDIF）
RJ45 接口	10/100Mbps 自适应以太网接口
USB 接口	USB 2.0
智能卡 CA 卡	ISO7816 支持解密加扰节目
图形显示效果	32 位真彩色，2D 效果
数据输出接口	RS-232 接口
工作电压	100～240V，50/60Hz
功耗	≤15W
工作环境温度	−5～+45℃

8.3　机顶盒的安装与使用

8.3.1　安全事项

在有线数字电视机顶盒的使用过程中，应注意以下安全事项：

（1）为防止触电，非专业人员切勿打开机箱盖，否则会有电击危险。

（2）为了防止可能因受潮或雷电所导致的损坏，勿使机顶盒遭受雨淋或水溅，机顶盒上切勿摆放盛水容器等。

（3）要避免将机顶盒暴露在日光直接照射处或其他热源处。

（4）必须保持良好通风以防止内部电子元件的损坏。

（5）若有不正常现象出现，应立即停止使用本机顶盒。当发现冒烟、声音异常、有异味等异常情况时，应立即切断电源开关及拔掉电源插头。若遇雷电天气，不能触摸机顶盒的外壳，以避免可能的电击。

（6）若长时间不使用本机，应拔掉电源插头。

（7）为了安全起见，清洁本机时应拔掉电源插头。清洁外壳只需用不起毛的布蘸上温和的洗涤剂和水加以轻轻擦拭，便可清除外壳上的灰尘。不能使用含苯、酒精、汽油等化学溶剂来清洁外壳。

8.3.2　机顶盒控制键

1．机顶盒前面板

BS-C336HDi 型高清双向数字有线电视机顶盒的前面板如图 8-1 所示，各组成部分的名称与功能说明如下：

（1）为电源开关键，用于打开或关闭电源。

（2）为 LED 显示屏，用于显示当前频道号。

（3）为电源指示灯（红色）/信号锁定灯（绿色），用于显示电源正常/信号锁定。

（4）为音量调节+/−键，用于声音增大（按+键）或者声音减小（按−键）。

（5）为频道调节+/−键，用于频道向上增大或者向下减小。

（6）为确认键，用于所选指令的确定执行。

（7）为菜单键，用于显示用户界面、退出用户界面。

（8）为条件接收插卡口的外盖，用于保护条件接收插卡。条件接收插卡用于收看加密节目。

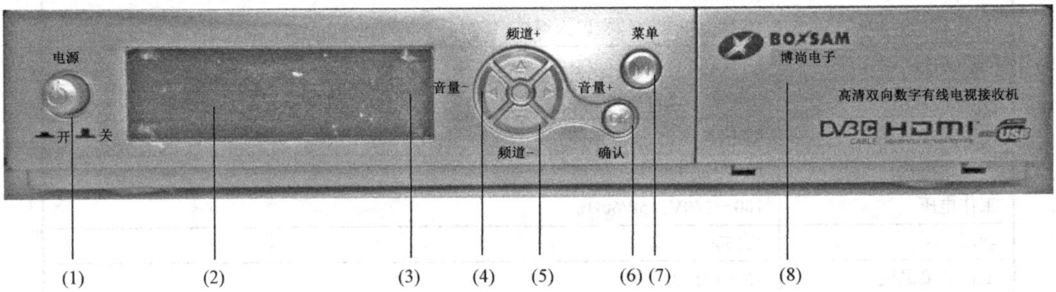

图 8-1　高清机顶盒前面板

2．机顶盒后面板

BS-C336HDi 型高清双向数字有线电视机顶盒的后面板如图 8-2 所示，各组成部分的名称与功能说明如下：

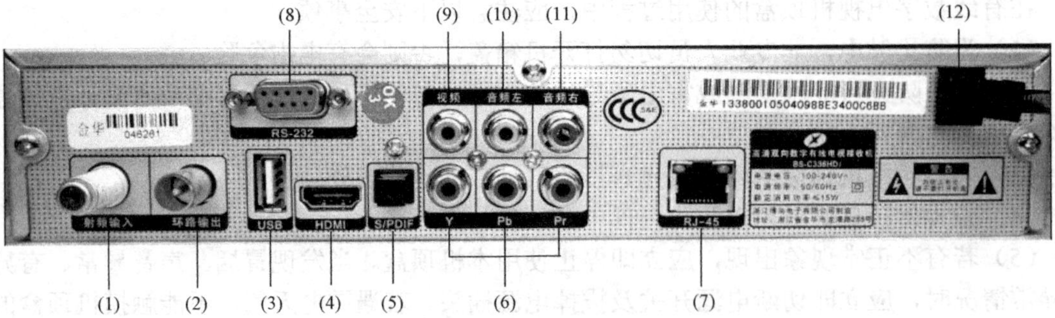

图 8-2　高清机顶盒后面板

（1）为射频输入接口，用于连接有线电视信号输入端。

（2）为环路输出接口，用于有线电视信号环通，可与其他有线电视接收设备相连。

（3）为 USB 接口，可与其他带 USB 接口的设备相连。

（4）为 HDMI 接口，用于输出数字高清电视信号。

（5）为 S/PDIF 接口，用于输出数字音频信号。

（6）为 YPbPr 接口，用于输出模拟高清分量信号（亮度、蓝色差、红色差）。

（7）为 RJ-45 接口，用于网络连接。

（8）为 RS-232 接口，用于软件升级的串行口。

（9）为视频输出接口，用于输出普通视频信号。

（10）为音频左接口，用于输出左声道音频信号。

（11）为音频右接口，用于输出右声道音频信号。

（12）为电源线，用于 AC 220V 电源输入。

8.3.3 机顶盒的安装

1. 安装前应注意的事项

要收看高清电视节目，必须同时具备高清电视信号、高清机顶盒和高清电视机。高清数字电视机顶盒利用有线电视网络作为传输平台，电视机作为用户终端，把有线电视网的数字信号进行解码解密后送给数字电视机使用，同时把数字电视信号转换成模拟电视机可以接收的信号，在模拟电视机上收看高清电视节目。但在安装之前，应注意以下事项。

（1）安装前，应准备好机顶盒、电视机、电源插座、连接线等。

（2）在进行安装之前，应保证机顶盒和将要连接的电视机或其他设备均处在关机状态，并拔掉所有设备的电源插头。

（3）请勿堵塞任何设备的通风孔，在放置设备时，应保证空气能得到良好的循环。

（4）连接其他设备之前，应仔细阅读使用说明书。

（5）连接音频和视频接线时，注意使接线和插座的颜色保持一致。

2. 安装方法

（1）将有线电视信号线连接至机顶盒背面的射频输入口。

（2）如果电视机带 HDMI 数字高清接口，请用数字高清视频线将电视机和机顶盒的 HDMI 端口相连。

（3）如果电视机没有 HDMI 接口，但有模拟高清分量接口（YPbPr），请用 Y（绿色）、Pb（蓝色）、Pr（红色）模拟高清视频分量线分别将电视机和机顶盒上对应颜色的 YPbPr 端口相连。

（4）请使用音视频连接线的视频线（黄色）将机顶盒背面的视频输出口与电视机的视频输入口相连，将机顶盒背面的音频左（白色）、音频右（红色）声道输出口与电视机或功率放大设备的左、右声道音频输入口相连。

（5）如果有带有数字音频（S/PDIF）接口的音响设备，请用数字音频光纤线将机顶盒背面的数字音频输出口与带有数字音频输入口的音响设备相连。

（6）如果还想使用其他的有线电视接收设备，请使用环路输出信号线将机顶盒背面的环路输出口和其他有线电视接收设备的射频输入口相连。

（7）将网络连接线连接到机顶盒背面的网络接口。

8.3.4 高清电视收视操作方法

1. 使用互动电视的准备工作

要使用互动电视，除安装数字机顶盒外，还需要安装以太网线缆调制解调器（Cable MODEM）。使用 Cable MODEM，可以通过有线电视（CATV）网络高速接入互联网，获得高品质的视频会议、视频点播（VOD）、在线游戏、远程教育等服务。通过机顶盒、线缆调制解调器，可以使电视机兼有手机和计算机的功能，实现数字电视网、宽带通信网和下一代互联网的三网融合。

下面以 CM-803 型双模式 USB/以太网线缆调制解调器为例，介绍线缆调制解调器的安装与使用方法。

CM-803 型线缆调制解调器的前面板如图 8-3 所示，后面板如图 8-4 所示。

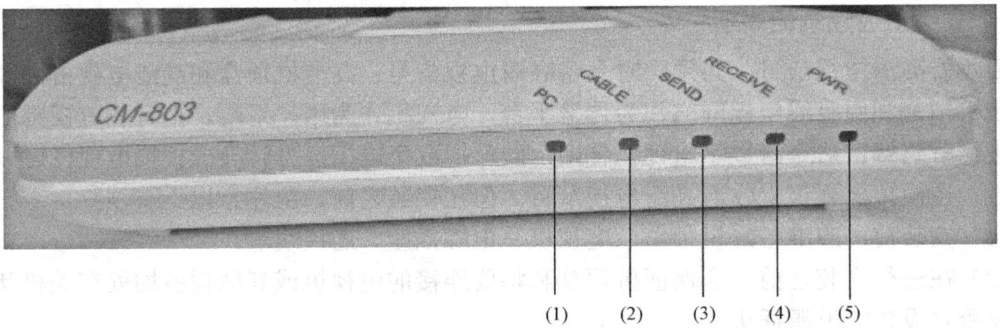

图 8-3　CM-803 型线缆调制解调器前面板

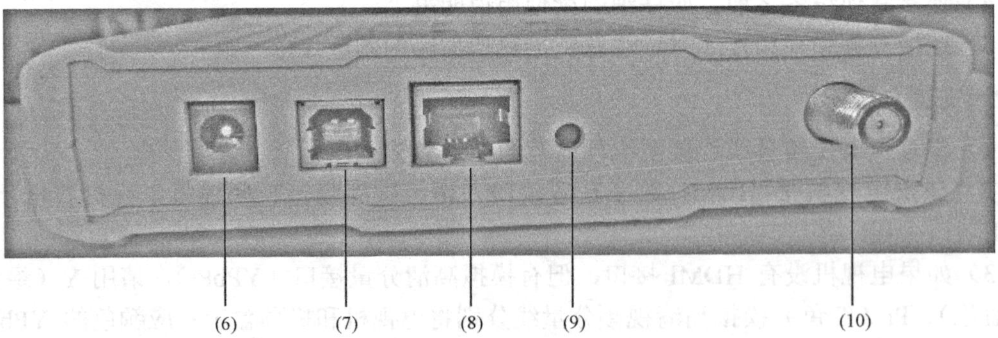

图 8-4　CM-803 型线缆调制解调器后面板

（1）为 PC 指示灯。该指示灯亮表示以太网联机成功。当以太网联机不成功或电源关闭时，该指示灯熄灭。

（2）为 Cable 指示灯。该指示灯亮表示互联网注册成功，准备传输数据。当未连接互联网时，该指示灯闪烁；当电源关闭后，该指示灯熄灭。

（3）为 SEND 指示灯。该指示灯亮表示互联网注册完毕，工作正常。当互联网正在注册中，该指示灯闪烁；当电源关闭后，该指示灯熄灭。

（4）为 RECEIVE 指示灯。该指示灯亮表示已锁定下行频率，接收正常。当正在寻找下行信号时，该指示灯闪烁；当电源关闭后，该指示灯熄灭。

（5）为 PWR 指示灯。该指示灯亮，表示电源开启。当电源关闭后，该指示灯熄灭。

（6）为 DC 9V/800mA 电源插座。随机附带的交流/直流电源转换适配器的直流输出端插入此插座，提供线缆调制解调器工作电源。

（7）为 USB 端口。使用随机附带的 USB 电缆连接 PC 的 USB 端口中。

（8）为 10/100 BASE-T 以太网端口。使用随机附带的以太网电缆连接数字机顶盒的网络接口中。

（9）为 RESET 复位开关。将细针插入该小孔，按下复位开关，即可复位线缆调制解调器。

（10）为 RF 射频接口，用于连接射频电缆。

线缆调制解调器和数字电视机顶盒的连接方法为：首先，将有线电视信号通过信号分离器分为两路，一路与机顶盒的射频输入端相连，另一路与线缆调制解调器的射频输入端相连；其次，将线缆调制解调器的以太网端口和机顶盒的以太网端口相连；第三，将随机附带的 DC 9V 电源与线缆调制解调器的电源插座相连。

2．高清电视收视操作方法

（1）依次打开线缆调制解调器、高清机顶盒、电视机的电源。

（2）按电视机遥控器上的“AV/TV”切换键，或者按电视机上的“视频键”，把电视画面从 TV 状态切换到 AV 状态。如果电视机已经处在 AV 状态，则不需要进行该步操作。

（3）机顶盒电源首次打开启动后，会自动搜索节目；搜索过程需要花费数分钟时间，请耐心等待，搜索结束在电视屏幕上显示开机界面，开机界面包括直播频道、阳光政务、天气预报、医疗服务、生活资讯、广电服务、付费频道、回放电视、互动电视等栏目，可用机顶盒遥控器操作收看电视节目、收听广播电台或者查看信息。

（4）节目收看结束，直接按机顶盒遥控器的待机键，即可使机顶盒进入待机状态；再按下机顶盒前面板上的电源开关即可完全关机；然后关闭电视机和线缆调制解调器的电源。

3．机顶盒遥控器功能键说明

机顶盒遥控器功能键布置如图 8-5 所示。许多操作键的使用方法与普通电视遥控器的使用方法完全相同，在此不再赘述，这里重点介绍学习区按键的使用方法。使用本遥控器的学习区按键可以把电视遥控器的对应键学习过来，以便使用一只遥控器就能完成机顶盒和电视机的操作。学习操作时必须保持两只遥控器的发射头对准在一条直线上，相距距离小于 5cm。学习操作步骤如下：

（1）按住机顶盒遥控器上“设置”键约 2s，LED 由暗变亮进入学习状态。

（2）按下机顶盒遥控器上要学习的键，LED 闪烁，此时处于学习接收状态。

（3）按下被学习电视遥控器上的按键并保持 2～5s 后松开。

（4）学习成功后，LED 快速闪烁 3 次后继续保持常亮，可以再次选择其他学习按键进行学习。

（5）若要学习其他键，重复（2）～（4）步进行学习操作。

（6）学习完成后按“设置”键保存并退出学习状态，LED 熄灭。

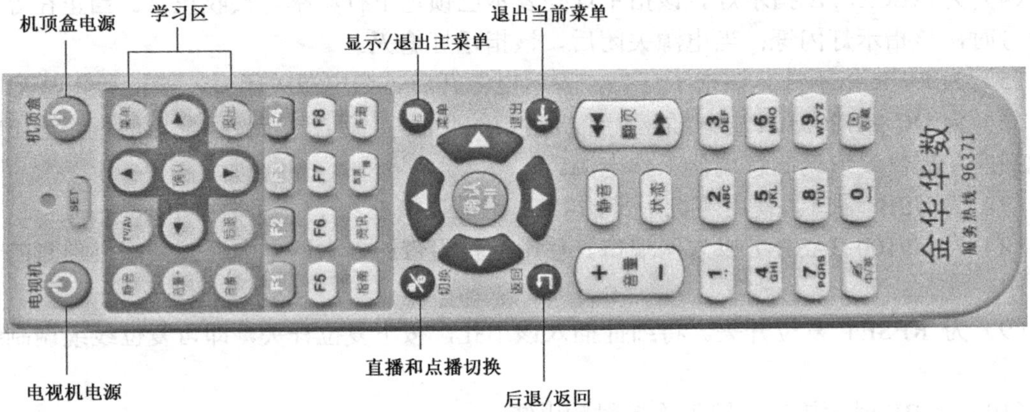

图 8-5　机顶盒遥控器功能键布置

4．栏目选择

在开机界面，按遥控器上“▲/▼”键或“◀/▶”键，可以选择直播频道、阳光政务、天气预报、医疗服务、生活资讯、广电服务、付费频道、回放电视、互动电视等栏目，再按“确认”键，即可进入选中的栏目。

5．主菜单操作

在开机界面，默认状态是选中“直播频道”，按“确认”键进入“直播频道”，再按下遥控器上的“菜单”键或机顶盒前面框上的“菜单”键，即进入主菜单界面。在“主菜单”界面，包括的功能有基本频道、付费频道、高清频道、测试频道、特许频道、广播电台、信息化、频道收藏、频道管理、系统设置等栏目。

提示：

（1）黄色为有效光标键。

（2）按遥控器上“▲/▼”键或机顶盒上“频道+”、“频道−”键，上下移动光标条。

（3）按遥控器上“◀/▶”键或机顶盒上“音量+”、“音量−”键，左右移动光标条。

（4）按遥控器上“确认”键或机顶盒前面板上“确认”键，进入子菜单。

6．“基本频道”子菜单

（1）在“主菜单”界面，按遥控器上“▲/▼”键（或机顶盒上“频道+/−”键），选中“基本频道”，按下“确认”键，即显示基本频道提供的电视节目。

（2）在频道列表中，用遥控器上“▲/▼”键（或机顶盒上“频道+/−”键）进行频道选择，即可收看相应频道节目；按“菜单”键返回菜单项；按“退出”键退出菜单项。

（3）在频道列表中，用遥控器上“◀/▶”键（或机顶盒上“音量+”、“音量−”键）进入节目列表，在此界面可以浏览节目预告信息及对节目预定等相关操作。按下“确认”键，即预约该节目，到预约节目播放时，机顶盒会自动跳到预定频道的节目进行播放。用 F4 键可查询一周内不同日期的节目列表。

（4）其他具体操作请参考屏幕下方的提示信息。

7．“付费频道”子菜单

在“主菜单”界面，按遥控器上“▲/▼”键（或机顶盒上“频道+/–”键），选中“付费频道”，按下“确认”键，即显示付费频道提供的电视节目列表；再按遥控器上“▲/▼”键（或机顶盒上“频道+/–”键），即可选中列表的付费频道节目。其他应用请参考基本频道。

8．“高清频道”子菜单

在“主菜单”界面，按遥控器上“▲/▼”键（或机顶盒上“频道+/–”键），选中“高清频道”，按下“确认”键，即显示高清频道提供的电视节目列表；再按遥控器上“▲/▼”键（或机顶盒上“频道+/–”键），选中列表的高清频道节目。其他应用请参考基本频道。

注意：高清节目需要用高清机顶盒才能接收。

9．“测试频道”子菜单

在“主菜单”界面，按遥控器上“▲/▼”键（或机顶盒上“频道+/–”键），选中“测试频道”，按下“确认”键，即显示测试频道提供的电视节目列表；再按遥控器上“▲/▼”键（或机顶盒上“频道+/–”键），选中列表的测试频道节目。其他应用请参考基本频道。

10．“特许频道”子菜单

在“主菜单”界面，按遥控器上“▲/▼”键（或机顶盒上“频道+/–”键），选中“特许频道”，按下“确认”键，即显示特许频道提供的电视节目列表；再按遥控器上“▲/▼”键（或机顶盒上“频道+/–”键），选中列表的特许频道节目。其他应用请参考基本频道。

11．“广播电台”子菜单

在“主菜单”界面，按遥控器上“▲/▼”键（或机顶盒上“频道+/–”键），选中“广播电台”，按下“确认”键，即显示广播电台提供的广播电台频道列表。在广播电台界面下，用遥控器上“▲/▼”键（或机顶盒上“频道+/–”键）选择播放的广播电台；选中需要收藏的电台频道，按下F1键，即可收藏该广播电台频道，再按一次F1键，取消广播电台的收藏；按下F2键对电台频道进行加锁设置，再按一次F2键取消加锁设置。其他应用请参考屏幕下方的提示信息。

12．“信息化”子菜单

在“主菜单”界面，按遥控器上“▲/▼”键（或机顶盒上“频道+/–”键），选中“信息化”，按下“确认”键，进入开机界面。

13．“频道收藏”子菜单

在“主菜单”界面，按遥控器上“▲/▼”键（或机顶盒上“频道+/–”键），选中“频道收藏”，按下“确认”键，即显示当前用户设置的收藏频道。广播电台的收藏/加锁设置，请在“广播电台”子菜单中实现。其他应用请参考屏幕下方的提示信息。

14．“频道管理”子菜单

1）编辑电视

在“主菜单”界面，选中“频道管理”后，按下“确认”键，即进入频道管理界面，用

“▲/▼”键移动光标选中“编辑电视”，按下“确认”键，即进入电视频道编辑界面。用“▲/▼”键选择需要编辑的电视频道，并按以下提示操作：

按红色（F1）键——设定收藏频道/取消收藏频道；

按绿色（F2）键——删除频道/取消频道删除；

按黄色（F3）键——设定频道加锁/取消频道加锁；

按“返回”键——返回前面状态；

按“退出”键——退出电视编辑。

2）编辑广播

在“主菜单”界面，选中“频道管理”后，按下“确认”键，即进入频道管理界面，用“▲/▼”键移动光标选中“编辑广播”，按下“确认”键，即进入广播编辑界面。具体操作参考编辑电视。

3）预约管理

在“主菜单”界面，选中“频道管理”后，按下“确认”键，即进入频道管理界面，用“▲/▼”键移动光标选中“预约管理”，即进入预约管理界面。在预约管理界面可以取消预约节目。节目的预约设置请参考“基本频道”子菜单，其他操作请参考屏幕下方的提示信息。

15．系统设置

在“主菜单”界面，按遥控器上“▲/▼”键（或机顶盒上“频道+/–”键），选中“系统设置”后，按下“确认”键，即进入系统设置界面。

1）CA 设置

在“系统设置”界面，用“▲/▼”键选中“CA 设置”后，按下“确认”键，即进入 CA 设置界面。CA 设置项目有邮件管理、机卡绑定、修改观看级别、智能卡信息、交易记录、授权信息。

2）参数设置

在“系统设置”界面，用“▲/▼”键选中“参数设置”后，按下“确认”键，即进入参数设置界面。在参数设置界面，可以进行基本设置、视频设置、音频设置、密码开关、密码修改、网络设置。

（1）基本设置：在参数设置界面，用“▲/▼”键选中“基本设置”后，按“确认”键，即进入基本设置界面，可以修改“时区”、“超时”设置。

（2）视频设置：在参数设置界面，用“▲/▼”键选中“视频设置”后，按“确认”键，即进入视频设置界面，可以修改“饱和度”、“亮度”、“对比度”、“透明度”、“屏幕长宽比”、“视频输出”等。“屏幕长宽比”可设置为 4:3、16:9、全屏幕 3 种格式。“视频输出”可设置 CVBS/YPbPr 等模式。

（3）音频设置：在参数设置界面，用“▲/▼”键选中“音频设置”后，按“确认”键，即进入音频设置界面，可以修改“声音控制”、“音量大小”、“声道控制”、“单频道”、“全局”、“声道模式”。“声音控制”可在单频道/全局之间切换；“音量大小”可以调节音量大小，只对当前频道节目有效；“声道控制”可设置单频道/全局输出；“单频道”可设置左声道/右声道/

立体声，只对当前频道节目有效；“全局”可设置左声道/右声道/立体声，对所有频道节目有效；“声道模式”可在左声道/右声道/立体声之间切换。

（4）密码开关：在参数设置界面，用“▲/▼”键选中“密码开关”后，按“确认”键，即进入密码开关设置界面，可以设置密码开/关状态。

（5）密码修改：在参数设置界面，用“▲/▼”键选中“密码修改”后，按“确认”键，即进入密码修改设置界面。用“▲/▼”键上下移动黄色光标条，根据提示输入新密码，再按“确认”键，系统提示密码修改成功。

（6）网络设置：在参数设置界面，用“▲/▼”键选中“网络设置”后，按“确认”键，即进入网络设置界面，可以设置网络的IP地址。修改网络参数后系统将提示机顶盒5s后重新启动，网络参数设置修改成功。

3）节目搜索

在“系统设置”界面，用“▲/▼”键选中“节目搜索”后，按下“确认”键，即进入节目搜索界面，可以进行自动搜索、手动搜索、全频搜索以及频点设置和频段设置。

（1）自动搜索：在“节目搜索”界面，用“▲/▼”键选中“自动搜索”后，按下“确认”键，即进入自动搜索界面。搜索完成，将搜索到的所有频道自动添加到电视或广播频道列表中，并按频道号排序。如果用户事先进行了频点设置，则从用户设置的中心频点开始自动搜索频道。

（2）手动搜索：在“节目搜索”界面，用“▲/▼”键选中“手动搜索”后，按下“确认”键，即进入手动搜索界面。用“◀/▶”键移动光标条到需要更改的位置，用“▲/▼”键或数字键，更改频率、符号率、调制方式等内容，按下“确认”键，即开始搜索。搜索结束，提示“搜索完成”。

（3）全频搜索：在“节目搜索”界面，用“▲/▼”键选中“全频搜索”后，按下“确认”键，即进入全频搜索，系统从用户设置的开始频点到结束频点之间的范围内搜索频道。此搜索过程会持续较长时间，新搜索到的频道将添加到频道列表。

（4）频点设置：在“节目搜索”界面，用“▲/▼”键选中“频点设置”后，按下“确认”键，即进入频点设置界面。用“◀/▶”键移动光标条到需要更改的位置，用“▲/▼”键或数字键，更改频率、符号率、调制方式等内容，按下“确认”键保存。当用户进行自动搜索时，从用户设置的中心频点开始搜索。

（5）频段设置：在“节目搜索”界面，用“▲/▼”键选中“频段设置”后，按下“确认”键，即进入频段设置界面。用“◀/▶”键移动光标条到需要更改的位置，用“▲/▼”键或数字键，更改开始频率、结束频率，按下“确认”键保存。当用户进行全频搜索时，从用户设置的开始频点到结束频点之间搜索频道。

4）系统信息

在“系统设置”界面，用“▲/▼”键选中“系统信息”后，按下“确认”键，即进入系统信息界面。系统信息包括当前播放的节目信息和机顶盒的版本信息。

5）出厂设置

在“系统设置”界面，用“▲/▼”键选中“出厂设置”后，按下“确认”键，系统提示输入本机密码（初始密码为 000000），密码输入正确后，按“确认”键，提示“您确定要恢复出厂前设置？”，若按下“确定”键即执行出厂前设置，否则退出。应该注意：机顶盒恢复出厂前设置的参数后，可能没有接收的节目，请重新搜索节目。

8.4 机顶盒的组成与测试

8.4.1 机顶盒的组成

从内部结构来看，有线数字电视机顶盒由电源板、主板和显示板组成，如图 8-6 所示。电源板为开关稳压电源，它为机顶盒工作提供直流电源。主板用于接收数字电视信号（DTV）、交互式电视信号（IP）、串行数据等，进行音视频信号、数据信号的解码解密和各种处理工作后，输出普通音视频信号、数字高清电视信号、模拟高清分量信号、数字音频信号、串行数据等。显示板主要用于显示机顶盒的工作状态。

图 8-6　有线数字电视机顶盒内部构成

从组成功能来看，有线数字电视机顶盒主板由主芯片、存储器、线缆解调器（TUNER）、智能卡读卡器、以太网控制器和其他设备接口组成，如图 8-7 所示。

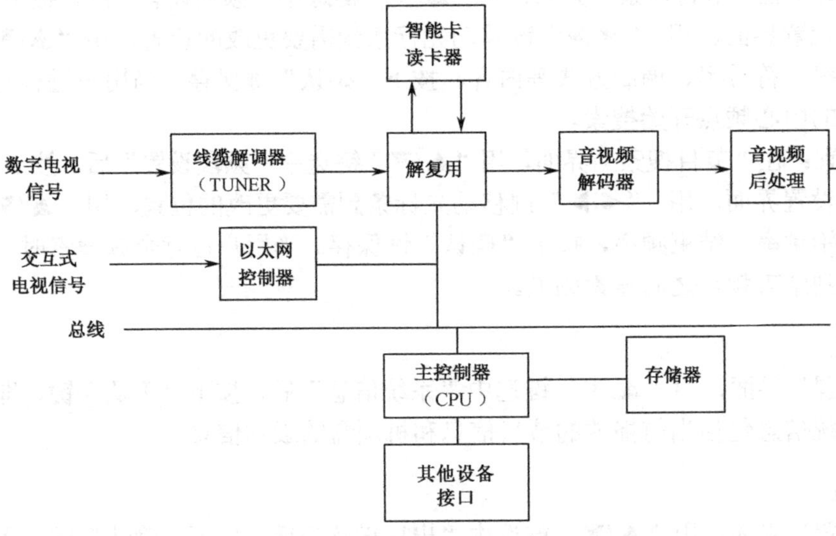

图 8-7　有线数字电视机顶盒主板组成框图

1．主芯片

主芯片由智能卡读卡器的条件接收处理电路、解复用处理电路、音视频解码器、主控制器等组成。其工作过程是，首先根据传输流所传递的标志信息对接收到的传输流（TS）进行解复用，然后根据智能卡所传递的解扰信息对节目流进行解扰，解扰后的传输流送到音视频解码器中分别对其进行解码，还原成音视频信号（AV）进行输出；同时，也分离出复用在TS流中的各类系统数据表，送给主处理器（CPU）处理后再分别输出。

2．存储器

存储器主要有Flash和SDRAM。Flash用来存储机顶盒的系统软件、驱动软件、应用程序以及一些用户信息，在系统断电时内容还可保留。Flash可以通过在线方式对其进行软件更新，达到机顶盒软件升级的目的。SDRAM主要用来存储程序运行中的数据。机顶盒的许多功能都需要存储器来实现，例如，图形处理、视音频解码和解复用等，不同的应用所需存储器的大小配置也各不相同。容量大的Flash和SDRAM的配置虽然可以为将来的业务系统预留足够的内存空间，但内存并不是决定软件能否运行的因素，它需要配合CPU来工作。

3．线缆解调器

线缆解调器（TUNER）的作用是将传输过来的调制数字信号解调还原成传输流（TS）基带信号，即完成选择频道，并进行解调和信道解码处理，输出包含音视频和其他数据信息的传输流（TS），送给解复用器处理。

4．智能卡读卡器

通过读卡器读取智能卡中的数据用于付费电视节目的解扰，恢复加密前的数据。通过对音视频流实施解扰，并采用含有识别用户和记忆功能的智能卡，保证合法用户正常收看收费节目。

5．以太网控制器

以太网控制器的作用是通过RJ-45网络接口，将机顶盒和以太网线缆调制解调器相连，提供对以太网的支持，将用户的各种信息回传到前端，从而实现各种交互的业务。

6．其他设备接口

高清电视机顶盒除了普通音视频输出接口外，还配备有数字高清信号接口（HDMI）、模拟高清分量接口（YPbPr）、通用串行接口（USB）、普通串行接口（RS-232）、数字音频接口（S/PDIF）等，以便和其他设备相连。

8.4.2　机顶盒的测试

有线数字电视机顶盒出厂前的测试主要有主板音频/视频/功放的测试、主板HDMI/CA卡的测试和主板网络/USB的测试3项。

1．主板音频/视频/功放的测试

1）测试工具

（1）静电环1个。

（2）高清电视机1台。

（3）音响设备 1 台。

2）测试内容与步骤

（1）从流水线上取一待测试的主板，按如图 8-8 所示接好连线。

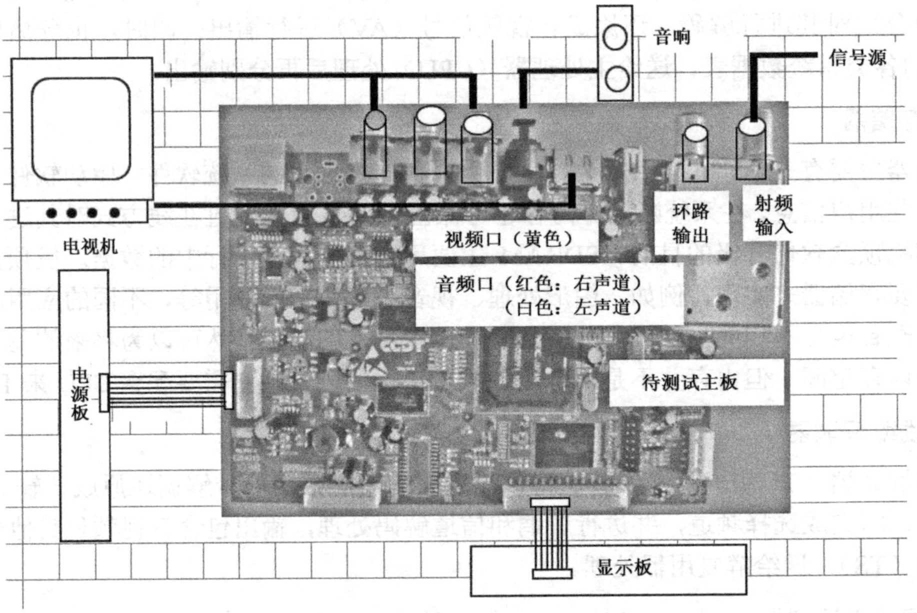

图 8-8　机顶盒主板音频/视频/功放测试连接示意图

（2）插上电源线，打开电源开关开机，检测图像输出是否正常。电视机出现节目画面，正常图像应无雪花、拉丝、斑点及马赛克，否则为图像不良，贴不良标签流入维修站。

（3）检测声音右声道（红色）输出是否正常。若无噪声、杂音、伴音失真，则为正常，否则为声音不良，做不良标签流入维修站。

（4）将音频线从右声道口拔出，插到左声道口（白色），检测声音输出是否正常；若无噪声，杂音、伴音失真，则为正常，否则为声音不良，贴不良标签流入维修站。

（5）按显示板上的任意一个按键，观察图像、频道、声音等。按键对应的项目是否发生相应改变，如按菜单（MENU）键，出现主菜单画面，按 CH+、CH−键，菜单上被选的栏目能上下滚动，按 VOL+、VOL−按键，音量相应增加、减小，按确认键，能进入到相应的下一级菜单。若按下按键，电视画面或者菜单被选栏目没有任何改变，表示不良，贴不良标签流入维修站维修。

（6）观察光纤端子是否亮红灯，数字功放音响是否有声音输出，检测声音输出是否正常；若无噪声、杂音、伴音失真，则为正常；否则为声音不良，贴不良标签流入维修站。

（7）以上各项测试都正常的机顶盒放在流水线上流入下一站。

2．主板 HDMI/CA 卡的测试

1）测试工具

（1）静电环 1 个。

（2）高清电视机 1 台。

（3）CA 卡 1 台。

2）测试内容与步骤

（1）从流水线上取一待测试的主板，按如图 8-9 所示接好连线。

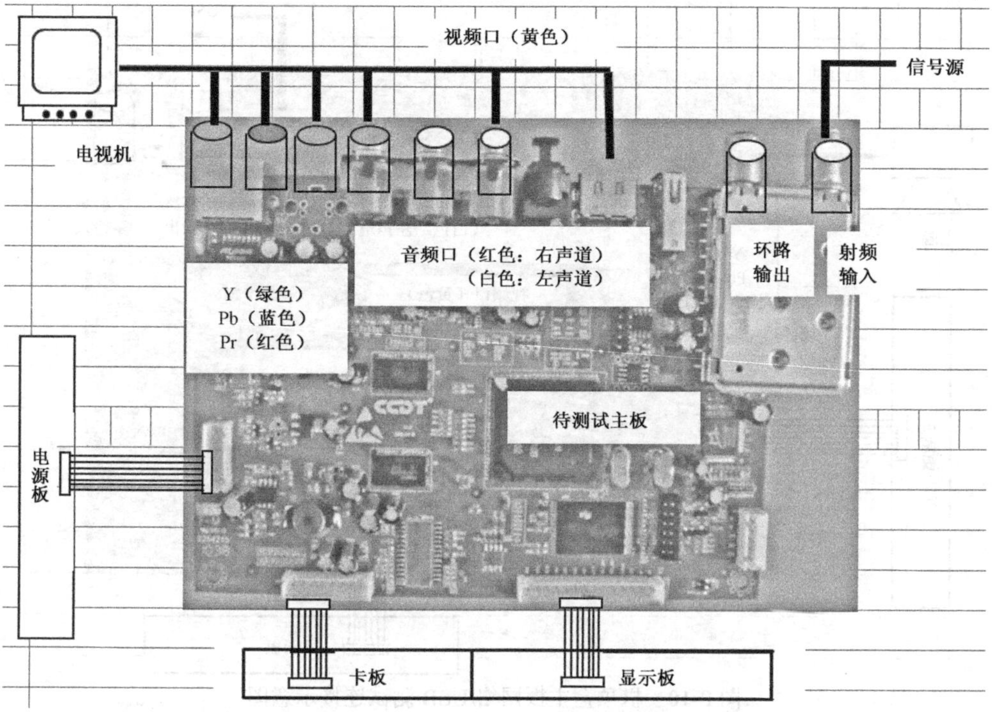

图 8-9 机顶盒主板 HDMI/CA 卡测试连接示意图

（2）插上电源线，打开电源开关开机，开机后电视机出现节目画面。

（3）按电视遥控器“TV”键切换电视到 HDMI 输入模式，检测电视图像是否正常。正常图像应无雪花、拉丝、斑点及马赛克，否则为图像不良，贴不良标签流入维修站。检测声音输出是否正常，无噪声、杂音、伴音失真为正常，否则为声音不良，做不良标签流入维修站。

（4）连接好 Y/Pb/Pr 连线，按电视遥控器“TV”键切换电视到分量输入模式，检测电视是否有视频画面、电视图像是否正常。正常图像应无雪花、拉丝、斑点及马赛克，否则为不良，做不良标签流入维修站。

（5）插入 CA 测试卡，按机顶盒遥控器“菜单”，选择“系统设置”项，按“确认”键进入系统设置菜单，选择“CA 设置”，按“确认”键进入 CA 设置菜单，按机顶盒遥控器上下键移动光标到“智能卡信息”项，按“确认”键进入智能卡信息显示，若能显示智能卡信息则为正常；否则为不良，贴不良标签流入维修站。

（6）以上各项测试都正常的机顶盒放在流水线上流入下一站。

3. 主板网络/USB 的测试

1）测试工具

（1）静电环 1 个。

（2）计算机 1 台。

（3）交叉网线 1 条。

2）测试内容与步骤

（1）从流水线上取一待测试的主板，按如图 8-10 所示接好连线。

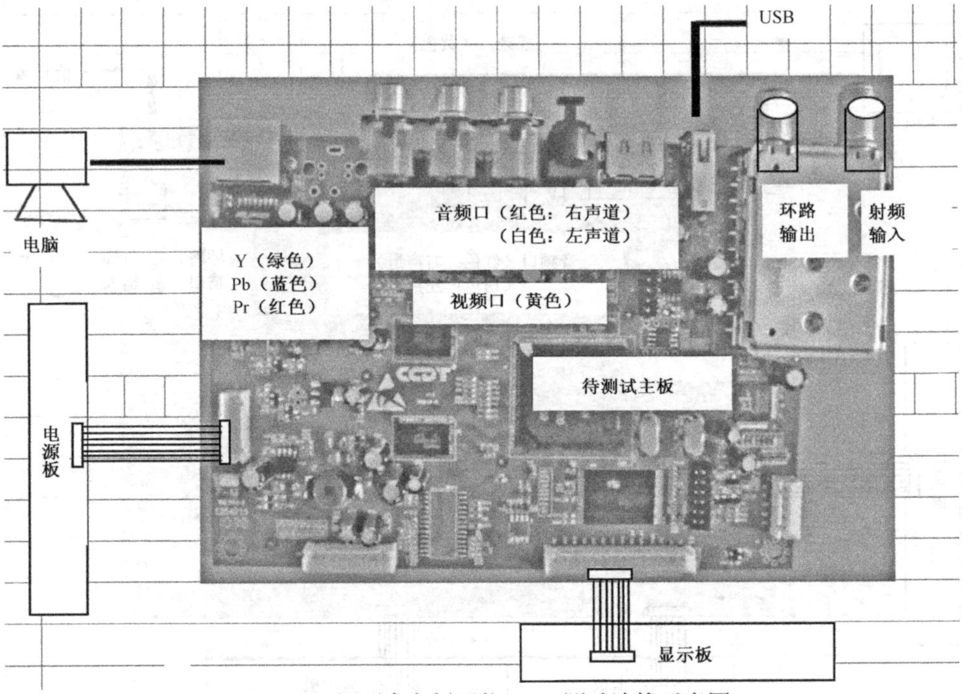

图 8-10　机顶盒主板网络/USB 测试连接示意图

（2）插上电源线，打开电源开关开机。

（3）用（交叉）网线连接机顶盒网口和计算机网口，机顶盒网络接口灯闪，且计算机的右下角网络连接图标显示已连接，则为正常；否则为网络接口不良，贴不良标签流入维修站。

（4）插入 USB，观察 U 盘是否有红灯闪动，机顶盒显示板上的数码管是否显示“USB”，U 盘红灯闪动。若显示板上的数码管显示“USB”，则为正常，否则为不良，贴不良标签流入维修站。

（5）以上各项测试都正常的机顶盒放在流水线上流入下一站。

在测试过程中应注意以下事项：

（1）手上必须带上静电环，做好静电防护工作。

（2）信号源要使用码流信号。

（3）注意工作台面的整洁。

8.5 常见故障现象与排除

8.5.1 维修前用户的自行检查

若数字电视在使用过程中发生故障，在要求维修机顶盒之前，用户可按下列指示进行自行检查，以确认机顶盒是否真的发生故障。

1. 无图像或无声音

（1）确认电源插头是否插好，输入电源是否正常。

（2）有没有按机顶盒或遥控器上的待机键。

（3）确认智能卡是否插好。

（4）确认电视机是否设置在视频状态。

（5）确认电视机或功放设备是否正常工作。

（6）检查音量是否已静音或音量调至最小。

（7）检查机顶盒连接是否正确。

2. 遥控器不工作

（1）更换新电池。

（2）检查电池极性安装是否正确。

（3）确认遥控器与机顶盒之间无障碍物。

（4）确认使用遥控器时指向机顶盒的遥控窗。

3. 搜索不到频道

（1）确认信号线是否正确连接。

（2）手动搜索时，确认手动搜索频点的参数设置是否正确。

（3）自动搜索时，确认频点参数设置是否正确。

如果上述方法仍不能排除故障现象或出现其他故障，请与电视台的维修部门联系。

8.5.2 如何确定机顶盒、电视机、信号接入正常

1. 确认用户电视机是否正常工作

（1）检查用户电视机是否能够正常工作。检查输入电源是否正常，电视机电源线是否插好，打开电视机上电源开关后，电源指示灯是否亮。若电源指示灯亮，则说明输入电源正常；否则输入电源或电视机的电源部分有故障。

（2）检查电视机是否处于待机状态。操作电视遥控器的待机键，若电视机工作状态能改变，则说明电视机电源部分和电视遥控器均工作正常；否则电视机或电视遥控器有故障。

（3）模拟频道是否能正常显示雪花点或者播放模拟电视节目。将有线电视射频信号直接输入电视机 RF 输入口，检查电视机能否正常播放模拟电视信号，若正常，说明电视机基本无故障。

（4）电视机是否能播放 DVD 等其他视频信号设备的节目，如果能够正常播放，说明电视机视频通道工作正常。

2. 确认用户机顶盒是否正常工作

（1）检查机顶盒电源是否插好以及电源开关是否打开。电源开关是否处于开启状态，观察电源指示灯（红色）是否亮；若电源指示灯能亮，则说明电源工作正常；否则输入电源或机顶盒内部电源不正常。

（2）检查机顶盒是否处于待机状态。操作待机键，观察机顶盒前面板指示灯及数码管显

示是否正确。如果开机数码管显示“LOAD”，进入开机画面后显示 IE，表示正在进入网络，说明机顶盒初始化正常；否则机顶盒有故障。

3．确定网络环境和信号接入是否正常

确定网络环境和信号接入是否正常，办法是用一台工作正常的机顶盒接入信号线和网线，看能否正常播放节目和进入点播。若能正常播放节目和进入点播，则说明原机顶盒有故障；如果照样不能正常播放节目和进入点播，则说明网络环境和信号接入有问题。

4．检查各连接线是否正常

检查各连接线是否正常，办法是用万用表测量其通断性，或者用好的连接线去替换原来的连接线，以判断其性能好坏。

5．检查遥控器是否工作正常

（1）查看遥控器电池是否正确安装。

（2）用万用表测量电池是否有电。

（3）取一台正常使用的机顶盒，进行遥控操作。

（4）使用机顶盒遥控器学习键，进行学习电视机遥控器的操作。

8.5.3 常见故障及处理

1．开机无反应（无图像无声音）

原因分析：HFC（Hybrid Fiber Coaxial，光纤同轴电缆混合网，目前在有线数字电视网中采用）网络问题；电视机不在 AV 状态；机顶盒接线问题。

排查方法：检查设备电源是否接好；检查开关所处状态，电视机是否处在 AV 状态，音视频线是否接好；核实有线电视网是否有信号，如果用户端机顶盒还无信号，建议客服派单。

2．某些节目提示节目没授权

原因分析：客户卡余额不足，这个频道你尚未开通。

排查方法：可以先查看你的账户余额，如果账户余额不足，请充值；对于尚未开通的频道可以拨打电视台服务热线咨询或者办理开通业务。

3．无法识别卡，请插入智能卡

原因分析：机顶盒智能卡槽故障；卡没插或插反、没插到位；卡损坏。

排查方法：先把机顶盒断电，重新插拔智能卡，确保有芯片一面朝下插入机顶盒内，并插到位，再进行通电试验。若卡无效，核对智能卡是否与系统一致；如果故障仍然存在，要求客服派单。

4．少频道、部分频道有马赛克或黑屏

原因分析：HFC 网络误码，电视信号分配器或信号线连接问题，信号电平问题，机顶盒问题。

排查方法：检查电视信号分配器或信号线连接是否良好；重发授权，重新搜索频道，恢复出厂设置并重启；派单上门检修 HFC 质量。

5．所有（或部分）频道均有马赛克

原因分析：信号质量问题，信号线连线问题。

排查方法：如果所有（或部分）频道的电视图像均出现马赛克现象，所有的电视节目画面会出现破碎，伴随声音也会出现卡壳现象，严重的可导致黑屏。首先，应该测量用户终端的电平信号是否正常；其次，查看信号线是否良好接触。

6．提示无信号

原因分析：HFC 网络中断，机顶盒连线问题。

排查方法：检查有线电视插座与机顶盒连接是否正常；若是有线电视线路故障，派单检修线路。

7．有图像无声音

原因分析：音视频线没接好；机顶盒静音；声道设置有问题。

排查方法：检查音视频线是否接好；检查电视机、机顶盒是否静音、音量过低；机顶盒设置在左声道。

8．图像黑白无彩色

原因分析：电视机制式不对；电视机故障。

排查方法：当电视机播放模拟信号或 DVD 等视频信号时，是否也出现画面异常现象。如果出现故障，则是电视机问题。否则，用电视机遥控器上的制式键修改制式，若无效则是机顶盒故障，要求派单。

9．机顶盒遥控器无效

原因分析：遥控器电池没电；遥控器损坏；机顶盒损坏。

排查方法：更换电池，不行则派单。

10．部分频道无声音或有串音

原因分析：机顶盒伴音问题。

排查方法：机顶盒音频设置，声道设置到左声道。

实训 16　有线数字电视机顶盒的安装与调试

【实训目的】

（1）了解有线数字电视机顶盒的工作原理、主要性能指标及安装注意事项。

（2）掌握机顶盒出错信息提示的含义及常见故障鉴定排查方法。

（3）掌握有线数字电视机顶盒和线缆调制解调器、电视机、计算机设备的连接方法。

（4）掌握有线数字电视机顶盒的安装调试与使用方法。

【实训仪器和材料】

（1）数字高清电视机。

（2）有线数字电视机顶盒。

（3）线缆调制解调器。

（4）音视频电缆、数字/模拟高清视频线、网络连接线。

【实训内容】

（1）互动有线电视系统相关设备的连接。

（2）进行机顶盒节目搜索的操作，并观看节目接收的质量。

（3）机顶盒遥控器学习区按键的学习操作与使用。

（4）机顶盒系统设置操作。

【实训报告要求】

（1）画出机顶盒和电视机等设备的连接示意图。

（2）总结机顶盒安装与调试步骤。

（3）记录机顶盒安装与调试过程。

（4）分析机顶盒的工作原理以及信息工作流程。

实训 17　有线数字电视用户终端常见故障排除

【实训目的】

（1）掌握数字电视信号的传输原理、接口参数和特点。

（2）认识和理解有线数字电视各组成部分性能指标对信号传输质量的影响。

（3）掌握有线数字电视用户终端常见故障的排除。

【实训仪器和材料】

（1）数字高清电视机。

（2）有线数字机顶盒。

（3）线缆调制解调器。

（4）音视频电缆、数字/模拟高清视频线、网络连接线。

（5）电视/调频广播场强仪。

【实训内容】

（1）建立数字电视实训平台。

（2）开机后无开机画面故障的检修。

（3）有开机画面，但随后出现黑屏故障的检修。

（4）图像有马赛克或定格、伴音有停顿故障的检修。

（5）某几个台收看不到故障的检修。

【实训报告要求】

（1）画出数字电视实训平台的方框简图。

（2）总结有线数字电视用户终端常见故障的检修步骤。

（3）记录有线数字电视用户终端常见故障处理过程。

（4）分析某几个台收看不到故障的原因。

复习思考题 8

1．按照主要功能划分，数字电视机顶盒可以分为哪几类？各有什么用途？

2．有线数字电视机顶盒有哪些主要功能？

3．具有互动功能的有线数字高清电视需要哪些设备？画出互动电视所有设备连接示意图。

4．以太网线缆调制解调器的主要作用有哪些？

5．简述高清电视收视操作的主要步骤。

6．通过什么方法，以便使用一只机顶盒遥控器就能同时完成机顶盒和电视机的操作？

7．简述有线数字电视机顶盒搜索电视节目的方法与步骤。

8．简述所有（或部分）频道的电视图像出现马赛克故障现象的处理方法。

参考文献

[1] 王成福，邓延安，李荣学，等. 电视机原理与维修第 2 版[M]. 北京：机械工业出版社，2008.

[2] 浙江博尚电子有限公司. BS-C336HDi 高清双向数字有线电视接收机用户使用手册[J]. 2010.

[3] 中电通（北京）数字电视发展有限公司. CM-803 双模式 USB/以太网线缆调制解调器用户手册[J]. 2009.

[4] 王成福. LED 应急照明灯驱动电路设计[J]. 金华职业技术学院学报，10（6），2010.

[5] 刘修文，袁士刚，刘文涛，等. 数字电视技术实训教程[M]. 北京：机械工业出版社，2008.

[6] TCL 集团 TTE 中国业务中心. TCL 王牌 PDP 平板彩色电视机原理与分析[M]. 北京：人民邮电出版社，2006.

[7] TCL 多媒体科技控股有限公司. TCL LCD 平板彩色电视机电路分析与维修[M]. 北京：人民邮电出版社，2006.

[8] 天津市德力电子仪器有限公司. DS1882 电视/调频广播场强仪使用说明书[J]. 2010.

[9] 李巍，杨波，高保来. 液晶和等离子电视机维修实用指南[M]. 北京：机械工业出版社，2010.